WebGIS Engineering Development Practice

WebGIS工程项目开发实践

张贵军　陈 铭　编著
Zhang Guijun　Chen Ming

清華大學出版社
北京

内容简介

本书共分8章，系统论述了WebGIS开发的技术与项目实践。其中第1～3章为Web基础知识篇，第1章内容主要介绍Web开发的基础知识，包括Web应用的发展历程及组成部分，帮助读者建立对Web应用开发的基本认识；第2章讲解Web前端开发的相关技术，包括布局技术和脚本技术，通过完成一个用户管理登录界面的简单案例演示了如何使用前台相关技术实现基本界面元素的实现；第3章介绍JavaWeb后台开发相关内容，包括基本开发环境的搭建以及SSH框架的基本使用。第4～6章为WebGIS开发技术篇，第4章介绍WebGIS的相关概念及实现技术；第5章介绍ArcGIS for Server网络地图应用开发；第6章介绍OpenGIS及OpenGIS平台的搭建，通过一些简短的示例代码来让读者快速入门。第7～8章为WebGIS项目实战篇，第7章介绍电力管线WebGIS系统项目开发；第8章介绍交通领域WebGIS系统项目开发。

本书适用于政府与企业相关部门的GIS研究与开发人员，也适用于高等院校地理学、地理信息系统、房地产、环境科学、资源与城乡规划管理、区域经济学等相关专业学生参考与学习，本书还适用于ArcGIS平台和OpenGIS平台使用者、地理信息系统爱好者以及希望从事WebGIS软件开发的开发人员。

图书在版编目(CIP)数据

WebGIS工程项目开发实践/张贵军，陈铭编著. —北京：清华大学出版社，2016（2025.1重印）
（清华开发者书库）
ISBN 978-7-302-42740-7

Ⅰ. ①W… Ⅱ. ①张… ②陈… Ⅲ. ①互联网络—地理信息系统 Ⅳ. ①P208

中国版本图书馆CIP数据核字(2016)第020035号

责任编辑：盛东亮
封面设计：李召霞
责任校对：白　蕾
责任印制：沈　露

出版发行：清华大学出版社
网　　址：https://www.tup.com.cn，https://www.wqxuetang.com
地　　址：北京清华大学学研大厦A座　　**邮　　编：**100084
社 总 机：010-83470000　　**邮　　购：**010-62786544
投稿与读者服务：010-62776969，c-service@tup.tsinghua.edu.cn
质量反馈：010-62772015，zhiliang@tup.tsinghua.edu.cn
课件下载：https://www.tup.com.cn，010-62795954
印 装 者：天津鑫丰华印务有限公司
经　　销：全国新华书店
开　　本：185mm×240mm　　**印　　张：**26　　**字　　数：**580千字
版　　次：2016年4月第1版　　**印　　次：**2025年1月第8次印刷
定　　价：69.00元

产品编号：066691-01

前言

PREFACE

美国学者 Goodchild 于 1992 年提出的地理信息系统(Geographic Information System, GIS)是对地理信息空间进行描述、采集、处理、存储、管理、分析和应用的一门综合性学科。随着计算机技术、信息技术、空间技术以及网络的发展,利用 Web 发布信息越来越普及,而地理信息系统(GIS)与网络的结合产生了万维网地理信息系统(WebGIS),它引起了地理信息发布的全新变革,为实现 GIS 信息的共享提供了技术保障。

21 世纪是一个数字化信息爆炸的时代,随着分布式网络技术、嵌入式移动网络技术等网络技术的快速发展,以及“数字地球”“智慧地球”“物联网”“云计算”“大数据”等概念的提出,网络 GIS 共享与应用全面铺开,包括桌面端、Web 端、移动端以及云端 GIS 应用,呈现百花齐放之态。当今 GIS 正朝着一个可运行的、分布式的、开放的、网络化的全球 GIS 发展,基于因特网的 WebGIS 将成为下一阶段 GIS 发展的一个主流趋势。

本书编写过程中参考了大量的地理信息系统专业著作,以及 ArcGIS 和 OpenGIS 相关的技术文档。书中介绍软件操作方法的内容参考了 Esri 公司资源中心的部分公开资料及软件帮助文档,以保证软件操作的准确性,在这里对行业前辈及 Esri 公司一并表示感谢。

本书由张贵军主持编著,负责全书章节内容的安排和统筹。陈铭参与编写本书第 4 章和第 5 章,李栋炜参与编写本书第 1～3 章,夏华栋参与编写第 6～8 章,周晓根参与全书内容的检查,郝小虎参与书中插图的绘制,这些人员长期从事 GIS 方面的理论研究与应用开发,具有丰富的理论知识和实践经验。最后,感谢俞立教授在本书编写过程中给予的指导和提出的宝贵意见。

由于时间仓促以及笔者能力所限,书中难免有错误和不足之处,欢迎广大读者及同行批评指正,以促改进。阅读本书的过程中,如果读者有任何疑问,可以发邮件到 webgisdevelop@163.com,我们会及时回答您的问题。

编　者

2016 年 2 月

目录
CONTENTS

Web基础知识篇

WebGIS 开发技术篇

WebGIS 项目实践篇

Web基础知识篇

本篇主要介绍Web开发的基础知识。第1章介绍Web应用的发展历程及组成部分。第2章介绍Web前端开发的相关技术,包括布局技术和脚本技术,通过一个用户登录界面的简单案例演示了如何使用前端技术构建基本界面;第3章介绍Web后端开发的相关技术,包括基本开发环境的搭建,并通过完善用户管理系统介绍了当前流行的SSH框架的基本使用。

第1章 Web应用开发简介

1.1 Web应用

1.1.1 Web应用发展历史

Web技术的发展经历了三个阶段：静态文档、动态网页、Web2.0时代。

1. Web技术发展的第一阶段——静态文档

通过客户机端的Web浏览器，用户可以访问网络上各个Web站点，通过Web站点上的主页访问整个网站。每一个网页中都有很多信息及相关的链接，用户可以通过这些超文本链接进入另一个站点或其他网页中。每个Web站点都是以首页作为站点的入口，由一台主机、Web服务器及许多Web页组成，其他的Web页为支点，形成一个树状的结构。

超文本标注语言(HTML)提供了控制超文本格式的信息，利用这些信息可以在用户的屏幕上显示出特定设计风格的Web页。Web服务器使用HTTP超文本传输协议，将HTML文档从Web服务器传输到用户的Web浏览器上。这一阶段，Web服务器基本上只是一个HTTP的服务器，它负责客户端浏览器的访问请求，建立连接，响应用户的请求，查找所需的静态Web页面，再返回到客户端。

随着互联网技术的不断发展以及网上信息呈几何级数的增加，人们逐渐发现手工编写包含所有信息和内容的页面对人力和物力都是一种极大的浪费，而且几乎变得难以实现。此外，采用静态页面方式建立起来的站点只能够简单地根据用户的请求传送现有页面，而无法实现各种动态的交互功能。具体来说，静态页面在以下几个方面都存在明显的不足：无法支持后台数据库、无法有效地对站点信息进行及时更新、无法实现动态显示效果。而这些不足之处，促使Web技术进入了发展的第二阶段。

2. Web技术发展的第二阶段——动态网页

为了克服静态页面的不足，人们将传统单机环境下的编程技术引入互联网络与Web技术相结合，从而形成新的网络编程技术。网络编程技术通过在传统的静态页面中加入各种程序和逻辑控制，在网络的客户端和服务端实现了动态和个性化的交流与互动。人们将这种使用网络编程技术创建的页面称为动态页面。

从网站浏览者的角度来看，无论是动态网页还是静态网页，都可以展示基本的文字和图片信息，但从网站开发、管理、维护的角度来看就有很大的差别。动态网页以数据库技术为基础，可以大大降低网站维护的工作量；采用动态网页技术的网站可以实现更多的功能，如用户注册、用户登录、在线调查、用户管理、订单管理等；动态网页实际上并不是独立存在于服务器上的网页文件，只有当用户请求时服务器才返回一个完整的网页。

3. Web技术发展的第三阶段——Web2.0时代

Web2.0不是一个具体的事物，而是一个阶段，是促成这个阶段的各种技术和相关的产品服务的一个称呼。这个阶段与前两个阶段相比，有了很大的跨越。

Web2.0是以Flickr、43Th ings.com等网站为代表，以Blog、TAG、SNS、RSS、wiki等社会软件的应用为核心，依据相关的理论和技术实现的新一代互联网模式。

Web1.0到Web2.0就是由网站编辑到全民参与编辑的过程。每个用户都可以在开放的网站上通过简单的浏览器操作而拥有他们自己的数据，人们可以更加方便地进行信息获取、发布、共享以及沟通交流和群组讨论等。每个人都成为新闻或者观点的发布人，通过各种手段，如Tag、关联、链接等，网站能够最大程度地展示个人的作用，进而激发个人的积极性，人们成为Web上社会的人，Web也有了社会性，成为社会化网络。

1.1.2 Web应用的基本构成

上面已经了解到Web发展的基本历史。我们从其发展的第一阶段来了解Web应用的构成，一个基本的Web应用首先需要有浏览器和服务器，它们的结构关系如图1.1-1所示。

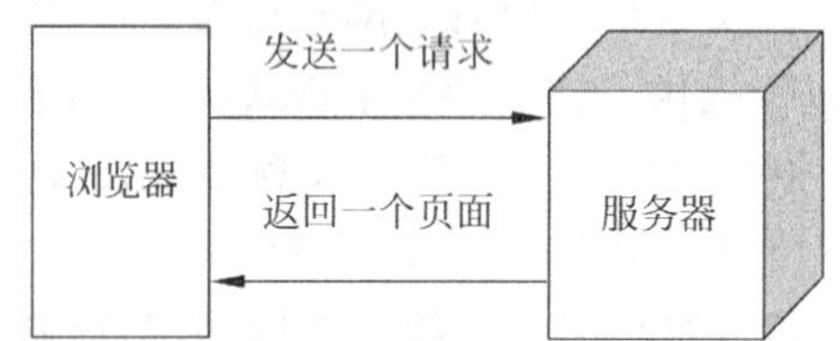

图1.1-1 Web1.0时代网络应用基本结构关系

当浏览者点击某个链接或者输入网址的时候浏览器向服务器发送一个请求，服务器直接返回一个文档给浏览器显示，你就可以看到一个网页了，所以首先应该知道，任何一个Web应用都是分为前端和后台的，单独的一部分不能构成一个完整的Web应用。

1.2 Web前端开发简介

1.2.1 网页布局和样式

网页内容五花八门，但总地来说无非就是三种元素：文本、图片和视频。网页设计师是如何制作出各种排版不一样的网页的呢？其实网页本质上只是一个文本文件，我们称之为HTML，通过CSS(Cascading Style Sheet)层叠样式表(其实也是一个文本文件)来控制网页元素的样式。浏览器的作用就是解析这些文本数据以图形化的形式展示出来。

1.2.2 JavaScript 脚本语言

从 Web 的发展历史中我们已经知道了一个 HTML 网页是静态的，随着时代的发展，我们已经不能满足于单纯的信息展示和阅读了，于是诞生了网页脚本语言，它是一种由浏览器执行的语言，最后流行开来并得到广泛应用的便是 JavaScript 语言了。这里要注意的是，JavaScript 和 Java 是完全不同的语言，不能混淆。

有了网页脚本语言支持，我们可以做出复杂的交互效果，比如下拉菜单，表单验证，甚至是动画效果。加上现在发展起来的 HTML5 和 CSS3 技术，我们甚至可以做出媲美桌面软件的效果，这也是发展的大趋势。

1.2.3 Flash 技术

大名鼎鼎的 Adobe 公司的 Flash 技术可谓家喻户晓，通过 Flash 技术可以实现各种复杂的交互效果，20 世纪初期各种漂亮的网站很多都是基于 Flash 开发的，包括现在我们经常访问的视频类网站的在线播放也是使用到了 Flash 技术，但随着时代的发展，HTML5 的兴起，Flash 技术的应用范围也越来越小。

1.3 Web 后台开发简介

1.3.1 服务器软件

Web 后台可以简单地理解为服务器和服务器软件，服务器就是硬件主机，服务器软件就是用来接收客户端请求并做处理返回数据的软件。但随着时代的发展，这么理解已经不完全正确了，随着数据量和访问量的爆发性增长，传统的服务技术已经不能满足需求，而诞生了分布式技术，这是一种将很多服务器联系起来形成一个巨大的服务器集群的技术，可以胜任更加繁重的工作。

这里我们只需要将 Web 后台理解为一台主机即可，服务器端软件种类繁多，并且取决于开发的语言，比如 Java 多使用 Tomcat，而 PHP 则较多使用 Apache 或者 Nginx，Asp. Net 则可能使用 IIS 了。当我们开发好了某个应用，部署到这些软件下面去运行时，便可以监听客户端发送来的请求并作出相应的逻辑处理。

1.3.2 数据库

前面已经介绍了，服务器软件可以对客户端的请求进行处理，但网页中包含的信息存放在哪里呢？在计算机刚发展起来时，唯一的办法当然是保存为文本了，但存为文本有一个很大的弊端，因为文本数据很难进行复杂的分析和处理，于是诞生了关系型数据库，什么是关系型数据库呢？顾名思义就是用于表示数据间逻辑关系。例如，一个学生的信息可能包含姓名、年龄等诸多属性，通过关系数据库存放这些数据的同时，还可以方便地将它们读取出来，如图 1.3-1 所示。

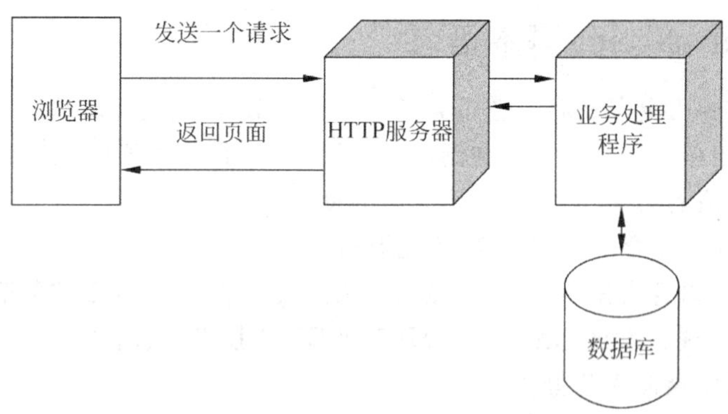

图 1.3-1 Web2.0 时代网络应用基本结构

当服务器执行程序时，可以根据需要去读取数据库的数据加以处理。数据的种类也自然十分多，流行的有 MySQL、Oracle 等，它们的特点也不尽相同，本书中我们选用 PostgreSQL 作为开发使用的数据库，因为它对空间数据的支持更加友好和完善。

1.3.3 Web 后台开发语言

后台的开发语言十分繁多，在网络发展的初级阶段使用 CGI 技术来实现动态效果时可能使用的是 C 语言，发展到现在有 PHP、Java、Asp. Net、Ruby、Go 等，甚至连原来工作在浏览器端的 JavaScript 都被搬到了服务器端，并命名为 Node. js。

需要提醒的是，语言的种类太多，这个数量在未来仍然可能变化，如果要成为一个优秀的开发者，不应该被语言所局限，而更加应该关注实现问题的思路和本质。

第 2 章

Web 前端开发基础

2.1 前言

一个完整的 Web 系统主要包括前端和后台两部分，前端负责处理视图页面，后台负责处理逻辑业务。在 Web 技术发展初期很长的一段时间内，技术的重点都在后台，但随着 Web 应用复杂度的提高，前端技术也得到了空前的发展。

WebGIS 应用在 Web 开发中属于对前台技术要求较高的一类，通常一个体验良好的 WebGIS 系统都是一个 SPA(Single Page Application，单页)应用，同时还涉及图形渲染和数据异步传输技术。本章主要介绍 Web 前端开发的基础知识，包括页面布局以及使用脚本语言实现简单的交互，适合希望从事 WebGIS 系统开发但对前端开发了解较少的人士阅读，如果想深入了解相关知识请参考其他书籍。

2.1.1 超文本标记语言

2.1.2 认识超文本标记语言

超文本标记语言的全称是 Hyper Text Markup Language，即 HTML。通常，网页的浏览者能看到的只是网页中的内容，而无法看到里面的超文本标记语言，但在超文本标记语言的作用下，网页才能区分显示出网页的标题、正文、链接、甚至多媒体等内容。要明确的是，超文本标记语言并不是编程语言。

超文本标记语言由各种不同用途的标签组成，例如，<head></head>就组成了一个头标签，而且大多数标签都是成对出现的，在标签头和标签尾之间可以加入相关文本内容，也可以嵌套另外的标签。现在我们使用文本编辑器新建一个文件，并修改后缀名为.html，命名为 index.html，并在该文件中写入以下内容。

```
<!DOCTYPE html>
<html>
<head>
</head>
<body>
```

```
        hello world!
</body>
</html>
```

可以看到，一个基本的网页文档主要包括头部分(header)和主体部分(body)，其中头部分用于设置网页的基本属性，引入必要文件等功能，而主体部分则用于显示网页所要展示的内容。用浏览器打开创建的文件，可以看到图 2.1-1 所示的效果。

从源码中可以看到，该文档首先通过<! DOCTYPE html>声明了这是一个 HTML 文档。一个 HTML 文档首先由 HTML 标签包围，再次是 head 和 body 标签，在 head 标签中嵌套了 meta，title 和 Link 标签，meta 用于设置 HTML 的某些属性，例如该文档中便申明了文档的编码，title 定义了文档的标题，可以看到浏览器标签卡上显示了 title 中的内容，而 link 则引入了一个外部文件，body 中直接加入了网页要显示的文字。实际应用的可能用到的标签还有很多，会在之后展开介绍。一个基本的 HTML 文档结构的包围关系如图 2.1-2 所示。

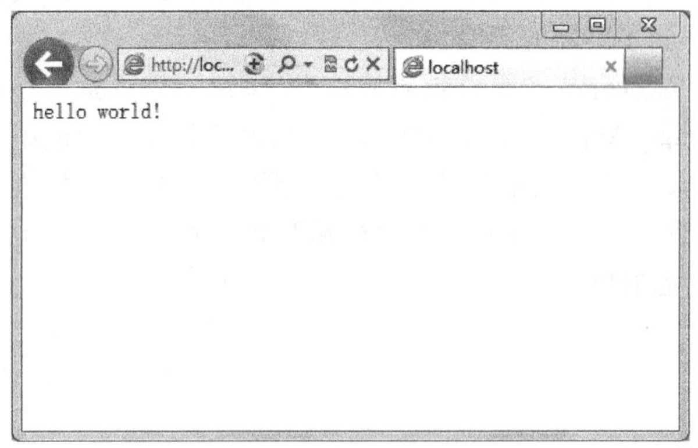

图 2.1-1 用网页显示 helloworld

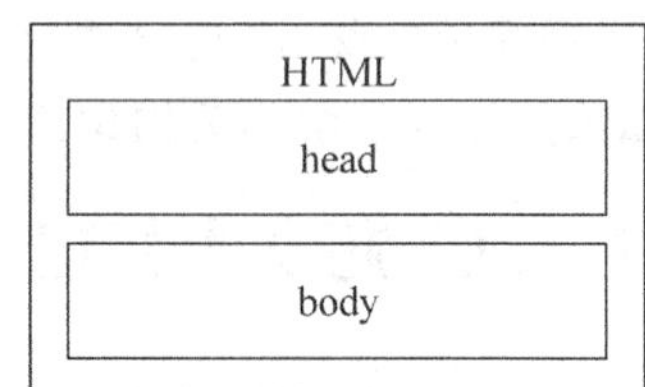

图 2.1-2 一个静态网页的基本结构

2.1.3 文档语言编码

在中文网页中，如果没有设置正确的编码会导致中文无法正常显示，想要正确地显示中文则需要为网页设置正确的编码，具体的做法是在 head 标签中添加编码声明，如下所示。

```
<! DOCTYPE html>
<html>
<head>
    <meta charset = "utf - 8">
</head>
<body>
    你好世界!
</body>
</html>
```

文档的编码决定了文档数据文件在硬盘中存储的编码方式，对于一个全英文的网页，文档的编码可能显得不是那么重要，但对于包含中文的网站，编码便是一个不得不关注的问题，因为错误的解码会导致中文无法正常显示，所以在初学网页开发的时候就该注重编码这个问题，养成良好的习惯能避免很多不必要的麻烦。常用的编码格式有 utf-8、GBK、GB2312、ASIC 等。通常我们选用 utf-8 编码，因为它对各种语言的兼容性更好，而且使用范围更广，需要注意的是，网页编码的选择不是独立的，而需要配合数据库的编码，否则会造成乱码。关于数据库的具体配置会在后文介绍。打开新建的网页可以发现中文可以正常显示了，如图 2.1-3 所示。

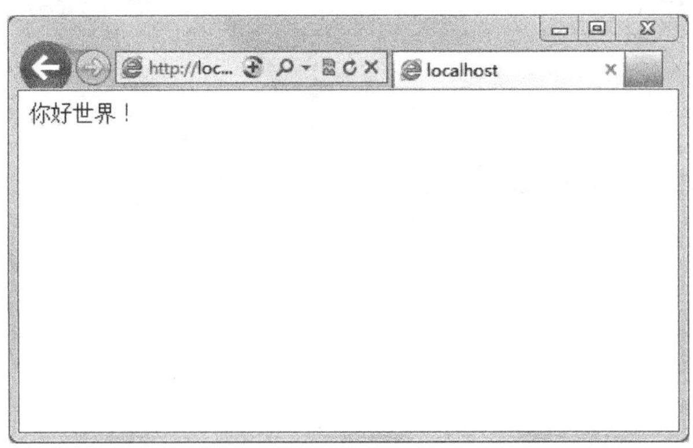

图 2.1-3 正确的编码设置

2.2 网页布局基础

2.2.1 认识 HTML+CSS 布局技术

前面介绍了 HTML 是由各种标签组成的，但各种网页的样式形形色色，各有风格，如何才能合理使用各种标签将网页按照自己的意愿展示出来呢？这里就要用到 CSS 级联样式表了，CSS 实际上是一种后缀名为 .CSS 的文本文件，下面是一个简单的 CSS 文件的例子。

```
.container{
    border:1px #ccc solid;
    width :500px;
    height:400px;
}
```

可以看到，这段代码中定义了 .container 的边线以及宽度和高度的属性值，当其作用于 HTML 文档的时候，页面元素便会发生相应的变化，这就是 CSS 的基本工作原理，单独的 CSS 是没有意义的，可以这么理解：HTML 标签对网页不同内容区块进行了划分，而 CSS 则定义了 HTML 标签的基本样式属性。

2.2.2 样式文件的引用方式

1. 内嵌在网页中

CSS 文件内容可以直接通过一个 style 标签嵌入在网页中，一个基本的例子如下面代码所示。

```
<!DOCTYPE html>
<html>
<head>
    <meta charset="utf-8">
    <style type="text/css">
        body{
            font-size: 28px;
            color:red;
            text-align: center;
        }
    </style>
</head>
<body>
    你好世界!
</body>
</html>
```

该文件在 head 标签中加入了 style 标签，并正对 body 标签定义了样式，其中 font-size 设置了字体的大小，color(font-color)设置了字体的颜色，text-align 设置文本为居中的格式。可以看到网页变成了如图 2.2-1 所示的效果。

图 2.2-1　应用了样式后的网页

这就是将 style 文件内嵌在文档中的做法，通常会将 CSS 样式表放在 head 标签中，也可以将它放到 body 中实现同样的功能，但并不推荐这样做，因为在 HTML 中增加样式会降低代码的可读性。

2. 外部文件引入

对于规模比较大的项目，样式表的代码容量可能比较大，如果直接将它内嵌在网页中会对代码的可读性和可维护性造成一定影响，这时应该采用外部引用的方式把单独保存的后缀名为.css 的样式文件引用进来。在 index.html 的同级目录下新建一个文件夹为 style 用来专门存放样式文件。进入 style 文件夹，新建一个文件 style.css，先将原本添加在 html 中的 body 样式移动到 style.css 中，并编辑添加一个名为 container 的样式，该文件的内容如下所示。

```
body{
    font-size: 14px;
    text-align: center;
    background: #f9f9f9;
}
.container{
    width : 400px;
    margin:0 auto;
    margin-top: 100px;
    border:1px #eee solid;
    background: #fff;
    padding:20px;
}
```

可以看到，样式表中定义了一个名字为 container 的选择器，里面分别定义了四个边框线、高度、宽度、内边距和外边距。这里要注意的是，margin:0 auto 的作用使其居中，前提是该容器的父容器必须设置了 text-align:center，接下来在原先编辑好的 index.html 文件中引入这个文件。

```
<!DOCTYPE html>
<html>
<head>
    <meta charset="utf-8">
    <link href="style/style.css" type="text/css" rel="stylesheet">
</head>
<body>
    <div class="container">
    </div>
</body>
</html>
```

在该文件中，通过 link 标签引用了同级目录下的 style.css 文件。需要注意的是，单独的样式文件中不需要用 style 标签包围，但这在 HTML 中是必需的。最终显示的效果如图 2.2-2 所示。

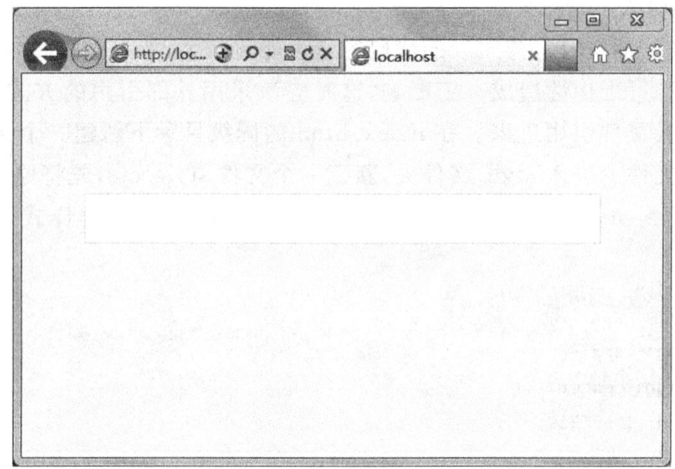

图 2.2-2 使用 DIV+CSS 绘制一个基本的容器

2.2.3 CSS 的盒子模型

一个符合 W3C 标准的盒子模型如图 2.2-3 所示，在图中可以看到多个矩形的结构，所以称为盒子模型。

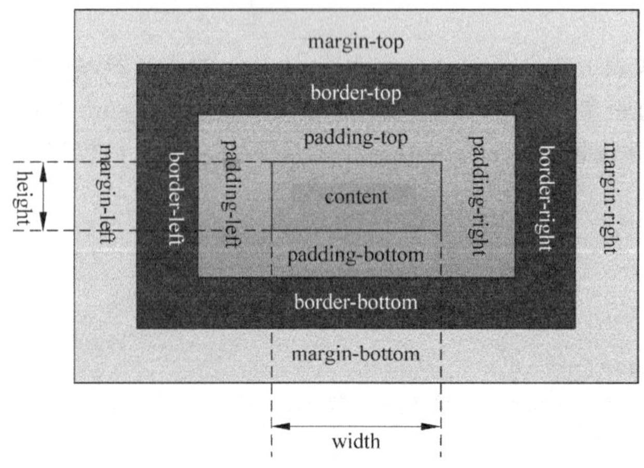

图 2.2-3 标准的盒子模型

现在继续修改之前添加的文件以便更好地理解它是怎么工作的，修改该文件如下：

```
<! DOCTYPE html >
< html >
< head >
    < meta charset = "utf - 8">
    < link href = "style/style.css" type = "text/css" rel = "stylesheet">
```

```
</head>
<body>
    <div class="container">
        <form>
            <label>邮箱<lebel>
            <input type="text" name="email" value="">
            <label>密码<lebel>
            <input type="password " name="email" value="">
            <input type="submit" value="提交">
        </form>
    </div>
</body>
</html>
```

在该文件中新添加了 label 和 input 标签，input 标签在网页中用于用户的输入，它具有表 2.2-1 所示的属性。

表 2.2-1 Input 的基本属性

属 性 值	值	作 用
Type	Text	输入文本
	Password	输入密码
	Button	设置 input 为按钮
	Submit	设置为 form 的提交按钮
Name	自定义	向后台提交时的参数名
Value	自定义	设置默认的值

显示效果如图 2.2-4 所示。可以看到，因为 container 设置了 margin-top:100px，所以白色容器到上方的距离被设置成了 100px，而里面的内容又因为设置了 padding:20px，所以内边距显示为 20px。可以看到，这里显示出了一个基本的登录界面，但界面比较简单，美观性欠佳，在之后的内容中会进一步对页面进行完善。

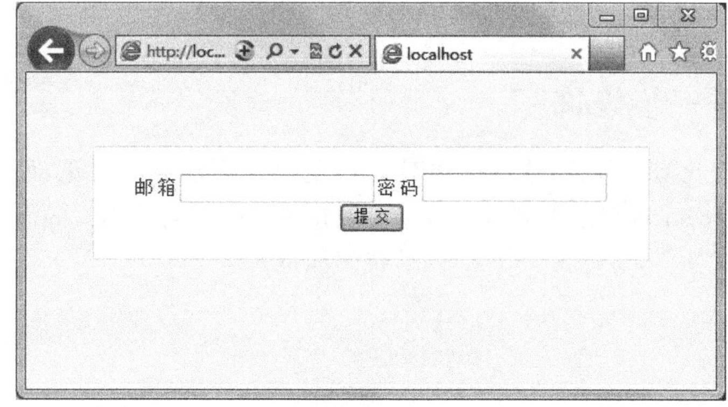

图 2.2-4 创建一个表单

2.2.4 类选择器

CSS 的选择器主要有两种：一种是 class，另一种是 id，两者的区别在于 class 在一个页面中可以出现多次，而 id 则是唯一的，只能使用一次。选择器的作用是将 CSS 样式应用到特定的 HTML 标签上。比如这里定义好了一段 CSS 样式。

```
.container{
    border-top:1px #000 solid;
    border-left:5px #336699 solid;
    border-right: 10px #c0c0c0 solid;
    border-bottom: 4px #000 solid;
    width : 200px;
    height: 200px;
    margin:100px;
    padding:40px;
}
```

如果要将它适用到某个 div 标签，只需通过 class 引用即可。

```
<div class="container"></div>
```

如果想通过 id 的形式，具体方法是一样的，区别是选择器的命名和引用标识规则略有不同。

```
#container{
    border-top:1px #000 solid;
    border-left:5px #336699 solid;
    border-right: 10px #c0c0c0 solid;
    border-bottom: 4px #000 solid;
    width : 200px;
    height: 200px;
    margin:100px;
    padding:40px;
}
<div id="container"></div>
```

2.2.5 进一步修饰

现在进一步美化登录界面，这里不再对 CSS 的具体写法展开讨论，而是直接引用一个自编的 CSS 框架 leeui 对登录界面进行改造。现在去除引用之前编写的简单的 style.css 文件，引入 leeui 样式文件，并修改 index.html 代码如下。

```
<!DOCTYPE html>
<html>
<head>
    <meta charset="utf-8">
    <link href="leeui/style/leeui-base.css" type="text/css" rel="stylesheet">
```

```
    <style type="text/css">
        body{text-align: center;}
        #login-box{width :300px;margin:0 auto;margin-top: 100px;}
    </style>
</head>
<body>
    <div id="login-box">
        <h1>一个登录 DEMO</h1>
        <form action="" meth od="post">
        <ul class="lee-form-normal">
            <li>
                <div class="lee-input">
                    <label>邮箱</label>
                    <input type="text" name="email" value="">
                </div>
            </li>
            <li>
                <div class="lee-input">
                    <label>密码</label>
                    <input type="password " name="password " value="">
                </div>
            </li>
            <li>
                <input class="lee-button" style="width :80px" type="submit" value="提交">
            </li>
        </ul>
        </form>
    </div>
</body>
</html>
```

从最终效果图 2.2-5 中可以看到，该文件中只编写了很少的 CSS 代码，仅仅对 HTML 增加了少量的布局标签就实现了更加美观的登录界面效果。如果你想进一步了解，可以阅

图 2.2-5 使用 CSS 技术编写一个登录界面

读 leeui 中的源码，leeui 是一个轻量级的 CSS 框架，阅读起来也不会非常困难。目前为止，笔者只是对基本知识做了讲解，如果要熟悉并熟练使用这些知识还需要阅读更多的资料。

2.3 JavaScript 语言基础

2.3.1 JavaScript 简介

前面已经介绍了页面编写的基本方法，虽然 HTML 通过 CSS 层叠样式表的作用可以实现各种排版样式，但仅仅能实现静态的页面效果，如果要实现某些动态的交互效果，比如下拉菜单，甚至 Ajax 异步交互，就必须用到 JavaScript 脚本语言了。JavaScript 是一种可以直接在浏览器端运行的脚本语言，几乎所有的浏览器都内置了 JavaScript 解释器。开发者可以通过 JavaScript 对文档的元素进行操作，并进行逻辑运算从而实现复杂的交互功能。

2.3.2 Web 文档对象模型 DOM

在了解 JavaSrcipt 之前，首先要了解文件对象模型(DocumentObjectModel，DOM)，它是 W3C 组织推荐的处理可扩展标志语言的标准编程接口。

如图 2.3-1 所示，可以看到 DOM 是一个树结构的模型，其中的每个元素称为一个节点，而在文档中则对应了一个标签，也就是说 DOM 相当于将 HTML 文本标签实现了对象化，并通过树结构的模型表示出了它们之间的从属关系，所以 JavaScript 可以通过 DOM 接口对文档中的节点，也就是标签进行操作。下面看一段基本的 JavaScript 代码。

```
<!DOCTYPE html>
<html>
<head>
<meta charset="utf-8">
<title>js</title>
<body>
```

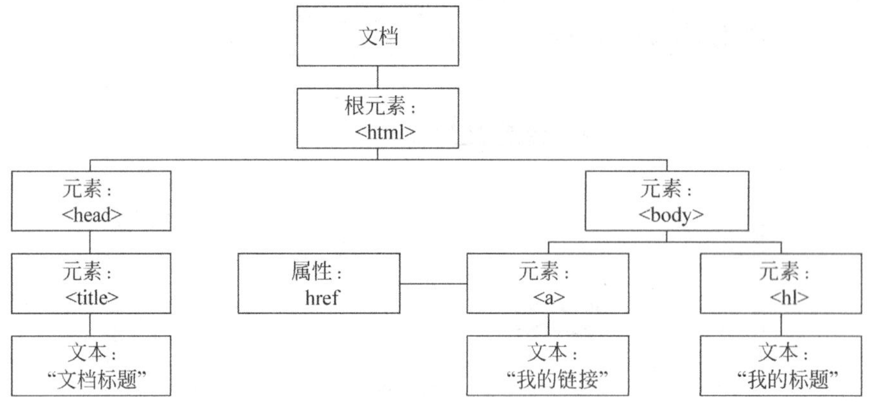

图 2.3-1 DOM 基本结构

```
        <script type="text/javascript">
            function test(){
                alert('hello world');
        }
        </script>
        <button onclick="test()">弹出一个窗口</button>
    </body>
    </html>
```

它的执行结果如图 2.3-2 所示。

图 2.3-2　使用脚本通过单击事件弹出一个窗口

该文件通过一个 script 标签定义了一个 JavaScript 函数，使其执行一个弹出框的功能。在 body 中还添加一个按钮标签，而这个标签就是 DOM 模型中的一个节点，通过这个节点的单击事件去执行预先自定义的函数，便实现了这个简单的单击按钮弹出对话框的功能。由此可以知道，JavaScript 是通过监听 DOM 预先定义好的事件，并去操作节点的各种属性来实现网页的各种动态效果的。

2.3.3　使用 JavaScript 实现数据的校验

以之前编写的登录界面为模板，在此基础上实现登录之前的账号密码的校验功能。进行前台数据校验的好处在于：如果用户输入了非法的数据可以直接禁止请求的发出，从而避免服务器不必要的响应开支，而且页面无刷新就可以提示用户重新填写信息，用户体验更佳。

本节将通过 JavaScript 脚本实现用户输入数据是否为空的校验。打开之前创建的登录页面 index.html，并修改代码如下。

```
<!DOCTYPE html>
<html>
<head>
```

```
        <meta charset = "utf - 8">
        <link href = "style/leeui/style/leeui - base.css" type = "text/css" rel = "stylesheet">
        <style type = "text/css">
            body{text - align: center;}
            #login - box{width :300px;margin:0 auto;margin - top: 100px;}
        </style>
        <script type = "text/javascript">
            function check(){
                    if (document.getElementsByName('email')[0].value == '' || document.
getElementsByName('password ')[0].value == '') {
                        alert('请填写完整登录信息');
                        return false;
                    };
            }
        </script>
    </head>
    <body>
        <div id = "login - box">
            <h1>一个登录 DEMO</h1>
            <form action = "" meth od = "post">
            <ul class = "lee - form - normal">
                <li>
                    <div class = "lee - input">
                        <label>邮箱</label>
                        <input type = "text" name = "email" value = "">
                    </div>
                </li>
                <li>
                    <div class = "lee - input">
                        <label>密码</label>
                        <input type = "password " name = "password " value = "">
                    </div>
                </li>
                <li>
                    <input class = "lee - button" style = "width :80px" type = "button" value = "提
交" onclick = "check()">
                </li>
            </ul>
            </form>
        </div>
    </body>
    </html>
```

打开该网页，不填写任何信息直接单击提交按钮，可以看到页面弹出的一个补充完整信息的提示，如图 2.3-3 所示。

图 2.3-3　判断输入是否为空

再来看所添加的内容其实十分简单。首先在 head 标签之间添加检验内容是否为空的校验脚本，可以看到在这个文件中编写一个名为 check 的简易校验函数。

```
<script type="text/javascript">
        function check(){
            if (document.getElementsByName('email')[0].value == '' || document.
getElementsByName('password')[0].value == '') {
                alert('请填写完整登录信息');
                return false;
            };
        }
</script>
```

通过 document.getElementsByName()这个 DOM 接口可以获取到 name 为某个值的元素的数组，获取该数组中的第一个元素，并获得它的 value 属性 document.getElementsByName('email')[0].value，如果 value 为空字符串的判断，则弹出提示框，函数返回 false 的作用是阻止提交事件的发生，因为当 type 为 submit 的按钮被单击时网页会自动跳转到目标网址，但校验不通过时我们显然希望用户能停留在当前页面。

仅仅创建了这个函数还不够，还需要通过单击事件来触发这个函数，具体做法是定义好 submit 按钮单击事件的回调函数，当用户单击这个按钮时会执行定义好的检测函数。

```
<input class="lee-button" style="width:80px" type="button" value="提交" onclick="check()">
```

回顾之前讲到的各种事件，如何运用这些事件去实现不同的检测逻辑呢？比如在输入框失去焦点时会触发 onblur 事件，如果将 onclidk 事件改为 onblur 事件执行 check 函数，用户在编辑好某个输入框并单击其他地方时便会进行数据校验，而不是到最后提交的时候，所以说事件的应用在网页开发中无处不在，而且是十分灵活的。

2.3.4 使用工具包和开发框架

在实际的工程开发中要实现复杂的功能，用原生的 JavaScript 实现会占用我们更多的时间，所以通常会使用 JavaScript 开发包或者框架进行开发，不仅可以减少工作量、提高开发效率，并且可以相对容易地实现更友好的交互效果。

JQuery 是一个轻量级的 JavaScript 开发包，它被广泛应用于实际项目中，在世界前 10000 个访问最多的网站中，有超过 55%的在使用 JQuery。JQuery 是一个兼容多浏览器的 JavaScript 框架，核心理念是“writeless，domore”(写得更少，做得更多)。JQuery 是免费、开源的，使用 MIT 许可协议。JQuery 的语法设计可以使开发更加便捷，例如操作文档对象、选择 DOM 元素、制作动画效果、事件处理、使用 Ajax 以及其他功能。除此以外，JQuery 还提供 API 让开发者编写插件。其模块化的使用方式使开发者可以很轻松地开发出功能强大的静态或动态网页。可以访问 http://jquery.com/获得它的最新版本并查阅相关的文档。

现在，基于 JQuery 来实现更加复杂的数据校验，首先在之前创建的网站根目录下新建一个文件夹，命名为 js，该文件夹在今后将专门用于存放 js 脚本文件。然后进入 js 目录，将下载好的 jQuery 文件复制到该目下，同时新建文件名为 check.js 的文件。

首先在 index.html 中引入这两个文件，Javasript 的脚本文件理论上可以在 html 标签中的任何位置引用，在实际工程应用中，有时为了加快页面的显示速度，也可以把脚本引用放在文件的末端，这么做可以让页面更快地显示出来，具有更好的用户体验。具体的脚本文件引用方法如下：

```
<script type="text/javascript" src="/js/jquery-2.10.1.min.js"></script>
<script type="text/javascript" src="/js/check.js"></script>
```

继续编辑 check.js 文件，添加如下代码：

```
$(document).ready(function (){
    $('#sub').click(function (){
        var email = $('input[name="email"]').val();
        var password = $('input[name="password"]').val();
        var warm = '';
        if (!check_email(email)) {
            warm += '邮箱格式不正确;';
        };
        if (!check_psd(password )) {
            warm += '密码格式不正确;';
        };
        if (warm == '') {
```

```
                return true;
            } else {
                alert(warm);
                return false;
            }
        })
})
function check_email(value){
    var reg = /^([a-zA-Z0-9_\.\-])+\@(([a-zA-Z0-9\-])+\.)+([a-zA-Z0-9]
{2,4})+$/;
     if(!reg.test(value)){
            return false;
     }
    return true;
}
function check_psd(value){
    var reg = /[a-zA-Z0-9]{6,14}/;
    if(!reg.test(value)){
        return false;
    }
    return true;
}
```

修改 index.html 文件内容如下：

```
<!DOCTYPE html>
<html>
<head>
    <meta charset="utf-8">
    <link href="style/leeui/style/leeui-base.css" type="text/css" rel="stylesheet">
    <style type="text/css">
        body{text-align: center;}
        #login-box{width :300px;margin:0 auto;margin-top: 100px;}
    </style>
    <script type="text/javascript" src="js/jquery-2.10.1.min.js"></script>
    <script type="text/javascript" src="js/check.js"></script>
</head>
<body>
    <div id="login-box">
        <h1>一个登录 DEMO</h1>
        <form action="" meth od="post">
        <ul class="lee-form-normal">
            <li>
                <div class="lee-input">
                    <label>邮箱</label>
                    <input type="text" name="email" value="">
                </div>
            </li>
            <li>
```

```
                    <div class = "lee - input">
                        <label >密码</label >
                        <input type = "password " name = "password " value = "">
                    </div >
                </li >
                <li >
                    <input class = "lee - button" id = "sub" style = "width :80px" type = "button"
                value = "提交">
                </li >
            </ul >
            </form >
        </div >
    </body >
    </html >
```

在该文件中去掉了 submit 按钮上的 onclick 部分，而是使用 JQuery 提供的选择器并设定了 JQuery 对象的单击事件的回调函数。具体细节为，首先给 submit 按钮添加一个 id="sub"用于选择器的选择。$(document)选择器获取 document 对象，当文档加载完成时会产生 ready 事件执行内部的代码。

通过$('#sub')选取表单提交按钮对象，当它被单击的时候会触发 click 单击事件并执行函数体内的内容。可以看到通过 JQuery 插件实现了事件处理和 html 文档的分离，使得程序结构更加清晰。

```
$ (document).ready(function (){
    $ ('# sub').click(function (){
    })
})
```

刷新页面，在输入框里输入一些非法的字符串，可以看到进一步实现了文本格式的检测，这里提示邮箱格式错误，如图 2.3-4 所示。

图 2.3-4　使用正则表达式检测输入格式是否正确

这里的检测用到了正则表达式的相关内容，无论在前台还是后台，正则表达式都被广泛用于数据的校验，文本过滤等方面，关于正则表达式的详细内容这里不再展开，想进一步了解正则表示式的使用方法，请查阅相关资料。

2.3.5 使用插件加速开发

前面已经演示了如何使用 JQuery 开发包来进行开发，使用框架或者开发包开发可以缩短开发周期并生产出更加高质量的代码，本节将进一步演示如何使用一个 JQuery 插件来实现相关功能。在实际开发中，开发者往往可以按插件的形式来实现功能，这么做的好处是可以增加代码的重用性，并降低程序各个模块间的耦合，当我们在其他项目中需要用到类似的功能时，可以直接使用之前写好的插件就可以实现相同的功能。

这里将使用 leeui 前端框架中预先写好的 lee-form-format.js 插件来实现登录的检测功能。首先取消之前创建的 check.js 文件的引用代码，并引入新的插件引用代码。

```
<!DOCTYPE html>
<html>
<head>
    <meta charset="utf-8">
    <link href="style/leeui/style/leeui-base.css" type="text/css" rel="stylesheet">
    <style type="text/css">
        body{text-align: center;}
        #login-box{width :310px;margin:0 auto;margin-top: 100px;}
    </style>
    <script type="text/javascript" src="js/jquery-2.10.1.min.js"></script>
    <script type="text/javascript" src="style/leeui/js/jquery.leeformat.js"></script>
</head>
<body>
    <div id="login-box">
        <h1>一个登录 DEMO</h1>
        <form action="" meth od="post">
        <ul class="lee-form-normal">
            <li>
                <div class="lee-input">
                    <label>邮箱</label>
                    <input class="leeFormat-email" type="text" name="email" value="">
                </div>
            </li>
            <li>
                <div class="lee-input">
                    <label>密码</label>
                    <input class="leeFormat-password " type="password " name="password
" value="">
                </div>
```

```
                </li>
                <li>
                    <input class = "lee - button" id = "sub" style = "width :80px" type = "button"
                value = "提交">
                </li>
            </ul>
            </form>
            <script type = "text/javascript">
                $ ('#sub').click(function () {
                    return $ ('.lee - form - normal').leeFormat();
                });
            </script>
        </div>
    </body>
    </html>
```

如图 2.3-5 所示，刷新页面，输入非法字符提交，可以看到我们实现了更加美观的信息提示，而不是简单地进行信息的弹出，而且自编了更少的代码。对于插件本身使用方法和实现，这里不做介绍了，如果你想了解其中的细节可以自行阅读本书提供的代码。

图 2.3-5　使用插件进行表单验证

这个例子不是为了讲解插件的使用方法，而是让读者了解使用插件的优势，在今后的开发中可以尝试以插件的形式实现想要的功能加快开发速度，也应该注意如何编写重用性更强的代码这个问题，这对开发者的学习有很大的帮助。

2.3.6 总结和深入学习

本章通过一个登录框输入检测的例子，首先讲解了如何使用原生的 JavaScript 脚本实现用户输入内容的校验，然后通过使用框架实现相同的功能，最后介绍了如何使用插件更加方便地开发。因为篇幅有限，没有进一步地深入展开更高级的细节技术讲解，而是简单介绍了基本的用法。如果要进行大型项目的开发，还需要进一步学习和练习，请查阅相关资料。

如果仅仅是想使用 JavaScript 脚本作为辅助技能进行开发，推荐读者熟悉并使用一个 JavaScript 框架，它能完成大多数的工作。但如果是出于学习的考虑，想进一步精通该语言，在熟悉框架的同时，更应该注重脚本原生写法的学习。

在本章开头已经提到 WebGis 应用对前端开发有着更高的技术要求，随着应用场景的不断变化，前端技术也得到了很大的发展，如果你想进一步深入学习前端开发来完成一些重型的 Web 应用，除了本章介绍的基本布局和脚本应用知识外，可以从以下方面着手：

(1) 了解 JavaScript 的模块化编程方法，在大型项目中，特别是 WebGIS 应用中模块化的编程方法可以解决文件之间相互的依赖文件，使得工程结构更加清楚有条理，便于后期维护和开发升级，其中常用的工具有 require.js、sae.js 等。

(2) 熟悉一个 MVC 前端开发框架将对开发 SPA 单页应用于很大的帮助，常用的框架有 AngularJs、Backbone 等。

(3) CSS 框架可以让你更灵活地编写 css 文件，并在其中加入编程逻辑，常用的有 less 和 sass。

本书关于 Web 前端开发的介绍到此结束，第 3 章将开始介绍 Web 服务器端开发的基础知识。

第 3 章

JavaWeb 服务器端开发基础

3.1 建立开发平台

3.1.1 安装 JDK

在正式开始开发 Java 程序之前，要先安装好 JDK，首先进入官方网站下载最新版本的 JDK（地址为 http://www.oracle.com/technetwork/java/javase/downloads/index.html）。安装完成后需要确认安装是否成功，打开 CMD，输入 java-version，如果可以看到 Java 的版本信息说明安装已经成功了，如图 3.1-1 所示。

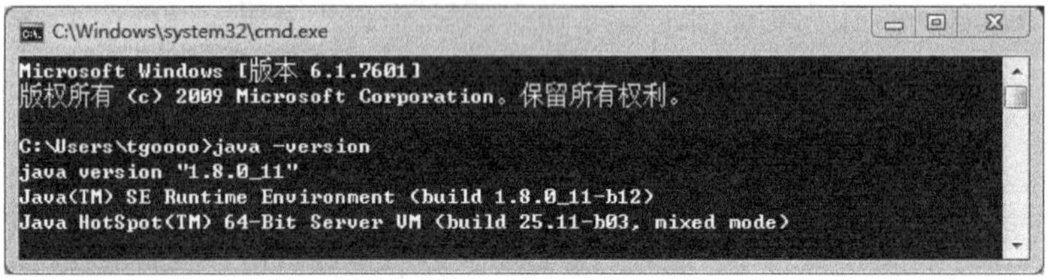

```
C:\Windows\system32\cmd.exe
Microsoft Windows [版本 6.1.7601]
版权所有 (c) 2009 Microsoft Corporation。保留所有权利。

C:\Users\tgoooo>java -version
java version "1.8.0_11"
Java(TM) SE Runtime Environment (build 1.8.0_11-b12)
Java HotSpot(TM) 64-Bit Server VM (build 25.11-b03, mixed mode)
```

图 3.1-1 检验是否安装成功

安装成功后继续配置 Java 的环境变量以便让系统知道 JDK 的具体位置。打开“我的电脑→属性→高级系统设置→高级”，单击环境变量按钮进行环境变量的设置，如图 3.1-2 所示。

在系统变量中添加一个新的变量 JAVA_HOME，并设置其值为 JDK 的安装目录，可以直接用文件浏览器打开相关目录直接复制文件路径粘贴。然后将 JAVA_HOME 添加到系统变量 Path 之中，具体方法是编辑打开系统变量 Path，在原有的变量值前添加双引号内的代码“%JAVA_HOME %/bin;”，其中的分号起分隔作用，不可缺少，如图 3.1-3 所示。

3.1.2 安装 Tomcat

在进行 Java Web 开发之前，还需要安装服务器软件 Tomcat，Tomcat 是一个免费的开放源代码的 Web 应用服务器，属于轻量级应用服务器。首先进入 Tomcat 的官方网站下载其安装包。安装过程中用户可以选择需要安装的组件，一般选择默认即可，进入下一步，设置 Tomcat 的常用端口，一般采用默认端口。如果你的计算机某些端口已经被其他软件占用，也可以改用其他端口。此外，也可以设置 Tomcat 的用户账号和密码加强其安全性，在测试环境中一般采用默认设置。

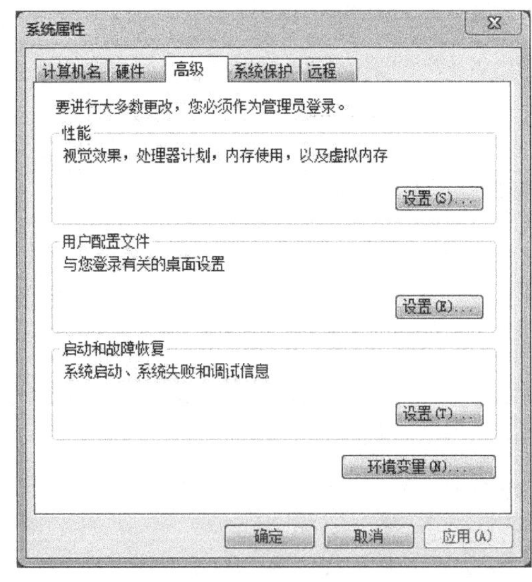

图 3.1-2　设置环境变量(1)

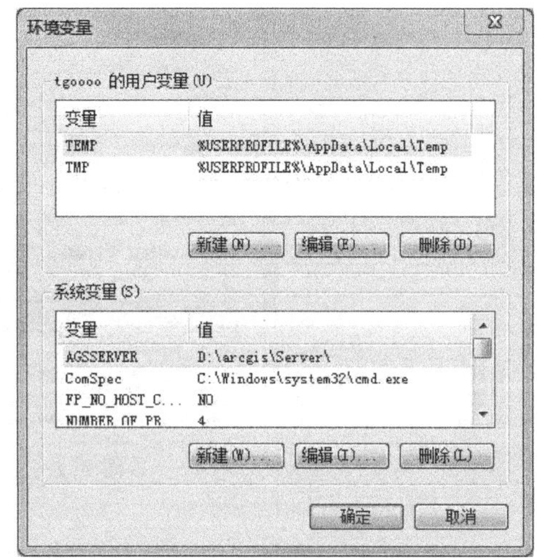

图 3.1-3　设置环境变量(2)

进入下一步，选择 Java 虚拟机的安装路径。因为 Tomcat 在执行 Java 应用的时候需要调用 Jre 去执行 Java 字节码，而之前已经安装好了 JDK 和 JRE 并且设置好了环境变量，所以这一步一般会自动填写好路径。如果安装包没有自动寻找到 JRE 的路径，请检查前面的安装和设置工作是否完成或者手动选择路径。

进入下一步，选择 Tomcat 的安装路径，可以自定义一个安装路径来安装 Tomca。最后单击“安装”按钮，等待片刻后显示安装完成。

单击“完成”按钮 Tomcat 便会启动，单击系统右下角的 Tomcat 图标会弹出可视化管理界面，可以停止或启动它的服务并进行一些常用的设置，如图 3.1-4 所示。

最后，打开浏览器，输入地址查看安装是否成功，如果可以显示图 3.1-5 所示的界面，说明 Tomcat 已经可以正常工作了。

3.1.3　安装 PostgreSQL 数据库

数据库的种类很多，比如流行的 MySQL、企业级的 Oracle 等，本书以 PostgreSQL 为例讲解数据库的安装。PostgreSQL 是以加州大学伯克利分校计算机系开发的对象关系型数据库管理系统。它支持大部分 SQL 标准并且拥有许多其他现代特性：复杂查询、外键、触发器、视图、事务完整性、MVCC。同样，PostgreSQL 可以用许多方法扩展，不管是私用、商用、还是学术研究使用，比如通过增加新的数据类型、函数、操作符、聚集函数、索引免费使用、修改和分发 PostgreSQL。

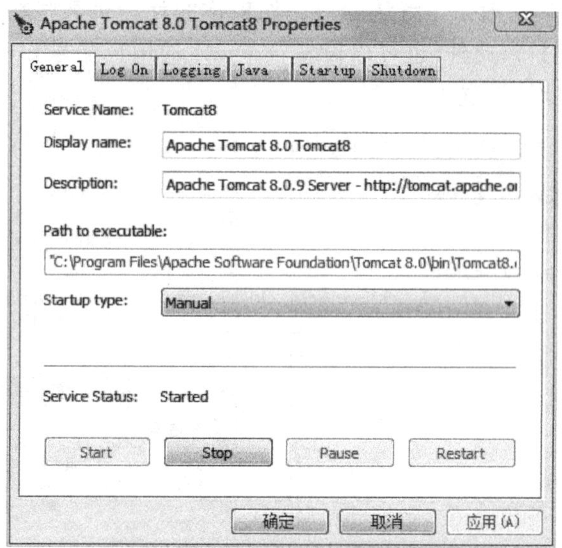

图 3.1-4　Tomcat 启动界面

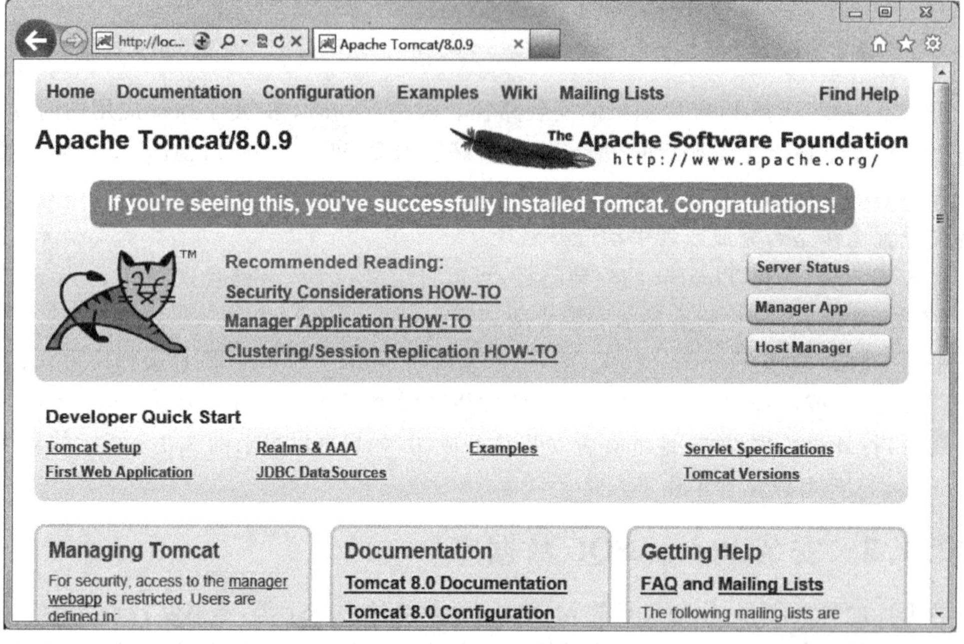

图 3.1-5　Tomcat 成功启动的界面

首先，进入 PostgreSQL 官方网站 http://www.postgresql.org/，下载最新的安装包，下载完成后单击安装包进入安装界面。

进入“下一步”，选择数据库的安装目录。

进入“下一步”，选择数据文件的存放位置，默认为数据库安装目录下，也可以自定义。

进入“下一步”，设置数据库管理员的密码。

设置数据库的访问端口，默认为5432，也可以根据需要改成其他端口。

进入“下一步”选择所在区域，可以直接选择默认选项，最后单击“安装”完成安装。

3.1.4 安装 Eclipse

在进行开发前，首先要选择一个集成开发环境，这能给开发工作带来很多方便，本书中选择普遍使用的 Eclipse 来进行 Java 的开发，首先进入其官方网站下载 http://www.eclipse.org/home/index.php。

Eclipse 是一个很受欢迎的开发软件，因此其版本也十分多，为了方便进行 Java 开发，选择 JavaEE 的版本，它与其他版本的区别是默认集成了一些开发 Java 程序需要用到的插件，可以省去自行安装的麻烦。

3.2 MVC 模式及对象持久化

3.2.1 开发框架简介

在了解 MVC 之前，首先来了解框架的概念。要理解框架的含义得从开发的实际需求说起。在软件开发过程中总有很多基础的功能是相同或者相近的，所以在实际开发中再花费时间重复基础工作显然是人们不愿意做的事情，所以开发者们将一些可重用的、易扩展的，并且经过良好测试的组件独立出来抽象成一个框架，当开发新的项目时便可以直接基于框架开发，可以有更多的精力放在分析和构建业务逻辑上，从而避免繁琐的底层事务和代码工程，这就是框架的由来。

3.2.2 MVC 的层结构

MVC 是 Model View Controller 的缩写，是一种开发模式，因为其合理的设计，诞生了很多以 MVC 开发模式为主导的框架，称为 MVC 框架，如图 3.2-1 所示。

(1) Model(模型)：表示程序的核心，处理一些底层的业务逻辑。

(2) View(视图)：显示页面数据。

(3) Controller(控制器)：控制输入/输出，协调各个层的关系。

3.2.3 对象关系映射 ORM 技术

虽然关系型数据库已经大大地方便了程序员进行程序开发，但在一些大型的项目中数据关系比较复杂，业务逻辑要求可能更多，此时再从底层进行数据库的操作显得比较费事，于是人们提出了 ORM(Object Relational Mapping)技术，它是一种将关系型数据映射到类的技术。使用 ORM 技术进行开发，程序员不需要去处理繁琐的底层数据，而是通过映射类进行数据操作，更加符合软件工程面向对象的思想。使用 ORM 技术，开发者可以访问到底

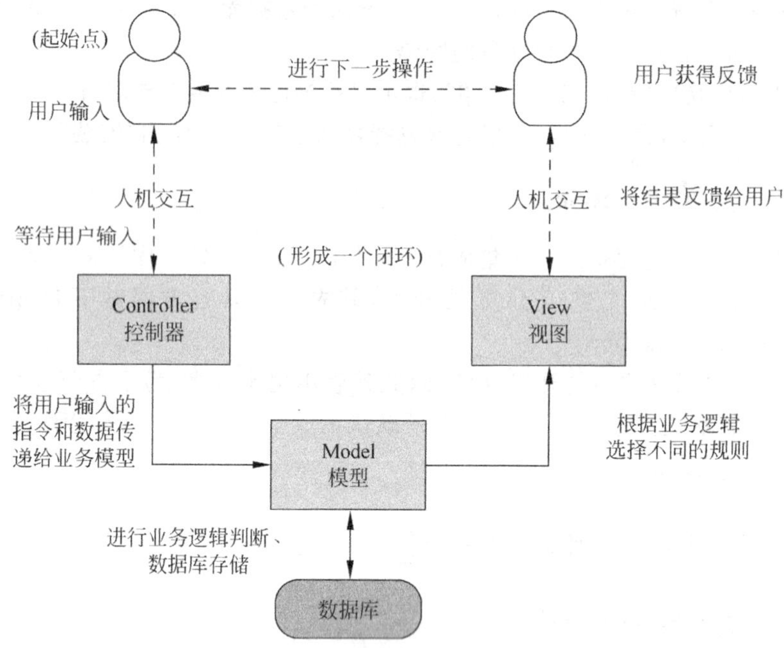

图 3.2-1 MVC 基本结构

层的数据,但完全不用去关心底层数据的结构,这个过程也可以称为持久化的过程。

3.2.4 SSH 集成开发框架

SSH 为 Struts+Spring+Hibernate 的一个集成框架,是目前较流行的一种 Web 应用程序开源框架。Struts2 是一个 Java 的 MVCWeb 开发框架,Struts2 以 WebWork 为核心,采用拦截器的机制来处理用户的请求,这样的设计也使得业务逻辑控制器能够与 ServletAPI 完全脱离开。Spring 是一个开源框架,是为了解决企业应用程序开发复杂性而创建的。Hibernate 是一个开放源代码的对象关系映射框架,它对 JDBC 进行了轻量级的对象封装,使得 Java 程序员可以随心所欲地使用对象编程思维来操作数据库。Hibernate 可以应用在任何使用 JDBC 的场合,既可以在 Java 的客户端使用,也可以在 Servlet/JSP 的 Web 应用中使用。

3.3 Struts2 框架的使用

3.3.1 Struts2 框架的下载及部署

在使用 Struts2 前需要去官网下载最新的框架包,地址为 http://struts.apache.org/release/2.0.x/。可以选择下载完整包,里面除了包含必需的文件外还包含了文档和案例,也可以选择只下载运行包。这里选择下载完整的压缩包,解压后会看到目录结构如图 3.3-1

名称	修改日期	类型	大小
apps	2014/5/2 18:04	文件夹	
docs	2014/5/2 18:04	文件夹	
lib	2014/5/2 18:04	文件夹	
src	2014/5/2 18:04	文件夹	
ANTLR-LICENSE.txt	2014/5/2 17:19	文本文档	2 KB
CLASSWORLDS-LICENSE.txt	2014/5/2 17:19	文本文档	2 KB
FREEMARKER-LICENSE.txt	2014/5/2 17:19	文本文档	3 KB
LICENSE.txt	2014/5/2 17:19	文本文档	10 KB
NOTICE.txt	2014/5/2 17:19	文本文档	1 KB
OGNL-LICENSE.txt	2014/5/2 17:19	文本文档	3 KB
OVAL-LICENSE.txt	2014/5/2 17:19	文本文档	12 KB
SITEMESH-LICENSE.txt	2014/5/2 17:19	文本文档	3 KB
XPP3-LICENSE.txt	2014/5/2 17:19	文本文档	3 KB
XSTREAM-LICENSE.txt	2014/5/2 17:19	文本文档	2 KB

图 3.3-1 Struts2 的框架包

所示。

需要用到的是 lib 文件夹下的 jar 文件，现在复制这些文件到之前新建的工程中的 WebContent/WEB-INF/lib 文件夹下，以便在工程中使用这些文件。lib 文件夹中通常会放置工程需要用到的 jar 文件，引用相关的 Java 类时会自动加载该文件夹下的资源，可以理解为一个资源库，需要什么取什么。

在 Eclipse 中刷新之前的工程可以看到在 WebAppLibraries 节点下复制过来的 jar 文件，说明已经成功将 Struts2 的文件部署到了工程中，如果不能看到文件请重新检查复制的路径是否正确。

Struts2 框架的部署本质上就是将文件添加到我们的工程中以便调用而已，而在很多书中可能会将该过程描述为安装的过程，将简单的过程抽象了，十分不利于学习，这点读者需要清楚。

3.3.2 Struts2 配置

在部署好了相关的 Struts2 文件后只是做好了预备工作，只有框架是不能够运行出什么效果的，现在需要进一步对框架进行配置才能使其工作。

从前面讲述 JSP 显示简单页面的内容已经知道，我们不需要任何配置文件，只需要在应用的根目录下建立新的 JSP 文件，然后通过网址/文件名就可以访问动态页面了，这是最基本的 Web 开发形式，因为和本地浏览文档的逻辑几乎一样。但复杂的 Web 程序通常不会以文件为地址单位进行开发，这不利于项目的开发和维护，并且会暴露工程的目录结构。通常会统一使用一个路口来管理应用的访问，这好比进入一幢楼的某个房间必须先经过大门一样，而不是直接就能进入某个房间。在 Java Web 开发中，扮演入口角色的通常是 web.xml 文件，在里面可以进行工程的各种配置工作，所以想要让 Struts2 的框架正常工作起来，首先要配置 web.xml 这张地图，只有通过 web.xml 程序才能找到 Struts2 的入口。

在 WEB-INF 文件夹新建一个 web.xml 文件。编辑该文件如下：

```
<?xml version = "1.0" encoding = "UTF - 8"?>
<web - app id = "WebApp_9" version = "2.4" xmlns = "http://java.sun.com/xml/ns/j2ee" xmlns:xsi
 = "http://www.w3.org/2001/XMLSchema - instance" xsi:schemaLocation = "http://java.sun.com/
xml/ns/j2ee http://java.sun.com/xml/ns/j2ee/web - app_2_4.xsd">
    <display - name > Struts Blank </display - name >
    <filter >
            <filter - name > struts2 </filter - name >
                <filter - class >
    org.apache.struts2.dispatcher.ng.filter.StrutsPrepareAndExecuteFilter
                </filter - class >
    </filter >
    <filter - mapping >
            <filter - name > struts2 </filter - name >
            <url - pattern >/ * </url - pattern >
    </filter - mapping >
    <welcome - file - list >
            <welcome - file > index.html </welcome - file >
    </welcome - file - list >
</web - app >
```

这里要提醒的是，不同版本的 Struts2 可能文件的配置会略有不同，所以在下载完新版本的 Struts2 后使用本书或者其他资料中的文件未必正确，最好的方法是参考查看下载文件中的 webapp 范例中的配置文件。

可以看到，该文件中添加了一个过滤器，将过滤所有访问请求，<filter-name>struts2</filter-name>声明了该过滤器的名字为 struts2，而<url-pattern>/ * </url-pattern>指明了过滤的路径为工程下的所有访问路径，这里用到的正则表达，/表示为根目录，而 * 用于匹配所有字符。

在 filter 标签中声明了该过滤器用到的类为 org.apache.struts2.dispatcher.ng.filter.StrutsPrepareAndExecuteFilter，这个类就在之前添加到 lib 文件夹中的 jar 文件中。现在来总结 web.xml 将如何工作，当用户访问我们的应用时会先经过预定好的 Struts2 过滤器，org.apache.struts2.dispatcher.ng.filter.StrutsPrepareAndExecuteFilter 过滤器类会将所有的访问请求全部转交给 Struts2 处理。

同样，Struts2 本身也有自己的 xml 配置文件，担当着类似 web.xml 的作用，在 src 文件夹下再新建一个名为 struts.xml 的文件。编辑该文件内容如下：

```
<?xml version = "1.0" encoding = "UTF - 8" ?>
<! DOCTYPE struts PUBLIC
    " - //Apache Software Foundation//DTD Struts Configuration 3.3//EN"
    "http://struts.apache.org/dtd s/struts - 3.3.dtd ">
<struts >
    <constant name = "struts.enable.DynamicMeth odInvocation" value = "false" />
    <constant name = "struts.devMode" value = "true" />
    <package name = "default" namespace = "/" extends  = "struts - default">
```

```
    </package>
</struts>
```

在该文件中添加了一个 package，命名为 helloworld，在 struts. xml 文件中，package 起着分类管理 Action 的作用，对于大型的项目，将所有的 action 放置在一起显然会让人眼花缭乱，不利于开发和维护，有了 Action 便可以对它们进行分类管理。

3.3.3　创建第一个 Action 实例

现在开始编写第一个 Action 类，右击 src 节点，单击 New→Class。在弹出的对话框中填写类名为 HelloWorld。然后单击 Finish 按钮完成类的新建，如图 3.3-2 所示。

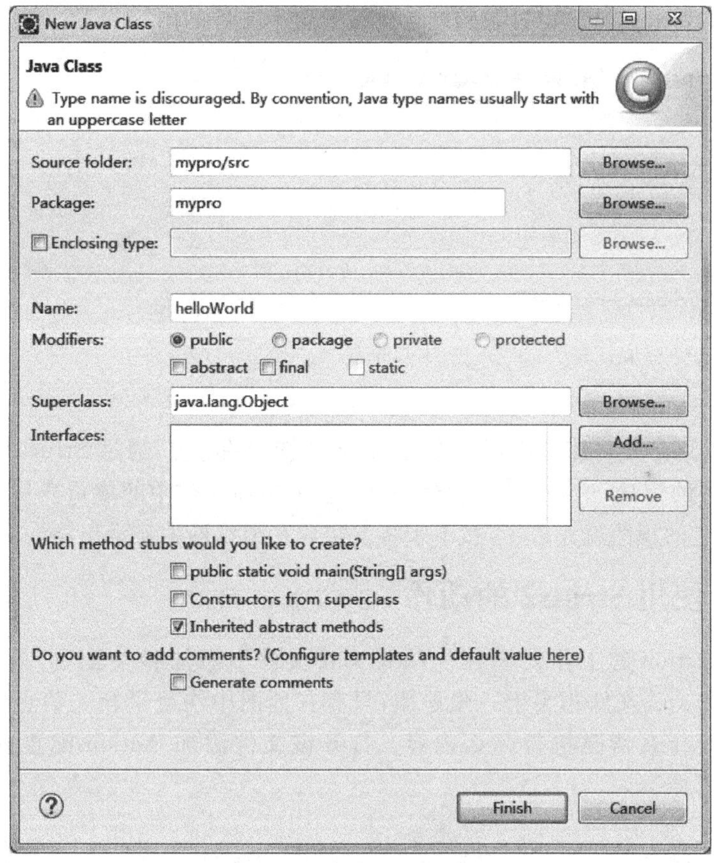

图 3.3-2　设置类的信息

可以看到在 src 节点下的 mypro 包中新建了一个 Java 文件。编辑这个文件如下：

```
package mypro;
import com.opensymphony.xwork2.ActionSupport;
public class helloWorld extends ActionSupport {
```

```
    public String message = "Hello, world! ";
    public String execute() throws Exception {
            return SUCCESS;
        }
}
```

现在已经编写完了一个最基本的 Action 类，在这个类中，添加了一个名为 execute()的方法，在 Action 类被执行的时候它会默认执行这个方法来处理客户端发送的请求。

编写完 Action 类后还需要创建一个视图文件，用于显示返回的内容。在 WebConent 文件夹下新建一个 templets 的文件夹用于放置模板文件，在该文件夹下新建一个 HelloWorld.jsp 的文件。需要提醒的是，文件的设定和命名并不是固定的，实际开发中可以根据项目的规划来自己设定目录的结构。编辑这个文件的内容如下：

```
<% @ taglib prefix = "s" uri = "/struts - tags" %>
<html>
<head>
<title>Hello World!</title>
</head>
<body>
    <h2>
        <s:property value = "message" />
    </h2>
</body>
</html>
```

第一行的作用是使得该页面可以支持 Struts2 特有的标签，通过 Struts2 的 property 标签可以输出相关的信息，这些信息一般为所对应的 Action 类中的成员变量，到这里一个基本的 Action 和它的视图就完成了，接下来将去实现在浏览器中显示出添加的页面。

3.3.4 使用 Struts2 的动作

最后实现 Action 的工作需要在 struts.xml 文件中添加相关配置，前面已经说了在 JavaWeb 工程中 xml 文件相当于一张地图，只有在地图中注册了相关信息，程序才知道该在什么时候以及什么情况执行什么内容。打开该文件添加 Action 配置内容，文件修改如下：

```
<?xml version = "1.0" encoding = "UTF - 8" ?>
<! DOCTYPE struts PUBLIC
    " - //Apache Software Foundation//DTD Struts Configuration 3.3//EN"
    "http://struts.apache.org/dtd s/struts - 3.3.dtd ">
<struts>
<constant name = "struts.enable.DynamicMeth odInvocation" value = "false" />
<constant name = "struts.devMode" value = "true" />
<package name = "default" namespace = "/" extends  = "struts - default">
<default - action - ref name = "index" />
```

```
    <global-results>
        <result name="error">/error.jsp</result>
    </global-results>
    <global-exception-mappings>
        <exception-mapping exception="java.lang.Exception" result="error"/>
    </global-exception-mappings>
    <action name="helloWorld" class="mypro.helloWorld">
        <result>/templets/helloWorld.jsp</result>
    </action>
</package>
</struts>
```

该文件中添加了一个 Action 标签，命名为 HelloWorld，并指明了该动作对应的 Action 类为 mypro. HelloWorld。当该 Action 执行完毕后会跳转到/templets/HelloWorld. jsp 这个模板文件返回给前台显示。

启动本地的 server，打开浏览器输入地址 http://localhost:8080/mypro/helloWorld. action，可以看到数据已经正确地被显示出来了，如图 3.3-3 所示。

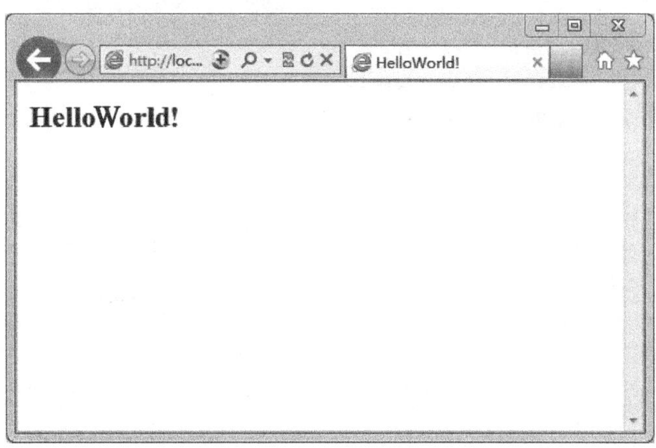

图 3.3-3　使用 Action 显示 HelloWorld

3.3.5　通过 Action 接收前台数据

在进一步深入学习相关知识前，让我们重新部署之前编写的登录界面，以便更好地进行效果演示。首先在 templets 下新建一个文件夹 login.jsp，并将之前编写的 HTML 登录界面复制进去。

```
<%@ page language="java" contentType="text/html; charset=UTF-8"
    pageEncoding="UTF-8"%>
<!DOCTYPE html PUBLIC "-//W3C//DTD HTML 4.01 Transitional//EN" "http://www.w3.org/TR/html4/
loose.dtd">
<head>
```

```
        <meta charset = "utf - 8">
        <link href = "leeui/style/leeui - base.css" type = "text/css" rel = "stylesheet">
        <style type = "text/css">
            body{text - align: center;}
            #login - box{width :300px;margin:0 auto;margin - top: 100px;}
        </style>
    </head>
    <body>
        <div id = "login - box">
            <h1 >基于 struts2 的登录 DEMO </h1 >
            <form action = "" meth od = "post">
            <ul class = "lee - form - normal">
                <li>
                    <div class = "lee - input">
                        <label >邮箱</label >
                        <input type = "text" name = "email" value = "">
                    </div >
                </li >
                <li>
                    <div class = "lee - input">
                        <label >密码</label >
                        <input type = "password " name = "password " value = "">
                    </div >
                </li >
                <li>
                    <input class = "lee - button" style = "width :80px" type = "submit" value = "提交">
                </li >
            </ul >
            </form >
        </div >
    </body >
    </html >
```

然后将 leeui 的文件夹放置到 WebContent 根目录下，新建一个 login 的 Java 类，编辑内容如下：

```
package mypro;
import com.opensymphony.xwork2.ActionSupport;
public class login extends ActionSupport {
public String execute() throws Exception {
return SUCCESS;
    }
}
```

修改 struts.xml 配置文件，在其中添加一个新的 Action：

```
<?xml version = "1.0" encoding = "UTF - 8" ?>
```

```
<!DOCTYPE struts PUBLIC
    "-//Apache Software Foundation//DTD Struts Configuration 3.3//EN"
    "http://struts.apache.org/dtds/struts-3.3.dtd">
<struts>
<constant name="struts.enable.DynamicMethodInvocation" value="false" />
<constant name="struts.devMode" value="true" />
<package name="default" namespace="/" extends ="struts-default">
<default-action-ref name="index" />
<global-results>
    <result name="error">/error.jsp</result>
</global-results>
<global-exception-mappings>
    <exception-mapping exception="java.lang.Exception" result="error"/>
</global-exception-mappings>
<action name="helloWorld" class="mypro.helloWorld">
    <result>/templets/helloWorld.jsp</result>
</action>
<action name="login" class="mypro.login">
    <result>/templets/login.jsp</result>
</action>
</package>
</struts>
```

这样就完成了一个基本登录 Action 的编写了，重启服务器在浏览器输入地址 http://localhost:8080/mypro/login，如果能显示图 3.3-4 所示页面就说明新添加的 Action 已经成功工作了。

图 3.3-4　通过 Action 显示登录界面

接下来继续实现下一项功能：通过这个登录页面将用户输入的邮箱和密码信息发送到后台并且显示出来。创建一个新的 Action 用来接收和处理前台传送过来的参数，新建一个 Java 类名为 handleLogin，并编辑内容如下：

```
package mypro;
import com.opensymphony.xwork2.ActionSupport;
public class handleLogin extends ActionSupport {
    private String email;
    private String password ;
public String execute() throws Exception {
return SUCCESS;
    }
    public String getEmail() {
        return email;
    }
    public void setEmail(String email) {
        this.email = email;
    }
    public String getPassword () {
        return password ;
    }
    public void setPassword (String password ) {
        this.password = password ;
    }
}
```

Java 几乎是完全面向对象的语言，所以在类的外部一般不会直接去调用类的内部变量，因为这不符合面向对象的思想，通常会对每个成员变量定义相应的操作函数，就是 get 和 set 方法，通过 get 方法来获取类的内部成员变量，通过 set 方法来设定类的内部成员变量，这种通过类方法操作变量的方法更符合面向对象的思想，利于程序的编写。

这里介绍一个小技巧，在编写复杂的类时可能要创建较多的 get 和 set 方法，这些繁琐重复的工作可以直接让程序完成，具体方法是定义好成员变量后右击空白处，单击 Source→GenerrateGettersandSetters。

在弹出的设置界面中勾选要定义 get 和 set 方法的成员变量，然后单击“完成”按钮，系统会自动完成相关成员方法的编写，不仅十分方便，还能避免不必要的拼写错误，如图 3.3-5 所示。

在 Struts 的 Action 中，会通过 get 和 set 自动完成一些参数的接收和传递的作用。当用户发送请求到 Action 时，Struts2 会自动调用同名的 set 方法将传递的参数赋值给类成员变量，在对应 Action 的 jsp 模板页面中，只有定义了成员变量相应的 get 函数，才可以输出相应的变量值。

在创建完 Action 后，还需要创建一个 jsp 模板文件用来显示接收到的数据。在 templets 文件夹下新建一个文件名为 loginResult.jsp，使用 Struts2 的 property 标签输出接

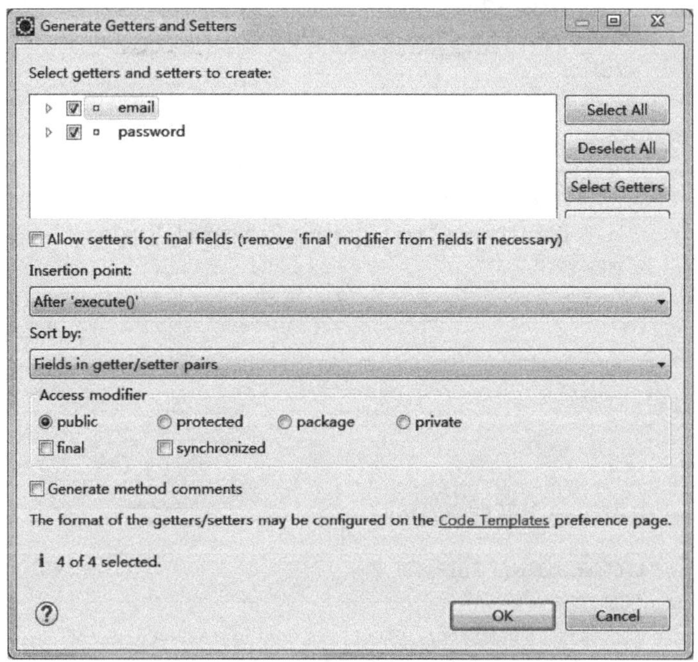

图 3.3-5 选择要创建 get 和 set 方法的成员变量

受到的内容，编辑内容如下：

```
<%@ taglib prefix="s" uri="/struts-tags" %>
<%@ page language="java" contentType="text/html; charset=UTF-8"
    pageEncoding="UTF-8" %>
<!DOCTYPE html PUBLIC "-//W3C//DTD HTML 4.01 Transitional//EN" "http://www.w3.org/TR/html4/
loose.dtd">
<html>
<head>
<meta http-equiv="Content-Type" content="text/html; charset=UTF-8">
<title>登录参数显示</title>
<link href="leeui/style/leeui-base.css" type="text/css" rel="stylesheet">
<style type="text/css">
        body{text-align: center;}
        #login-box{width :300px;margin:0 auto;margin-top: 100px;}
    </style>
</head>
<body>
    <div id="login-box">
        <h1>用户输入的参数为</h1>
        <ul class="lee-form-normal">
            <li>
                <div class="lee-input">
```

```
                    <label>邮箱</label>
                    <input type="text" name="email" value="<s:property value="email" />">
                </div>
            </li>
            <li>
                <div class="lee-input">
                    <label>密码</label>
                    <input type="text" name="password" value="<s:property value=
                "password" />">
                </div>
            </li>
        </ul>
    </div>
</body>
</html>
```

在 struts.xml 中添加一个新的 Action：

```
<?xml version="1.0" encoding="UTF-8" ?>
<!DOCTYPE struts PUBLIC
    "-//Apache Software Foundation//DTD Struts Configuration 3.3//EN"
    "http://struts.apache.org/dtds/struts-3.3.dtd">
<struts>
    <constant name="struts.enable.DynamicMethodInvocation" value="false" />
    <constant name="struts.devMode" value="true" />
    <package name="default" namespace="/" extends ="struts-default">
    <default-action-ref name="index" />
    <global-results>
            <result name="error">/error.jsp</result>
    </global-results>
    <global-exception-mappings>
            <exception-mapping exception="java.lang.Exception" result="error"/>
    </global-exception-mappings>
    <action name="helloWorld" class="mypro.helloWorld">
            <result>/templets/helloWorld.jsp</result>
    </action>
    <action name="login" class="mypro.login">
            <result>/templets/login.jsp</result>
    </action>
    <action name="handleLogin" class="mypro.handleLogin">
        <result>/templets/loginResult.jsp</result>
    </action>
</package>
</struts>
```

现在登录和显示登录信息的界面已经都做好了，还需要修改登录界面的目标地址。否则，在用户提交登录表单的时候，程序无法知道向什么地址提交数据，编辑 Login.jsp 页面中的 form 标签的 Action 属性，该属性的作用是当用户单击“提交”按钮时前台会将数据提交到这个地址。编辑后的代码如下：

```
<%@ page language = "java" contentType = "text/html; charset = UTF - 8"
    pageEncoding = "UTF - 8" %>
<!DOCTYPE html PUBLIC " - //W3C//DTD HTML 4.01 Transitional//EN" "http://www.w3.org/TR/html4/
loose.dtd ">
<head>
    <meta charset = "utf - 8">
    <link href = "leeui/style/leeui - base.css" type = "text/css" rel = "stylesheet">
    <style type = "text/css">
        body{text - align: center;}
        #login - box{width :300px;margin:0 auto;margin - top: 100px;}
    </style>
</head>
<body>
    <div id = "login - box">
        <h1>基于 struts2 的登录 DEMO</h1>
        <form action = "handleLogin.action" meth od = "post">
        <ul class = "lee - form - normal">
            <li>
                <div class = "lee - input">
                    <label>邮箱</label>
                    <input type = "text" name = "email" value = "">
                </div>
            </li>
            <li>
                <div class = "lee - input">
                    <label>密码</label>
                    <input type = "password " name = "password " value = "">
                </div>
            </li>
            <li>
                <input class = "lee - button" style = "width :80px" type = "submit" value = "提交">
            </li>
        </ul>
        </form>
    </div>
</body>
</html>
```

现在，所有的工作都已经完成了，打开浏览器输入地址 http://localhost:8080/mypro/login，登录到之前编写的登录界面，输入邮箱和密码，然后提交表单，如图 3.3-6 所示。

在提交表单之后跳转到登录参数显示的页面，并且显示除了之前输入的数据，说明系统已经正常工作了，如图 3.3-7 所示。

上面的案例中使用的是 post 方法提交数据，在 Web 应用中提交数据的方法主要有两

图 3.3-6　提交一个登录表单

图 3.3-7　后台接收表单参数并显示出来

种，分别是 get 方法和 post 方法，两者的区别在于：get 方法的参数是跟在提交的 URL 地址的后面的，它的基本格式为：根地址？参数名 1=值 1& 参数名 2=值 2，而 post 方法则是把提交的数据放在 HTTP 包体中。

在浏览器输入地址 http://localhost:8080/mypro/handleLogin? email=test@test.

com&password =123456，可以看到出现了同样的显示结果，说明 email 和 password 参数也被正确接受了。

post 方法和 get 方法对比如表 3.3-1 所示。

表 3.3-1　post 方法和 get 方法对比

方法	大小限制	安全性	适用范围
post	理论上无大小限制，但实际上取决于服务器配置	高	提交数据对服务器内容进行修改
get	最大为 1024 字节	低	通常用于获取数据，也可以用于请求数据修改

本质上来讲，get 是向服务器发送一个获取数据的请求，而 post 是向服务器提交数据（意味着可能会改变服务器上的数据），在实际应用中可以灵活运用这两种方法。

3.3.6　通过 Session 记录登录状态

在使用一个具有会员系统的 Web 应用时会遇到登录状态保持的问题，在 Web 应用中，每个页面都是独立访问的，不可能让用户访问每个页面前都输入一次密码。在 GIS 项目的开发中同样会涉及用户权限管理的问题，所以如何实现用户登录状态的保持也十分重要。

实现用户登录状态保持的方法有很多，但本质上都是一样的，即用户登录时在服务器保存一份凭证，在用户登录后访问其他页面时通过检验是否存在合法凭证来判断用户是否有访问该页面的权限。在用户注销登录后系统再将该凭证作废或者删除。

在计算机系统中既然要保存凭证，必然会涉及数据的存储，所以理论上只要能将用户凭证的数据保存下来，就可以实现用户登录的保持，比如保存登录信息到文件系统、数据库甚至是内存等。

下面讲解如何通过 Session 实现用户登录的保持，Session 是一种用来解决客户端和服务器会话保持的方法，它是一个通用的概念，而非 Java 特有的，但用于 Web 开发的语言或者框架都会提供相应实现 Session 的工具方便开发者来实现对会话的控制。现在来尝试使用 Session 进行登录状态的保持，过程其实非常简单，只需要在之前编写处理登录的 handleLogin 类里添加记录 Session 的程序就可以了。打开 handleLogin 这个类，进一步编辑。在这一个类中实现登录和注销两种操作，这样可以省去再次创建一个新的类的麻烦。每个 Action 里面都默认调用 execute()这一方法，所以要做到实现多功能，通过客户端发送不同的参数就可以实现了。现在为客户端增加一个名为 type 参数，用来表示用户的操作是登录还是注销登录，当 type 的值为 login 时执行登录的操作，为 unlogin 时执行注销登录的操作。

```
package mypro;
import java.util.Map;
import com.opensymphony.xwork2.ActionContext;
import com.opensymphony.xwork2.ActionSupport;
public class handleLogin extends ActionSupport {
```

```
        private String email;
        private String password ;
        private String type;
        public String execute() throws Exception {
            if(type.equals("login")){
                Map session = ActionContext.getContext().getSession();
                session.put("email", email);
                session.put("password ", password );
                return "login";
            }
            if(type.equals("unlogin")){
                Map session = ActionContext.getContext().getSession();
                session.remove("email");
                session.remove("password ");
                return "unlogin";
            }
            return "wrong";
        }
        public String getType() {
            return type;
        }
        public void setType(String type) {
            this.type = type;
        }
        public String getEmail() {
            return email;
        }
        public void setEmail(String email) {
            this.email = email;
        }
        public String getPassword () {
            return password ;
        }
        public void setPassword (String password ) {
            this.password = password ;
        }
    }
```

该文件中通过Map session = ActionContext.getContext().getSession();获取 session 的 map 对象，然后对其进行 Session 的修改操作，操作方法和操作普通的 map 对象没有什么区别。通过 put 方法写入了两个属性，分别为 email 和 password，它们的值为前台传送过来的参数。通过 remove 方法移除这两个值。如果前台没有传送 type 这个参数，则视为非法的方法。

这里的 return 的字符串为自定义字符串，你可以根据需要取相应的名字，它们在写 strtus.xml 配置文件的时候会用到，现在开始编辑该文件。修改原来添加的 handleLogin

的 Action。

```
<action name = "handleLogin" class = "mypro.handleLogin">
<result name = "login">/templets/loginResult.jsp</result>
<result name = "unlogin">/templets/unlogin.jsp</result>
<result name = "wrong">/templets/wrong.jsp</result>
</action>
```

Result 标签中可以通过指定不同的 name 值实现在 Action 执行完成后跳转到不同的模板页面。继续创建相应的模板页面，在 templets 文件下添加一个新的文件 unlogin.jsp 作为注销成功后的页面，编辑内容如下：

```
<%@ page language = "java" contentType = "text/html; charset = UTF - 8"
    pageEncoding = "UTF - 8" %>
<!DOCTYPE html PUBLIC " - //W3C//DTD HTML 4.01 Transitional//EN" "http://www.w3.org/TR/html4/
loose.dtd ">
<html>
<head>
    <meta charset = "utf - 8">
    <link href = "leeui/style/leeui - base.css" type = "text/css" rel = "stylesheet">
    <style type = "text/css">
        body{text - align: center;}
        #login - box{width :300px;margin:0 auto;margin - top: 100px;}
    </style>
</head>
<body>
    <div id = "login - box">
        <h1>注销成功!</h1>
    </div>
</body>
</html>
```

然后再新建一个文件名为 wrong.jsp，作为缺少参数非法访问后的提示页面。

```
<%@ page language = "java" contentType = "text/html; charset = UTF - 8"
    pageEncoding = "UTF - 8" %>
<!DOCTYPE html PUBLIC " - //W3C//DTD HTML 4.01 Transitional//EN" "http://www.w3.org/TR/html4/
loose.dtd ">
<head>
    <meta charset = "utf - 8">
    <link href = "leeui/style/leeui - base.css" type = "text/css" rel = "stylesheet">
    <style type = "text/css">
        body{text - align: center;}
        #login - box{width :300px;margin:0 auto;margin - top: 100px;}
    </style>
</head>
<body>
```

```
        <div id = "login - box">
            <h1 >缺少参数!</h1 >
        </div >
    </body >
    </html >
```

最后编辑之前编写的登录界面的模板,并在里面添加一个 type 参数。

```
<% @ page language = "java" contentType = "text/html; charset = UTF - 8"
    pageEncoding = "UTF - 8" %>
<! DOCTYPE html PUBLIC " - //W3C//DTD HTML 4.01 Transitional//EN" "http://www.w3.org/TR/html4/
loose.dtd ">
<html>
<head>
    <meta charset = "utf - 8">
    <link href = "leeui/style/leeui - base.css" type = "text/css" rel = "stylesheet">
    <style type = "text/css">
        body{text - align: center;}
        # login - box{width :300px;margin:0 auto;margin - top: 100px;}
    </style>
</head>
<body>
    <div id = "login - box">
        <h1 >基于 struts2 的登录 DEMO </h1 >
        <form action = "handleLogin.action" meth od = "post">
        <input type = "hidden" name = "type" value = "login">
        <ul class = "lee - form - normal">
            <li>
                <div class = "lee - input">
                    <label >邮箱</label >
                    <input type = "text" name = "email" value = "">
                </div>
            </li>
            <li>
                <div class = "lee - input">
                    <label >密码</label >
                    <input type = "password " name = "password " value = "">
                </div>
            </li>
            <li>
                <input class = "lee - button" style = "width :80px" type = "submit" value = "提交">
            </li>
        </ul>
        </form>
    </div>
</body>
</html>
```

其中添加了一个类型为 hidden 的 input 标签，并将 value 赋值为 login，很多时候程序需要传送数据参数，但又不希望用户看到这个参数的时候就使用该标签，当用户提交表单的时候系统会将该参数作为参数之一传送到后台，而用户在编辑信息的时候并不会看到这个参数。

以上步骤全部完成后重启服务器，输入地址 http://localhost:8080/mypro/login.action 访问，看能否正常工作。可能读者会感到奇怪，执行效果和之前并没有什么区别，到目前为止执行效果确实不会有什么区别，因为程序只做了登录信息的录入工作，并没有进行权限控制的操作，接下来继续了解如何通过已经录入的 Session 信息来实现页面的权限访问控制。

3.3.7　使用拦截器阻止非法访问

前面已经将用户的访问凭证进行了记录，那么实现权限的控制就不是什么难事了，最直接的办法是在每个 Action 中添加 Session 信息的查询验证，并根据验证结果跳转到不同的页面，但在实际应用中这么做可能会造成大量的重复工作，并会给以后的维护带来不必要的麻烦，在 Struts2 框架中提供了一套拦截器机制，通过拦截器可以很方便地对各种页面的访问进行权限的控制，其工作原理如图 3.7-8 所示。

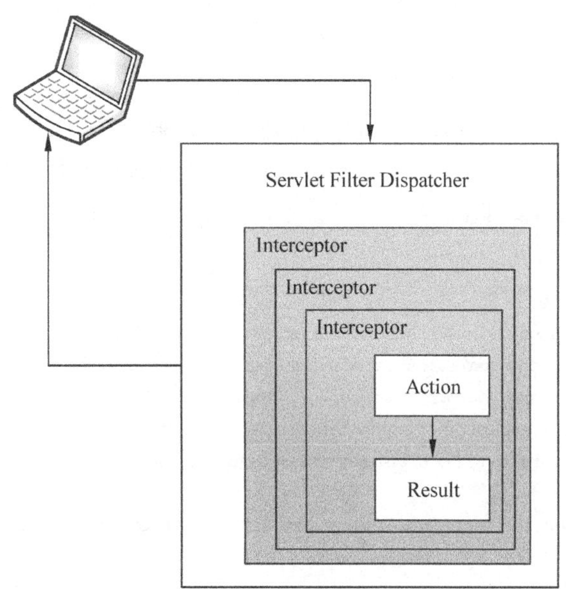

图 3.3-8　拦截器工作原理图

在 Struts2 介绍中已经知道了在访问 Action 之前首先会经过拦截器。形象地说，拦截器相当于一个引路人，可以控制访问究竟去执行哪一个 Action；同样，Action 本身也可以执行相同的作用，通过返回不同的值跳转到不同的 JSP 模板页面。

创建一个拦截器有如下步骤：

（1）自定义一个实现 Interceptor 的接口（或者继承自 AbstractInterceptor）的类。

（2）在 struts. xml 中注册上一步中定义的拦截器。

（3）在需要使用的 Action 中引用上述定义的拦截器，为了方便也可将拦截器定义为默认的拦截器，这样在不加特殊声明的情况下所有的 Action 都被这个拦截器拦截。

```
public interfaceInterceptor extends Serializable {
    void destroy();
    void init();
    String intercept(ActionInvocationinvocation) throwsException;
}
```

Interceptor 接口声明了三个方法：

（1）Init 方法：Init 方法在拦截器类创建之后，在对 Action 镜像拦截之前调用，相当于一个 post-constructor 方法，使用这个方法可以给拦截器类做必要的初始化操作。

（2）Destory 方法：Destroy 方法在拦截器被垃圾回收之前调用，用来回收 init 方法初始化的资源。

（3）Intercept 方法：Intercept 方法是拦截器的主要拦截方法，如果需要调用后续的 Action 或者拦截器，只需要在该方法中调用 invocation. invoke()方法即可，在该方法调用的前后可以插入 Action 调用前后拦截器需要做的方法。如果不需要调用后续的方法，则返回一个 String 类型的对象即可，例如 Action. SUCCESS。

在 login 类的同级目录，即 mypro 包下新建一个拦截器类，名为 loginInterceptor，要注意的是拦截器的命名必须为自定义名+Interceptor，并且必须和所作用的 Action 在同一级目录，编辑这个类的内容如下：

```
package mypro;
import java.util.Map;
import com.opensymphony.xwork2.ActionContext;
import com.opensymphony.xwork2.ActionInvocation;
import com.opensymphony.xwork2.interceptor.AbstractInterceptor;
public class loginInterceptor extends AbstractInterceptor{
    public String intercept(ActionInvocation actionInvocation) throws Exception
    {
            Map session = actionInvocation.getInvocationContext().getSession();
            if(null == session.get("email")){
    return "unlogin";
            }
return actionInvocation.invoke();
    }
}
```

在这个拦截器类中，实现了查询 Session 中是否存在 email 变量，如果不存在则返回字符串 unlogin，否则返回 actionInvocation. invoke()继续执行相应的 Action。继续编辑

struts.xml 配置拦截器。

```
<?xml version = "1.0" encoding = "UTF - 8" ?>
<!DOCTYPE struts PUBLIC
    " - //Apache Software Foundation//DTD Struts Configuration 2.3//EN"
    "http://struts.apache.org/dtd s/struts - 2.3.dtd ">
<struts>
<constant name = "struts.enable.DynamicMeth odInvocation" value = "false" />
<constant name = "struts.devMode" value = "true" />
<package name = "default" namespace = "/" extends  = "struts - default">
    <interceptors>
        <interceptor name = "loginCheck" class = "myPro.loginInterceptor">
        </interceptor>
        <interceptor - stack name = "myStack">
            <interceptor - ref name = "loginCheck"/>
            <interceptor - ref name = "defaultStack"/>
        </interceptor - stack>
    </interceptors>
    <default - interceptor - ref name = "myStack"></default - interceptor - ref>
    <global - results>
        <result name = "unlogin">/templets/login.jsp</result>
        <result name = "error">/error.jsp</result>
    </global - results>
    <global - exception - mappings>
    <exception - mapping exception = "java.lang.Exception" result = "error"/>
    </global - exception - mappings>
    <action name = "helloWorld" class = "mypro.helloWorld">
        <result>/templets/helloWorld.jsp</result>
    </action>
    <action name = "login" class = "mypro.login">
        <result>/templets/login.jsp</result>
    </action>
    <action name = "handleLogin" class = "mypro.handleLogin">
        <result name = "login">/templets/loginResult.jsp</result>
        <result name = "unlogin">/templets/unlogin.jsp</result>
        <result name = "wrong">/templets/wrong.jsp</result>
    </action>
</package>
</struts>
```

这里通过<interceptors>声明一个拦截器，通过 global-results 定义了当身份验证失败时返回的 JSP 页面，当身份验证失败时将重新跳转到登录界面要求重新登录。为了更好地演示权限控制，再新建一个页面作为用户的主页，在 templets 下新建一个名为 home.jsp 的页面，编辑内容如下：

```
<%@ page language = "java" contentType = "text/html; charset = UTF - 8"
```

```
    pageEncoding = "UTF - 8" %>
<!DOCTYPE html PUBLIC " - //W3C//DTD HTML 4.01 Transitional//EN" "http://www.w3.org/TR/html4/
loose.dtd ">
<html>
<head>
    <meta charset = "utf - 8">
    <link href = "leeui/style/leeui - base.css" type = "text/css" rel = "stylesheet">
    <style type = "text/css">
        body{text - align: center;}
        #login - box{width :300px;margin:0 auto;margin - top: 100px;}
    </style>
</head>
<body>
    <div class = "lee - container">
        <h1 >用户管理页面< a href = "mypro/handleLogin.action?type = unlogin">【注销登录】
</a></h1>
        <table class = "lee - table lee - table  - strip lee - table  - th color">
                <tr>
                    <th> ID</th>
                    <th>用户邮箱</th>
                    <th>密码</th>
                </tr>
                <tr>
                    <td>1</td>
                    <td>张三@test.com</td>
                    <td>123456</td>

                </tr>
                <tr>
                    <td>2</td>
                    <td>李四@test.com</td>
                    <td>123456</td>
                </tr>
                <tr>
                    <td>3</td>
                    <td>小王@test.com</td>
                    <td>123456</td>
                </tr>
            </table>
    </div>
</body>
</html>
```

在这个文件中创建了一张表格，然后使用这个表格显示用户的数据，现在仅放入一些测试数据进行演示。需要注意，该文件中通过一个 a 标签增加了注销登录的功能，本质上则是通过 GET 请求实现的。现在继续为这个模板页面创建一个名为 home 的 action 类，编辑内容如下：

```
package mypro;
import com.opensymphony.xwork2.ActionSupport;
public class home extends ActionSupport {
    public String execute() throws Exception {
        return SUCCESS;
    }
}
```

继续配置 struts.xml 文件使得这个 action 可以运行，在其中添加一个新的 action。

```
<action name = "home" class = "mypro.home">
    <result>/templets/home.jsp</result>
    <interceptor-ref name = "defaultStack" />
    <interceptor-ref name = "loginCheck" />
</action>
```

现在在浏览器中输入地址 http://localhost:8080/mypro/home.action，这个页面本该显示的是新建的用户管理表单页面，但是现在却跳转到了登录页面，说明拦截器已经开始工作了。

输入任意的用户和密码登录，如图 3.3-9 所示。

图 3.3-9 输入登录信息

显示登录信息说明登录已经成功，程序也已经将用户的输入信息写入 Session，如图 3.3-10 所示。

图 3.3-10 登录信息注册成功

现在再次输入 home 的地址 http://localhost:8080/mypro/home.action 来看看能否访问，现在访问 home.action，已经可以访问用户管理界面了，说明配置的拦截器已经可以进行权限的管理了。现在单击注销登录，如图 3.3-11 所示。

图 3.3-11 注销登录信息

已经注销成功，说明程序已经将之前输入的用户信息从 Session 中删除，如果用户再次访问 home 页面，又会再次跳转到登录页面提示用户重新登录。到此为止已经基本实现了用户的登录状态保持和基本的页面权限控制问题，当然这只是一个十分基本的实现，实际工程中的管理系统还有很多工作要做，比如用户信息的校验，针对不同的用户进行不同级别的权限管理，这些功能都需要用到数据库的知识，在学习完数据库的基本使用后会继续完善这个系统。Struts2 提供的不同拦截器说明如表 3.3-2 所示。

表 3.3-2　Struts2 提供的不同拦截器功能说明表

拦　截　器	名　　字	说　　明
AliasInterceptor	alias	在不同请求之间，将请求参数在不同名字间转换，请求内容不变
ChainingInterceptor	chain	让前一个 Action 的属性可以被后一个 Action 访问，现在和 chain 类型的 result(＜resulttype=“chain”＞)结合使用
CheckboxInterceptor	checkbox	添加了 checkbox 自动处理代码，将没有选中的 checkbox 的内容设定为 false，而 html 默认情况下不提交没有选中的 checkbox
CookiesInterceptor	cookies	使用配置的 name，value 是指 cookies
ConversionErrorInterceptor	conversionError	将错误从 ActionContext 中添加到 Action 的属性字段中
CreateSessionInterceptor	createSession	自动创建 HttpSession，用来为需要使用到 HttpSession 的拦截器服务
DebuggingInterceptor	debugging	提供不同调试用的页面来展现内部数据状况
ExecuteandWaitInterceptor	execAndWait	在后台执行 Action，同时将用户带到一个中间的等待页面
ExceptionInterceptor	exception	将异常定位到一个画面
FileUploadInterceptor	fileUpload	提供文件上传功能
I18nInterceptor	i18n	记录用户选择的 locale
LoggerInterceptor	logger	输出 Action 的名字
MessageStoreInterceptor	store	存储或者访问实现 ValidationAware 接口的 Action 类出现的消息错误、字段错误等
ModelDrivenInterceptor	model-driven	如果一个类实现了 ModelDriven，将 getModel 得到的结果放在 ValueStack 中
ScopedModelDriven	scoped-model-driven	如果一个 Action 实现了 ScopedModelDriven，则这个拦截器会从相应的 Scope 中取出 model 调用 Action 的 setModel 方法将其放入 Action 内部
ParametersInterceptor	params	将请求中的参数设置到 Action 中去
PrepareInterceptor	prepare	如果 Acton 实现了 Preparable，则该拦截器调用 Action 类的 prepare 方法
ScopeInterceptor	scope	将 Action 状态存入 session 和 application 的简单方法
ServletConfigInterceptor	servletConfig	提供访问 HttpServletRequest 和 HttpServletResponse 的方法，以 Map 的方式访问
Static ParametersInterceptor	Static Params	从 struts. xml 文件中将＜action＞中的＜param＞中的内容设置到对应的 Action 中

续表

拦 截 器	名 字	说 明
RolesInterceptor	roles	确定用户是否具有 JAAS 指定的 Role,否则不予执行
TimerInterceptor	timer	输出 Action 执行的时间
TokenInterceptor	token	通过 Token 来避免双击
TokenSessionInterceptor	tokenSession	和 TokenInterceptor 一样,不过双击的时候把请求的数据存储在 Session 中
ValidationInterceptor	validation	使用 action-validation.xml 文件中定义的内容校验提交的数据
WorkflowInterceptor	workflow	调用 Action 的 validate 方法,一旦有错误就返回,重新定位到 INPUT 画面
ParameterFilterInterceptor	N/A	从参数列表中删除不必要的参数
ProfilingInterceptor	profiling	通过参数激活 profile

3.3.8 文件的上传

在任何一个基本的系统中都不免会遇到文件上传的问题,比如在 GIS 项目中大量的数据不可能通过手工输入完成,而是通过数据文件上传,通过程序导入到数据库。本节将继续讲解如何使用 Struts2 来实现图片文件的上传,在这个例子中将实现上传一张图片到后台并且显示出来。

我们先来分析一下该如何实现这个功能,上传部分自然是需要一个上传的动作类和一个视图页面,上传成功后还需要一个用于显示图片的视图页面。实际开发中通常会将业务的处理工作从 action 动作类中分离出来,但为了方便,在该例子中将在 action 中实现上传的功能。

上传文件的原理是使用 POST 数据提交,将文件数据流发送到服务器端,服务器将该文件保存到指定的路径下,同时将路径地址返回给预览页面。

现在新建一个类,命名为 HandleUploadFile,这个类用来接收上传的文件并保存到指定文件夹,编辑内容如下:

```
package mypro;
import java.io.File;
import org.apache.commons.io.FileUtils;
import org.apache.struts2.ServletActionContext;
import com.opensymphony.xwork2.ActionContext;
import com.opensymphony.xwork2.ActionSupport;
public class HandleUploadFile extends ActionSupport{
private File image;                          //上传的文件
private String imageFileName;                //文件名称
private String imageContentType;             //文件类型
private String filePath ;                    //文件保存的路径
public String execute() throws Exception {
```

```
        String realpath = ServletActionContext.getServletContext().getRealPath("/uploads");
        System.out.println("realpath : " + realpath );
            if (image != null) {
              File savefile = new File(new File(realpath ), imageFileName);
              if (!savefile.getParentFile().exists())
                savefile.getParentFile().mkdirs();
              FileUtils.copyFile(image, savefile);
              ActionContext.getContext().put("message", "文件上传成功");
              filePath = "uploads/" + imageFileName;
            }
            return "success";
        }
        public String getFilePath () {
            return filePath ;
        }
        public void setFilePath (String filePath ) {
            this.filePath = filePath ;
        }
        public File getImage() {
            return image;
        }
        public void setImage(File image) {
            this.image = image;
        }
        public String getImageFileName() {
            return imageFileName;
        }
        public void setImageFileName(String imageFileName) {
            this.imageFileName = imageFileName;
        }
        public String getImageContentType() {
            return imageContentType;
        }
        public void setImageContentType(String imageContentType) {
            this.imageContentType = imageContentType;
        }
    }
```

在上传的 action 类中,一般至少要定义三个变量用于接收前台的参数：首先是 File 类型的成员变量,它用于接收前台传输的文件,可以任意命名；其次分别是两个 String 类型的变量,用于接收文件的名称和类型,它们的命名必须和接收文件的参数名保持统一,这个文件中将 File 命名为 image,所以其他两个参数分别命名为 imageFileName 和 imageContentType。

通过 ServletActionContext. getServletContext(). getRealPath ("/uploads")可以获取网站应用运行的实际路径,uploads 是定义的放置上传文件的目录,需要在 WebContent 下

新建这个文件夹。

通过 FileUtils. copyFile(image, savefile)方法可以很方便地保存文件。再新建一个 action 类来显示上传页面,命名为 uploadFile,编辑内容如下:

```
package mypro;
import com.opensymphony.xwork2.ActionContext;
import com.opensymphony.xwork2.ActionSupport;public class UploadFile extends ActionSupport{
    public String execute() throws Exception {
        return "success";
    }
}
```

同时再创建一个上传的模板页面,命名为 uploadFile. jsp,并编辑内容如下:

```
<%@ page language = "java" contentType = "text/html; charset = UTF - 8"
    pageEncoding = "UTF - 8" %>
<!DOCTYPE html PUBLIC " - //W3C//DTD HTML 4.01 Transitional//EN" "http://www.w3.org/TR/html4/
loose.dtd ">
<html>
<head>
<title>文件上传</title>
<meta http - equiv = "pragma" content = "no - cache">
<meta http - equiv = "cache - control" content = "no - cache">
<meta http - equiv = "expires" content = "0">
<meta charset = "utf - 8">
        <link href = "leeui/style/leeui - base.css" type = "text/css" rel = "stylesheet">
        <style type = "text/css">
            body{text - align: center;}
            #upload{width :300px;margin:0 auto;margin - top: 100px;}
        </style>
</head>
<body>
    <div id = "upload">
<form action = "uploadFile.action" enctype = "multipart/form - data" meth od = "post">
    <label>选择文件: </label><input type = "file" name = "image">
<input type = "submit" value = "上传" />
</form>
<br/>
<s:fielderror />
</div>
</body>
```

除了上传的模板页面,还需要新建一个页面用于上传后文件的显示,新建文件 displayUpload. jsp,需要注意,在这个文件中 form 的 action 属性要填写定义的处理图片上传的 action 类地址 handleUploadFile. action,同时选择图片的 input 标签的 name 属性必须和后台接收的参数名一致,这是因为在 handleUploadFile 中接收图片的成员变量名为

image，所以这里的 name 属性必须设置为 image 才能保证数据接收，全部文件内容编辑内容如下：

```
<%@ page language="java" contentType="text/html; charset=UTF-8"
    pageEncoding="UTF-8"%>
<!DOCTYPE html PUBLIC "-//W3C//DTD HTML 4.01 Transitional//EN" "http://www.w3.org/TR/html4/
loose.dtd">
<html>
<head>
<title>文件上传</title>
<meta http-equiv="pragma" content="no-cache">
<meta http-equiv="cache-control" content="no-cache">
<meta http-equiv="expires" content="0">
<meta charset="utf-8">
        <link href="leeui/style/leeui-base.css" type="text/css" rel="stylesheet">
        <style type="text/css">
            body{text-align: center;}
            #upload{width :300px;margin:0 auto;margin-top: 100px;}
        </style>
</head>
<body>
    <div id="upload">
    <h1>上传文件 DEMO</h1>
<form action="handleUploadFile.action" enctype="multipart/form-data" meth od="post">
<ul class="lee-form-normal">
    <li>
                <input class="" type="file" name="image" value="选择文件">
            </li>
            <li>
                <input class="lee-button" type="submit" value="确定">
            </li>
        </ul>
</form>
<br/>
<s:fielderror />
</div>
</body>
</html>
```

再创建一个 displayFile.jsp 文件用于上传图片的显示，在该文件中通过 struts2 提供的 property 标签输出 handleUploadFile 类中的 filePath 变量来显示图片，文件完整内容编辑如下：

```
<%@ taglib prefix="s" uri="/struts-tags"%>
<%@ page language="java" contentType="text/html; charset=UTF-8"
    pageEncoding="UTF-8"%>
```

```
<!DOCTYPE html PUBLIC "-//W3C//DTD HTML 4.01 Transitional//EN" "http://www.w3.org/TR/html4/loose.dtd">
<html>
<head>
<title>文件上传</title>
<meta http-equiv="pragma" content="no-cache">
<meta http-equiv="cache-control" content="no-cache">
<meta http-equiv="expires" content="0">
<meta charset="utf-8">
        <link href="leeui/style/leeui-base.css" type="text/css" rel="stylesheet">
        <style type="text/css">
            body{text-align: center;}
            #upload{width :500px;margin:0 auto;margin-top: 100px;}
        </style>
</head>
<body>
    <div id="upload">
        <h1>文件的相对路径为: <s:property value="filePath " /></h1>
    <img src="<s:property value="filePath " />" width  ="300px;" border="0"/>
</div>
</body>
</html>
```

继续修改 struts. xml 配置文件，添加两个新的 action，分别是 handleUploadFile 和 uploadFile，需要注意，这里没有对图片上传失败作返回处理，实际应用中还应该对图片上传的异常做相应的返回处理，当上传处理完成时会将图片的相对路径传送到 displayUpload. jsp 中用于图片显示。

```
<action name="uploadFile" class="mypro.UploadFile">
    <result name="success">/templets/uploadFile.jsp</result>
</action>
<action name="handleUploadFile" class="mypro.HandleUploadFile">
    <result name="success">/templets/displayUpload.jsp</result>
</action>
```

现在打开浏览器，输入地址 http://localhost:8080/mypr/uploadFile. action，可以看到以下界面，选择一张图片上传，如图 3. 3-12 所示。

如果可以看到上传的图片能够正常显示出来，说明上传功能已经可以正常工作了，如图 3. 3-13 所示。

在实际项目，比如在 GIS 的项目中，不可避免会遇到上传文件的需求，比如某个地图要素的图片上传，或者一些附件文件的上传等，以上案例仅仅实现了图片的上传和保存，还不能满足实际项目的需求，在实际应用中还需要将文件保存的路径放置到关系型数据库中以便今后查找，上面的例子中虽然可以在上传后将文件正确显示出来，但是今后查找却面临困难，因为靠人记忆路径去查看文件是不切实际的。

图 3.3-12　上传文件界面

图 3.3-13　成功上传后显示所上传的图片

到这里，关于 struts2 的基本使用就基本介绍完了，后面的章节会学习数据库开发的基础知识。

3.4 Hibernate 框架的使用

3.4.1 配置数据库连接

在使用 Hibernate 之前，必须知道 Hibernate 是一个持久化框架，它用于承担一些数据库的通用操作，可以将开发者从数据库的底层操作解放出来，但归根结底数据库的连接方式是一样的，通常都会通过 JDBC 来连接数据库。什么是 JDBC 呢？JDBC 的全称为 Java Data Base Connectivity，它是一种执行 SQL 语句的 Java API，所以不论是直接对数据库进行底层操作，还是通过数据库框架来实现数据库的编程，其实都是通过 JDBC 接口来实现的。

既然如此，在使用 Hibernate 之前就要下载 JDBC，它是进行数据库编程的基石。进入 postgresql 的官方网站下载 JDBC。地址是 http://jdbc.postgresql.org/download.html。

下载到的文件中可能包含很多文件，我们只需要将其中的 jar 文件复制到工程 WebContent/WEB-INFO/lib 下就可以使用了。

在继续编写程序之前，先在数据库中建立一张记录用户数据的表，结构如表 3.3-3 所示。

表 3.3-3 表的结构

字段名	数据类型	作用
Id	整形	主键
Email	字符串	保存邮箱
Password	字符串	保存密码

这里只记录了之前案例中用户登录输入的信息，没有增加其他信息，而在实际工程中数据量肯定会多很多，但操作的原理基本是一样的。这里的数据类型采用中文标示，原因是不同的数据库中相同的数据类型命名会有所不同，在 GIS 开发项目中可以选择很多数据库，比如 Oracle、MySQL 等。GIS 开发项目较其他项目不同的一点是数据库会涉及空间数据的保存，这点需要注意。

在下载完 JDBC 后，还需要下载 Hibernate，进入官方网站 http://hibernate.org/，下载 HibernateORM。解压下载的压缩包后会看到以下的目录结构：Lib 文件夹里包含了开发程序需要用的 Java 包，打开 Lib 文件夹，里面会有很多子文件夹，将 required 文件夹中的文件复制到工程中的 WEB-INF/lib 文件夹下。最后，在 Eclipse 中刷新工程以便让工程识别到新添加的包。现在，最基本的工作已经完成了。

3.4.2 建立持久化类

前面已经介绍了持久化的概念，持久化的作用是将对数据库的操作抽象为对类的操作，这种对数据的操作方式更加符合编程思路和习惯，所以创建相关的类必不可少。接下来创建一个持久化类，可以这么理解：一个持久化类对应着数据库中的一个表，程序对这个类实例化就相当于对应数据表中的一条记录，对该实例操作的同时 Hibernate 就会相应地对数据库进行操作。

现在新建一个 user 类，编辑内容如下：

```
package mypro;
public class user {
    private int id;
    private String email;
    private String password ;
    public int getId() {
        return id;
    }
    public void setId(int id) {
        this.id = id;
    }
    public String getEmail() {
        return email;
    }
    public void setEmail(String email) {
        this.email = email;
    }
    public String getPassword () {
        return password ;
    }
    public void setPassword (String password ) {
        this.password = password ;
    }
}
```

可以看到，建立持久化其实非常简单，只要定义类的成员变量一一对应数据库中的字段，并设置好对应的 get 和 set 方法即可。需要注意，类中的数据类型必须和数据库中的数据类型保持一致，否则会出现错误。

在这个案例中使用的是手工方式建立实体化类，但在实际工程中会建立很多包含大量字段的数据表，可以通过相应的工具来完成这个工作。

3.4.3 配置映射文件

在建立完实体类后，还需要配置映射文件，映射文件的作用是告诉程序实体类和数据库表的映射关系，好比一张地图，失去了这张地图程序便无法得知实体类的操作该对应执行到哪张表中。

映射文件一般都命名为类名.hbm.xml，放置在 src 目录下，现在在 src 文件夹下新建一个文件命名为 user.cfg.xml，并编辑内容如下：

```
<?xml version = "1.0"?>
<! DOCTYPE hibernate - mapping PUBLIC " - //Hibernate/Hibernate Mapping DTD 3.0//EN"
"http://www.hibernate.org/dtd /hibernate - mapping - 3.0.dtd ">
< hibernate - mapping >
< class name = "mypro.user" table  = "users">
    < id name = "id" type = "int">
        < column name = "id" />
        < generator class = "identity" />
    </id>
    < property name = "email" type = "String ">
        < column name = "email" />
    </property>
    < property name = "password " type = "String ">
        < column name = "password " />
    </property>
</class>
</hibernate - mapping>
```

Class 标签的 name 属性对应着建立的类名，table 属性对应着数据中的表名，property 标签则用来配置类成员属性和数据表字段的对应关系。

在配置好映射文件后，还需要建立一个 Hibernate 的配置文件，在这个文件中将进行 Hibernate 的基本数据库连接配置。通常将该配置文件命名为 Hibernate. cfg. xml，并放置在 src 文件夹下，Hibernate 通过该文件的配置数据连接到数据库，并读取相关的映射文件。新建该文件，编辑内容如下：

```
<?xml version = "1.0" encoding = "utf - 8"?>
<! DOCTYPE hibernate - configuration PUBLIC
" - //Hibernate/Hibernate Configuration DTD 3.0//EN"
"http://www.hibernate.org/dtd /hibernate - configuration - 3.0.dtd ">
< hibernate - configuration >
< session - factory >
< property name = "hibernate.bytecode.use_reflection_optimizer"> false </property >
< property name = "hibernate.connection.driver_class"> org.postgresql.Driver </property >
< property name = "hibernate.connection.url"> jdbc:postgresql://localhost:5432/mydb </property >
< property name = "hibernate.connection.username">这里填写数据库的用户名</property >
< property name = "hibernate.connection.password ">这里填写数据的密码</property >
< property name = "hibernate.dialect"> org.hibernate.spatial.dialect.postgis.PostgisDialect
</property >
< property name = "hibernate.format_sql"> true </property >
< property name = "hibernate.search.autoregister_listeners"> false </property >
< property name = "hibernate.show_sql"> true </property >
< property name = "hibernate.connection.pool_size"> 20 </property >
< property name = "hibernate.proxool.pool_alias"> pool1 </property >
< property name = "hibernate.max_fetch_depth "> 1 </property >
< property name = "hibernate.jdbc.batch_versioned_data"> true </property >
< property name = "hibernate.jdbc.use_streams_for_binary"> true </property >
```

```
<property name="hibernate.cache.region_prefix">hibernate.test</property>
<property name="hibernate.cache.provider_class">org.hibernate.cache.Hashtable CacheProvider
</property>
<mapping resource="user.hbm.xml"/>
</session-factory>
</hibernate-configuration>
```

这里配置了 Hibernate 的一些基本参数，现在不需要去深究里面所有标签的意思，下面简单介绍几个比较重要的标签。

```
<property name="hibernate.connection.driver_class">org.postgresql.Driver</property>
```

配置正确的 JDBC。

```
<property name="hibernate.connection.url">jdbc:postgresql://localhost:5432/mydb</property>
```

这里设置正确的数据库地址，端口和数据库名。

```
<property name="hibernate.connection.username">这里填写数据库的用户名</property>
<property name="hibernate.connection.password ">这里填写数据的密码</property>
```

设置连接数据库时的用户和密码，这里的信息和安装数据库时候输入的信息保持一致。到目前为止，基本的底层工作已经完成了，现在可以开始对业务逻辑编写程序了。

3.4.4 写入数据库实例

本节在之前案例的基础上，以添加一个新用户为例，来实现通过 Hibernate 进行数据库的数据写入。

先创建一个类用于数据库的基本操作。新建一个类，名为 userDao，这个类主要用于实现一些数据库的基本操作，现在实现一个 insert 操作的方法用于进行用户数据的插入工作。

```
package mypro;import java.util.List; import org.hibernate.Query;
import org.hibernate.Session;
import org.hibernate.SessionFactory;
import org.hibernate.Transaction;
import org.hibernate.cfg.Configuration; import mypro.user;public class usersDao {
    Static SessionFactory sessionFactory;
    Static Session session ;
    Static Transaction tx ;                    //插入
    public void insert(user user)
    {
        init();
        session.save(user);
        close();
    }
    @SuppressWarnings("deprecation")
    private void init()
```

```
    {
        sessionFactory = new Configuration().configure().buildSessionFactory();
        session = sessionFactory.openSession();
        tx = session.beginTransaction();
    }
    private void close()
    {
        tx.commit();
        session.close();
        sessionFactory.close();
    }
}
```

再新建一个名为 userService 的类，这个类主要用于业务逻辑的处理。单从编程的角度讲，在 userDao 中就可以实现全部的功能，但将永久层和业务层分离利于之后工作的展开。编辑这个类的内容如下：

```
package mypro;import java.util.List;import mypro.usersDao;
import mypro.user;
public class userService {
    private usersDao dao;
    public userService(){
        dao = new usersDao();
    }
    /*
     * 添加一个新的用户
     */
    public boolean addUser(user user){
        dao.insert(user);
        return true;
    }
}
```

这个类仅仅是调用了 userDao 中的方法，可能 userService 这个类会显得多余，但实际工作中业务逻辑会比这个更加复杂，比如在添加新用户时候要检测用户是否重复，数据校验，异常的捕获和处理等通常都会在业务层的类中实现。

接下来创建一个 action 类用于注册请求的接受。创建新类，命名为 handleRegister，编辑内容如下：

```
package mypro;import java.util.Map;
import com.opensymphony.xwork2.ActionContext;
import com.opensymphony.xwork2.ActionSupport;
import mypro.userService;
import mypro.user;public class handleRegister extends ActionSupport {
    private String email;
    private String password ;
```

```
    public String execute() throws Exception {
        userService us = new userService();
        user user = new user();
        user.setEmail(email);
        .setPassword (password );
        us.addUser(user);
        return SUCCESS;
    }
    public String getEmail() {
        return email;
    }
    public void setEmail(String email) {
        this.email = email;
    }
    public String getPassword () {
        return password ;
    }
    public void setPassword (String password ) {
        this.password = password ;
    }
}
```

这个类中分别定义 email 和 password 的成员变量，用于接收前台传送来用户输入的参数。同时实例化一个 userService 方法，通过其 addUser()方法插入一个新的用户。

现在后台处理插入的工作已经完成了，接下来处理视图部分，建立一个注册的页面和对应的动作类，新建一个名为 register 的 action 类，编辑内容如下：

```
package mypro;import com.opensymphony.xwork2.ActionSupport;import mypro.userService;
import mypro.user;public class register extends ActionSupport {
    private String type;
    public String execute() throws Exception {
        return type;
    }
    public String getType() {
        return type;
    }
    public void setType(String type) {
        this.type = type;
    }
}
```

这个类中没有进行多余的逻辑操作，这个类的主要作用是用于显示注册页面。现在新建一个名为 register 的模板页面，编辑内容如下：

```
<%@ page language="java" contentType="text/html; charset=UTF-8"
    pageEncoding="UTF-8"%>
<!DOCTYPE html PUBLIC "-//W3C//DTD HTML 4.01 Transitional//EN" "http://www.w3.org/TR/html4/
```

```
loose.dtd ">
<html>
<head>
    <meta charset = "utf - 8">
    <link href = "leeui/style/leeui - base.css" type = "text/css" rel = "stylesheet">
    <style type = "text/css">
        body{text - align: center;}
        #login - box{width :300px;margin:0 auto;margin - top: 100px;}
    </style>
</head>
<body>
    <div id = "login - box">
        <h1 >注册新的用户</h1 >
        <form action = "handleRegister.action" meth od = "post">
        <input type = "hidden" name = "type" value = "register">
        <ul class = "lee - form - normal">
            <li>
                <div class = "lee - input">
                    <label >邮箱</label >
                    <input type = "text" name = "email" value = "">
                </div >
            </li >
            <li>
                <div class = "lee - input">
                    <label >密码</label >
                    <input type = "password " name = "password " value = "">
                </div >
            </li >
            <li>
                <input class = "lee - button" style = "width :80px" type = "submit" value = "提交">
            </li >
        </ul >
        </form >
    </div >
</body >
</html >
```

最后在 struts.xml 中配置之前编写的 action 类，在文件中添加以下代码：

```
<action name = "register" class = "mypro.register">
<result name = "register">/templets/register.jsp </result >
</action >
<action name = "handleRegister" class = "mypro.handleRegister">
    <result name = "success" type = "redirectAction">
    <param name = "namespace">/</param >
    <param name = "action name"> home </param >
</result >
```

```
<result name = "update" type = "redirectAction">
    <param name = "namespace">/</param>
    <param name = "action name"> home </param>
</result>
</action>
```

这里用到了 type 为 redirectAction 的 result，这个类型的 result 的作用是跳转到另外一个 action，当用户添加完成后页面会直接跳转到 home. action 的用户列表页面。但目前还没有做数据库读取的部分，所以新添加的数据还不能显示出来，但可以通过直接查看数据库中的内容查看数据是否添加成功。

现在打开浏览器输入地址 http://localhost:8080/mypro/register. action? type = register，可以看到显示除了添加新用户的注册界面，现在随意输入一个测试用的账户信息，并添加，如图 3. 4-1 所示。

图 3. 4-1　注册一个新的用户

3. 4. 5　读取数据库实例

现在已经可以向数据库中添加数据了，本节将讲解如何读取数据库中的数据并通过一个表格显示出来。现在进一步修改之前编写的 userDao 和 userService 类，在其中增加读取数据库的方法。首先编辑 userDao 如下：

```
package mypro;import java.util.List; import org.hibernate.Query;
import org.hibernate.Session;
import org.hibernate.SessionFactory;
```

```
import org.hibernate.Transaction;
import org.hibernate.cfg.Configuration; import mypro.user;public class usersDao {
    Static SessionFactory sessionFactory;
    Static Session session ;
    Static Transaction tx ;
    //查询所有
    public List<user> loadAll(){
        init();
        Query query = session.createQuery("from user");
        <user> list = query.list();
        close();
        return list;
    }    //插入
    public void insert(user user)
    {
        init();
        session.save(user);
        close();
    }
    @SuppressWarnings("deprecation")
    private void init()
    {
        sessionFactory = new Configuration().configure().buildSessionFactory();
        session = sessionFactory.openSession();
        tx = session.beginTransaction();
    }
    private void close()
    {
        tx.commit();
        session.close();
        sessionFactory.close();
    }
}
```

其中添加了一个查询所有记录的方法，查询并返回类型为 list 的数据，这里还用到了 hibernatesession 的 createQuery 方法，通过这个方法可以执行特定的 SQL 语句。

现在继续编辑 userService 类，在其中增加一个查询的方法调用 userDao 中的方法，编辑内容如下：

```
package mypro;import java.util.List;import mypro.usersDao;
import mypro.user;
public class userService {
    private usersDao dao;
    public userService(){
        dao = new usersDao();
    }
```

```
    /*
     * 添加一个新的用户
     */
    public boolean addUser(user user){
        dao.insert(user);
        return true;
    }
    /*
     * 查询所有用户
     */
    public List<user> getAll(){
        return dao.loadAll();
    }
}
```

到目前为止，已经实现了从数据库中查询数据的部分了，接下来要做的是将查询出来的数据显示到指定的页面中。因为之前已经创建了一个静态的 home.jsp 页面用于用户列表的显示，现在需在此基础上修改增加数据的动态显示。打开 home 的 action 类，编辑内容如下：

```
package mypro;
import java.util.List;import com.opensymphony.xwork2.ActionSupport;public class home extends
ActionSupport {
    private List<user> users;
    private userService us;
    public String execute() throws Exception {
        us = new userService();
        users = us.getAll();
        return SUCCESS;
    }
    public List<user> getUsers() {
        return users;
    }
    public void setUsers(List<user> users) {
        this.users = users;
    }
}
```

在这个类中实例化了一个 userService 对象，并调用了查询方法将结果赋值给了该类的成员变量 users，该变量是一个 list 类型，通过其 get 方法可以在 jsp 页面中对数据进行调用。继续编辑 home.jsp 页面，编辑内容如下：

```
<%@ taglib prefix="s" uri="/struts-tags" %>
<%@ page language="java" contentType="text/html; charset=UTF-8"
    pageEncoding="UTF-8" %>
<!DOCTYPE html PUBLIC "-//W3C//DTD HTML 4.01 Transitional//EN" "http://www.w3.org/TR/html4/
```

```
loose.dtd ">
<html>
<head>
    <meta charset = "utf - 8">
    <link href = "leeui/style/leeui - base.css" type = "text/css" rel = "stylesheet">
    <style type = "text/css">
        body{text - align: center;}
        #login - box{width :300px;margin:0 auto;margin - top: 100px;}
    </style>
</head>
<body>
    <div class = "lee - container">
        <h1>用户管理页面<a href = "handleLogin.action?type = unlogin">【注销登录】</a><a
href = "register.action?type = register">【添加用户】</a></h1>
        <table class = "lee - table lee - table - strip lee - table - th color">
            <tr>
                <th> ID</th>
                <th>用户邮箱</th>
                <th>密码</th>
            </tr>
            <s:iterator value = "users" var = "user">
            <tr>
                <td><s:property value = " % {id}"/></td>
                <td><s:property value = " % {email}"/></td>
                <td><s:property value = " % {password }"/></td>
            </tr>
            </s:iterator>
        </table>
    </div>
</body>
</html>
```

这里通过 struts2 的 iterator 标签实现了对 users 的遍历显示，在实际工程中经常要查询批量的数据，因此该标签在实际应用中非常有用。通过该标签可以实现对数组 Map、List 等数据的遍历，这里简单介绍一下遍历 List 的方法，遍历其他类型数据基本大同小异。

```
<s:iterator value = "遍历对象名">
    <tr>
        <td><s:property value = " % {遍历对象的成员变量}"/></td>
    </tr>
</s:iterator>
```

现在打开浏览器，输入地址 http://localhost:8080/mypro/home.action，可以看到之前添加的数据已经被显示出来了，如图 3.4-2 所示。

图 3.4-2　遍历显示数据库的数据

3.4.6　数据库删除实例

现在已经完成了数据库的数据添加和显示，接下来实现数据的删除。新建 action 类，命名为 userManager，编辑内容如下：

```
package mypro;import com.opensymphony.xwork2.ActionSupport;
import mypro.userService;
import mypro.user;public class userManager extends ActionSupport {
    private String type;
    private int userId;
    private userService us;
    public String execute() throws Exception {
        us = new userService();
        if(type.equals("delete")){
            us.delete(userId);
        }
        return type;
    }
    public int getUserId() {
        return userId;
    }
    public void setUserId(int userId) {
        this.userId = userId;
    }
```

```
        public String getType() {
            return type;
        }
        public void setType(String type) {
            this.type = type;
        }
    }
```

当删除某个用户的时候会将该用户的主键ID传送到这个action中，通过主键进行查找并删除相关的数据。相应地，继续编辑userService和userDao这两个类，在其中分别添加相应的方法，编辑userDao内容如下：

```
package mypro;import java.util.List;
import org.hibernate.Query;
import org.hibernate.Session;
import org.hibernate.SessionFactory;
import org.hibernate.Transaction;
import org.hibernate.cfg.Configuration;
import mypro.user;public class usersDao {
Static SessionFactory sessionFactory;
Static Session session ;
Static Transaction tx ;                    //查询所有
public List<user> loadAll(){
    init();
    Query query = session.createQuery("from user");
    List<user> list = query.list();
    close();
    return list;
}
//插入
public void insert(user user)
{
    init();
    session.save(user);
    close();
}
    //删除
public boolean delete(int id){
    init();
    session.delete((user) session.get(user.class, id));
    close();
    return true;
}
@SuppressWarnings("deprecation")
private void init() {
    sessionFactory = new Configuration().configure().buildSessionFactory();
    session = sessionFactory.openSession();
```

```
        tx = session.beginTransaction();
    }
    private void close() {
        tx.commit();
        session.close();
        sessionFactory.close();
        }
    }
```

这里通过 hibernate session 的 delete 方法可以删除一条数据。继续编辑 userService。

```
package mypro;import java.util.List;
import mypro.usersDao;
import mypro.user;
public class userService {
    private usersDao dao;
    public userService(){
    dao = new usersDao();
    }
    /*
     * 添加一个新的用户
     */
    public boolean addUser(user user){
        dao.insert(user);
        return true;
    }
    /*
     * 查询所有用户
     */
    public List<user> getAll(){
        return dao.loadAll();
    }
    /*
     * 删除一个用户
     */
    public boolean delete(int id){
        return dao.delete(id);
    }
}
```

在 struts.xml 文件中添加对应的 action 配置，在用户被成功删除后页面将直接跳转回用户列表页面。

```
<action name = "userManager" class = "mypro.userManager">
<result name = "delete" type = "redirectAction">
    <param name = "namespace">/</param>
    <param name = "action name"> home </param>
```

```
</result>
</action>
```

在用户列表的模板页面中添加相应的删除按钮，修改后的 home.jsp 页面如下：

```
<%@ taglib prefix="s" uri="/struts-tags" %>
<%@ page language="java" contentType="text/html; charset=UTF-8"
    pageEncoding="UTF-8" %>
<!DOCTYPE html PUBLIC "-//W3C//DTD HTML 4.01 Transitional//EN" "http://www.w3.org/TR/html4/
loose.dtd ">
<html>
<head>
    <meta charset="utf-8">
    <link href="leeui/style/leeui-base.css" type="text/css" rel="stylesheet">
    <style type="text/css">
        body{text-align: center;}
        #login-box{width :300px;margin:0 auto;margin-top: 100px;}
    </style>
</head>
<body>
    <div class="lee-container">
        <h1>用户管理页面<a href="handleLogin.action?type=unlogin">【注销登录】</a><a
href="register.action?type=register">【添加用户】</a></h1>
        <table class="lee-table lee-table -strip lee-table -th color">
            <tr>
                <th>ID</th>
                <th>用户邮箱</th>
                <th>密码</th>
                <th>操作</th>
            </tr>
            <s:iterator value="users" var ="user">
            <tr>
                <td><s:property value="%{id}"/></td>
                <td><s:property value="%{email}"/></td>
                <td><s:property value="%{password }"/></td>
                 <td><a href="/mypro/userManager.action?type=delete&userId=<s:
property value="%{id}"/>">删除信息</a> |

                </td>
            </tr>
            </s:iterator>
        </table>
    </div>
</body>
</html>
```

继续在列表页面中增加编辑功能，通过增加一个 a 标签来实现对用户的删除，前面已经讲过前台发送请求到后台主要通过 get 或者 post 两种方法，这里通过 a 标签可以更加方便地实现用户删除接口的调用，在遍历显示用户数据的时候程序动态地将用户的主键 ID 作为参数连接在链接地址的后面。当用户单击该链接时会直接跳转到相应的地址进行删除功能的操作。

现在重新发布程序，在浏览器中测试一下删除功能可否正常工作，如图 3.4-3 所示。

图 3.4-3　删除一条记录

单击删除信息可以看到用户信息已经被删除了，如图 3.4-4 所示。

图 3.4-4　成功删除一条记录

3.5 Spring 框架的使用

3.5.1 Spring 简介

Spring 是一个开源框架，它由 RodJohnson 创建。它是为了解决企业应用开发的复杂性而创建的。Spring 使用基本的 JavaBean 来完成以前只能由 EJB 完成的事情。然而，Spring 的用途不仅限于服务器端的开发。从简单性、可测试性和松耦合的角度而言，任何 Java 应用都可以从 Spring 中受益。Spring 是一个轻量级的控制反转(IoC)和面向切面(AOP)的容器框架。

1. 轻量

就大小与开销两方面而言，Spring 都是轻量的。完整的 Spring 框架可以在一个大小只有 1MB 多的 JAR 文件里发布。并且 Spring 所需的处理开销也是微不足道的。此外，Spring 是非侵入式的：Spring 应用中的对象不依赖于 Spring 的特定类。

Spring 通过一种称作控制反转(IoC)的技术促进了松耦合。当应用了 IoC，一个对象依赖的其他对象会通过被动的方式传递进来，而不是这个对象自己创建或者查找依赖对象。你可以认为 IoC 与 JNDI 相反——不是对象从容器中查找依赖，而是容器在对象初始化时不等对象请求就主动将依赖传递给它。

2. 面向切面

Spring 提供了面向切面编程的丰富支持，允许通过分离应用的业务逻辑与系统级服务(例如审计(auditing)和事务(transaction)管理)进行内聚性的开发。应用对象只实现完成业务逻辑而已。它们并不负责(甚至是意识)其他的系统级关注点，例如日志或事务支持。

3. 容器

Spring 包含并管理应用对象的配置和生命周期，在这个意义上它是一种容器，用户可以配置每个 bean，基于一个可配置原型(prototype)bean 可以创建一个单独的实例或者每次需要时都生成一个新的实例。然而，Spring 不应该被混同于传统的重量级的 EJB 容器，它们经常是庞大与笨重的。

Spring 可以将简单的组件配置，组合成为复杂的应用。在 Spring 中，应用对象被声明式地组合，典型的是在一个 XML 文件里。Spring 也提供了很多基础功能(事务管理、持久化框架集成等)，将应用逻辑的开发留给了用户。

所有 Spring 的这些特征使用户能够编写更干净、更易管理并且更便于测试的代码。它们也为 Spring 中的各种模块提供了基础支持。

3.5.2 Spring 的配置

本章主要讲解 Struts2、Hibernate、Spring 的结合使用，对版本协调有一定要求，如果版本匹配不恰当也可能会造成错误。为了避免不必要的麻烦，可以直接使用下载 struts2 包中 Lib 文件夹下的 Spring 包。

首先将 lib 下 Spring 开头的 Jar 文件复制到项目工程的 WEB-INF/lib 文件夹下，如图 3.5-1 所示。

同时还需要将 Struts2 的 Spring 插件包 struts2-spring-plugin-3.3.16.jar 放置到工程中，否则程序将无法正常工作。

spring-web-3.0.5.RELEASE.jar
spring-test-3.0.5.RELEASE.jar
spring-expression-3.0.5.RELEASE.jar
spring-core-3.0.5.RELEASE.jar
spring-context-3.0.5.RELEASE.jar
spring-beans-3.0.5.RELEASE.jar
spring-asm-3.0.5.RELEASE.jar
spring-aop-3.0.5.RELEASE.jar

图 3.5-1　需要用到的 Spring 包

为了让 Spring 开始工作，在 web.xml 中增加 Spring 的监听，新的 web.xml 编辑如下：

```
<?xml version = "1.0" encoding = "UTF - 8"?>
<web - app id = "WebApp_9" version = "2.4" xmlns = "http://java.sun.com/xml/ns/j2ee" xmlns:xsi
= "http://www.w3.org/2001/XMLSchema - instance" xsi:schemaLocation = "http://java.sun.com/
xml/ns/j2ee http://java.sun.com/xml/ns/j2ee/web - app_2_4.xsd"><display - name> Struts Blank
</display - name><filter>
<filter - name> struts2 </filter - name>
< filter - class > org.apache.struts2.dispatcher.ng.filter.StrutsPrepareAndExecuteFilter
</filter - class>
</filter><filter - mapping>
<filter - name> struts2 </filter - name>
<url - pattern>/ * </url - pattern>
</filter - mapping>
    <! -- spring 监听 -->
    <context - param>
        <param - name> contextConfigLocation </param - name>
        <param - value>/WEB - INF/applicationContext.xml </param - value>
    </context - param>
    <listener>
        <listener - class>
            org.springframework.web.context.ContextLoaderListener
        </listener - class>
    </listener>
</web - app>
```

其中，<param-value>/WEB-INF/applicationContext.xml</param-value>是 Spring 配置文件的路径，org.springframework.web.context.ContextLoaderListener 是 Spring 的监听类，它包含在之前引入的 spring 的包中。配置完成后重启项目，如果没有错误，就说明 Spring 已经正确地配置完成了。

3.5.3 Spring 和 Struts2、Hibernate 的整合

本节以实现用户信息更新为例讲解 Spring 的基本使用。首先要做的工作是创建相应的模板文件、Action 类等。编辑用户信息的第一步是完成用户的编辑界面，当用户单击编辑某一位用户的链接时需要从数据库中查询该用户的信息填充到用户的编辑表中，也就是数据查询和显示的实现。

首先编辑 userDao 和 userService，添加相应的查询和修改方法，编辑 usrDao 如下：

```
package mypro;import java.util.List;
import org.hibernate.Query;
import org.hibernate.Session;
import org.hibernate.SessionFactory;
import org.hibernate.Transaction;
import org.hibernate.cfg.Configuration;
import mypro.user;public class usersDao {
    Static SessionFactory sessionFactory;
    Static Session session ;
    Static Transaction tx ;
    //读取
    public user get(int id)
    {
        init();
        user obj = (user) session.get(user.class, id);
        close();
        return obj;
    }
    //查询所有
    public List<user> loadAll(){
        init();
        Query query = session.createQuery("from user");
        List<user> list = query.list();
        close();
        return list;
    }
    //更新
    public void update(user user)
    {
        init();
    session.update(user);
    close();
    }
    //插入
    public void insert(user user)
    {
        init();
        session.save(user);
    close();
    }
    //删除
    public boolean delete(int id){
        init();
        session.delete((user) session.get(user.class, id));
        close();
```

```
        return true;
    }
    @SuppressWarnings("deprecation")
    private void init()
    {
        sessionFactory = new Configuration().configure().buildSessionFactory();
        session = sessionFactory.openSession();
        tx = session.beginTransaction();
    }
    private void close()
    {
        tx.commit();
        session.close();
        sessionFactory.close();
    }
}
```

这里通过调用 Hibernate 的 get 方法,并通过用户的主键 Id 查询其数据,通过 update 方法更新数据。在 userService 中增加相应的方法。

```
package mypro;import java.util.List;
import mypro.usersDao;
import mypro.user;
public class userService {
    private usersDao dao;
    public userService(){
        dao = new usersDao();
    }
    /*
     * 添加一个新的用户
     */
    public boolean addUser(user user){
        dao.insert(user);
        return true;
    }
    /*
     * 更新一个用户
     */
    public boolean updateUser(user user){
        dao.update(user);
        return true;
    }
    /*
     * 查询一个用户
     */
    public user getUser(int id){
        return dao.get(id);
```

```
    }
    /*
     * 查询所有用户
     */
    public List<user> getAll(){
        return dao.loadAll();
    }
    /*
     * 删除一个用户
     */
    public boolean delete(int id){
        return dao.delete(id);
    }
}
```

创建一个 Action 类，命名为 editUser，在这个类中通过 type 参数来区分是显示编辑界面还是提交修改数据请求。

```
package mypro;import com.opensymphony.xwork2.ActionSupport;
import mypro.userService;
import mypro.user;
public class editUser extends ActionSupport {
    private user user;
    private userService us;
    private int userId;
    private String type;
    public String execute() throws Exception {
        if(type.equals("update")){
            us.updateUser(user);
        }
        if(type.equals("edit")){
            user = us.getUser(userId);
            return "edit";
        }
        return type;
    }
    public int getUserId() {
        return userId;
    }
    public void setUserId(int userId) {
        this.userId = userId;
    }
    public user getUser() {
        return user;
    }
    public void setUser(user user) {
        this.user = user;
```

```
        }
        public userService getUs() {
            return us;
        }
        public void setUs(userService us) {
            this.us = us;
        }
        public String getType() {
            return type;
        }
        public void setType(String type) {
            this.type = type;
        }
    }
```

仔细观察这个类和之前建立的类的区别。在这个类中用到了 userService 这个类，但是并没有通过 new 实例化一个对象，因为程序将通过 Spring 注入这个对象，这样做的好处是可以更清楚地管理各个类之间的关系，降低模块和模块之间的耦合。

在 WEB-INF 文件夹下新建一个文件命名为 applicationContext.xml，并编辑如下：

```
<?xml version="1.0" encoding="UTF-8"?>
<beans xmlns="http://www.springframework.org/schema/beans"
        xmlns:xsi="http://www.w3.org/2001/XMLSchema-instance"
        xmlns:aop="http://www.springframework.org/schema/aop"
        xmlns:tx="http://www.springframework.org/schema/tx"
        xsi:schemaLocation="
            http://www.springframework.org/schema/beans http://www.springframework.org/
schema/beans/spring-beans-2.5.xsd
            http://www.springframework.org/schema/aop http://www.springframework.org/
schema/aop/spring-aop-2.5.xsd
            http://www.springframework.org/schema/tx http://www.springframework.org/
schema/tx/spring-tx-2.5.xsd">
        <bean name="editUser" class="mypro.editUser">
            <property name="us">
                <ref bean="userService"/>
            </property>
        </bean>
            <bean name="userService" class="mypro.userService">
        </bean>
</beans>
```

在这个配置文件中通过 bean 标签映射了相应的类，并通过 property 注入了该类中需要实例化的 userService 对象，在程序工作时无需手工 new 实例化对象，这些工作将全权交给 Spring 来完成。

最后，在 home.jsp 中添加编辑用户信息的链接，通过 get 方法跳转到对应的信息编辑界面。编辑后的文件如下：

```
<%@ taglib prefix="s" uri="/struts-tags" %>
<%@ page language="java" contentType="text/html; charset=UTF-8"
    pageEncoding="UTF-8" %>
<!DOCTYPE html PUBLIC "-//W3C//DTD HTML 4.01 Transitional//EN" "http://www.w3.org/TR/html4/
loose.dtd">
<html>
<head>
    <meta charset="utf-8">
    <link href="leeui/style/leeui-base.css" type="text/css" rel="stylesheet">
    <style type="text/css">
        body{text-align: center;}
        #login-box{width :300px;margin:0 auto;margin-top: 100px;}
    </style>
</head>
<body>
    <div class="lee-container">
        <h1>用户管理页面<a href="handleLogin.action?type=unlogin">【注销登录】</a><a
href="register.action?type=register">【添加用户】</a></h1>
        <table class="lee-table lee-table -strip lee-table -th color">
            <tr>
                <th>ID</th>
                <th>用户邮箱</th>
                <th>密码</th>
                <th>操作</th>
            </tr>
            <s:iterator value="users" var ="user">
            <tr>
                <td><s:property value="%{id}"/></td>
                <td><s:property value="%{email}"/></td>
                <td><s:property value="%{password }"/></td>
                <td><a href="/mypro/userManager.action?type=delete&userId=<s:
property value="%{id}"/>">删除信息</a> |
                <a href="/mypro/editUser.action?type=edit&userId=<s:property value
="%{id}"/>">编辑信息</a>
                </td>
            </tr>
            </s:iterator>
        </table>
    </div>
</body>
</html>
```

创建一个新的用户编辑模板页面，命名为 edit.jsp，编辑内容如下：

```
<%@ taglib prefix="s" uri="/struts-tags" %>
```

```
<%@ page language="java" contentType="text/html; charset=UTF-8"
    pageEncoding="UTF-8"%>
<!DOCTYPE html PUBLIC "-//W3C//DTD HTML 4.01 Transitional//EN" "http://www.w3.org/TR/html4/
loose.dtd">
<html>
<head>
    <meta charset="utf-8">
    <link href="leeui/style/leeui-base.css" type="text/css" rel="stylesheet">
    <style type="text/css">
        body{text-align: center;}
        #login-box{width :300px;margin:0 auto;margin-top: 100px;}
    </style>
</head>
<body>
    <div id="login-box">
        <h1>编辑用户信息</h1>
        <form action="editUser.action" meth od="post">
        <input type="hidden" name="type" value="update">
        <input type="hidden" name="user.id" value="<s:property value="user.id" />">
        <ul class="lee-form-normal">
            <li>
                <div class="lee-input">
                    <label>邮箱</label>
                    <input type="text" name="user.email" value="<s:property value="
user.email" />">
                </div>
            </li>
            <li>
                <div class="lee-input">
                    <label>密码</label>
                     <input type="password " name="user.password " value="<s:property
value="user.password " />">
                </div>
            </li>
            <li>
                <input class="lee-button" style="width :80px" type="submit" value="提交">
            </li>
        </ul>
        </form>
    </div>
</body>
</html>
```

现在回头查看之前编写的 editUser，在其中并没有定义相关的 email 和 password 变量，而是直接定义了一个 user 对象，在 struts2 中允许以对象的方式传送数据，这个特性在数据繁多的项目中十分有用。

在编辑的模板文件中，我们定义相应的属性为 user 属性名，便可以直接接收整个 user，十分方便。最后配置 struts. xml 文件使得之前创建的 Action 可以正确运行，编辑后的文件如下：

```
<?xml version = "1.0" encoding = "UTF - 8" ?>
<! DOCTYPE struts PUBLIC
    " - //Apache Software Foundation//DTD Struts Configuration 2.3//EN"
    "http://struts.apache.org/dtd s/struts - 2.3.dtd ">
< struts >
< constant name = "struts.enable.DynamicMeth odInvocation" value = "false" />
< constant name = "struts.devMode" value = "true" />
< package name = "default" namespace = "/" extends  = "struts - default">
< interceptors >
    < interceptor name = "loginCheck" class = "mypro.loginInterceptor">
    </interceptor >
    < interceptor - stack name = "myStack">
        < interceptor - ref name = "loginCheck"/>
        < interceptor - ref name = "defaultStack"/>
    </interceptor - stack >
</interceptors >
< default - interceptor - ref name = "myStack"></default - interceptor - ref >
< global - results >
    < result name = "unlogin">/templets/login.jsp </result >
    < result name = "error">/error.jsp </result >
</global - results >
< action name = "helloWorld" class = "mypro.helloWorld">
    < result >/templets/helloWorld.jsp </result >
</action >
< action name = "home" class = "mypro.home">
    < result name = "success">/templets/home.jsp </result >
</action >
< action name = "uploadFile" class = "mypro.UploadFile">
    < result name = "success">/templets/uploadFile.jsp </result >
</action >
< action name = "handleUploadFile" class = "mypro.HandleUploadFile">
    < result name = "success">/templets/displayUpload.jsp </result >
</action >
< action name = "register" class = "mypro.register">
    < result name = "register">/templets/register.jsp </result >
</action >
< action name = "handleRegister" class = "mypro.handleRegister">
    < result name = "success" type = "redirectAction">
        param name = "namespace">/</param >
        < param name = "action name"> home </param >
    </result >
    < result name = "update" type = "redirectAction">
        < param name = "namespace">/</param >
```

```
        <param name="action name"> home </param>
    </result>
</action>
<action name="userManager" class="mypro.userManager">
    <result name="delete" type="redirectAction">
        <param name="namespace">/</param>
        <param name="action name"> home </param>
    </result>
</action>
<action name="editUser" class="editUser">
    <result name="edit">/templets/edit.jsp</result>
    <result name="update" type="redirectAction">
        <param name="namespace">/</param>
        <param name="action name"> home </param>
    </result>
</action>
</package>
<package name="login" namespace="/" extends ="struts-default">
<action name="login" class="mypro.login">
    <result>/templets/login.jsp</result>
</action>
<action name="handleLogin" class="mypro.handleLogin">
    <result name="login">/templets/loginResult.jsp</result>
    <result name="unlogin">/templets/unlogin.jsp</result>
    <result name="wrong">/templets/wrong.jsp</result>
</action>
</package>
</struts>
```

打开浏览器测试，首先添加一个新的测试用户，如图 3.5-2 所示。

图 3.5-2　使用 Spring 实现用户信息的编辑

单击编辑信息后可以看到正确的显示出用户的基本信息，如图 3.5-3 所示。

图 3.5-3　使用 Spring 实现用户信息的编辑

修改 test@test.com 为 admin@test.com，并提交修改，可以看到用户类表中的用户信息已经正确地修改了，如图 3.5-4 所示。

图 3.5-4　用户管理页面

WebGIS 开发技术篇

本篇主要介绍 WebGIS 开发的两大主流平台 ArcGIS 和 OpenGIS。第 4 章简单地介绍 WebGIS 的相关概念及实现技术；第 5 章介绍 ArcGIS for Server 网络地图应用开发，通过具体的服务发布过程来引导读者快速入门；第 6 章介绍 OpenGIS 及 OpenGIS 平台的搭建，通过一些具体的示例代码来建立对 OpenGIS 更加清晰的认识。

第4章

WebGIS

随着Internet的迅猛发展和广泛使用，人们对地理信息系统的需求也日益增长，Internet已成为新的GIS操作平台，它与GIS结合而形成的Web GIS（网络地理信息系统）是GIS软件发展的必然趋势。Web GIS也真正成为一种大众使用的工具。目前，网络技术在GIS中的应用主要有三种模式：集中模式、C/S模式和B/S模式，其中基于B/S模式的Web GIS是一种新型的模式，用来解决C/S模式下Web GIS所面临的问题和满足用户对信息管理的需求。

相信大家对百度地图、谷歌地图等相关应用已经非常熟悉了。通过这些应用，我们可以浏览地图、定位自己的位置、查找我们的兴趣点、搜索交通路线等。其实，这些功能是WebGIS最基本的一些功能。那么什么是WebGIS呢？

GIS的全名是Geographic Information System，中文全名是地理信息系统。它是在计算机硬件、软件系统支持下，对整个或部分地球表层（包括大气层）空间中的有关地理分布数据进行采集、储存、管理、运算、分析、显示和描述的技术系统。自从20世纪60年代“GIS之父”RogerTomlinson创建了GIS(Geographic Information System)这个缩略语之后，这个领域已经发生了翻天覆地的变化。如今，学生在“地理信息科学”、“测绘”、“空间信息系统”等相关课程上都能遇到许多相同的基本内容。GIS里面的G已经被解读为“全球的”(global)以及“地理空间的”(geospatial)，而不是最初的“地理的”(geographic)；S也不是当初的“系统”(system)，而是“科学”(science)、“服务”(services)和“研究”(studies)。但是，要寻找一个词来描述所有这些内容的共同点，“地理空间”(geospatial)或许是最佳的选项。

撇开这些晦涩的文字，我们争取用更形象的方法来介绍GIS这个学科。人类在很久之前就已经开始使用羊皮或者纸质的地图了，主要用途是给行军、航海等做向导，而这同样也是现代GIS最基本的功能之一。到19世纪时，现代GIS学科开始慢慢萌芽。这里有一个很著名的例子。1854年伦敦发生霍乱，10天就死了500人。居民大多怀疑瘟疫是由于地下的墓穴引起的，产生了极大的社会恐慌。当时有个有名的医生叫Snow博士，他不信这个原因，为了查出真正的霍乱源头，他首先绘出了伦敦地图，然后将所有霍乱病人的所在地标出来，终于发现了一个有趣的现象，在伦敦的一个居民饮水井附近出现的霍乱病人最多，并且最开始出现的霍乱病人也是在那里发现的。最后Snow博士对那口井进行检查，确定了霍乱发生的源头。从这个例子可以看出，地图的应用已经不再局限于导航了，而开始慢慢利用其得天独厚的时间、空间优势与其他学科进行结合。

到了20世纪，计算机的出现、人造卫星的升天等技术突破，GIS这个学科也相应地开始走向成熟并开始普及。20世纪60年代，加拿大科学家首先提出了GIS这个学科。到了20世纪末，一大批优秀的GIS软件已经出现，比如Esri公司的ArcGIS系列、MapInfo公司的MapInfo。国内的GIS从20世纪80年代开始起步，比较有名的有GeoStar、MapGIS等。

而此时的GIS已不再局限于纸上的地图了，它已经成为一个计算机技术和多种学科交叉的新型学科了。它涉及测量学——地理信息的采集和地图的制作等，计算机科学——电子地图的制作、展现以及各种GIS功能的实现，物理学——对传感器的研究以及光谱和影像的研究，气象学——大气层等对卫星影像的影响等，生物学、医学、犯罪学等——研究地理等各时间空间因素对这些学科的影响。

GIS是什么呢？最通俗易懂的解释就是，GIS是利用测绘生成纸制地图或者通过航拍以及卫星拍摄生成影像后，将这些数据存储在计算机中，以地图或图片的形式表现出来，然后根据实际生产、生活以及科研中的各种需求，进而提供具体的经过处理的数据。

4.1 WebGIS简介

人类活动中75%～80%的信息与地理空间位置有关，地理信息系统是一种采集、处理、储存、管理、分析、输出地理空间数据及其属性信息的计算机信息系统。自20世纪60年代诞生以来，GIS发展迅速，应用日趋广泛和深化，逐步融入信息技术的主流，正在成为信息产业新的增长点，是发展潜力巨大的地理信息产业的主要组成部分之一。如今，GIS的应用已经成为我国国民经济和社会信息化建设的亮点，日益深入到各个专业领域和百姓日常生活中。

GIS经历了单机环境应用向网络环境应用的发展过程。网络环境GIS应用从局域网内客户/服务器(Client/Server，C/S)结构的应用向Internet环境下浏览器/服务器(Browser/Server，B/S)结构的WebGIS应用发展。随着Internet的发展，WebGIS开始逐步成为GIS应用的主流，WebGIS相对于C/S结构而言，具有部署方便、使用简单、对网络带宽要求低的特点，为地理信息服务的发展奠定了基础。

随着计算机技术、网络技术、数据库技术的发展以及应用的不断深化，GIS技术的发展呈现出新的特点和趋势，基于Web的GIS就是其中之一。WebGIS除了应用于传统的国土、资源、环境等政府管理领域外，也正在促进与老百姓生活息息相关的车载导航、移动位置服务、智能交通、抢险救灾、城市设施管理、现代物流等产业的迅速发展。

早期的Web GIS功能较弱，主要用于电子地图的发布和简单的空间分析与数据编辑，难以实现较为复杂的图形交互应用(如GIS数据的修改、编辑和制图)以及复杂的空间分析，无法取代传统的C/S结构的GIS应用，于是出现了B/S结构与C/S结构并存的局面，而C/S结构涉及客户端与服务器端之间大量数据转输，无法在互联网平台实现复杂的、大规模的地理信息服务。

随着电子政务和企业信息化(电子商务)的发展,构建由多个地理信息系统构成的信息系统体系,跨越传统的单个地理信息系统边界,实现多个地理信息系统之间的资源(包括数据、软件、硬件和网络)共享、互操作和协同计算,构建空间信息网格(Spatial Information Grid),成为 GIS 应用发展需要解决的关键技术问题。这要求将 GIS 的数据分析与处理的功能移到服务器端,通过多种类型的客户端(如 PC、移动终端)上的 Web Browser 或桌面软件调用服务器端的功能,来实现传统 C/S 结构 GIS 所具有的功能,最终使 B/S 结构取代 C/S 结构的应用,通过 GIS 应用服务器之间的互操作和协同计算,构建空间信息网格。

B/S 结构应用已经由浏览器/网络服务器/数据服务器(Browser/Web Server/Data Server)三层架构阶段进入到浏览器/网络服务器/应用服务器/数据服务器(Browser/Web Server/Application Server/Data Server)四层架构阶段。在新的四层架构中,网络服务器和应用服务器分离,并且其间还可以插入二次开发和扩展功能,其中的应用服务器一般为支持远程调用的组件式 GIS 平台,或由组件式 GIS 平台封装而成。将 GIS 复杂数据分析与处理功能(包括编辑、拓扑关系的构建、对象关系的自动维护、制图)移到 GIS 应用服务器上,使客户端与服务端的数据传输减少到最少的程度,为在 Internet 上实现复杂、大规模的地理信息服务提供了可能。这一架构带来的巨大优势是使服务器端具有极强的扩展性,因此作为应用服务器的组件式 GIS 所具备的功能,都可以通过 B/S 结构实现,WebGIS 不再是只能满足地图浏览和查询的简单软件了,而是一个体系先进,功能强大的服务器端 GIS(Server GIS)。

4.1.1 什么是 WebGIS

WebGIS 是分布式信息系统的一种类型,由至少一个服务器和一个客户端构成,其中服务器是 GIS 服务器,客户端是 Web 浏览器、桌面应用程序或移动应用程序。简单地说,WebGIS 可定义为使用 Web 技术实现服务器与客户端之间通信的任何 GIS。

WebGIS 必不可少的关键元素如下:

(1) 服务器具有一个 URL,这样客户端才能在 Web 上找到它;

(2) 客户端按照 HTTP 规范将请求发送到服务器;

(3) 服务器执行所请求的 GIS 操作并通过 HTTP 向客户端发送响应;

(4) 向客户端发送的响应格式可以有多种,例如 HTML、二进制图像、XML(可扩展标记语言)或 JSON(JavaScript 对象表示法)。

4.1.2 WebGIS 的特征

无论客户端和服务器彼此相隔多远,都可利用 Internet 访问 Web 上的信息,相较于传统的桌面 GIS,WebGIS 的明显优势包括:

(1) 全球性覆盖:ArcGIS 用户可向全球范围的用户提供一个 WebGIS 应用程序,而所有用户都可通过其计算机或移动设备访问这些应用程序。WebGIS 的全球性延伸受益于当前广泛支持的HTTP协议。几乎所有组织都在特定网络端口处打开了防火墙，允许HTTP请求和响应在本地网络中传输，从而提高了可访问性。

(2) 用户数量众多：通常，传统的桌面GIS一次只能由一个用户使用，而WebGIS可由数十或数百个用户同时使用。因此，WebGIS需要具有比桌面GIS更高的性能和更好的可扩展性。

(3) 更好的跨平台性能：大多数WebGIS客户端都是Web浏览器，包括InternetExplorer、MozillaFirefox、AppleSafari、GoogleChrome等。由于这些Web浏览器大部分都符合HTML和JavaScript标准，因而依赖于HTML客户端的WebGIS往往可支持不同的操作系统，如MicrosoftWindows、Linux和AppleMacOS。

(4) 按用户数计算的平均成本低：大多数Internet内容对最终用户是免费的，WebGIS也是如此。通常，无需购买软件或付费即可使用WebGIS。需要为众多用户提供GIS功能的组织也通过WebGIS将成本降至最低。无需为每个用户购买并设置桌面GIS，组织只需设置一个WebGIS，所有用户便可从家中、办公室或现场共享此单个系统。

(5) 易于使用：桌面GIS专用于对GIS有过数月培训和经验的专业用户。WebGIS则可用于广泛的受众，包括对GIS一无所知的公共用户。他们希望像使用常规网站那样简单地使用WebGIS。WebGIS的设计简单、直观、方便，通常比桌面GIS更易于使用。

(6) 统一更新：对于桌面GIS，如果更新到新版本，则需要在每台计算机上安装更新程序。而对于WebGIS，更新一次即可被所有客户端使用。这种易维护性使得WebGIS非常适合提供实时信息。

(7) 多样化的应用程序：桌面GIS受限于一定数量的GIS专业人员，WebGIS则可用于企业中的每位员工以及社会大众。广泛的受众往往具有不同的要求。绘制名人家园地图、标记个人照片、找出朋友所在位置以及显示WiFi热点等应用程序都是WebGIS的热门应用。

这些特征展现了WebGIS的优点及其面临的挑战。例如，WebGIS的易用性激励了公共参与，但也提醒开发者要考虑不具有GIS背景的Internet用户使用的便利性。因此，支持大量用户要求WebGIS具有可扩展性。接下来介绍开发WebGIS应用程序框架的相关知识。

4.1.3 WebGIS应用程序框架

作为GIS专业人士，你的目标是要向最终用户提供一种WebGIS应用程序，使他们无需了解大量的GIS相关知识便可轻松地完成工作。因此，你所要面对的各种WebGIS应用程序的概念必然比最终用户看到的要复杂得多。本节介绍WebGIS应用程序不可或缺的基本组成部分。这些组成部分提供了一个完整的框架以辅助你构建GIS并交付至最终用户。

1. Web应用程序

Web应用程序为客户端提供软件界面，其中的工具用于显示地理信息，与地理信息进行交互以及处理地理信息。它可能是一个在 Web 浏览器上运行的 ArcGISViewerforFlex 应用程序,也可以是一个运行在启用了 GPS 的外部设备或智能电话(如 iPhone)上的移动应用程序。

为最终用户构建 WebGIS 应用程序时,可供选择的应用程序有很多种。最佳选择通常要视用户工作流程所需的功能、工具和地图显示而定。而且,如何选择应用程序通常还要考虑最终用户及其使用计算机的经验和工作环境(例如作业现场、上网速度等)。

2. 数字底图

在 WebGIS 应用程序中,底图为各应用程序提供了地理环境。应用程序的类型(包括水文、宗地、电力公共设施和保护区)通常决定着需要使用的底图的类型。例如,在针对水鸟保护区的 WebGIS 应用程序中,高分辨率的正射影像将成为数字化湿地的合适底图。

以下是一些常见底图的示例:

(1) 交通底图通常包含道路、街道名称、感兴趣点、概略的土地利用类型、水体和地名;

(2) 地形底图通常包含行政边界、城市、水体要素、地形要素、公园、地标、交通和建筑物;

(3) Terrain 底图通常包含地貌影像、深海探测学、沿海水体要素,旨在为其他数据图层提供中立的背景;

(4) 影像底图通常包含全世界的低分辨率卫星影像和世界各地选定地理区域的高分辨率卫星影像;

(5) 混合底图通常包含可作为地图叠加图层开启和关闭的可选图层,例如交通、地形、terrain 和影像等地图图层通常作为可选的底图叠加图层,可根据不同的查看意图开启或关闭。

请务必记住,底图往往相对静止。在典型设置下,底图不需要经常更新。例如,可以安排每年更新一次交通网络来体现大都市街道网络的更改。相反,由于地形底图往往依赖于国家级的普查或调查成果,因此可能十年才更新一次。

3. 业务图层

业务图层是在 WebGIS 应用程序中直接进行操作或通过操作(如查询)而获得的一组数量较少的图层。这些图层通常由 GIS 专业人员为特定用户群量身定做。例如,城市规划者使用一个运行 GIS 应用程序的 Windows 智能电话更新下水道或雨水排放系统图层中检修孔盖的位置。业务图层包括但不限于以下内容:

(1) 观测值或传感器馈送值:可以反映状态或环境感知的任何信息,例如犯罪地点、交通传感器馈送值、实时天气、计量仪读数(如流量计)、设备或工人在现场测得的观测值、调查结果、客户地址、疾病地点、空气质量和污染监测等。在 WebGIS 地图中,这些信息源通常显示为状态信息。此外,它们还经常作为在服务器上执行分析操作的输入。

(2) 编辑图层和数据访问图层:这些图层是用户要操作的图层,例如编辑要素、执行查询和为分析选择要输入的要素。

(3) 查询结果:在多数情况下,应用程序会向服务器发出查询请求,而后返回一组记录作为查询结果。结果中可以包括一组单个要素或属性记录。用户通常会在 WebGIS 应用程序中显示返回的结果，并将其作为地图图形进行处理。

(4) 由分析模型获得的结果图层：可以执行 GIS 分析以生成新的信息，这些新信息可作为新的地图图层由最终用户添加、探索、可视化、解释和比较。

在大多数 GIS 应用程序中，用户会在提供地理环境的底图之上处理业务信息(有时是多个业务图层)。但有些时候，业务图层会显示在有助于提供位置环境的其他图层的下方。例如，按人口统计信息分类和显示邮政编码或邮政编码地区时，通常会在这些结果上叠加运输线和地名以提供位置环境。

业务图层通常是动态的；它们是从 GIS 数据库中检索获得的，并会在运行时进行显示(例如每次平移、缩放或刷新地图时)。通常，业务图层只在固定的地图比例或分辨率范围内进行处理。相反，底图却通常被设计为在更大的地图比例范围内进行使用。例如，底图通常允许缩小到更大的地图范围。

4. WebGIS 应用程序中的任务和工具

WebGIS 应用程序通常会提供一系列除执行制图之外的处理工具。这些工具涵盖的范围广泛——从普通类型(如找出地址)到更具体的类型(如计算大城市潜在的屋顶太阳能)。运行任务的方法有两种：

(1) 客户端执行：该方法适合相对简单的处理以及所需数据全部存放在客户端的情况。典型示例包括根据一组点要素绘制分析结果和生成热点图。

(2) 服务器执行：该方法适合复杂的处理以及所需数据未存放在客户端的情况。典型示例包括找出最近设施点的位置和路线、计算流量，以及通过叠加大量数据图层来找出最佳栖息地。

5. 一个或多个地理数据库

各种 GIS 应用程序都需要依赖于强大的地理空间数据管理框架，该框架存储用于支持应用程序的信息。它可以是一个或多个地理数据库、一组 shapefile、各种表格数据库和电子表格、CAD 文件、设计文件、影像、HTMLWeb 页面等。

GIS 专业团队非常注重投资并构建高质量的地理信息。毕竟，由 GIS 获得的结果的质量是受到地理数据库中包含信息的质量限制的。GIS 数据集必须以统一的方式进行编辑，而且必须一致且可集成，这样才能在地理框架中结合使用。很多 GIS 用户在创建和维护地理空间数据集上的投入非常大。这些信息储备在解决很多问题时都具有重要的价值。而且当你想做的不仅仅是在底图上显示观测值时，强大的地理数据会变得更加重要。

到此，我们对 WebGIS 应用程序的框架有了大致的了解，接下来介绍 WebGIS 分层处理体系的相关知识。

4.1.4 B/S 结构的 WebGIS 系统的分层处理体系

WebGIS 系统 B/S 结构的空间数据的显示(或可视化)要经过以下四个处理过程：

(1) 从空间数据源中选择要显示的地理实体的数据；

(2) 把选择出来的地理实体数据组合生成一个显示元素的序列;

(3) 将显示元素系列生成最终要显示的地图结果;

(4) 将准备好的地图送往显示设备进行最终显示。

我们可以把这四个步骤分别称作选择空间数据、生成显示序列、地图成形和显示。把上述地学空间数据可视化的过程看作相对独立的步骤,每一步骤都接受某一特定形式的空间数据作输入,并输出某种形式的中间结果,上面每一个步骤的顺利执行都要先执行其下相邻的步骤,并用下一步提供的输出结果。也就是说,上面步骤要调用下面步骤为其服务,下面步骤为上面步骤提供服务。这样一来,就得到了万维网空间数据分步骤服务模型。其中,最下面的一个步骤从空间数据源中得到满足条件的空间数据,最上面一个步骤显示最终结果。

分步骤服务模型不要求相邻两个步骤的执行必须在一台机器上,当其中某两个相邻步骤被因特网分开时,就得到了三种可能的 WebGIS 体系结构。

(1) 客户端请求地图图像的方式:在这种结构下,作为客户端的浏览器中进行图像的显示,而把选择空间数据、生成显示元素序列和地图图像的步骤放在服务器端。浏览器通过服务器的 CGI 接口以 JPEG 或 GIF 图像格式请求地图图像。

(2) 客户端请求图形元素的方式:客户端由地图生成和显示两部分组成,通过 Java Applet、ActiveX 来实现,由它们向服务器请求要显示的图形元素或地图图像。随着 SVG (scalable vector graphics)和 Web CGM 成为万维网协会(world wide web consortium, W3C)的标准,如果用它们来编码矢量空间数据,则浏览器可以直接显示。

(3) 客户端请求空间数据的方式:服务器端只执行查询,从空间数据源中得到需要的空间数据,然后把数据发送到客户方。由浏览器上的 Java Applet、ActiveX 或浏览器插件来进行后面的工作。浏览器生成最终结果时,还会向服务器请求必要的显示符号信息。

WebGIS 的这三种体系结构各有特点,可以满足万维网对不同客户端和服务器端的应用要求。但不论采用哪种结构,由于它们都基于空间数据可视化的分步骤服务模型,就保证了它们对空间数据处理的一致性。采用这种空间数据模型的 WebGIS 系统实现,可以保证每个系统的上一个步骤可调用其他 WebGIS 的相应下面步骤的服务。从这个角度来看,不同的客户/服务器结构,仅仅是确定哪两个处理步骤之间的服务调用跨越因特网而已,不会影响整个系统集成多个异构系统中空间数据的能力。

分步骤服务模型使万维网空间数据处理具有了开放性,采用这种模型实现的万维网空间数据应用系统之间可以允许较好的互操作。为了能允许一个系统的处理步骤充分享用另一个系统相应步骤的服务,还必须定义共同的地图服务器接口。

下面讲述实现 WebGIS 的具体技术。

4.2 WebGIS 实现技术

WebGIS 是利用 Internet 技术来扩展和完善 GIS 的一项新技术,其核心是在 GIS 中嵌入 HTTP 标准的应用体系,实现 Internet 环境下的空间信息管理和发布。WebGIS 可采用多主机、多数据库进行分布式部署，通过 Internet/Intranet 实现互联，是一种浏览器/服务器(B/S)结构，服务器端向客户端提供信息和服务，浏览器(客户端)具有获得各种空间信息和应用的功能。

WebGIS 的发展与 GIS 技术、信息技术和通信技术的发展密不可分。许多 Internet 组网技术可直接移植于 WebGIS 系统。但 WebGIS 自身还有一些关键技术必须解决，如高质量数据压缩技术、宽带和高码率 WAP 技术、组件式 GIS 设计等。随着宽带网的加速普及和 WAP 技术的快速发展，WebGIS 的应用领域将不断拓宽。

4.2.1 CGI 技术

通用网关接口(Common Gateway Interface,CGI)是较早应用于 Web GIS 开发的方法。它是 Internet 服务器与应用程序之间的接口标准，在 Hypertext 文件与 Web 服务器应用程序之间传递信息，将 Web 服务器和数据库服务器结合起来，实时、动态地生成 HTML 文件。

CGI 的优势：功能强、资源利用率高；跨平台性好。

CGI 的劣势：增加了网络传输的负担、服务器负担重、同步多请求问题、静态图像、用户界面的功能受 Web 浏览器的限制。值得一提的是，Esri 公司的 ArcView Map Server 和 MapInfo 公司的 MapInfo ProServer 都是基于 CGI 技术搭建的。基于 CGI 模式的 WebGIS 体系结构的示意图如图 4.2-1 所示。

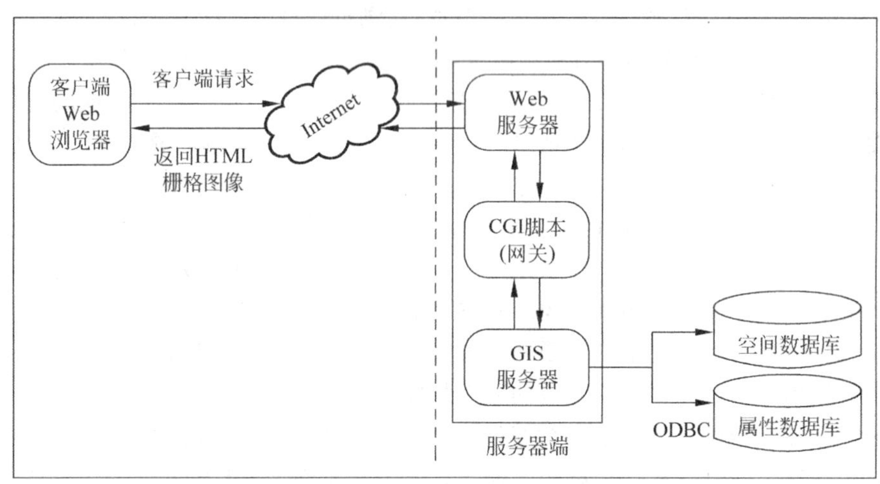

图 4.2-1 基于 CGI 模式的 WebGIS 体系结构示意图

4.2.2 Java Applet 技术

Java Applet 就是用 Java 语言编写的一些小应用程序，它们可以直接嵌入到网页中，并能够产生特殊的效果。包含 Applet 的网页称为 Java-powered 页，可以称为 Java 支持的网页。

当用户访问这样的网页时，Applet 被下载到用户的计算机上执行，但前提是用户使用的是支持 Java 的网络浏览器。由于 Applet 是在用户的计算机上执行的，因此它的执行速度不受网络带宽或者 Modem 存取速度的限制。用户可以更好地欣赏网页上 Applet 产生的多媒体效果。

在 Java Applet 中，可以实现图形绘制、字体和颜色控制、动画和声音的插入、人机交互及网络交流等功能。Applet 还提供了名为抽象窗口工具箱（Abstract Window Toolkit，AWT）的窗口环境开发工具。AWT 利用用户计算机的 GUI 元素，可以建立标准的图形用户界面，如窗口、按钮、滚动条等。目前，在网络上有非常多的 Applet 范例来生动地展现这些功能，读者可以去调阅相应的网页以观看它们的效果。

Java Applet 的优势：体系结构中立，与平台和操作系统无关，动态运行，无需在用户端预先安装，服务器和网络传输的负担轻，安全可靠，GIS 操作速度快。

Java Applet 的劣势：客户端负荷较重，速度不快，分析功能有限。

采用这一技术搭建的 WebGIS 有 ActiveMaps、BigBook 等，基于 Java Applet 的 WebGIS 体系结构示意图如图 4.2-2 所示。

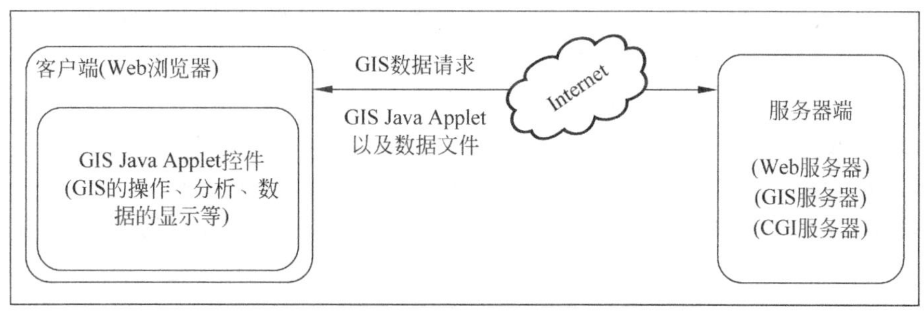

图 4.2-2 基于 Java Applet 的 WebGIS 体系结构示意图

4.2.3 Plug-in 技术

Plug-in（插件）是由美国网景公司（Netscape）开发的增加网络浏览器功能的方法。它提供了一套应用程序接口（API），可用于研制和网络浏览器直接交换信息的专门的软件包。插件最大优点在于当需要时暂时接入，用完后又可以脱开以释放系统资源，减少网络、服务器的信息流量和压力。

Plug-in 的优势：客户端处理能力强，GIS 服务器和网络传输的负担较轻，支持多种 GIS 数据，GIS 操作速度快。

Plug-in 的劣势：GIS Plug-in 与平台相关，数据具有相关性，插件管理不便，更新困难，客户端功能有限等。

基于 Plug-in 技术的 WebGIS 有 Autodesk 的 MapGuide，基于 Plug-in 技术的 WebGIS 原理如图 4.2-3 所示。

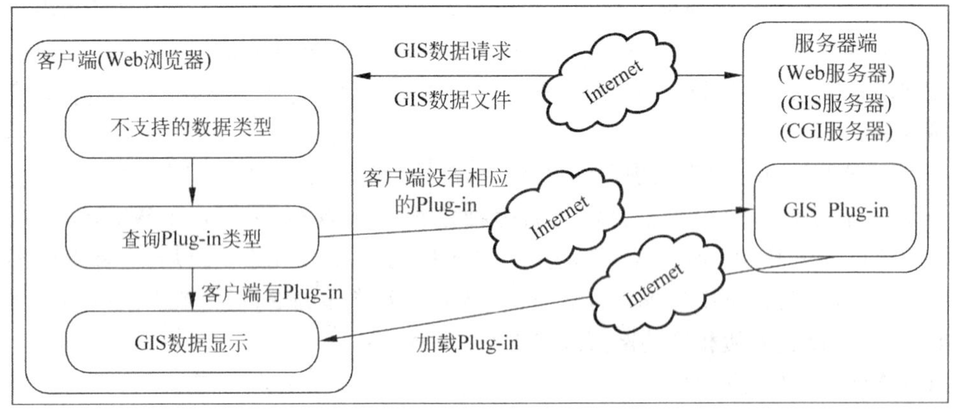

图 4.2-3 基于 Plug-in 的 WebGIS 体系结构示意图

4.2.4 ActiveX 技术

ActiveX 是一个开放的集成平台，为开发人员、用户和 Web 生产商提供了一个快速而简便的在 Internet 和 Intranet 创建程序集成和内容的方法。使用 ActiveX，可轻松方便地在网页中插入多媒体效果、交互式对象以及复杂程序。ActiveX 技术的优势和劣势如下：

ActiveX 的优势：具有 GIS Plug-in 模式的所有优点，软件复用性高。

ActiveX 的劣势：与平台相关，兼容性较差，需要下载，安全性不高。

基于 ActiveX 控件的 WebGIS 有 Intergraph 的 GeoMedia Web Map、三维控件 VRMap 等。基于 ActiveX 技术的原理如图 4.2-4 所示。

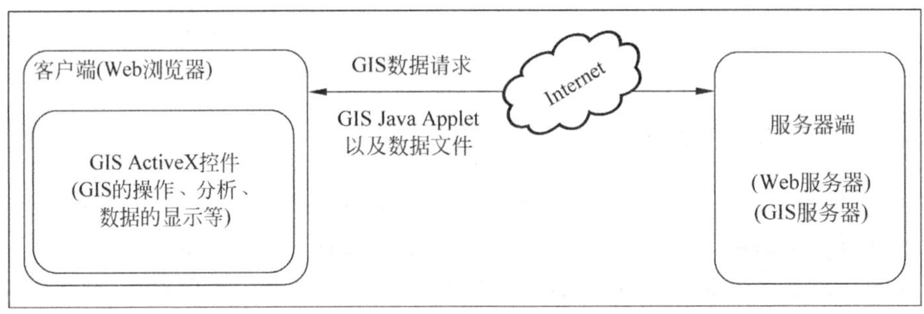

图 4.2-4 基于 ActiveX 的 WebGIS 体系结构示意图

4.2.5 Server API 技术

Server API 又称为服务器应用程序接口，它是为克服 CGI 方式的效率低下而开发出来的扩充的 CGI 工具，其基本原理与 CGI 类似，不同的是 CGI 程序可以单独运行，而由于 Server API 应用程序是 Web 服务器进程的组成部分，所以必须在特定的服务器上运行，一般依附于特定的 Web 服务器，如微软 ISAPI 依附于 IIS，且不能脱离 Windows 平台，因为 Server API 不像 CGI 可以单独运行，它运行于 Web 服务器的进程中，一旦启动，会一直处于运行状态，不需要每次都重新启动，因此运行效率远高于 CGI 程序。该技术的优势和劣势如下：

Server API 的优势：运行效率比 CGI 更高，安全可靠传输。

Server API 的劣势：ISAPI DLL 和服务器密切相关，程序的可移植性差，受限于 ISAPI DLL，系统的维护和管理复杂。

基于 Server API 的 WebGIS 原理如图 4.2-5 所示。

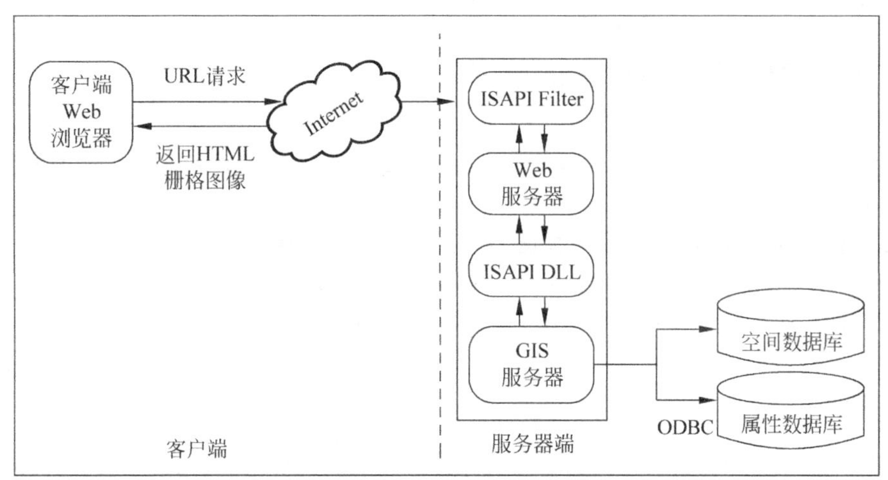

图 4.2-5 基于 Server API 的 WebGIS 体系结构示意图

综合以上 5 种主流的 WebGIS 开发技术的优缺点，在现实当中，CGI、Java Applet 和 Plug-in 技术使用得很少；ActiveX 技术在 3D 项目中应用较多；Server API 技术应用的最多，是当下最主流的 WebGIS 开发技术。其中，ArcGIS Server 就是一款 Server API 的二次开发平台。随着 WebGIS 的飞速发展，其应用领域在不断扩大。可以预见，随着 GIS 和 IT 技术的不断发展，WebGIS 将会朝着一个分布式的、开放的、大众化的、全球性的方向发展。未来的 WebGIS 必将会像目前一些常用的 Web 信息服务一样的价廉、方便、快捷且功能完善。

第 5 章重点介绍基于 Server API 技术的二次开发平台 ArcGIS。

第5章 ArcGIS for Server 网络地图应用开发

5.1 ArcGIS for Server 简介

ArcGIS Server 是一个发布企业级 GIS 应用程序的综合平台，提供了创建和配置 GIS 应用程序和服务的框架，可以满足各种客户端的需求，这是对 ArcGIS Server 的抽象描述，那么 ArcGIS Server 在 GIS 应用中具体扮演什么样的角色呢？

使用过 ArcGIS 桌面应用软件的人知道，在桌面环境中存在各种 GIS 工具可供使用，如展现 GIS 数据可以用 ArcMap、ArcGlobe，根据位置寻址可以使用 address locator，对数据进行分析操作可使用 ArcToolbox 的 Geoprocessing 工具。它们包含了不同级别的 GIS 功能，从底层来看，都是通过 ArcObjects 来实现的。

从 ArcGIS Server 的角度看，我们不再考虑要处理的数据是 ArcMap 的 mxd 文档、ArcGlobe 的 3dd 文档、还是 address locators 等。相应地，我们用服务的概念来对它们进行描述，这些服务可以是 map services、globe services、geocode services，GIS 资源依托这些服务存在，当需要在 GIS Server 上共享一个地图时，就使用该地图的 mxd 来定义一个 Map Service。可以看出，ArcGIS Server 的目的就是宿主各种服务，并为客户端应用提供这些服务资源，另外，ArcGIS Server 提供了一个管理程序来对服务进行控制与管理。

5.1.1 什么是 ArcGIS Server

ArcGIS for Server 软件使你的地理信息可供组织中的其他人使用，或者供具有 Internet 连接的任何人使用。这可通过 Web 服务完成，从而使功能强大的服务器计算机能够接收和处理其他设备发出的信息请求。ArcGIS for Server 使你的 GIS 对平板电脑、智能手机、笔记本电脑、台式工作站以及可连接到 Web 服务的任何其他设备开放。

要使用 ArcGIS for Server，需要准备硬件、软件和数据，然后设置 GIS Web 服务。最后，可通过不同类型的应用程序来使用服务。

1. 准备硬件、软件和数据

用于服务器的硬件的功能通常比其他台式计算机更加强大。ArcGIS for Server 需要能够运行 64 位操作系统的计算机。ArcGIS for Server 的架构具有可扩展性，这意味着你可以在需要额外的处理能力时添加多台计算机。

根据组织要求,可能需要 IT 员工的帮助来使你的服务器通过 Internet 进行访问。规划硬件和环境时,请记住 ArcGIS for Server 还可以部署在虚拟机或商用云平台(如 Amazon EC2)上。

ArcGIS for Server 一经安装便可立即开始使用,你也可以通过安装 ArcGIS Web Adaptor 将其与你所在组织现有的 Web 服务器进行集成。要发布 GIS Web 服务,还需要在组织中至少一台计算机上安装 ArcGIS for Desktop,这台计算机不必是服务器。

2. 发布 GIS Web 服务

如果你使用过 ArcGIS for Desktop,那么你就会知道如何使用 ArcMap 和 ArcGlobe 等应用程序来查看和分析 GIS 数据。你在将 Web 服务发布到 ArcGIS for Server 时会使用相同的应用程序。可在 ArcGIS for Desktop 中制作地图、地理处理模型、镶嵌数据集以及其他 GIS 资源,并使用简单的向导来将其作为 Web 服务共享。

作为共享进程的一部分,ArcGIS 会提醒所发布的资源中可能存在的性能问题。它还会检查注册的数据位置列表,了解在将资源移至服务器后是否需要修复任何路径。

可将表 5.1-1 中的资源类型发布到 ArcGIS for Server。

表 5.1-1

GIS 资源	该资源在 ArcGIS for Server 中的作用	创建该资源的 ArcGIS for Desktop 应用程序
地图文档	制图、网络分析、网络覆盖服务(WCS)发布、网络要素服务(WFS)发布、网络地图服务(WMS)发布、网络地图切片服务(WMTS)发布、移动数据发布、KML 发布、地理数据库数据提取和复制、要素访问发布、Schematics 发布	ArcMap
地址定位器	地理编码	ArcCatalog 或 ArcMap 中的目录窗口
地理数据库	地理数据库查询、提取及复制;WCS 发布;WFS 发布	ArcCatalog 或 ArcMap 中的目录窗口
地理处理模型或工具	地理处理、网络处理服务(WPS)发布	ArcMap(结果窗口中的地理处理结果)
ArcGlobe 文档	3D 制图	ArcGlobe
栅格数据集、镶嵌数据集,或者引用栅格数据集或镶嵌数据集的图层文件	影像发布、WCS 或 WMS 发布	ArcCatalog 或 ArcMap 中的目录窗口
GIS 内容所在的文件夹和地理数据库	创建组织的 GIS 内容的可搜索索引	ArcMap

如果不希望立即发布(例如,如果你无法直接访问服务器计算机),可改为保存服务定义文件并稍后发布。服务定义中包含稍后发布服务所需的所有数据路径和属性。你甚至可以

选择包含所有源数据，使你能够真正将服务打包成一个可传输的文件。

发布期间，你将启用部分功能以定义用户的服务使用方式。例如，“要素访问”是一个很受欢迎的功能，Web 用户通过此功能在地图服务中编辑矢量要素。另一个示例功能为 WMS，用于通过开放地理空间联盟（OGC）的 Web 地图服务（WMS）规范来呈现服务。

如果你发现 Web 服务无法提供所需的精确的功能或业务逻辑，可通过服务器对象（SOE）进行扩展。SOE 可通过 ArcObjects 扩展 Web 服务的基本功能，ArcObjects 是用于构建 Esri 系列产品的大型组件套件。SOE 是需要进行自定义开发的高级选项，但在编写后即可轻松部署到你的服务器或与其他人共享。除 ArcGIS for Server 外，运行 SOE 无需使用任何其他特殊软件。

3. 使用 GIS Web 服务

Web 服务一经运行，便可在任意应用程序、设备或可通过 HTTP（超文本传输协议）通信的 API 中使用这些服务。

ArcGIS. com map viewer 可以制作和保存显示你的服务的在线地图。可选择将你的服务与其他服务进行叠加，并将你的地图保存在 ArcGIS Online 中，这是 Esri 云托管的在线内容资料档案库。

ArcGIS Viewer for Flex 和 ArcGIS Viewer for Silverlight 提供交互式向导，为你的服务构建美观、功能强大的 Web 地图应用程序。

ArcGIS API for JavaScript、ArcGIS API for Flex、ArcGIS API for Silverlight、iOS、Android 和 Windows Phone 支持你在自己设计的界面中开发自定义应用程序，该应用程序能够使用你所有的 Web 服务。

ArcGIS for Desktop 应用程序（如 ArcMap 和 ArcGlobe）旨在使用 ArcGIS for Server 发布的 Web 服务。在这些应用程序中使用服务通常非常简单。

可发出 SOAP 或 REST Web 服务请求的任何其他应用程序都可连接到 ArcGIS for Server。支持的客户端包括从可搜索最近的杂货店的智能手机和平板电脑应用程序，到用于客户管理或资源规划的企业级桌面应用程序。

4. 维护服务器

随着时间的推移，在使用服务器时需要调整设置，添加和删除服务以及设置安全性规则。ArcGIS Server 管理器是每次安装 ArcGIS for Server 时都会包含的一个 Web 应用程序，提供用于管理服务器的直观界面。你可使用管理器查看服务器日志，停止和启动服务，发布服务定义，针对安全性定义用户和角色，以及执行其他类似任务。

虽然使用管理器非常方便，但你有时可能会希望通过编写脚本来自动管理服务器。ArcGIS for Server 具有 REST-ful 管理员 API，允许你使用所选择的脚本语言来自动执行服务器管理任务。例如，你可以编写一个 Python 脚本，用于定期检查服务的正常运行状况并在发现服务出现故障时发送电子邮件。本帮助系统包含了有关编写服务器管理脚本的各种示例。

5.1.2　ArcGIS for Server 的组件

ArcGIS for Server 上提供的 GIS 资源(例如地图和 globe)称为服务。ArcGIS Server 站点的用途是接收对服务的请求,执行请求,然后将结果发回到需要这些服务的客户端应用程序。GIS 服务器提供了一组用于管理服务的工具;例如,你可以使用 ArcGIS Server 管理器应用程序来添加和移除服务。

了解 ArcGIS Server 站点的组成十分有用(见图 5.1-1),因为这样便可以构建一个能够有效运行 GIS 服务并满足应用需要的站点。下面对构成 ArcGIS Server 站点的各个组件进行介绍。

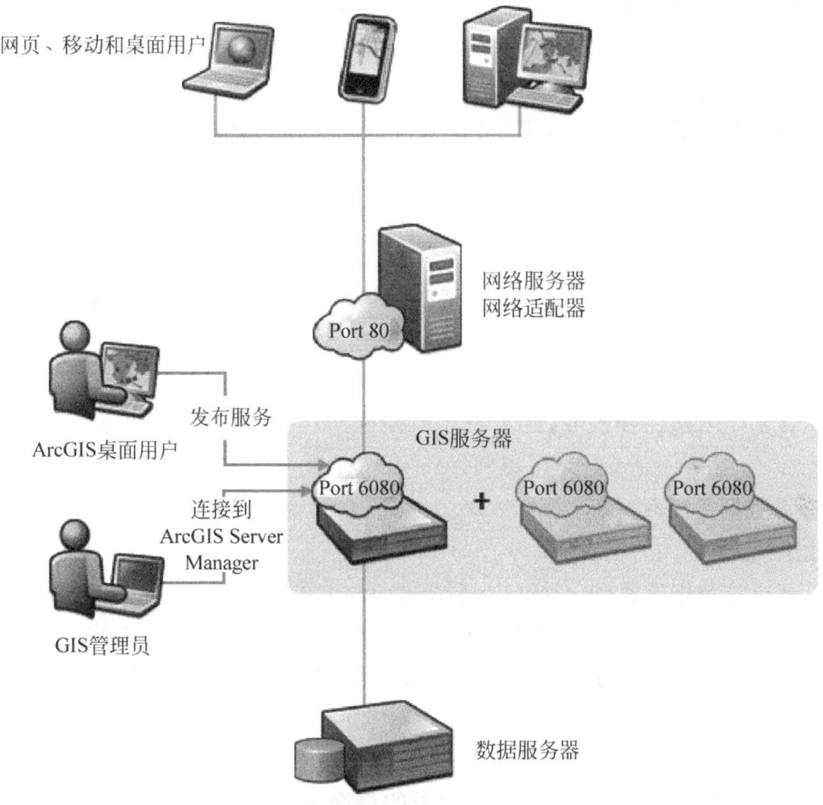

图 5.1-1　ArcGIS for Server 网络架构

1. ArcGIS Server 站点组件

以下组件构成了 ArcGIS Server 站点。

1) GIS 服务器

GIS 服务器用于执行对 Web 服务的请求。它可以绘制地图,运行工具,查询数据,以及执行能够通过服务执行的任何其他操作。GIS 服务器可由一台计算机或多台一起工作的计算机构成。这些计算机都具有访问相同数据和配置信息的权限,因此,你能够根据需要轻松地增加或减少参与计算机的数量。

GIS 服务器通过普通的 Web 协议 HTTP 公开服务。安装 GIS 服务器后,即会获得一组可以在应用程序中使用的 Web 服务。作为对 GIS 服务器的补充,可以使用企业级 Web 服务器获得更多功能,例如托管 Web 应用程序的功能。

GIS 服务器可按组(称为集群)进行组织。按照服务器管理员的配置,每个集群都运行一个专门的服务子集。例如,你可以创建一个集群运行所有地图服务,然后创建服务器的另一个集群(可能具有更高的处理能力)来运行地理处理服务。

2) Web Adaptor

要将 GIS 服务器与现有的企业级 web 服务器相集成,可以安装 ArcGIS Web Adaptor。Web 适配器通过普通 URL(通过你选择的端口和网站名称)接收 web 服务请求并将这些请求发送到站点上的各个 GIS 服务器计算机。

还可以使用其他类型的"Web 网关"技术(例如 HTTP 负载平衡器、网络路由器或第三方负载平衡软件)公开站点。在某些情况下,可能适合将 Web Adaptor 与现有负载平衡解决方案结合使用。

3) Web 服务器

Web 服务器可以托管 Web 应用程序,并为 ArcGIS Server 站点提供可选的安全和负载平衡。如果只需要简单地托管 GIS 服务,则可使用安装 ArcGIS Server 后创建的站点。

如果不只是简单地托管服务,或者需要使用你所在组织的现有 Web 服务器,则可安装 Web Adaptor。使用 Web Adaptor 可以将 ArcGIS Server 站点与 IIS、WebSphere、WebLogic 以及其他 Web 服务器集成在一起。

4) 数据服务器

你可以直接将数据放置到每个 GIS 服务器上,也可从中央数据资料档案库(例如共享的网络文件夹或 ArcSDE 地理数据库)访问该数据。无论选择哪一种方法,该数据都包含以服务形式发布到 GIS 服务器上的所有 GIS 资源。这些资源可以是地图、globe、定位器、地理数据库等。

2. 人员组件

在没有人创作数据、维护服务和使用服务的情况下,上述所有软件组件都将毫无用处。ArcGIS Server 站点的展开视图中包含内容创作者、服务器管理员、应用程序开发人员以及使用 GIS 服务的应用程序的终端用户。

1) ArcGIS Server 站点管理员

ArcGIS Server 站点需要一个人来安装软件,配置 Web 应用程序以及调整站点以获取最佳性能。ArcGIS Server 站点管理员可以使用 ArcGIS for Desktop 或 ArcGIS Server 管理器来管理站点。管理员可以寻求开发人员的帮助或自己学习脚本技巧,从而通过 ArcGIS REST API 自动执行管理任务。

2) ArcGIS for Desktop 内容创作者和发布者

ArcGIS for Desktop 内容创作者使用 ArcMap、ArcCatalog 和 ArcGlobe 等应用程序来创建要发布到站点的 GIS 资源(例如地图、Globe 和地理数据库)。在将资源发布到服务器的过程中,这些应用程序也可以起到辅助作用。

3) 应用程序开发人员

应用程序开发人员从 ArcGIS Server 站点获取服务,然后通过专业应用程序使 Web 用户、移动用户和桌面用户能够轻松使用这些服务。要成为一名开发人员,并不需要掌握高级的编程技巧。使用预配置的查看器、模板、微件和示例即可创建外形美观且可执行大多数常见地图导航和查询功能的 Web 应用程序。经验丰富的开发人员可以选择各种 API,包括可通过服务器对象扩展获得的 ArcObjects 的功能。

4) 客户端应用程序用户

Web、移动和桌面应用程序都可连接到服务。这些应用程序的终端用户依靠 ArcGIS Server 站点来获得 GIS 数据或实现分析;但是,他们可能不知道有关该站点的详细信息或者不知道可获得哪些服务。当规划部署的规模和范围时,全面了解访问 ArcGIS Server 站点的终端用户数以及他们对该站点的使用模式很有价值。

5) 其他人员

其他很多人员可能会使用或直接影响 ArcGIS Server 站点。这些人员包括协调站点设置和架构的 IT 管理员、设立站点要求的 GIS 管理人员,以及创建数据的 GIS 技术人员。尽管这些个人可能不会每天都使用站点,但可能需要对他们进行相应的培训,让他们了解有关 ArcGIS Server 站点的基础知识以及此帮助系统中包含的最佳实践。

5.1.3 ArcGIS for Server 中包含的内容

作为基于服务器的 GIS 的组成部分,ArcGIS for Server 中包含以下内容。

1. Web 服务发布

只要安装了 ArcGIS for Server,即可通过你的 GIS 资源(如地图、影像和地理处理模型)发布 Web 服务。你还会获得一些预先配置的服务。

你的 ArcGIS Server web 服务通过 REST 和 SOAP 显示,并可由 Esri 和非 Esri 客户端进行调用。高级开发人员可使用服务器对象扩展来扩展开箱即用的服务。

2. 预配置服务

ArcGIS Server 提供了各种预配置服务,可帮助你执行各种常见任务。

1) 缓存控制器

CachingControllers 服务帮助处理地图、影像和 Globe 缓存作业。你所允许的此服务的最大实例数即表示你可以同时运行的最大缓存作业数。

CachingControllers 服务与 CachingTools 服务协同工作。二者必须同时运行才能构建缓存。并且二者必须在同一个集群上运行。

2) 缓存工具

缓存过程中无需大量使用地图服务、Globe 服务和影像服务,工作负荷已转移到名为

CachingTools 的地理处理服务，因而得到了减轻。在你创建 ArcGIS Server 站点时会在 System 文件夹中预先配置此服务。可以将 CachingTools 服务限制为在已定义的计算机集群内运行，从而释放站点中的其他计算机以快速响应服务请求。

默认情况下会启动“缓存工具”(CachingTools)服务。应使此服务保持运行，以使其可以响应缓存请求。如果服务停止或不可用，缓存请求将失败。不能删除 CachingTools 服务，并且必须保持其执行模式为异步。

CachingTools 服务与 CachingControllers 服务协同工作。二者必须同时运行才能构建缓存。并且二者必须在同一个集群上运行。

3) 几何服务

预配置几何服务可用于执行各种几何计算，如缓冲区、简化、面积和长度计算以及投影。还包括用于 Web 编辑的功能。如果正在使用 ArcGIS Viewer for Flex、ArcGIS Viewer for Silverlight 或 ArcGIS web API 构建 Web 应用程序，则可通过几何服务的 REST 端点引用该几何服务，以在 Web 应用程序中执行几何计算和编辑。该几何服务在 Utilities 文件夹中进行预先配置并默认停止。必须显式启动该服务，然后才能使用它。

4) 打印工具

PrintingTools 是一个地理处理服务，部署此服务可帮助你打印 Web 地图。例如，使用 ArcGIS Web API 开发 Web 应用程序时，可以调用“打印工具”(PrintingTools)服务，最后可从地图服务获取高质量的可打印图像。

PrintingTools 服务已在 Utilities 文件夹中预先配置。该服务默认停止。必须显式启动 PrintingTools 服务，然后才能使用它。

5) 发布工具

使用管理器或 ArcGIS for Desktop 发布服务时，ArcGIS Server 使用名为 Publishing Tools 的地理处理服务上传服务定义文件，在服务器上对文件进行解包并部署此文件以将其用作服务。

PublishingTools 服务在 System 文件夹中进行预先配置并默认启动。应使此服务保持运行，以使其可以响应发布请求。如果 PublishingTools 服务停止或不可用，服务发布将失败。不可删除 PublishingTools 服务。

6) 报告工具

名为“报告工具”(ReportingTools)的地理处理服务用于生成地图和影像服务缓存作业的状态报告。

该服务在 System 文件夹中进行预先配置并默认启动。应使此服务保持运行，以使其可报告缓存作业的状态。如果 ReportingTools 服务停止或不可用，你将无法查看缓存作业的状态。不可删除 ReportingTools 服务。

7) 同步工具

你可对要素服务启用同步功能，这样客户端便可下载数据的本地副本以便在离线时使用，并且在客户端恢复在线时，可在客户端和要素服务之间进行同步更改。可同步或异步进行这些下载操作和同步操作。异步运行同步操作时，可使用 SyncTools 服务。

SyncTools 地理处理服务在 ArcGIS Server 系统文件夹中进行预先配置并默认启动。如已启用同步要素服务，则应使此服务保持运行状态。如果 SyncTools 地理处理服务停止或不可用，则异步运行时，同步操作会失败。无法删除 SyncTools 服务。

8) SampleWorldCities 地图服务

SampleWorldCities 地图服务使你能够预览 ArcGIS Server 的功能。可在 ArcGIS Server Manager 中单击此地图服务的缩略图，直接在 Web 应用程序中显示该服务。也可以在 ArcGIS 客户端中使用此样本，就像使用任何其他地图服务一样。

SampleWorldCities 地图服务在 Site(根)文件夹中进行预先配置并默认启动。如果不再需要该服务，可将其从 ArcGIS Server 站点中删除。

9) 搜索服务

预先配置的搜索服务可创建你所在组织的 GIS 内容的可搜索索引，以供在本地网络中使用。例如，可允许搜索服务为你的 GIS 数据文件夹创建索引，然后允许组织中的 ArcMap 用户在搜索数据时引用该服务。该搜索服务在 Utilities 文件夹中进行预先配置并默认停止。必须显式启动该服务，然后才能使用它。

3. ArcGIS Server Manager

ArcGIS Server Manager 是用于管理 GIS 服务器的应用程序。通过管理器，你可以添加和移除服务，调整和保护服务以及在文件夹中组织服务。此外，管理器还允许你在 ArcGIS Server 站点中配置计算机和目录，以及使用日志对 GIS 服务器进行故障排除。

4. ArcGIS Web Adaptor

ArcGIS Web Adaptor 是可选安装程序，安装该程序后，可以将 ArcGIS Server 与你自己的 Web 服务器配合使用。对于简单的开发和测试情景，ArcGIS Server 会通过 HTTP 显示 Web 服务，但如果要自定义站点的 URL 和端口号，或在 Web 层配置安全性策略，则应安装 Web Adaptor。

5. ArcGIS Server 服务目录

开发 Web 应用程序时，有时需要提供服务器上某些资源的 URL。ArcGIS Server 服务目录是一个工具，它使用表述性状态转移(REST)技术帮助你发现服务信息以及可在开发时使用的相应 URL 信息。

服务目录还特别适用于通过浏览或搜索来发现服务器。例如，通过服务目录，服务器的用户可以访问所有可用服务的地理轮廓线。用户还可以在 Web 浏览器、ArcMap、ArcGIS Explorer Desktop 和 Google 地球中检索与服务有关的服务级元数据并预览这些数据。可通过已安装的快捷方式或在 web 浏览器中输入 http://gisserver.domain.com:6080/arcgis/rest/services 来打开“服务目录”。

6. 用于管理服务器的 REST API 和命令行实用程序

使用 ArcGIS REST API 可为常见服务器管理任务(例如向站点添加计算机，发布服务，添加权限等)编写脚本。ArcGIS Server 管理员目录提供了对此 API 的简单交互式访问。这对于了解命令的层次结构并构造要放入脚本中的 HTTP 请求非常有用。理解此 API 后，就可以利用可发出 HTTP 请求的任何工具或编程语言全面管理 ArcGIS Server 站点。

可通过输入 http://gisserver.domain.com:6080/arcgis/admin 打开“管理员目录”。ArcGIS Server 还会安装一系列可用于批处理文件的命令行实用程序。使用这些实用程序，无需为最常见的管理操作编写任何代码。

7. 配置 ArcGIS Server 账户实用程序

“配置 ArcGIS Server 账户”实用程序是一个包含在 ArcGIS for Server 安装程序中的小型应用程序，可用于快速重新配置 ArcGIS Server 账户。如果遇到需要修改账户的情况（例如更改其密码），可以从 ArcGIS Server 安装位置启动该实用程序。

8. 可配置 Web 应用程序

ArcGIS Viewer for Flex 和 ArcGIS Viewer for Silverlight 可免费下载，无需任何编程即可创建 GIS Web 应用程序。查看器支持各种 Esri 和非 Esri 的 Web 服务类型，甚至可以嵌入你使用 ArcGIS.com 地图查看器创建的地图和保存到 ArcGIS Online 上的地图。查看器支持打印、地理处理、Web 编辑等操作。

9. Web API

Esri 提供应用程序编程接口（API）来帮助你构建采用 ArcGIS Server 站点的 Web 和移动应用程序。ArcGIS API for JavaScript、ArcGIS API for Flex 和 ArcGIS API for Silverlight 具有完整的帮助文档，其中包含概念帮助、示例和 API 参考主题，由于它们的功能类似，因此你可以选用你最喜欢的编程平台。

1）ArcGIS API for JavaScript

ArcGIS API for JavaScript 允许你使用 HTML 和 JavaScript 构建交互式 Web GIS 应用程序。所有代码都在浏览器中运行，无论是客户端还是 Web 服务器都不需要安装任何 GIS 软件。使用纯 JavaScript 的优势在于，它不要求用户具有任何浏览器插件。

2）ArcGIS API for Flex

ArcGIS API for Flex 使你能够创建具有简洁直观、响应迅速的用户界面的 Web 应用程序。ArcGIS API for Flex 充分利用了 ArcGIS Server 服务强大的制图、地理编码和地理处理功能。

3）ArcGIS API for Silverlight

ArcGIS API for Silverlight 提供了一种跨浏览器、跨平台的开发环境，用于构建和交付交互式 Web 应用程序。利用 ArcGIS Server 服务（如地图、定位器和地理处理模型）及 Microsoft Silverlight 组件（如格网、树视图和图表），可以创建极具表现力的交互式 Web 应用程序。

10. ArcGIS for SharePoint

ArcGIS for SharePoint 利用 Microsoft SharePoint 框架来提供可配置的制图组件，以供 Microsoft SharePoint 站点使用。该应用程序使用 ArcGIS Server 服务、ArcGIS Online 服

务和 Microsoft Office 文档库。

11. 移动 API

移动设备(例如 Windows 智能手机、Apple iOS 设备、Android 设备、Tablet PC 和车载系统)可以访问由 ArcGIS Server 托管的 GIS 服务。这些应用程序可用于查看地图、搜索位置以及在野外进行 GIS 分析。Esri 开发了多种 API,简化了对使用 GIS 服务的移动应用程序的构建过程。

12. 扩展模块

ArcGIS for Server 的可选扩展模块允许你向系统添加功能。许多情况下,这些扩展模块具有独立的 Desktop 和 Server 产品;Server 扩展模块允许通过 ArcGIS Server 服务发布功能。可用的扩展模块包括:

1) ArcGIS 3D Analyst extension

ArcGIS 3D Analyst extension 中包含一组用于创建和分析表面的 3D GIS 功能。这些功能包括坡度、坡向和山体阴影分析。可以通过地理处理服务在服务器上调用这些功能。

2) ArcGIS Data Interoperability extension for Desktop

ArcGIS Data Interoperability extension for Desktop 允许你在桌面上创作支持非本地数据源的地图和地理处理任务,然后将其发布到 ArcGIS Server。可使用 Data Interoperability 扩展模块的"直接读取"功能和"互操作连接"功能来发布包含非本地数据源的地图。还可发布包含转换功能(例如快速导入、快速导出和自定义空间 ETL 工具)的地理处理任务。

3) ArcGIS Data Reviewer extension for Server

使用 ArcGIS Data Reviewer for Desktop 扩展模块实施的数据质量工作流可作为 Web 服务使用,并可通过使用 ArcGIS Data Reviewer for Server 扩展模块的 Web 或移动客户端应用程序进行访问。例如,可发布多种类型的 Web 服务以支持手动和自动数据验证、数据质量报告和错误生命周期管理。

4) ArcGIS Geostatistical Analyst extension

Geostatistical Analyst 扩展模块用于将 ArcGIS for Desktop 中生成的高级统计分析结果转换为 Web 服务。这些 Web 服务提供所需的工具有助于生成具统计学意义的表面,以及结合其他 ArcGIS 扩展模块(如 ArcGIS Spatial Analyst extension 和 3D Analyst)在 Web 上进行 GIS 建模和可视化时使用这些表面。

5) ArcGIS Image extension

ArcGIS Image extension 可用于处理大量栅格数据并在整个企业内使用这些数据。影像服务可以包含具有不同格式、投影和分辨率的数据集。影像扩展模块的一个主要特点是它支持原生格式的影像数据而不需要创建特殊的格式。

6) ArcGIS Network Analyst extension

ArcGIS Network Analyst extension 可提供基于网络的空间分析功能,包括路线、行进方向、最近设施点和服务区域分析。开发人员可以使用该扩展模块构建和部署自定义网络应用程序。

7) ArcGIS Schematics extension

ArcGIS Schematics extension 允许你将逻辑示意图内容发布到 ArcGIS Server，然后通过使用 ArcGIS web API 创建的 Web 应用程序显示该内容。

8) ArcGIS Spatial Analyst extension

ArcGIS Spatial Analyst extension 用于将高级空间数据集和模型发布到 ArcGIS Server。可使用 Spatial Analyst 获取与栅格数据有关的信息，确定空间关系，查找合适的位置，计算行程成本表面以及在 Web 上执行各种其他类型的栅格地理处理操作。

9) ArcGIS Workflow Manager for Server

ArcGIS Workflow Manager for Server 用于将有关 GIS 项目工作流的信息发布为 Web 服务。启用 Workflow Manager 扩展模块后，Internet 或 Intranet 用户可在支持的客户端(例如 Web 浏览器和移动应用程序)中访问工作流。

5.1.4 ArcGIS for Server 安装

操作系统需求：操作系统必须是 64 位。

硬件需求：对于部署环境，最小内存必须是 4GB。这个要求是基于以下环境的典型部署：

真正部署时，最低硬件需求并不能具体化，因为要根据用户和需求的不同进行调整。硬件需求必须考虑用户对性能和可扩展性的需求。

笔者所用的系统环境为 64 位 Windows 7 操作系统，安装镜像为官方版的 ArcGISforServer 10.2。具体安装步骤如下：

(1) 用虚拟光驱加载下载好的官方安装镜像，或者将官方下载的镜像文件解压缩到本地磁盘，双击 ESRI. exe 开始安装。

(2) 弹出安装界面，在安装之前检测本地是否已经安装了其他版本的 ArcGISServer，运行 RunUtility 可得到检测结果，然后单击“ArcGISforServer”右边的“setup”按钮。

(3) 在弹出的窗口中单击 Next 按钮。

(4) 勾选 Iaccept the licenseagreement 选项，这时 Next 按钮变为可单击状态，单击 Next 按钮。

(5) 修改安装路径，考虑到安装好之后的应用程序占用磁盘空间较大，建议修改路径安装到非系统盘，单击 Change 按钮，选择好安装路径之后单击“确定”按钮，再回到之前的界面，单击 Next 按钮。

(6) 选择 Python 的安装路径，建议使用默认的路径，单击 Next 按钮继续。

(7) 创建 Server 账户和密码，此账户和密码是操作系统账户和密码，用于每次登录操作系统时选择的账户。如果之前安装的时候创建过并且电脑中有账户配置文件，可选择 Ihavaaconfiguration 选项，单击右边的文件夹图标，弹出对话框，浏览配置文件的目录单击即可确定，以创建新账户为例，创建好账户和密码之后单击 Next 按钮。

提示 Server 账户的作用：①启动和停止支撑 GIS 服务器和服务的一系列进程；②读取服务器提供的数据，并根据需要进行编辑；③ArcGISServer 目录中读写文件，如地图缓存时，该账户缓存切片存到 cache 目录下；④向安装路径和系统临时目录写文件，如生成日志文件用来查找问题，默认的账户名是 arcgis。

(8) 弹出导出服务配置文件，根据需求灵活选择是否导出服务配置文件，确定之后单击 Next 按钮继续。

(9) 弹出正式开始安装的界面，单击 Install 按钮继续。

(10) 安装持续的时间为几分钟到几十分钟不等，与电脑硬件配置有关，耐心等待安装结束。

(11) 单击 Finish 按钮完成安装，但接下来还需要对应用进行授权，此时会弹出授权向导窗口，以第三项作为示范，单击“Browse”按钮，弹出文件浏览对话框，选择授权文件所在目录，单击“确定”按钮，之后再单击 Next 按钮。

(12) 完成授权，弹出显示成功授权使用特性的界面，单击“完成”按钮即可完成授权。

(13) 创建站点，安装完成之后，会自动弹出 Manager 页面，这里我们选择创建站点；加入现有站点是用来搭建集群用的，单击“创建新站点”按钮。

(14) 弹出创建站点管理员账户，此账户是用来管理站点中的各种服务形式的 GIS 资源，和之前创建的操作系统账户有区别；设置完成之后单击 Next 按钮。

(15) 指定根服务器目录和配置存储，使用默认给定路径即可，单击 Next 按钮。

(16) 弹出配置摘要界面，确认无需修改配置之后，单击“完成”按钮即可。耐心等待创建完成。

(17) 登录创建的站点，输入之前创建的站点账户名和密码，即可登录站点后台管理界面，在这里可以为发布和管理各种 GIS 资源，如图 5.1-2 所示。

图 5.1-2 后台管理

成功登录管理界面，安装成功。

5.2 地图制作

5.2.1 Desktop 安装教程

安装之前需要下载安装文件，可以从 ArcGIS 的官网（http://www.arcgis.com/features/）下载安装包，由于官网需要注册之后才能使用 ESRI 公司的产品，如果觉得注册太麻烦，也可以去互联网上搜索安装包资源。官方完整的 ArcGISDesktop 10.2 安装包大约有 4GB，为.iso 格式的镜像文件。本节以官方完整的 ArcGISDesktop 10.2 安装包为例，讲解整个安装过程。安装环境为 64 位 Windows 7 操作系统，详细安装步骤如下：

（1）找到已经下载好的安装文件，用虚拟光驱软件加载安装包镜像文件，如图 5.2-1 所示。

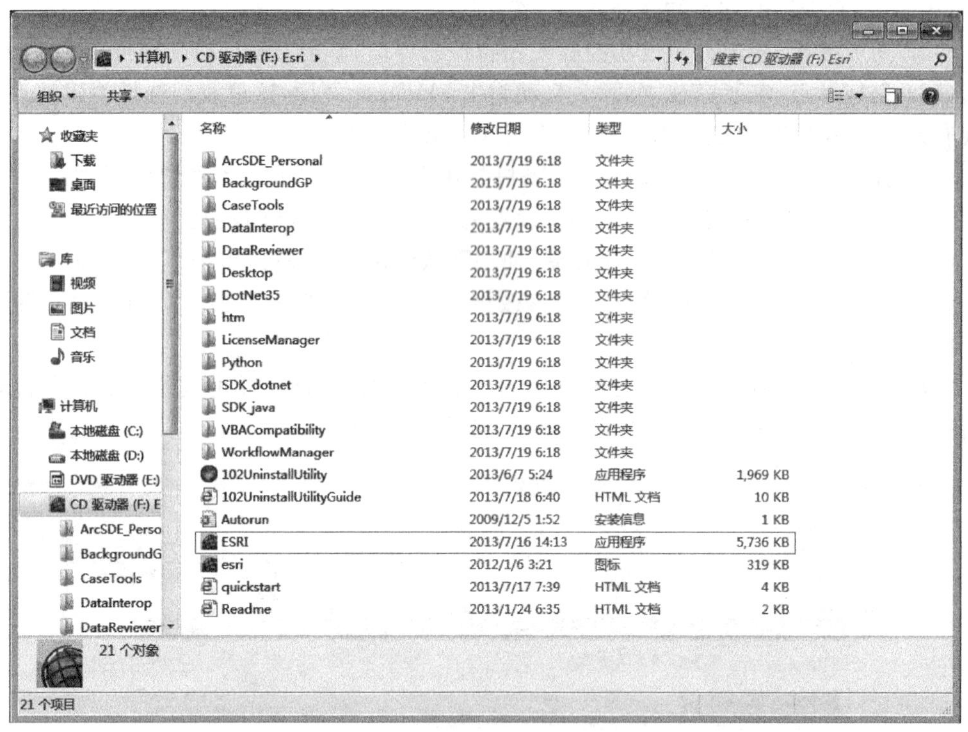

图 5.2-1 安装包文件结构

（2）双击 ESRI.exe 文件，开始安装，此时会弹出 ArcGIS Desktop 10.2 的安装导航界面，如图 5.2-2 所示。

（3）单击 ArcGIS for Desktop 右边的 Setup 即可启动安装程序，此时会弹出 ArcGIS 10.2 for Desktop 安装程序界面，如图 5.2-3 所示，单击 Next 按钮继续。

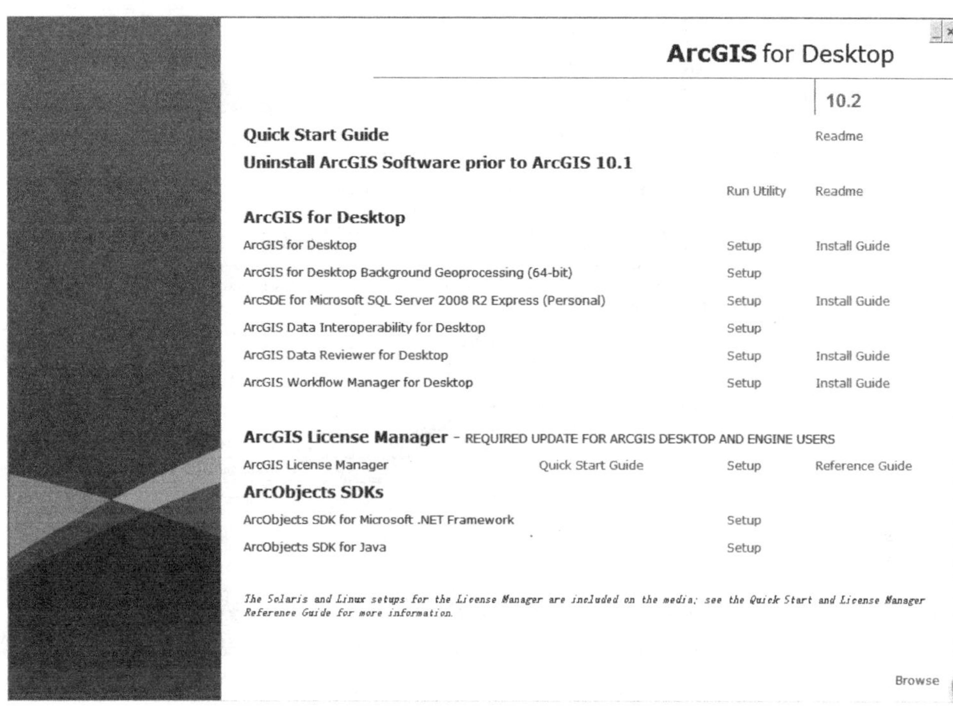

图 5.2-2 ArcGIS for Desktop 安装

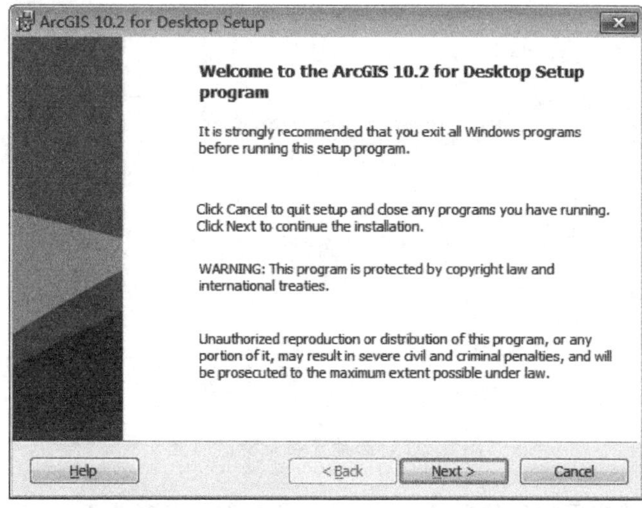

图 5.2-3 ArcGIS 10.2 for Desktop 安装程序向导

(4) 接受许可协议，建议仔细阅读官方的许可协议，以免将来发生法律纠纷，阅读完之后单击 I accept the license agreement，如图 5.2-4 所示，然后单击 Next 按钮。

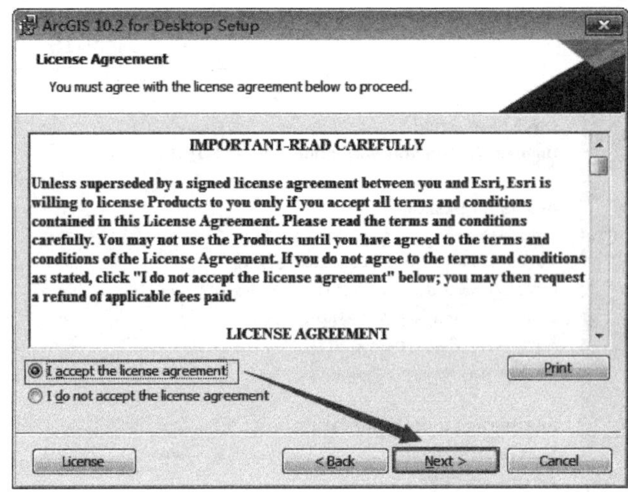

图 5.2-4　许可协议对话框

(5) 选择安装类型,可以根据需要选择,对于初级用户,可以默认选择 Complete(完整安装)类型;对于有一定经验的高级用户可以选择 Custom(自定义)安装,此处以完整安装为例进行安装示范,选好之后单击 Next 按钮,如图 5.2-5 所示。

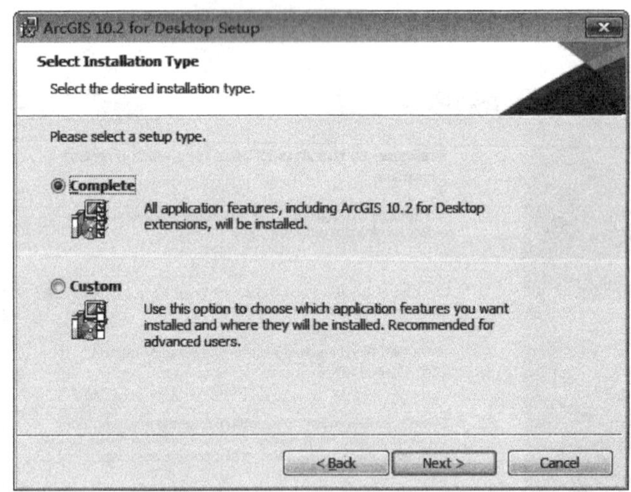

图 5.2-5　选择安装类型对话框

(6) 选择将安装应用的目的文件夹,安装程序提供的路径为系统盘的应用程序安装路径,考虑到系统盘空间会随着使用时间的增加而减少,建议更改路径到非系统盘,单击 Change 按钮,如图 5.2-6 所示,更改好路径之后单击 Next 按钮。

(7) 安装过程中需要附带安装 Python 来支持 ArcGIS 中的某些功能,建议使用安装程序给出的默认路径,单击 Next 按钮继续,如图 5.2-7 所示。

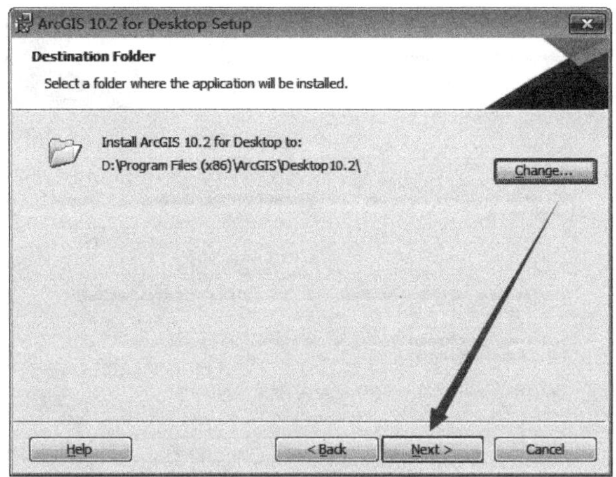

图 5.2-6 更改安装路径

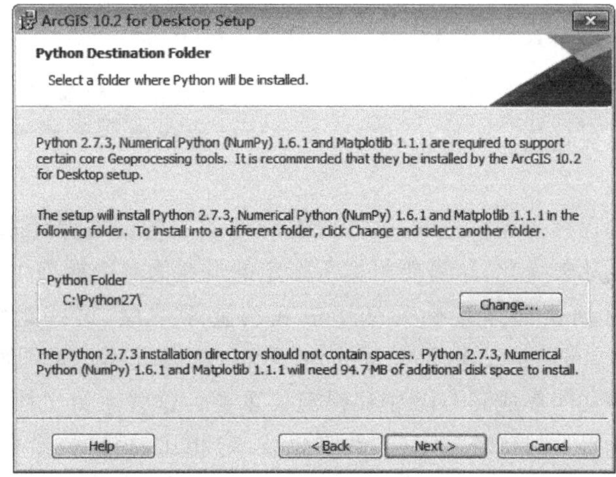

图 5.2-7 安装 Python

(8) 开始安装 ArcGIS,如果不想参与 Esri 用户体验计划可以不勾选 Click here to 选项,准备就绪后单击 Install 按钮,如图 5.2-8 所示。

(9) 安装过程持续时间的长短与计算机的性能相关,计算机性能越高整个过程持续的时间越短,期间不需要其他操作,也不要关闭安装窗口,否则安装过程将中止。

(10) 耐心等待安装完成,安装完成之后单击"完成"按钮即可完成安装。

(11) 安装完成后会弹出一个管理器向导窗口,根据自己的需求选择对应的产品,要获取 Esri 公司的使用授权可以通过官网购买或者免费试用。

至此,整个 ArcGISforDesktop 就已经安装完成。

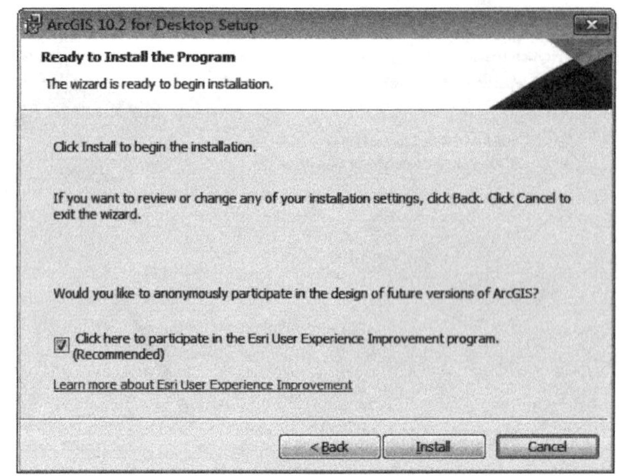

图 5.2-8 安装界面

5.2.2 地图矢量化过程

ArcScan 提供了一些工具，用来将扫描图像转换为矢量要素图层。将栅格数据转换为矢量要素的过程称为矢量化。矢量化可通过交互追踪栅格像元来手动执行，也可使用自动模式执行。

交互式矢量化过程称为栅格追踪，这需要追踪地图中的栅格像元来创建矢量要素。自动矢量化过程称为自动矢量化，这需要根据所指定的设置为整个栅格生成要素。

有些组织需要将栅格图像转换为基于矢量的要素图层，这些组织可能会成为使用 ArcScan 扩展模块的主要用户。由于大量的地理信息仍以硬拷贝地图的形式存在，因此提供一种工具来将这些文档集成到 GIS 中显得至关重要。这些遗留文档可以从工程、测量及制图专业人员那里获得。与传统技术(如数字化技术)相比，扫描矢量化可以有效地简化这一集成过程。

ArcScan 扩展模块还提供了一些工具，可用来执行简单的栅格编辑以准备用于矢量化的栅格图层。这种做法称为栅格预处理，可帮助你排除超出矢量化项目范围的不需要的栅格元素。

1. 扫描矢量化入门

ArcScan 在 ArcMap 环境下运行，并且依赖于自身的用户界面，该界面支持在矢量化过程中使用的工具和命令。与其他 ArcGIS 扩展模块一样，必须先在 ArcMap 中启用 ArcScan 扩展模块，之后才能使用该模块。此外，必须将“扫描矢量化”工具条添加到你的地图，才能访问支持矢量化工作流的工具和命令。

由于扫描矢量化要在编辑环境下工作，因此必须启动编辑会话才能激活此工具条。这意味着所有编辑工具和命令都可以与“扫描矢量化”工具和命令结合使用。ArcScan 使用诸如捕捉环境以及目标模板和图层等编辑设置。

扫描矢量化可以对 ArcGIS 所支持的任何以二值图像表示的栅格数据格式进行矢量化。这就要求你使用两种唯一的颜色来对栅格图层进行符号化。可以使用 ArcMap 的“唯一值”或“分类”渲染选项来将栅格分离成两种颜色。大部分扫描文档通常由两种用来描绘前景和背景的颜色组成。通常，前景用深色(如黑色)表示，而背景用浅色(如白色)表示。但是，这些颜色可以颠倒或用不同的值表示。只要两种颜色具有唯一的值，扫描矢量化就支持对当前前景栅格像元进行矢量化。

将栅格数据转换为矢量要素的过程依赖于用户定义的设置。通过这些设置，可以影响输出矢量要素的几何组成。为数据确定了最佳矢量化设置后，便可方便地保存和重复使用这些设置。

2. 交互式矢量化(栅格追踪)

需要对矢量化过程进行更多的控制或仅需要矢量化图像的一小部分时，栅格追踪会很有用。此过程称为交互式矢量化，与编辑过程中创建要素的技术类似。交互式矢量化由以下部分组成：栅格捕捉、栅格追踪和形状识别。

1) 栅格捕捉

ArcScan 扩展模块支持捕捉到栅格像元。尽管栅格捕捉在栅格追踪过程中并不是必要的，但是它有助于确保准确地创建要素。使用栅格捕捉，可以方便地捕捉栅格中心线、交点、拐角、端点和实体。

2) 栅格追踪

使用“矢量化追踪”工具，可以手动追踪栅格像元以生成线或多边形要素。栅格追踪与栅格捕捉相结合是一种将栅格数据转换为矢量要素的准确有效的方法。在追踪前调整矢量化设置，可以控制输出矢量要素的几何组成。通过追踪将新要素添加到数据库后，还可以利用其他工具(如拓扑、高级编辑和空间校正)来修改数据。

3) 形状识别

形状识别工具可用于捕获特定形状的矢量要素，如建筑物或储油罐。因此，只需在想要捕获的栅格要素上单击一次即可生成自动要素。

3. 自动矢量化

自动矢量化是一种将栅格数据自动转换为矢量要素的方法。此过程将根据用户输入来控制如何执行矢量化。矢量化结果还与其他一些因素有关，如图像分辨率、图像中的噪点量以及扫描文档的实际内容。

ArcScan 支持两种矢量化方法：中心线和轮廓。中心线矢量化将沿着栅格线状元素的中心生成矢量要素。轮廓矢量化将沿着栅格线状元素的边界生成矢量要素。

自动矢量化需要一些设置来影响矢量要素生成方式。这些设置也称为样式，可以将其保存并重复用于那些需处理相似特征的栅格图像。

矢量化成功与否，可通过进行转换时被扫描文档的状态来判定。在要素生成之前对图像进行修改有时是很有必要的。此过程称为栅格预处理，可帮助清除栅格的特定部分，这将有助于定义矢量化的范围。“栅格清理”工具可用于执行这些操作。此外，还可同时使用栅格选择工具和栅格清理工具(或单独使用栅格选择工具)来隔离要矢量化的栅格像元。

除了对原始栅格图像的操作之外，自动矢量化中影响最大的因素就是参数设置。这些设置用于控制要矢量化的像元，以及应用于输出矢量数据的概化量和平滑程度。你可以通过修改这些设置，并直接在地图中预览效果以了解它们对矢量化的影响。确定了适当的设置后，就可以对整个栅格图层或其特定区域进行矢量化。数据创建后，还可以使用其他编辑工具(如拓扑、高级编辑和空间校正)来进一步优化数据(如果必要)。

4. 选择栅格像元

ArcScan 支持对栅格像元进行选择。相连的栅格像元是那些共用相邻边界的栅格像素。它们既可以是并排排列，也可以是对角线式排列。可根据不同的目的(如矢量化、导出或移除)通过此功能来选择部分栅格。

栅格选择工具有助于你关注栅格数据的重要部分，而将不感兴趣的部分隔离开。通过单击一系列已连接像元或执行基于表达式的查询，可以交互创建栅格选择内容。这些选择工具可以帮助你定义矢量化范围。

5. 矢量化前清理栅格

ArcScan 还包含用于编辑栅格图像的工具。绘制、填充及擦除栅格像元等操作都可以在 ArcMap 编辑会话中进行。这些操作称为栅格清理，可用来排除超出矢量化范围的栅格像元。此外，如果需要保留原始副本，还可将修改后的栅格导出到新的文件中。

5.2.3 矢量化过程示例

5.2.2 节介绍了地图矢量化的一些基本概念和相关工具，本节通过一个地图矢量化的示例来进一步让读者学会如何矢量化地图。接下来，以某校园地图为例来进行说明，具体步骤如下：

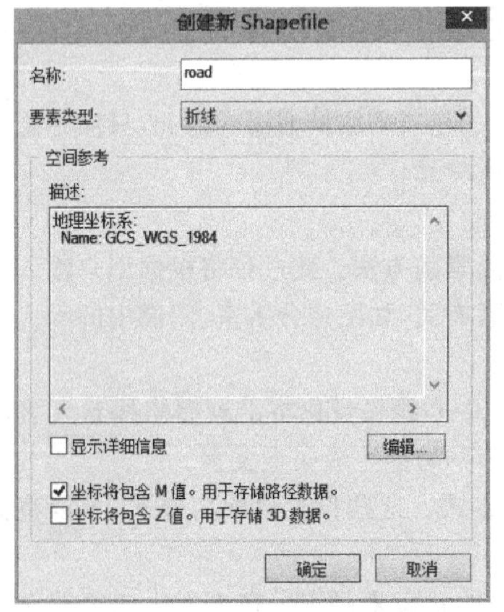

图 5.2-9 新建 Shapefile 对话框

(1) 打开 ArcCatalog，在目录树框中右击已经连接成功的文件夹，弹出对话框，然后选择“新建”→Shapefile，弹出图 5.2-9 所示的对话框，输入名称，要素类型选择折线，单击“编辑”按钮，选择地理坐标系“WGS_1984”，勾选“坐标将包含 M 值”选项，最后单击“确定”按钮。

(2) 新建空白地图，打开 ArcMap，然后单击“新建”按钮，弹出新建对话框，选择模板中的空白地图并设置好地图的默认地理数据库位置，建好之后为地图添加底图，添加底图的目的是为了接下来绘制道路图层提供参考，如图 5.2-10 所示。

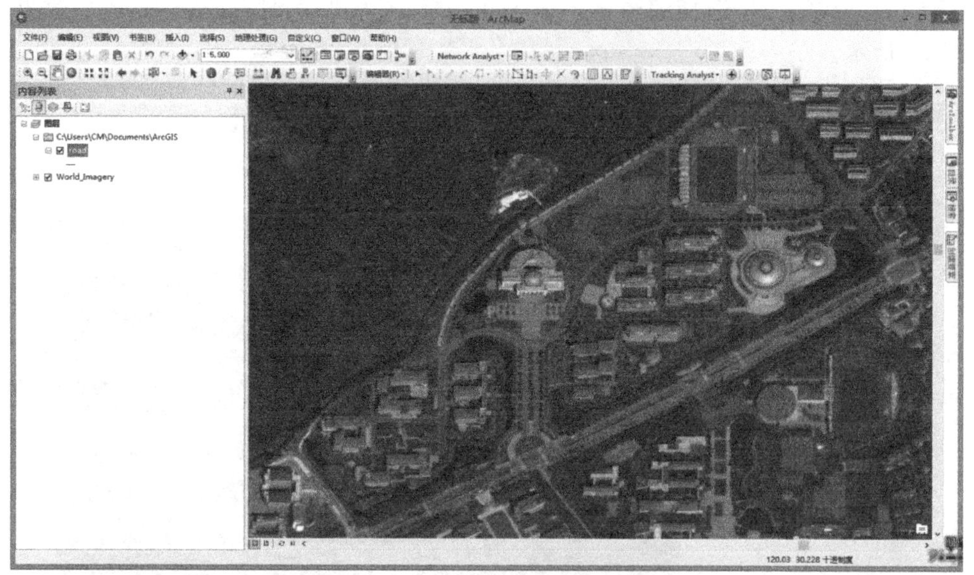

图 5.2-10　新建地图并加载底图

(3) 添加刚刚新建的 Shapefile 数据，在 Arcmap 中单击添加数据按钮，找到刚刚新建的 Shapefile 文件，最后单击"确定"按钮。

(4) 编辑 Shapefile，展开编辑器并单击"开始编辑"按钮，然后打开新建要素窗口(见图 5.2-11)，选择 roa 图层，在构建工具里选择线要素，这样就可以开始矢量化校园路网。

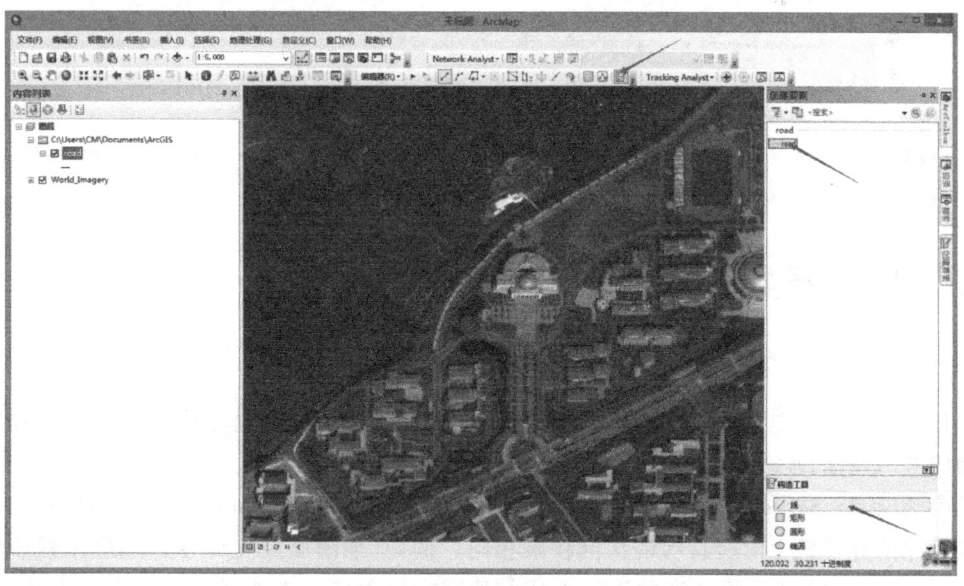

图 5.2-11　创建线要素

(5) 保存绘制结果，选择编辑器中的停止编辑，然后保存编辑的结果，最后效果图如图 5.2-12 所示。

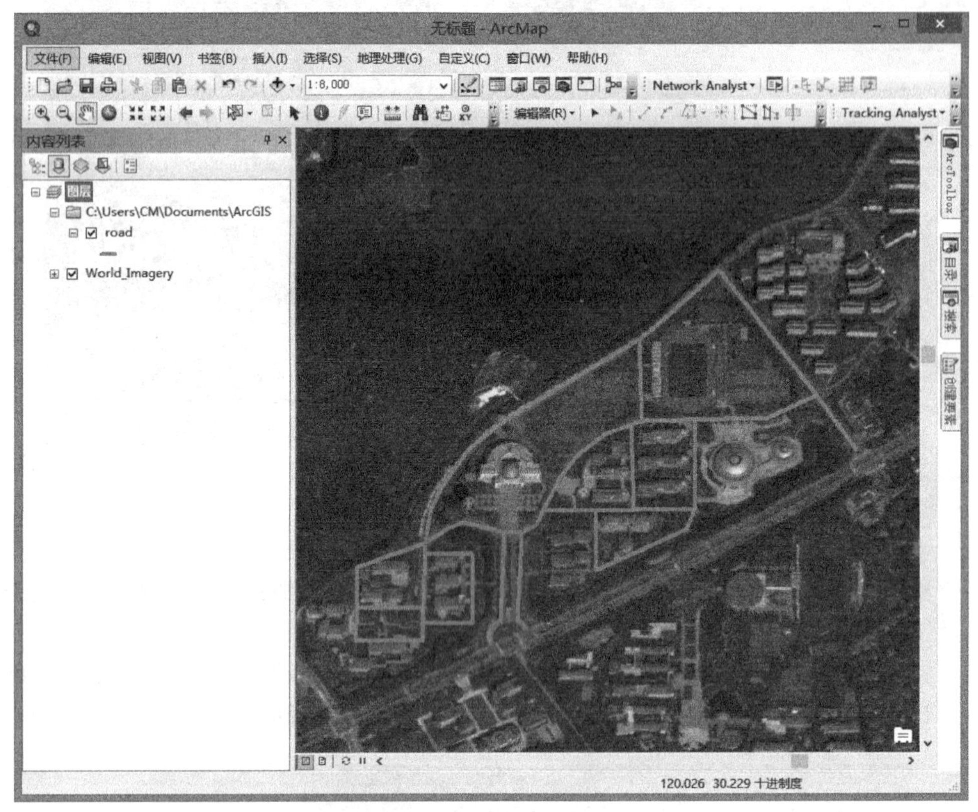

图 5.2-12 绘制路网

小结 *以上步骤简单地示范了如何矢量化路网数据。案例中使用的是栅格地图，在实际应用中，可以矢量化的资源还有很多，在此就不展开讲述了。*

5.3 地图服务发布

5.3.1 服务类型

你不需要任何专用的 GIS 软件便可使用服务；可在 Web 浏览器或自定义应用程序中使用服务。然而，ArcGIS 应用程序(如 ArcMap 和 ArcGlobe)也可用作 GIS 服务的客户端。使用由 ArcGIS Server 托管的服务时，大多数情况下，你对此资源所具有的访问权限与此资源位于你的计算机上时所具有的访问权限相同。例如，地图服务允许客户端应用程序访问服务器上的地图内容，所允许的访问方式与地图文档存储在本地时的访问方式大致相同。将 GIS 资源发布为服务是使该资源可供其他用户使用的关键。部署 ArcGIS Server 时，将遵循在 ArcGIS for Desktop 中创建资源并将资源发布为服务的常用方式，以便客户端应用程序可以使用这些资源。表 5.3-1 总结了服务类型以及每项服务所需的 GIS 资源。

表 5.3-1 GIS 服务类型

服 务 类 型	所需的 GIS 资源
地图服务	地图文档(. mxd)
地理编码服务	地址定位器(. loc、. mxs、SDE 批量定位器)
地理数据服务	地理数据库的文件地理数据库或数据库连接文件(. sde)
地理处理服务	ArcGIS for Desktop 中来自结果窗口的地理处理结果
Globe 服务	Globe 文档(. 3dd)
影像服务	栅格数据集、镶嵌数据集或者引用栅格数据集或镶嵌数据集的图层文件
搜索服务	想要搜索的 GIS 内容所在的文件夹和地理数据库
Workflow Manager 服务	ArcGIS Workflow Manager 资料档案库

1. 要素服务

要素服务可用来通过 Internet 提供要素，并提供显示要素时所要使用的符号系统。之后，客户端可执行查询操作以获取要素，并执行相应的编辑操作。要素服务提供了可用于提高客户端编辑体验的模板。此外，要素服务也可以对关系类和非空间表中的数据进行查询和编辑。

2. 地理编码服务

地理编码服务支持多种应用程序。从业务和客户管理到运输和配送，再到获得要到达你需要前往的地点的路线，都可通过地理编码服务得到很好的支持。你可以通过地理编码在地图中查找及显示地址，还可以查看该地址与周围要素的关系。有时，只需查看地图便可发现相互间的空间关系；此外，也可使用空间分析工具来获取那些难以发现的信息。

虽然存在许多可购买的地理编码服务，但是这些服务可能由于若干原因而无法满足你所在组织的需求：例如，未提供最新的地址信息、地址格式不同，或者你希望用户可通过本地名称或常用名称(如“白宫”)找到地址位置。所有这些情况都需要专用的地理编码解决方案。通过投入充足的时间构建满足你特定需求的地理编码服务，可确保你的各项需求都得到满足。

要在客户端上使用地理编码服务，需要首先在 ArcGIS for Desktop 中创建一个地址定位器，然后将其作为地理编码服务发布到 ArcGIS Server。发布此服务后，即可创建使用地理编码服务的客户端应用程序，以显示地图上的地址位置。

3. 地理数据服务

地理数据服务允许你使用 ArcGIS for Server 通过局域网(LAN)或 Internet 访问地理数据库。该服务可以执行地理数据库复制操作、通过数据提取创建副本并在地理数据库中执行查询。可以为 ArcSDE 地理数据库和文件地理数据库添加地理数据服务。

当你需要访问远程位置上的地理数据库时，地理数据服务是非常有用的。例如，一家公司可能需要建立 ArcSDE 数据库来管理洛杉矶与纽约办事处的数据。一旦数据库创建完成，每个办事处都可以在 Internet 上通过地理数据服务发布其 ArcSDE 地理数据库。然后，可使用地理数据服务创建 ArcSDE 地理数据库复本。利用地理数据库复制功能，地理数据服务还可用于通过 Internet 定期对每个地理数据库中的更改进行同步。

4. 地理处理服务

地理处理服务是借助于万维网来展示 ArcGIS 强大分析功能的方式。地理处理服务包含地理处理任务，任务采用在 Web 应用程序中捕获的简单数据，对其进行处理，然后以如下形式返回有意义的输出：要素、地图、报表及文件。这些服务可以用于计算危险化学泄漏物的可能疏散区、逐渐增大的飓风的预测踪迹和强度、用户定义的分水岭内土地覆被和土壤报表、包含所有权历史详细信息的宗地地图或污水处理系统的许可应用。这些服务的可能性是无穷的。

地理处理服务包含一个或多个地理任务。地理处理任务是一个运行在服务器上的地理处理工具，它的执行和输出是通过服务器管理的。将地理处理结果共享为地理处理服务后，会通过创建该结果的工具创建一个对应的地理处理任务。任务是基于 Web 的 API（如 JavaScript、SilverLight 和 Flex）使用的一个术语，用于描述在服务器上执行工作并返回结果这一例程。

5. 几何服务

几何服务用于协助应用程序执行各种几何计算，如缓冲区、简化、面积和长度计算以及投影。此外，ArcGIS Web API 在 Web 编辑过程中使用几何服务来创建和修改各要素几何。几何服务为使用细粒度的 ArcObjects 或地理处理服务执行此类计算提供了一种替代方法。

在安装 ArcGIS for Server 时，会在 Utilities 文件夹中自动创建几何服务。这只对服务器管理员和发开人员可见，还可通过管理器、ArcCatalog 或 ArcGIS for Desktop 中的目录窗口来进行配置。另外，服务器管理员和开发人员可查看几何服务进而通过服务目录找出其 REST URL。

而那些仅与服务器建立了用户连接的人员是无法查看几何服务的。但是，他们可能受到几何服务通过客户端应用程序提供的新增功能的影响，这些应用程序通过 ArcGIS Viewer for Flex、ArcGIS Viewer for Silverlight 和 ArcGIS Web API 进行开发。

6. Globe 服务

Globe 服务是一种源于 ArcGlobe 文档(.3dd)的 ArcGIS Server Web 服务。通过该服务，你可以使用 ArcGIS 将 3D 内容共享到 Web 上。你可以使用 Globe 服务访问最初在 ArcGlobe 中创建的 3D 内容。从 ArcGIS 10.1 开始，你可以直接将 Globe 服务与 ArcGlobe 以外的客户端共享。使用 Globe 服务的客户端应用程序包括 ArcGlobe、ArcGIS Explorer Desktop、ArcReader 以及通过使用 Globe 控件的 ArcGIS Engine 构建的任何自定义应用程序。

7. 影像服务

影像服务的数据源可以是栅格数据集(来自磁盘上的地理数据库或文件)、镶嵌数据集或者引用栅格数据集或镶嵌数据集的图层文件。对定义了动态处理的栅格数据集或栅格图层(例如符号系统或栅格函数)进行共享是影像服务的核心功能,它不需要任何扩展模块。但是,在共享镶嵌数据集或包含镶嵌函数的栅格图层时,需要 ArcGIS Image 扩展模块。这不会只影响影像服务。例如,如果你有一个包含镶嵌数据集的地图文档,则需要 ArcGIS Image 扩展模块。可以使用 ArcGIS Server 将栅格数据和影像数据作为影像服务共享。影像服务通过 Web 服务提供对栅格数据的访问。也可以将数据共享为文档(例如地图文档或 Globe 文档)的一部分或共享为其他服务(例如地理数据服务)的一部分。

8. KML 服务

Keyhole 标记语言(KML)是一种基于 XML 的文件格式,可用于表示应用程序(如 ArcGIS Explorer 和 Google 地球)中的地理要素。KML 允许你在地图与 Globe 上绘制点、线和面,并与他人共享这些信息。你也可使用 KML 来指定文本、图片、电影或者其他的 GIS 服务的链接,当用户单击要素时会出现这些信息。许多 KML 客户端应用程序都是免费的,可提供令人熟悉的用户友好型导航体验。

使用 ArcGIS Server,可通过多种方式将地图与数据共享为 KML:地图与影像服务通过表述性状态转移(REST)显示 KML 网络链接;可以使用管理器或服务目录来创建你自己的 KML 网络链接;当你查询地图图层或者通过 REST 进行地理处理或地理编码操作时,可以获得 KML 形式的结果。

在所有这些情况下,KML 都是动态生成的,这意味着:查看 KML 的用户将始终能够从服务器上看到最新的地图与数据。如果只是想生成可通过电子邮件发送或者放置在文件服务器上的静态 KML 文档,可以使用 ArcGIS for Desktop 中的地图转 KML 和图层转 KML 工具。

9. 地图服务

地图服务是一种利用 ArcGIS 使地图通过 Web 进行访问的方法。你首先在 ArcMap 中制作地图,然后将地图作为服务发布到 ArcGIS Server 站点上。之后,Internet 或 Intranet 用户便可在 Web 应用程序、ArcGIS for Desktop、ArcGIS Online 以及其他客户端应用程序中使用此地图服务。

10. OGC 服务

开放地理空间联盟(OGC) Web 服务能够使地图和数据以国际公认的开放格式在 Web 上使用。OGC 定义了相关规范,可使具有客户端应用程序的任何人均可在 Web 上使用地图和数据。所有开发人员均可免费使用 OGC 规范来创建此类受支持的客户端。某些情况下,客户端可能如同 Web 浏览器一样简单。其他情况下,它可能是如同 ArcMap 一样的丰富客户端。

11. Schematics 服务

Schematics 服务允许 Web 应用程序通过 Web 服务访问逻辑示意图。该服务使用

Schematics 扩展模块功能来访问、创建、更新和编辑逻辑示意图。

12. 搜索服务

搜索服务可在本地网络上为你提供 GIS 内容的可搜索索引。搜索服务在进行大型的企业级部署(GIS 数据分布在多个数据库及文件共享中)时用处最大。GIS 分析人员可通过输入搜索服务的 URL 链接,然后输入一些搜索词查找所需的数据,而不必从头至尾浏览所有数据源。ArcMap 为用户提供了一个搜索接口,用于帮助用户以这种方式搜索数据并将结果数据集拖放到地图中。

13. Workflow Manager 服务

Workflow Manager 服务是一种源于 ArcGIS Workflow Manager 资料档案库的 ArcGIS 服务,通过这种方法可使用 ArcGIS 在 Web 上提供工作流管理功能。你将使用 Desktop 工具来定义 Workflow Manager 系统,然后将资料档案库作为服务在 ArcGIS for Server 上发布。

5.3.2 发布服务

GIS 资源包括地图、工具、地理数据库,以及可通过 ArcGISServer 公开的其他项目。虽然可发布到服务器上的 GIS 资源多种多样,但发布服务的步骤均遵循一种共同的模式。若要将 GIS 资源作为服务发布至服务器,请执行以下步骤:

(1) 根据要发布到服务器的具体资源,按照表 5.3-2 中的说明进行操作。

表 5.3-2 如何发布服务方法概述

选　　项	操　　作
如果要发布地图或 Globe 文档…	打开 ArcMap 或 ArcGlobe 文档,然后从主菜单中选择“文件→共享为→服务”
如果要发布地理处理模型或工具…	浏览到结果窗口中模型或工具的一个成功结果,右击并选择“共享为→地理处理服务”
如果要发布其他内容,例如地理数据库或地址定位器…	浏览到 ArcCatalog 或目录窗口中的相应项目,右击并选择“共享为服务”

(2) 在“共享为”服务窗口中,选择“发布服务”,然后单击“下一步”。

(3) 在选择连接下拉列表中选择“要使用的 ArcGISServer 连接”,如果要使用的服务器连接并未列出,可单击“连接到 ArcGISServer”添加 ArcGISServer 创建一个新的连接。

(4) 默认情况下,会根据 GIS 资源的名称生成服务的名称,还可以在发布服务窗口中,输入新的服务名称,名称长度不能超过 120 个字符,并且只能包含字母数字字符和下划线,然后单击“下一步”按钮。

(5) 默认情况下,服务会发布到 ArcGISServer 的根文件夹下,也可将服务组织到根文件夹下的子文件夹中;选择要将服务发布到的文件夹,或创建一个用于包含此服务的新文件夹,然后单击“继续”,打开服务编辑器对话框。

(6) 设置要使用的服务属性，可以选择用户可对服务执行的操作，且可精细控制服务器显示服务的方式。有关如何手动设置服务属性的详细信息，请在帮助的服务类型部分中查找你的服务；此外，还可单击导入从现有服务定义或已发布的服务自动导入属性。

提示 如果在此会话期间关闭了服务编辑器，会提示你将作品保存为草稿服务。草稿服务使你能够在以后返回到该界面以继续完成服务配置工作。默认情况下，草稿服务保存在 ArcGISServer 连接的草稿文件夹中。有关详细信息，请参阅关于草稿服务。

---

(7) 单击✔分析，该操作可对 GIS 资源进行检查，以确定其是否能够发布到服务器。

(8) 将 GIS 资源发布为服务之前，必须修复准备窗口中出现的所有错误，另外，你还可以修复警告和通知消息，以进一步完善服务的性能和显示。

(9) 也可单击预览，这样便可以了解在 Web 上查看服务时服务的外观。

提示 可将文件夹和地理数据库注册到 ArcGISServer 站点，从而确保服务器可识别并使用数据。如果继续以下步骤，那么服务所引用的来自取消注册的文件夹或地理数据库的所有数据都将在发布时复制到服务器。这是一种预防性措施，可确保服务器能够访问服务所使用的所有数据。

---

(10) 修复错误以及警告和消息(可选)后，单击发布。

提示 如果发布的服务需要将数据复制到服务器，则数据的大小和网络带宽将影响发布所需的时间。现在，你的服务已运行在服务器上，可供网络中的用户和客户端访问。如果服务器管理员允许 Web 访问服务，则你的服务此时在 Web 上也可用。

接下来以 ArcMap 中连接 PostgreSQL 数据库为例，详细地讲述发布服务的过程。

1) 在 ArcMap 中连接 PostgreSQL 数据库

在进行数据库的连接之前复制一些必需的库文件，如果安装的 ArcMap 是 32 位的，则需要复制 32 位的 PostgreSQL 中 Lib 目录下的 libeay32. dll、libiconv-2. dll、libintl-8. dll、libpq. dll 和 ssleay32. dll 文件到 Arcmap 安装目录下的 bin 文件夹中。如果安装的 ArcMap 是 64 位的则需要复制 64 位 PostgreSQL 的 libeay32. dll、libintl. dll、libpq. dll 和 ssleay32. dll 文件到 Arcmap 的 bin 文件夹下。然后在 ArcMap 的安装目录下找到和数据库对应版本的 st_geometry. dll 库文件，复制到 PostgrSQL 安装目录下的 lib 文件夹中。

2) 创建企业级地理数据库

打开 ArcMap，选择"文件→新建"，选择空白地图，新建一个空白的文档，如图 5.3-1 所示。

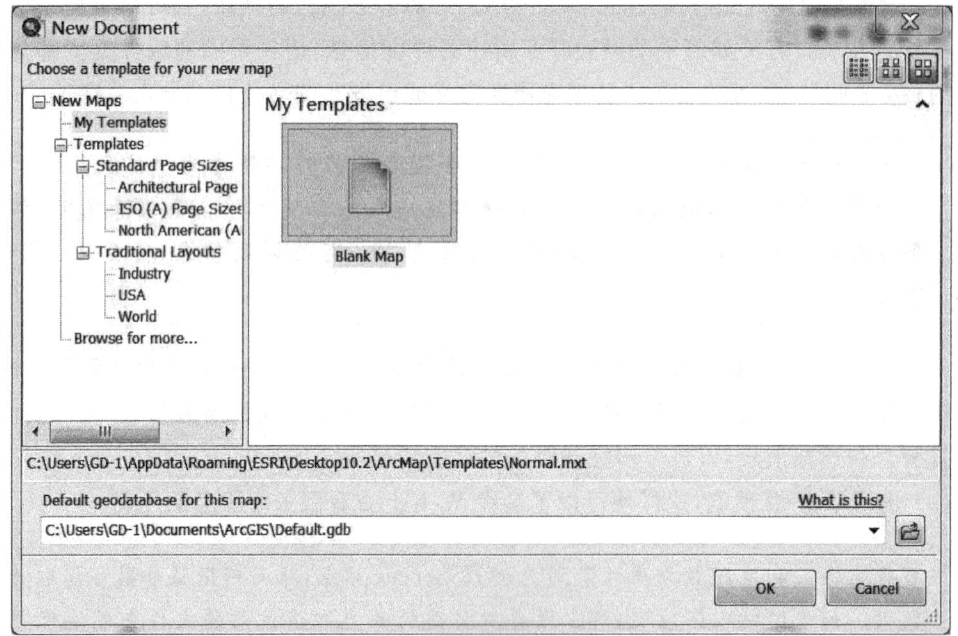

图 5.3-1 新建一个空白页面

在右侧面板中选中搜索选项卡，输入创建企业级地理数据库，单击进入创建企业数据库对话框，如图 5.3-2 所示。

图 5.3-2 创建一个企业级数据库

数据平台选择 PostgreSQL，因为是本地连接，所以实例中填写 localhost，将数据库名称命名为 basemap，输入相应的账号和密码并选择授权文件后单击"确定"按钮，如图 5.3-3 所示。

如果出现图 5.3-4 所示界面说明企业级地理数据库已经创建成功。

图 5.3-3　填写数据库的基本信息

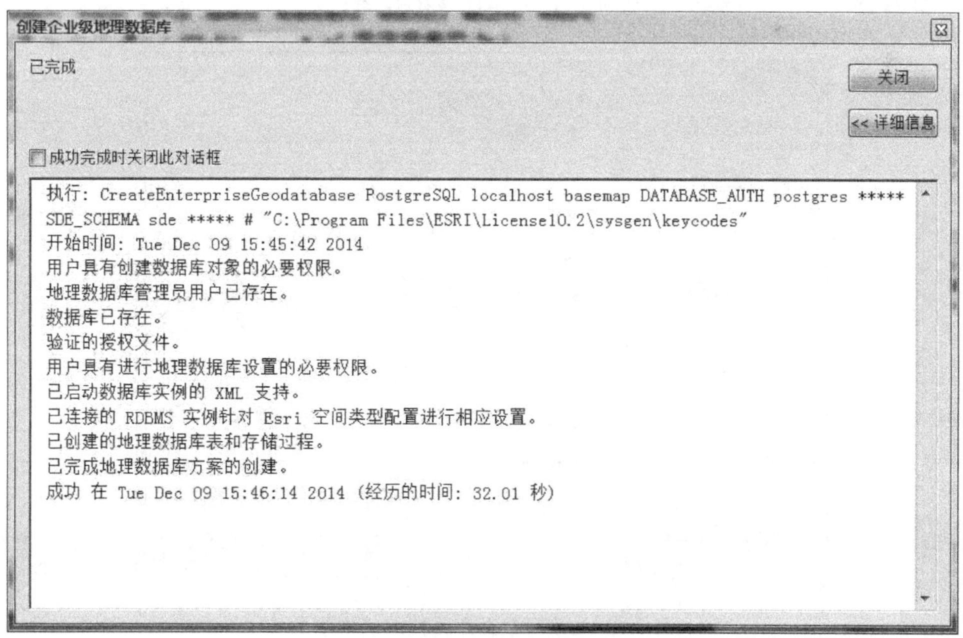

图 5.3-4　地理数据库创建成功

3）添加数据库连接

如果要在 ArcMap 里对数据库进行操作，单是创建数据库还不够，需要继续在 ArcMap 中添加一个数据连接，在侧栏目录中单击添加数据库连接，弹出图 5.3-5 所示的连接设置对话框。

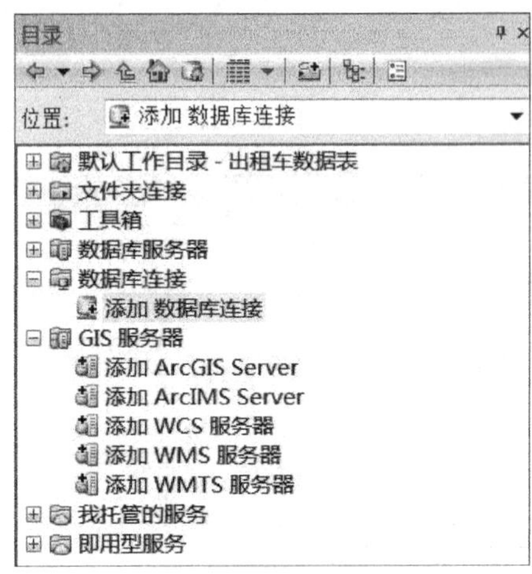

图 5.3-5　添加数据库连接

如图 5.3-6 所示，因为之前创建数据库使用的是 sde 账号，所以用户名输入 sde 的信息，否则会出现无法连接的错误。输入账号信息后在数据库下拉菜单中选择之前新建的 basemap 数据库，单击“确定”完成新建数据库连接的设置。

图 5.3-6　填写数据库连接的基本信息

设置完成后右侧目录栏会出现一个新的连接到 localhost.sde 选项，如图 5.3-7 所示，说明数据库连接的设置已经成功完成。

图 5.3-7　数据库连接设置完成

4）添加 ArcGIS Server

在将服务发布到 Server 之前需要在目录中添加一个 GIS 服务器的连接，双击 ArcCatalog 目录中的"添加 ArcGIS Server"，弹出图 5.3-8 所示对话框，选择"管理 GIS 服务器"，然后单击"下一步"按钮。

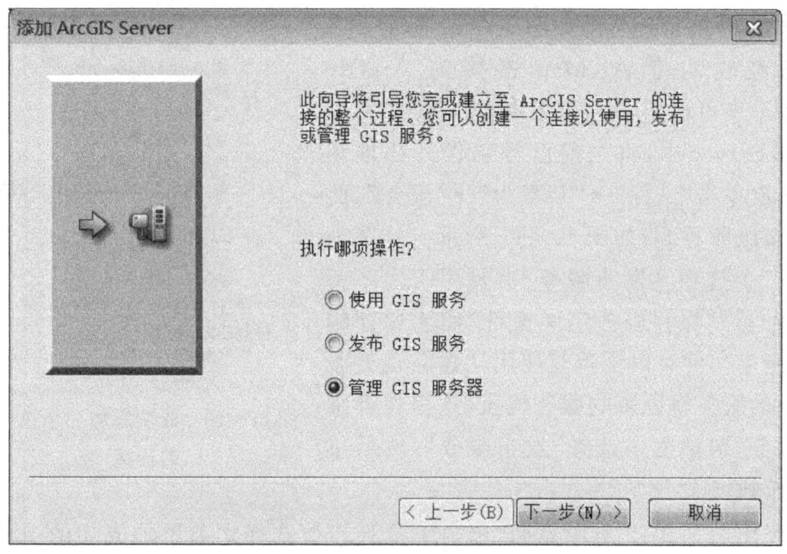

图 5.3-8　添加 ArcGIS Server 连接

为这个连接添加管理员权限以便更方便地对 Server 进行操作，选择管理 GIS 服务器进入下一步，弹出 5.3-9 所示的对话框。

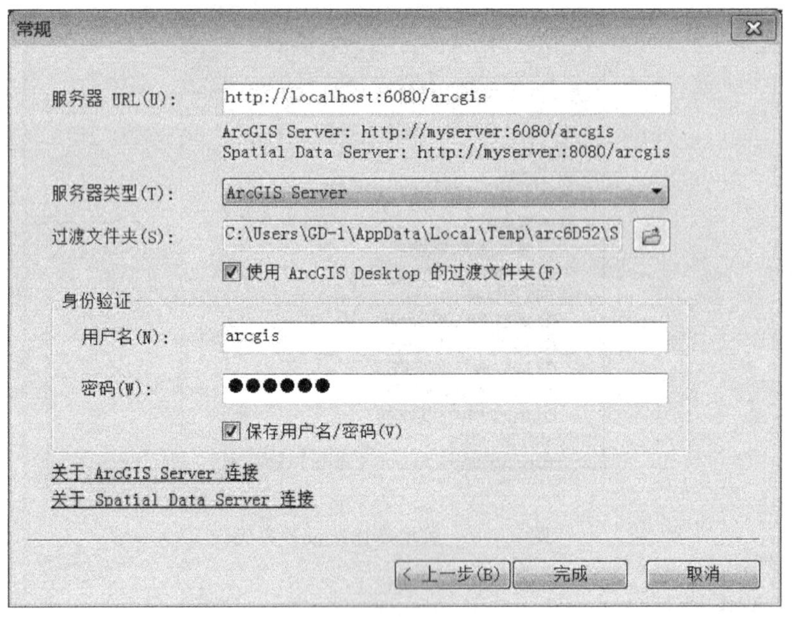

图 5.3-9 填写 ArcGIS Server 的连接信息

填写服务器 URL 和 ArcGIS Server 的用户名和密码，内容为安装 ArcGIS Server 时填写的信息，然后选择完成。成功添加服务器连接后在目录中会增加新的选项 arcgis on localhost_6080(系统管理员)，如图 5.3-10 所示。

现在已经成功将 ArcMap 连接到 ArcGIS Server 了，接下来可以将各种可发布的 GIS 资源发布到 ArcGIS Server 中，将之前已经制作好的地图打开，然后依次单击"文件"→"共享为"→"服务"，此时会弹出发布服务界面，如图 5.3-11 所示。共享为服务主要有三个选项，"发布服务"主要用于发布新的服务到服务器，"保存服务定义文件"用于保存编辑的服务到指定文件夹以便重复使用，"覆盖现有服务"用要发布的服务将原来的服务覆盖，这里在弹出的"共享为服务"对话框中选择"发布服务"，然后单击"下一步"按钮。

图 5.3-10 成功添加一个 ArcGIS Server 的连接

接下来弹出图 5.3-12 所示界面，单击下拉列表框选择之前添加成功的 ArcGIS Server 连接，并输入"basemap"作为服务名称，然后单击"下一步"按钮。

接下来弹出选择发布位置对话框，选择"使用现有文件夹"选项即可，单击"下一步"按

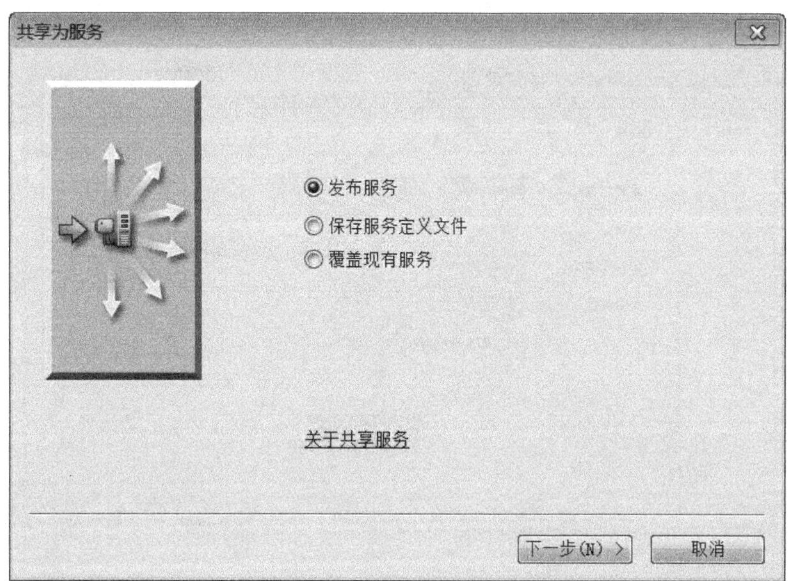

图 5.3-11 选择发布类型

图 5.3-12 选择连接和服务名称

钮,弹出图 5.3-13 所示界面。

在服务编辑器中可以对发布的服务进行相应的分析和设置。在之后的开发中将用到地图要素服务,单击服务编辑器侧栏中的功能,选择要发布的服务类型,除了默认选择的地图服务和 KML 服务之外再勾选“Feature Access”以便发布要素服务,如图 5.3-14 所示。

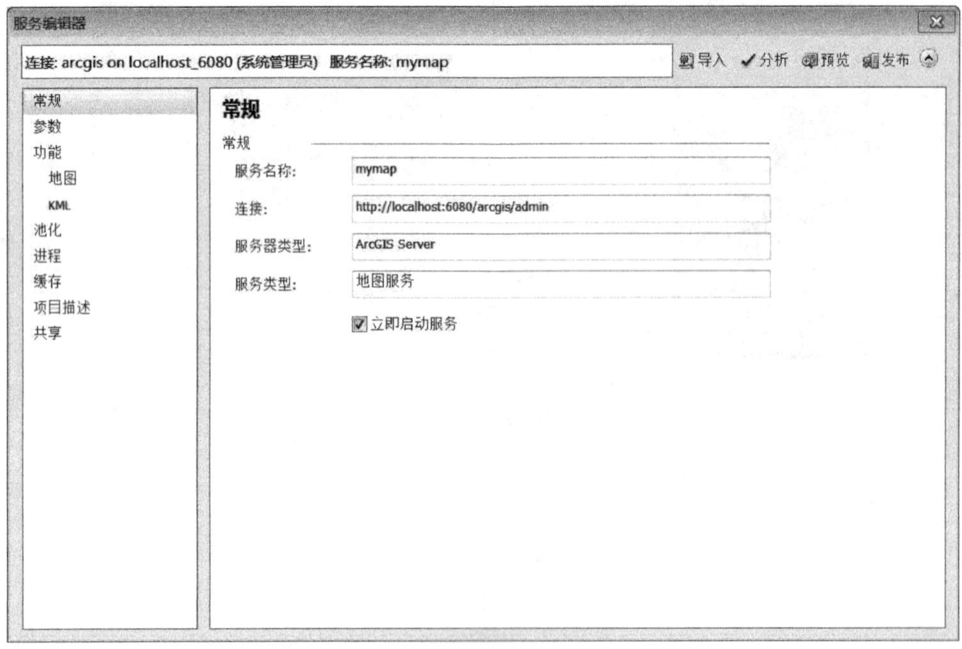

图 5.3-13 对服务进行设置

图 5.3-14 发布要素服务

最后单击右上角的“分析”按钮对地图进行发布检查，系统可能会提示发布要素服务需要注册数据库的错误，如图 5.3-15 所示，双击错误。

高　未解决　00090　要素服务需要一个已注册的数据库

图 5.3-15　注册数据库的提示

弹出图 5.3-16 所示的注册数据库界面，单击 + 按钮，即可打开注册数据库向导。

图 5.3-16　注册数据库对话框

此时会弹出图 5.3-17 所示的界面，在弹出的注册数据库对话框中输入要注册的数据库名称 basemap，选择添加一个 publish 数据库连接。

在添加数据库界面，输入数据库连接的相关信息，完成数据库注册，如图 5.3-18 所示，然后单击“确定”按钮。

弹出图 5.3-19 所示的界面，在已注册数据库中可以看到刚刚成功注册的名为“basemap”的数据库，重新对地图服务进行分析，若分析结果显示没有错误就可以单击发布按钮将服务发布到 ArcGIS Server。

成功发布服务后，打开浏览器，输入 http://localhost:6080/arcgis/manager/，进入 ArcGIS Server Manager 管理界面，如图 5.3-20 所示，可以看到 basemap 服务已经成功发布，单击预览图可以预览发布效果，单击标题可以对服务进行管理和设置。

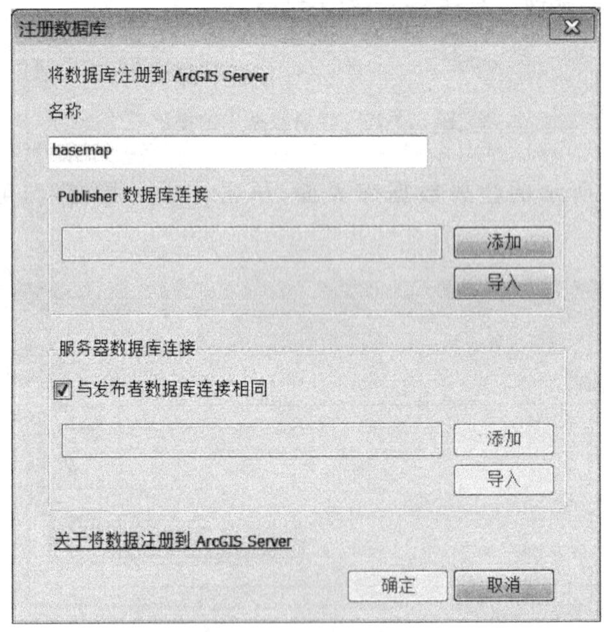

图 5.3-17　注册数据库

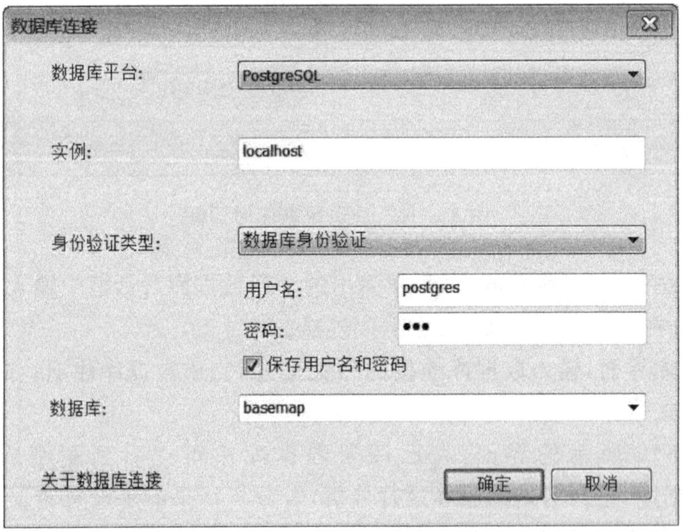

数据库连接
数据库平台: PostgreSQL
实例: localhost
身份验证类型: 数据库身份验证
用户名: postgres
密码: •••
保存用户名和密码
数据库: basemap
关于数据库连接
确定
取消

图 5.3-18　填写注册数据库连接信息

图 5.3-19 注册数据库成功

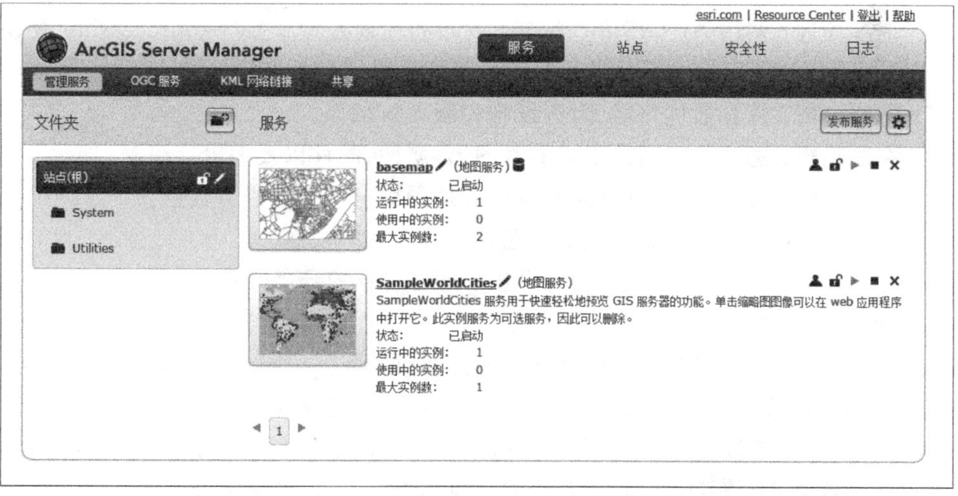

图 5.3-20 服务发布成功

5.4 使用服务

Esri 提供了用于 JavaScript、Flex 和 Silverlight 的 Web 制图 API。可使用这些 API 从头开始构建 Web 应用程序。它们提供了通用 GIS 功能，通过学习官方提供的 API 可以方便地调用相关功能实现 Server API 技术，从而构建自己的 Web GIS 网站。接下来具体介绍如何使用 JavaScript、Flex 和 Silverlight 来加载一张基本的地图。

5.4.1 ArcGIS API for JavaScript 简介

ArcGIS API for JavaScript 是由 Esri 公司推出，跟随 ArcGIS 9.3 同时发布的，是 Esri 基于 Dojo 框架和 REST 风格实现的一套编程接口。通过 ArcGIS API for JavaScript 可以对 ArcGIS for Server 进行访问，并且将 ArcGIS for Server 提供的地图资源和其他资源(ArcGIS Online)嵌入到 Web 应用中。

ArcGIS API for JavaScript 的主要功能如下：

(1) 空间数据展示：加载地图服务，影像服务，WMS 等。

(2) 客户端 Mashup：将来自不同服务器、不同类型的服务在客户端聚合后统一呈现给客户。

(3) 图形绘制：在地图上交互式地绘制查询范围或地理标记等。

(4) 符号渲染：提供对图形进行符号化、要素图层生成专题图和服务器端渲染等功能。

(5) 查询检索：基于属性和空间位置进行查询，支持关联查询，对查询结果的排序、分组以及对属性数据的统计。

(6) 地理处理：调用 ArcGIS for Server 发布的地理处理服务(Geoprocessing 服务)，执行空间分析、地理处理或其他需要服务器端执行的工具、模型、运算等。

(7) 网络分析：计算最优路径、附近设施和服务区域等。

(8) 在线编辑：通过要素服务编辑要素图形、属性、附件以及编辑追踪。

(9) 时态感知：展示、查询具有时间特征的地图服务或影像服务数据。

(10) 影像处理：提供动态镶嵌、实时栅格函数处理等功能。

(11) 地图输出：提供多种地图图片导出和服务器端打印等功能。

1. JavaScript 简介

JavaScript 是一种基于对象(Object)和事件驱动(Event Driven)并具有安全性能的脚本语言。使用它的目是与 HTML 超文本标记语言、Java 脚本语言(Java 小程序)一起实现在一个 Web 页面中连接多个对象，与 Web 客户交互作用，从而开发客户端的应用程序等。它是通过嵌入或调入到标准的 HTML 语言中实现的。它的出现弥补了 HTML 语言的缺陷，是 Java 与 HTML 的折衷选择。

JavaScript 是一种脚本语言，它采用小程序段的方式实现编程。像其他脚本语言一样，JavaScript 同样也是一种解释性语言，它提供了一个简易的开发过程。它的基本结构形式与C、C++等类似，但它不像这些语言一样需要先编译，而是在程序运行过程中被逐行地解释。它与HTML标识结合在一起，从而方便用户的使用操作。

JavaScript是一种基于对象的语言，同时可以看做是一种面向对象的开发语言。这意味着它能运用自己已经创建的对象。

JavaScript的简单性主要体现在：首先它是一种基于Java基本语句和控制流之上的简单而紧凑的设计，从而对学习Java是一种非常好的过渡，其次它的变量类型是采用弱类型，并未使用严格的数据类型。

JavaScript是一种安全性语言，它不允许访问本地的硬盘，并不能将数据存入到服务器，不允许对网络文档进行修改和删除，只能通过浏览器实现信息浏览或动态交互。从而有效防止数据丢失。

JavaScript是动态的，它可以直接对用户或客户输入作出响应，无须经过Web服务程序。它对用户的响应，是采用事件驱动的方式进行的。比如按下鼠标、移动窗口、选择菜单等都可以视为事件。当事件发生后，可能会引起响应。

JavaScript是依赖浏览器本身，与操作环境无关，只要支持JavaScript的浏览器就可以正确执行。从而实现了“编写一次，走遍天下”的梦想。

2. Dojo简介

Dojo是一个强大的面向对象JavaScript框架。主要由三大模块组成：Core、Dijit、DojoX。其中Core提供Ajax、events、packing、CSS-based qrerying、animation、JSON等相关操作API。Dijit是一个可换皮肤，基于模板的Web UI控件库。DojoX包括一些创新/新颖的代码和控件：DataGrid、charts、离线应用、跨浏览器矢量绘图等。

Dojo的特点可以从以下几部分说起：

(1) Dojo是一个纯JavaScript库，后台只要提供相应的接口就能够将数据以Json的格式输出给前台。

(2) Dojo自身定义了完整的函数库，屏蔽了浏览器的差异。

(3) Dojo自身定义了界面组件库，其组件代码采用了面向对象的思想，便于继承及扩展。

(4) 当对前端界面联动需求较为复杂的时候，基于Dojo的页面组件将是首选，因为它可以将界面中某一个具有共性的区域抽象出来，封装这一区域的界面行为以及数据，可以用搭积木的方式完成复杂页面的开发。

3. REST简介

REST(Representational State Transfer)是Roy Fielding博士于2000年在他的博士论文中提出来的一种软件架构风格。REST本身并不涉及任何新技术，它基于HTTP协议，比SOAP和XML-RPC更加简洁、高效，现在越来越多的大型网站正在使用REST风格来设计和实现。

REST最突出的特点就是用URL来描述互联网上的所有资源，Roy Fielding博士通过观察互联网的运作方式对其进行了抽象，他认为：设计良好的网络应用表现为一系列的虚拟“网页”，或者说这些虚拟网页就是资源状态的表现(Representation)；用户选择这些链接导致下一个虚拟的“网页”传输到用户端展现给使用的人，而这正代表了资源状态的转发(State Transfer)。

REST 主要有以下特点：

(1) 资源通过 URL 来指定和操作；

(2) 对资源的操作包括获取、创建、修改和删除，这些操作正好对应 HTTP 协议提供的 GET、POST、PUT 和 DELETE 方法；

(3) 连接是无状态的；

(4) 能够利用 Cache 机制来提高性能。

4. JSON 简介

使用 REST API 进行信息传输的时候，有必要了解其数据传输格式，这种格式称为 JSON(JavaScript Object Notation)。

JSON 是一种轻量级的数据交换格式，易于阅读和编写。JSON 能够描述四种简单的类型(字符串、数字、布尔值、null)和两种结构化类型(对象和数组)。JSON 对象由一对大括号包围着零个或多个 Key/Value 对(或者是成员). Key 是 String 类型的，每个 Key 后面跟一个冒号，把 Key 与 Value 分开，逗号则隔开紧跟在其后的另一个 Key。下面就是 JSON 对象的例子：

```
var lods = [
{ "level": 0, "resolution": 0.010986328125, "scale": 4617149.97766929 },
{ "level": 1, "resolution": 0.0054931640625, "scale": 2308574.98883465 },
{ "level": 2, "resolution": 0.00274658203125, "scale": 1154287.49441732 },
{ "level": 3, "resolution": 0.001373291015625, "scale": 577143.747208662 },
{ "level": 4, "resolution": 0.0006866455078125, "scale": 288571.873604331 }
];
```

5.4.2 ArcGIS API for JavaScript 实现编辑功能

1. 加载一张底图

前面已经介绍了如何使用 ArcMap 连接数据库，并在数据库中添加数据，再将数据以服务的形式发布到 Server，为了可以将之前发布的要素服务以要素层的形式添加到地图中，先在程序中加载一张底图。首先新建一个工程，在根目录下新建 style、js 两个文件夹，然后新建一个文件为 index. html 作为首页。在 style 中主要放置样式文件，在 js 中主要放置 JavaScript 脚本文件。先在 js 文件中新建一个名为 main. js 的脚本文件，并编辑内容如下：

```
var map;
require(["esri/map", "dojo/domReady!"], function (Map) {
    map = new Map("mapDiv", {
        center: [120.033325, 30.228405],          //设置初始中心经纬度
        zoom: 11,                                 //设置初始缩放界别
```

```
        basemap: "gray"                          //设置地图类型
    });
});
```

在本文件中，首先定义了一个 map 全局变量，因为地图对象可能在其他脚本文件中被引用。Require 函数的作用是加载需要的模块，详细说明会在之后的小节中展开。在主函数体中实例化了一个 map 对象实现对 id 为 mapDiv 的 DIV 层的地图加载显示。

然后在文件夹 style 下创建一个名为 main. css 的文件，并编辑内容如下：

```
html, body, #mapDiv {
    padding: 0;
    margin: 0;
    height: 100%;
}
```

在样式文件中主要是对 html、body 和 mapDiv 做了样式定义，主要设置了内外边距为 0，并将高度适应为浏览器的高度。现在，样式文件和脚本文件都已经添加完毕了，继续编辑 index. html 完成最后的工作，编辑该文件内容如下：

```
<!DOCTYPE html>
<html>
<head>
<meta charset="utf-8">
<title>Arcgis for javascri[t</title>
<!-- 设置网页初始大小,并禁止用户进行缩放 -->
<meta name="viewport" content="initial-scale=1, maximum-scale=1, user-scalable=no">
<!-- 引入 Arcgis 的 css 文件 -->
<link rel="stylesheet" href="http://js.arcgis.com/3.12/esri/css/esri.css">
<!-- 引入 main.css -->
<link rel="stylesheet" type="text/css" href="style/main.css">
<!-- 引入 Arcgis 的 JavaScript 脚本 -->
<script src="http://js.arcgis.com/3.12/"></script>
<!-- 引入 main.js -->
<script src="js/main.js"></script>
</head>
<body class="claro">
    <div id="mapDiv"></div>
</body>
</html>
```

在 index. html 文件中主要加载了 ArcGIS 提供了在线样式和脚本和之前定义的 main. js 和 main. css 文件，其中<div id="mapDiv"></div>将被初始化为地图显示。打开浏览器效果如图 5. 4-1 所示。

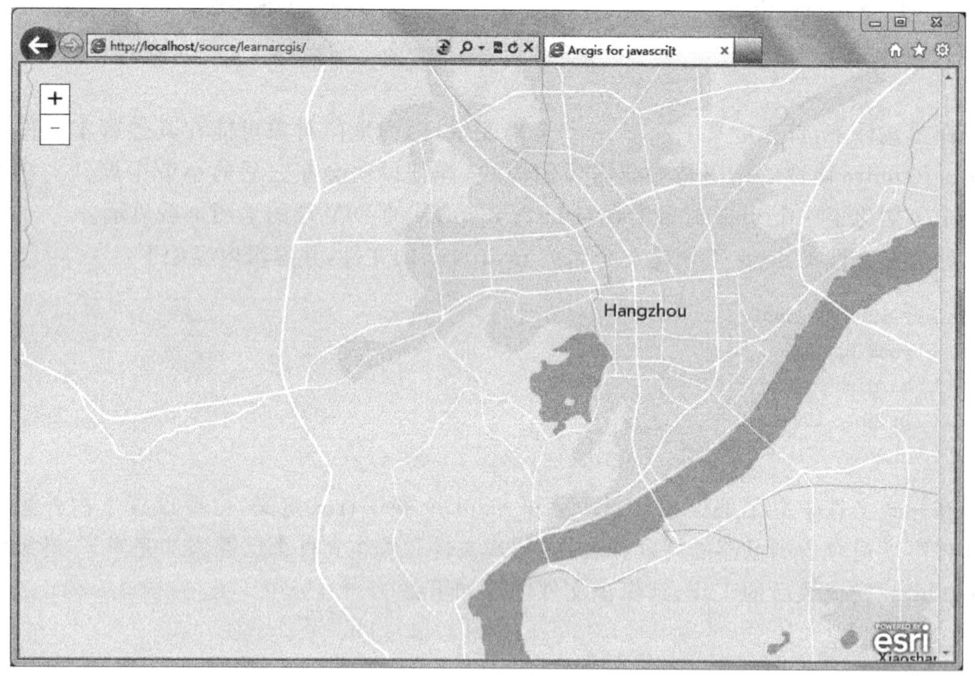

图 5.4-1　显示一张底图

2. 脚本库文件本地部署

前面已经讲解了如何通过调用在线的 ArcGIS for JavaScript 显示一张底图，因为浏览器需要远程加载脚本代码，打开速度会比较慢，而且开发应用总是希望能把文件部署的位置掌握在开发者手中。所以在进一步讲解开发过程之前先把在线的库文件移植到本地。首先访问 http://links. esri. com/javascript-api/latest-download，下载 ArcGIS for JavaScript SDK，解压后可以看到在 arcgis_js_api>library>3. 9 文件下主要包含 3. 9 和 3. 9compact 两个文件夹，这个两个文件夹中分别包含了开发版的 SDK 和压缩版的 SDK。

另外两个文件 install 和 install_linux 分别是 Windows 和 Linux 下的 SDK 安装指南，两者的部署没有太大的差别，主要工作是替换 init. js 和 dojo. js 两个文件下的脚本所在服务器的 URL。假设将 arcgis_js_api 文件部署到 localhost:8080/source 访问的路径下，以配置压缩版的 SDK 为例，具体配置的方法如下：

(1) 打开 arcgis_js_api→library→3. 9→3. 9compact 下的 init. js；将<myserver>替换为 localhost:8080/source；

(2) 打开 arcgis_js_api→library→3. 9→3. 9compact→dojo→dojo→dojo. js，将<myserver>替换为 localhost:8080/source。

通过以上配置，就可以在加载本地 SDK 脚本时正确寻找到本地文件路径了。

3. 使用本地地图服务

在线的底图调用虽然很方便，但很多时候因为网络的限制或者系统开发需求的要求需要使用自己发布的地图服务，本节把地图的底图修改为之前发布的道路地图服务。在浏览器输入 http://localhost:6080/arcgis/rest/services 进入服务列表，如图 5.4-2 所示，单击 basemap 的要素服务链接 basemap(MapServer)可以获取要素服务的 URL 地址 http://localhost:6080/arcgis/rest/services/basemap/MapServer。

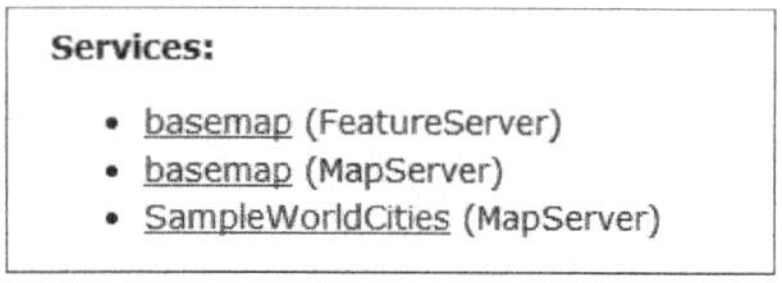

图 5.4-2　查看服务 URL

编辑 main.js，修改如下：

```
var map;
require([
    "esri/map",
    "esri/layers/ArcGISTiledMapServiceLayer",
    "dojo/domReady!"
    ],
    function (Map, ArcGISTiledMapServiceLayer) {
    map = new Map("mapDiv", {
      center: [120.033325, 30.228405],                //设置初始中心经纬度
      zoom: 14,                                       //设置初始缩放界别
      basemap: "gray"                                 //设置地图类型
    });
     var layer = new esri.layers.ArcGISDynamicMapServiceLayer("http://localhost:6080/
arcgis/rest/services/basemap/MapServer");
    map.addLayer(layer);
});
```

该文件中通过 esri.layers.ArcGISDynamicMapServiceLayer()初始化了新的图层，并通过 map 对象的 addLayer()方法将此图层添加到地图上。重新刷新页面可以看到，在原来底图的基础上新添加了一层道路图层，如图 5.4-3 所示。

4. 加载要素图层

前面介绍的图层是基于栅格图的原理加载的，并不能对地图上的单个对象进行操作，无法满足实际应用中对地图的内容进行选择和编辑的需求，矢量图层可以用于解决这个问题，矢量图层中显示的个体对象都是经过实例化的，可以通过前端脚本进行相应的处理，继续在原先的基础上叠加一层显示点要素的矢量层。首先通过 ArcMap 发布新的点要素服务到 ArcGIS Server 中，因为之前已经讲解过如何发布服务，所以这里不再展开讲解。然后，编辑 main.js 内容，在其中添加要素服务图层的加载，编辑后的文件如下：

```
var map;
require([
    "esri/map",
    "esri/layers/FeatureLayer",
    "dojo/domReady!"
```

```
    ], function (Map, FeatureLayer) {
    map = new Map("mapDiv", {
      center: [120.033325, 30.228405],          //设置初始中心经纬度
      zoom: 12,                                 //设置初始缩放界别
      basemap: "gray"                           //设置地图类型
    });
    //添加图层
    var layer = new esri.layers.ArcGISDynamicMapServiceLayer
    ("http://localhost:6080/arcgis/rest/services/basemap/MapServer");
    map.addLayer(layer);
    //添加矢量图层
    var points = new FeatureLayer ( " http://localhost: 6080/arcgis/rest/services/MyMapService/
    FeatureServer/0", {
    });
    map.addLayer(points);
});
```

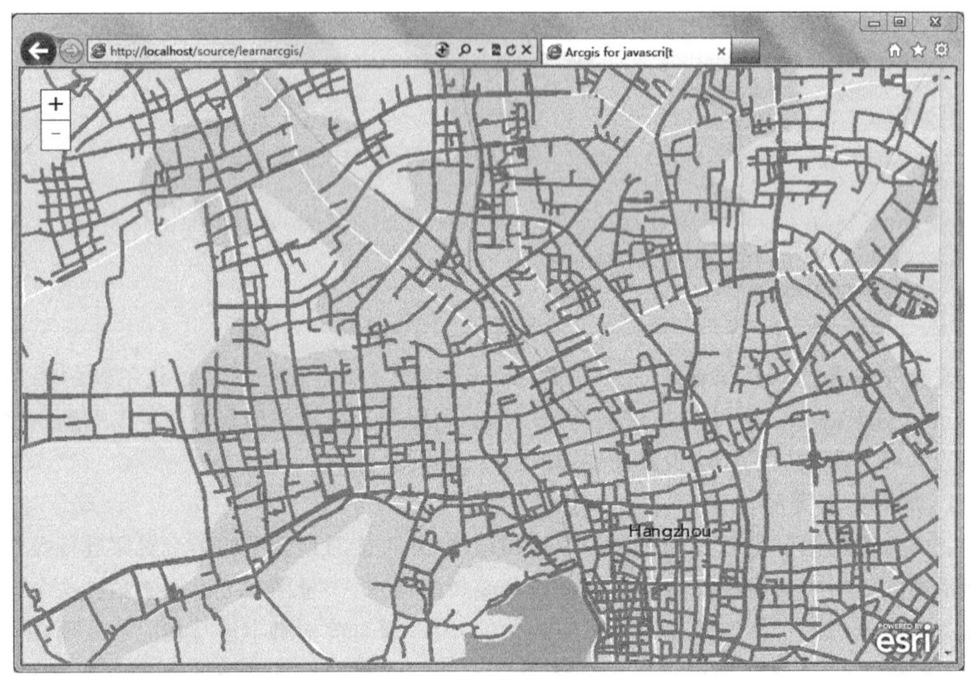

图 5.4-3　叠加一层新图层

首先，在 require 中引入 featureLayer 的模块，只有在引用了该模块后才可以在函数体中使用相关功能，具体添加矢量图层的方法和普通图层的方法基本一致，主要是通过 new FeatureLayer()方法初始化一个矢量图层对象；然后通过 map 的 addLayer()方法将图层添加到底图上，最终显示效果如图 5.4-4 所示，可以看到在原来道路的基础上显示很多代表建筑位置的点。

图 5.4-4 添加矢量图层

5. AMD 模块化编程

前面已经讲解了如何显示加载在线底图或者自己发布的地图服务，通过上面的例子可以发现 ArcGIS 的基本编程方法总是以下面的形式展开：

```
require([
    '模块 A',
    '模块 B',
    ], function (模块 A, 模块 B) {
    //使用模块 A 和模块 B 进行相应的业务处理
});
```

这么写的原因是 ArcGIS for JavaScript 是以模块化编程的思想设计的。在大型的 Web 项目中，脚本的数量可能多达几十个，甚至是数百个之多，特别是在复杂的单页 GIS 应用中脚本是支撑起前台交互的基础。而在实际的应用场景中，每个脚本都不会是独立存在而是相互依赖的，比如 B 模块中可能会调用到 C 模块，而 C 模块中又可能使用了 A 模块中的功能，当功能模块达到一定数量级时，靠人工通过 scitpt 标签引入脚本文件将变得十分困难，所以 AMD 模块化编程的思想被提了出来，它可以很好地解决模块依赖的问题，并且将系统的各个业务拆分成低耦合的独立部分，利于后期的开发和维护。

在实际的 GIS 开发中，使用模块化的思想去编写程序对于系统开发有很大的好处，编写模块的基本方法如下：

```
define([
    '依赖的模块'
    ], function (依赖的模块名){
    //这里可以编写其他模块引用该模块时直接执行的内容
        return {                                        //返回值中的函数不会被自动执行,需要调用
            'testFunction ': function (){
                //一个测试方法
            }
        }
    }
});
```

这里假设上面的模块名为 moduleA,如果要编写一个依赖 moduleA 的新的模块 moduleB,可以通过以下方法实现:

```
define([
    'moduleA'
    ], function (moduleA){
        moduleA.testFunction ();                          //执行 moduleA 中的 testFunction 方法
    }
});
```

除了上面编写模块的方法之外,因为 ArcGIS for JavaScript 是基于 Dojo 框架编写的,它还允许创建自己的模块类,以模块的形式创建自己的类的基本方法如下:

```
define([
    '依赖的模块'
    ], function (依赖的模块名){
    return declare(null,{
        testFunction : function (){                      //一个类成员方法
        }
    })
});
```

从上面的例子可以看到,编写一个类的方法和编写一个普通模块的方法的主要区别是在于前者返回值中用一个 declare 方法将返回值包裹了起来。假设这个类的命为 classA,在其他模块中引用这个模块的方法如下:

```
define([
    'classA'
    ], function (classA){
        var test = new classA();                          //new 一个对象
test.testFcuntion();                                      //调用对象的 testFunction 方法
    }
});
```

6. 编写一个要素编辑模块

在之前添加的要素图层的基础上,以模块化编程的方法实现一个用于编辑要素层的功

能。首先在 main.js 中删除之前添加要素层的代码,要素图层的初始化工作将被整合到新建的模块中。

为了能够在主界面上显示编辑菜单,需要继续对 index.html 文件进行修改,在原先的基础上增加一个侧栏,具体修改后的文件内容如下:

```
<!DOCTYPE html>
<html>
<head>
<meta charset = "utf - 8">
<title>Arcgis for javascri[t</title>
<! -- 设置网页初始大小,并禁止用户缩放 -->
<meta name = "viewport" content = "initial - scale = 1, maximum - scale = 1, user - scalable = no">
<! -- Arcgis -->
<link href = "http://192.168.0.107/source/arcgis/arcgis_js_api/library/3.9/3.9compact/js/
    esri/css/esri.css" rel = "stylesheet" type = "text/css" />
<link href = "http://192.168.0.107/source/arcgis/arcgis_js_api/library/3.9/3.9compact/js/
    dojo/dijit/themes/claro/claro.css" rel = "stylesheet" type = "text/css" />
<script type = "text/javascript" src = "http://192.168.0.107/source/arcgis/arcgis_js_api/
    library/3.9/3.9compact/init.js"></script>
<! -- 引入 main.css -->
<link rel = "stylesheet" type = "text/css" href = "style/main.css">
<! -- 引入 main.js -->
<script src = "js/main.js"></script>
</head>
<body class = "claro">
    <div id = "mapDiv"></div>
    <div class = "sidebar">
<h2>编辑栏</h2>
        <div id = "templateDiv"></div>
<div id = "editorDiv"></div>
    </div>
</body>
</html>
```

在 index.html 文件中主要添加了 class 为 sidebar 的 div 标签,并在其中添加了 id 分别为 templateDiv 和 editorDiv 的 div 标签,它们分别将用于初始化要素图例列表和编辑菜单。继续修改 main.css 文件,为侧栏添加简单的样式如下:

```
html, body, #mapDiv {
    padding: 0;
    margin: 0;
    height: 100%;
}
div{
    box - sizing:border - box;
    - moz - box - sizing:border - box; /* Firefox */
```

```
    -webkit-box-sizing:border-box; /* Safari */}
#mapDiv{
    width :70%;
    float:left;
}
.sidebar{
    width :29.8%;
    height:100%;
    float:right;
    border-left:2px #ccc solid;
}
.sidebar .title{
    padding:20px;
    font-size: 18px;
    background: #f2f2f2;
    border-bottom:1px #eee solid;
}
```

刷新浏览器，查看页面效果，可以看到在地图的右侧添加了一个空白的编辑栏，如图 5.4-5 所示。

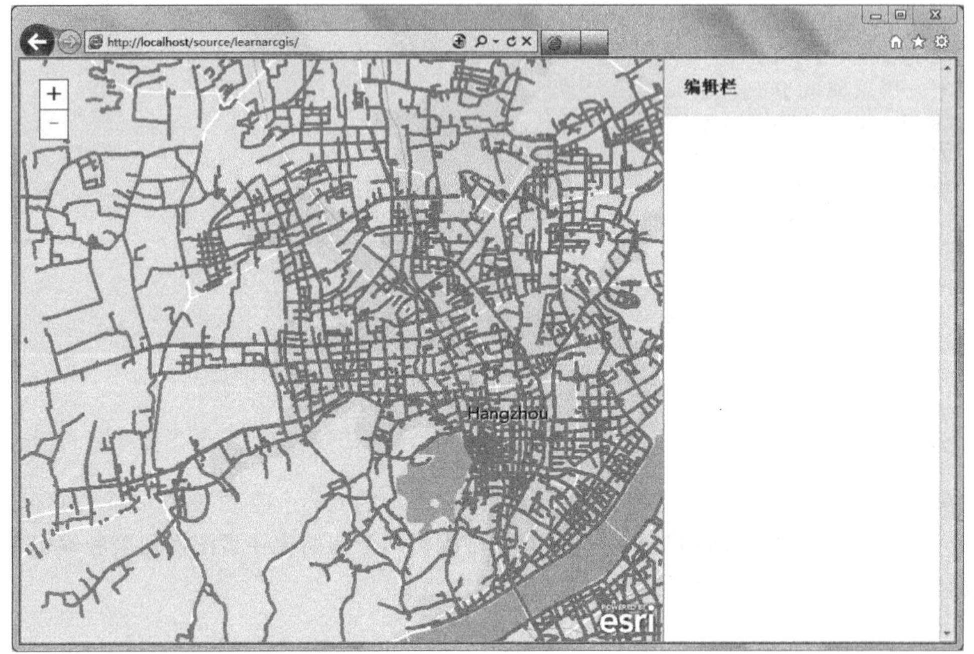

图 5.4-5　为地图添加一个侧栏

到目前为止，侧栏的添加工作已经完成。继续编写功能实现模块，首先在 js 文件夹下新建一个名为 LayerEdit.js 的文件，在该文件中将定义一个用于矢量图层加载和实现相关编辑功能的模块，编辑内容如下：

```
define([
    "esri/map",
    "esri/tasks/GeometryService",
    "esri/toolbars/edit",
    "esri/layers/ArcGISTiledMapServiceLayer",
    "esri/layers/FeatureLayer",
    "esri/Color",
    "esri/symbols/SimpleMarkerSymbol",
    "esri/symbols/SimpleLineSymbol",
    "esri/dijit/editing/Editor",
    "esri/dijit/editing/TemplatePicker",
    "esri/config",
    "dojo/i18n!esri/nls/jsapi",
    "dojo/_base/array", "dojo/parser", "dojo/keys",
    "dijit/layout/BorderContainer", "dijit/layout/ContentPane",
    "dojo/domReady!"
    ], function (
    Map, GeometryService, Edit,
        ArcGISTiledMapServiceLayer, FeatureLayer,
        Color, SimpleMarkerSymbol, SimpleLineSymbol,
        Editor, TemplatePicker,
        esriConfig, jsapiBundle,
        arrayUtils, parser, keys
    ){
    parser.parse();
    var points;
    var init = function (){
        initLayer();
        map.on("layers-add-result", initTemplatePicker);
    }
    var initLayer = function (){
        //添加矢量图层
         points = new FeatureLayer ( "http://192.168.0.107:6080/arcgis/rest/services/
MyMapService/FeatureServer/0", {
        });
        map.addLayers([points]);
            }
    //初始化一个要素列表
    var initTemplatePicker = function (evt) {
        console.log('init edit');
        var templateLayers = arrayUtils.map(evt.layers, function (result){
            return result.layer;
        });
        var templatePicker = new TemplatePicker({
            featureLayers: templateLayers,
            grouping: true,
            rows: "auto",
            columns: 3
        }, "templateDiv");
        templatePicker.startup();
```

```
            initEditor(evt, templatePicker);
        }
        //初始化编辑功能
        var initEditor = function (evt, templatePicker){
            console.log('initEditor');
            var layers = arrayUtils.map(evt.layers, function (result) {
                return { featureLayer: result.layer };
            });
            var settings = {
                map: map,
                templatePicker: templatePicker,
                layerInfos: layers,
                toolbarVisible: true,
                createOptions: {
                    polylineDrawTools:[ Editor.CREATE_TOOL_FREEHAND_POLYLINE ],
                    polygonDrawTools: [ Editor.CREATE_TOOL_FREEHAND_POLYGON,
                    Editor.CREATE_TOOL_CIRCLE,
                    Editor.CREATE_TOOL_TRIANGLE,
                    Editor.CREATE_TOOL_RECTANGLE
                    ]
                },
                toolbarOptions: {
                    reshapeVisible: true
                }
            };
            var params = {settings: settings};
            var myEditor = new Editor(params,'editorDiv');
            //define snapping options
            var symbol = new SimpleMarkerSymbol(
                SimpleMarkerSymbol.STYLE_CROSS,
                15,
                new SimpleLineSymbol(
                    SimpleLineSymbol.STYLE_SOLID,
                    new Color([255, 0, 0, 0.5]),
                    5
                ),
                null
            );
            myEditor.startup();
        }
        return {
            init: init
        }
    });
```

继续修改 main.js 文件，在该文件中引入这个模块并执行初始化方法，编辑后的文件如下：

```
var map;
dojo.registerModulePath ('pack', window.location + '/js/');      //模块路径
```

```
require([
    "esri/map",
    "esri/layers/FeatureLayer",
    "pack/LayerEdit",
    "dojo/domReady!"
    ], function (Map,FeatureLayer,LayerEdit) {
    map = new Map("mapDiv", {
      center: [120.033325, 30.228405],             //设置初始中心经纬度
      zoom: 12,                                    //设置初始缩放界别
      basemap: "gray"                              //设置地图类型
    });
    //添加图层
    var layer = new esri.layers.ArcGISDynamicMapServiceLayer("http://192.168.0.107:6080/
    arcgis/rest/services/basemap/MapServer");
    map.addLayer(layer);
    LayerEdit.init();
});
```

在该文件中，首先通过 dojo.registerModulePath ('pack', window.location + '/js/') 注册了一个模块路径，因为 dojo 通常是从自身的根路径开始寻找对应的模块，但在实际工程中通常会把模块放置在自己的文件夹下，所以需要通过注册自定义模块路径实现自定义模块的加载，否则会出现无法找到相应模块文件的错误。最后通过调用 LayerEdit 的 init() 方法初始化模块功能。刷新浏览器，效果如图 5.4-6 所示。

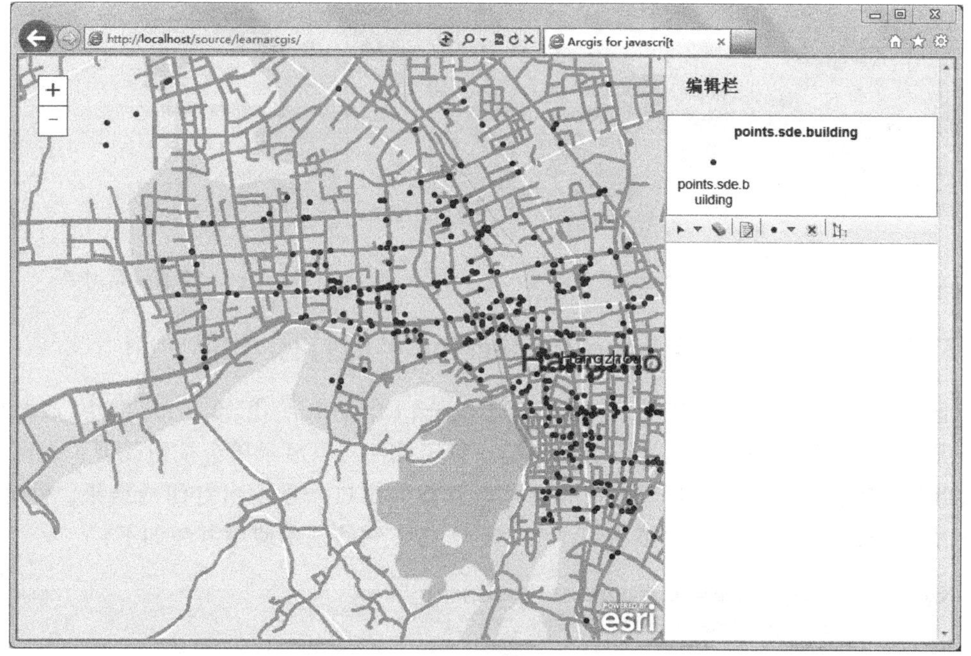

图 5.4-6 侧栏最终显示效果

从图中可以看到,侧栏中显示了当前加载的要素图层的图例以及一个具有基本编辑功能的菜单。现在来测试一下相应的编辑功能。单击地图任意要素点,可以弹出图 5.4-7 所示的对话框。

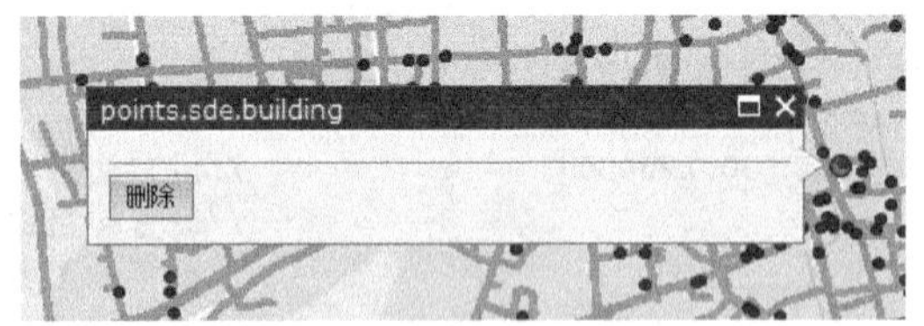

图 5.4-7 要素属性对话框

因为目前实现的功能比较单一,同时要素也没有额外的附加属性,所以只显示了一个删除功能,在实际的系统开发中可以利用该对话框实现复杂的属性编辑功能,比如基本属性的设置以及附件的上传管理。

通过多选地图对象可以实现批量删除操作功能,如图 5.4-8 所示。单击侧栏中的图例可以在地图上添加相应的图例对象,如图 5.4-9 所示。

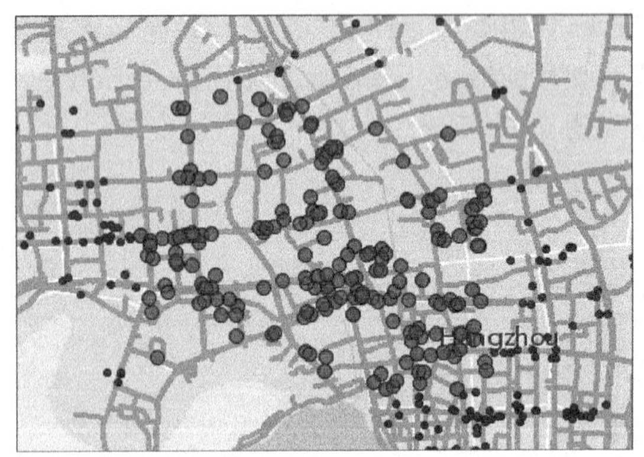

图 5.4-8 批量选择地图要素对象

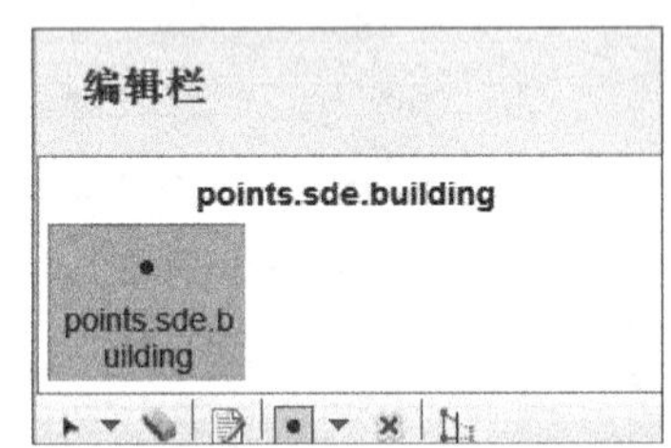

图 5.4-9 绘制要素对象

5.4.3 ArcGIS API for JavaScript 实现打印功能

地图打印功能主要用到了 ArcGIS for JavaScript 中的 esri/digit/Print 模块,该模块可以提供打印默认图层或者自定义图层的功能。打印控件可以显示单个按钮或者包含图层列表的组合按钮。当用户单击打印按钮时会跳转到新的窗口并显示出打印的结果。此外,该功能需要 ArcGIS Server 10.1 或者以上版本的支持。它的基本使用方法如下:

```
require(["esri/dijit/Print"], function(Print) {
        printer = new Print({
         map: map,
         url: " http://sampleserver6. arcgisonline. com/arcgis/rest/services/Utilities/
PrintingTools/GPServer/Export % 20Web % 20Map % 20Task"
```

```
            }, dom.byId("printButton"));
            printer.startup();
    });
```

首先，通过 require 引入 Print 模块，然后实例化 Print 对象再调用它的 startup()方法，其中的 url 为 ArcGIS Server 的打印服务。完整的示例如下：

```
<!DOCTYPE html>
<html>
<head>
<meta charset = "utf - 8">
<meta name = "viewport" content = "initial - scale = 1, maximum - scale = 1,user - scalable = no">
<title></title>
<link rel = "stylesheet"href = "http://jsapi.thinkgis.cn/dijit/themes/nihilo/nihilo.css">
<link rel = "stylesheet" href = "http://jsapi.thinkgis.cn/esri/css/esri.css">
<style>
        html, body {
      height: 100 % ; width: 100 % ;
          margin: 0; padding: 0;
        }
        body{
          background - color: #fff; overflow:hidden;
          font - family: sans - serif;
        }
        label {
          display: inline - block;
          padding: 5px 5px 0 5px;
          font - weight: 400;
          font - size: 12pt;
        }
        .button {
          width: 100 % ;
          margin: 3px auto;
          text - align: center;
        }
        #header {
          padding - top: 4px;
          padding - right: 15px;
          color: #444;
          font - size:16pt; text - align:right;font - weight:bold;
          height:55px;
          background: #fff;
          border - bottom: 1px solid #444;
        }
        #subheader {
```

```
            font-size:small;
            color: #444;
            text-align:right;
            padding-right:20px;
        }
        #rightPane{
            margin: 0;
            padding: 10px;
            background-color: #fff;
            color: #421b14;
            width: 180px;
        }

        .ds { background: #000; overflow: hidden; position: absolute; z-index: 2; }
        #ds-h div { width: 100%; }
        #ds-l div, #ds-r div { height: 100%; }
        #ds-r div { right: 0; }
        #ds .o1 { filter: alpha(opacity=10); opacity: .1; }
        #ds .o2 { filter: alpha(opacity=8); opacity: .08; }
        #ds .o3 { filter: alpha(opacity=6); opacity: .06; }
        #ds .o4 { filter: alpha(opacity=4); opacity: .04; }
        #ds .o5 { filter: alpha(opacity=2); opacity: .02; }
        #ds .h1 { height: 1px; }
        #ds .h2 { height: 2px; }
        #ds .h3 { height: 3px; }
        #ds .h4 { height: 4px; }
        #ds .h5 { height: 5px; }
        #ds .v1 { width: 1px; }
        #ds .v2 { width: 2px; }
        #ds .v3 { width: 3px; }
        #ds .v4 { width: 4px; }
        #ds .v5 { width: 5px; }
        /* make all dijit buttons the same width */
        .dijitButton .dijitButtonNode, #drawingWrapper, #printButton {
            width: 160px;
        }
        .esriPrint {
            padding: 0;
        }
    </style>
    <script src="http://jsapi.thinkgis.cn/init.js"></script>
    <script>
        var app = {};
        app.map = null; app.toolbar = null; app.tool = null; app.symbols = null; app.printer
    = null;
```

```
require([
  "esri/map", "esri/toolbars/draw", "esri/dijit/Print",
  "esri/layers/ArcGISTiledMapServiceLayer", "esri/layers/ArcGISDynamicMapServiceLayer",
  "esri/layers/LayerDrawingOptions",
  "esri/symbols/SimpleMarkerSymbol", "esri/symbols/SimpleLineSymbol",
  "esri/symbols/SimpleFillSymbol", "esri/graphic",
  "esri/renderers/ClassBreaksRenderer",
  "esri/config",
  "dojo/_base/array", "esri/Color", "dojo/parser",
  "dojo/query", "dojo/dom", "dojo/dom-construct",
  "dijit/form/CheckBox", "dijit/form/Button",

  "dijit/layout/BorderContainer", "dijit/layout/ContentPane", "dojo/domReady!"
], function(
  Map, Draw, Print,
  ArcGISTiledMapServiceLayer, ArcGISDynamicMapServiceLayer,
  LayerDrawingOptions,
  SimpleMarkerSymbol, SimpleLineSymbol,
  SimpleFillSymbol, Graphic,
  ClassBreaksRenderer,
  esriConfig,
  arrayUtils, Color, parser,
  query, dom, domConstruct,
  CheckBox, Button
) {
  parser.parse();

  esriConfig.defaults.io.proxyUrl = "/proxy/";

  app.map = new Map("map", {
    center: [-90.733, 30.541],
    zoom: 8
  });
  app.map.on("load", function() {
    app.toolbar = new Draw(app.map);
    app.toolbar.on("draw-end", addToMap);
  });
  app.printer = new Print({
    map: app.map,
      url: "http://sampleserver6.arcgisonline.com/arcgis/rest/services/Utilities/
PrintingTools/GPServer/Export%20Web%20Map%20Task"
  }, dom.byId("printButton"));
  app.printer.startup();
  var url = "http://services.arcgisonline.com/ArcGIS/rest/services/Ocean_Basemap/
MapServer";
```

```
        var tiledLayer = new ArcGISTiledMapServiceLayer(url, { "id": "Ocean" });
        app.map.addLayer(tiledLayer);
        var layer = new ArcGISDynamicMapServiceLayer("http://sampleserver6.arcgisonline.
com/arcgis/rest/services/USA/MapServer", {
          id: "County Population",
          opacity: 0.5
        });
        layer.setVisibleLayers([3]);
        var layerDefs = [];
        layerDefs[3] = "state_name = 'Louisiana'";
        layer.setLayerDefinitions(layerDefs);
        var renderer = new ClassBreaksRenderer(null, "pop2000");
        var outline = new SimpleLineSymbol("solid", new Color([0,0,0,0.5]), 1);
        var colors = [
          new Color([255,255,178,0.5]),
          new Color([254,204,92,0.5]),
          new Color([253,141,60,0.5]),
          new Color([240,59,32,0.5]),
          new Color([189,0,38,0.5])
        ];
        renderer.addBreak(0, 20000, new SimpleFillSymbol("solid", outline, colors[0]));
        renderer.addBreak(20000, 50000, new SimpleFillSymbol("solid", outline, colors[1]));
        renderer.addBreak(50000, 100000, new SimpleFillSymbol("solid", outline, colors[2]));
        renderer.addBreak(10000, 1000000, new SimpleFillSymbol("solid", outline, colors[3]));
        renderer.addBreak(1000000, 10000000, new SimpleFillSymbol("solid", outline, colors[4]));
        var drawingOptions = new LayerDrawingOptions();
        drawingOptions.renderer = renderer;
        var optionsArray = [];
        optionsArray[3] = drawingOptions;
        layer.setLayerDrawingOptions(optionsArray);
        app.map.addLayer(layer);
        arrayUtils.forEach(["County Population", "Ocean"], function(id) {
          new CheckBox({
            id: "cb_" + id,
            name: "cb_" + id,
            checked: true,
            onChange: function(bool) {
              bool ?
                app.map.getLayer(this.id.split("_")[1]).show() :
                app.map.getLayer(this.id.split("_")[1]).hide();
            }
          }, domConstruct.create("input", {
            id: "lyr_" + id
          })).placeAt(dom.byId("layerToggle"));
```

```
            // create a label for the check box
            var label = domConstruct.create('label', {
              "for": "cb_" + id,
              "innerHTML": id
            });
            domConstruct.place(label, dom.byId("layerToggle"));
            domConstruct.place(domConstruct.create("br"), dom.byId("layerToggle"));
          });
          // set up symbols for the various geometry types
          app.symbols = {};
          app.symbols.point = new SimpleMarkerSymbol("square", 10, new SimpleLineSymbol(),
new Color([0, 255, 0, 0.75]));
          app.symbols.polyline = new SimpleLineSymbol("solid", new Color([255, 128, 0]), 2);
          app.symbols.polygon = new SimpleFillSymbol().setColor(new Color([255,255,0,0.25]));
          app.symbols.circle = new SimpleFillSymbol().setColor(new Color([0, 0, 180, 0.25]));
          // find the divs for buttons
          query(".drawing").forEach(function(btn) {
            var button = new Button({
              label: btn.innerHTML,
              onClick: function() {
                activateTool(this.id);
              }
            }, btn);
          });
          function activateTool(type) {
            app.tool = type.replace("freehand", "");
            app.toolbar.activate(type);
            app.map.hideZoomSlider();
          }
          function addToMap(evt) {
            app.toolbar.deactivate();
            app.map.showZoomSlider();

            var graphic = new Graphic(evt.geometry, app.symbols[app.tool]);
            app.map.graphics.add(graphic);
          }
        });
</script>
</head>
<body class="nihilo">
<div id="mainWindow"
          data-dojo-type="dijit/layout/BorderContainer"
          data-dojo-props="design:'headline',gutters:false"
          style="width: 100%; height: 100%; margin: 0;">
<div id="header"
```

```
            data-dojo-type="dijit/layout/ContentPane"
            data-dojo-props="region:'top'">
        Print Dijit: Out of the Box Printing for the ArcGIS API for JavaScript
<div id="subheader">Requires ArcGIS Server 10.1</div>
</div>
<div id="map" class="shadow"
            data-dojo-type="dijit/layout/ContentPane"
            data-dojo-props="region:'center'">
<!-- drop shadow divs -->
<div id="ds">
<div id="ds-h">
<div class="ds h1 o1"></div>
<div class="ds h2 o2"></div>
<div class="ds h3 o3"></div>
<div class="ds h4 o4"></div>
<div class="ds h5 o5"></div>
</div>
<div id="ds-r">
<div class="ds v1 o1"></div>
<div class="ds v2 o2"></div>
<div class="ds v3 o3"></div>
<div class="ds v4 o4"></div>
<div class="ds v5 o5"></div>
</div>
</div><!-- end drop shadow divs -->
</div>
<div id="rightPane"
            data-dojo-type="dijit/layout/ContentPane"
            data-dojo-props="region:'right'">

<div id="printButton"></div>
<hr />
<div id="drawingWrapper">
            Add some graphics:
<div id="point" class="drawing">Point</div>
<div id="freehandpolyline" class="drawing">Freehand Polyline</div>
<div id="freehandpolygon" class="drawing">Freehand Polygon</div>
<div id="circle" class="drawing">Circle</div>
</div>
<hr />
<div id="layerToggle">
            Toggle Layers: <br />
<!-- checkbox and labels inserted programmatically -->
</div>
</div>
```

```
</div>
</body>
</html>
```

最终运行效果如图 5.4-10 所示，当我们单击打印按钮时浏览器会跳转到新的窗口并显示打印的效果图。

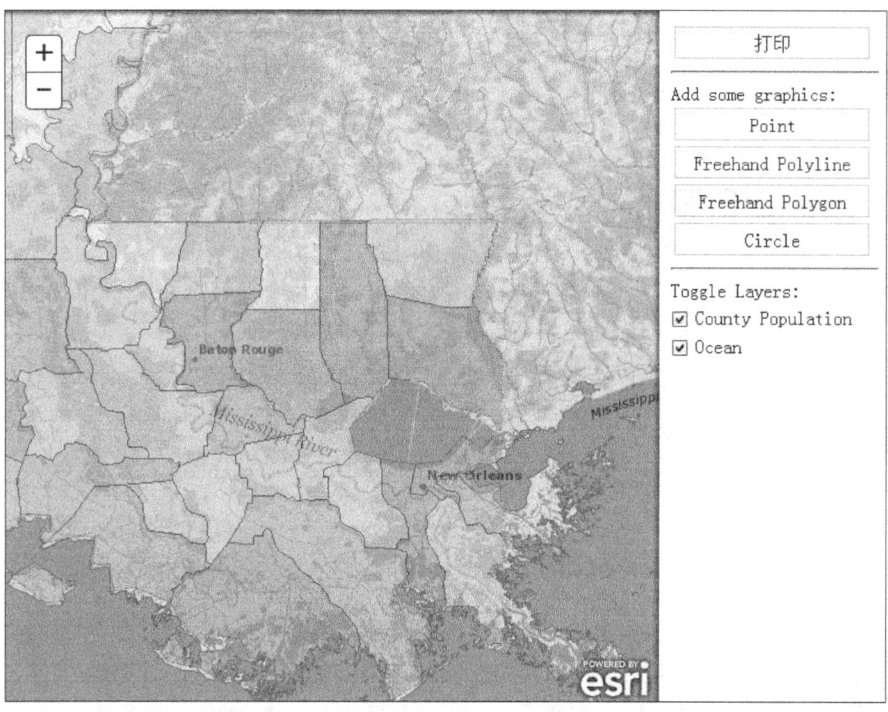

图 5.4-10 地图打印功能

第6章 OpenGIS

6.1 OpenGIS概述

OpenGIS(Open Geodata Interoperation Specification,开放的地理数据互操作规范)由美国OGC(Open Geospatial Consortium,OpenGIS协会)提出。OGC是一个非赢利性组织,目的是促进采用新的技术和商业方式来提高地理信息处理的互操作性(Interoperability),它致力于消除地理信息应用(如地理信息系统、遥感、土地信息系统、自动制图/设施管理(AM/FM)系统)之间以及地理应用与其他信息技术应用之间的藩篱,建立一个"无边界"的、分布的、基于构件的地理数据互操作环境。

6.1.1 什么是OpenGIS

OpenGIS是指在计算机和通信环境下,根据行业标准和接口所建立起来的地理信息系统。它不仅使数据能在应用系统内流动,还能在系统间流动。OpenGIS是为了使不同的地理信息系统软件之间具有良好的互操作性,以及在异构分布数据库中实现信息共享的途径。OpenGIS规范是由开放地理信息系统协会(OGC)制定的一系列开放标准和接口。

OGC由商业部门、政府机构、用户以及数据提供商等多个领域的成员组成,以获取地理信息处理市场最大的互操作。OGC的目的是通过信息基础设施,把地理空间数据资源集成到主流的计算技术中,促进可互操作的商业地理信息处理软件的广泛应用。OpenGIS规范提供了地理信息及处理标准,按照该规范开发的各个系统之间可以自由地交换地理信息和处理功能。

OGC会员主要包括GIS相关的计算机硬件和软件制造商(包括ESRI、Intergraph、MapInfo等知名的GIS软件开发商)、数据生产商以及一些高等院校、政府部门等,其技术委员会负责具体标准的制定工作。

OpenGIS的目标是制定一个规范,使得应用系统开发者可以在单一的环境和单一的工作流中,使用分布于网上的任何地理数据和地理处理。它致力建立一个"无边界"的、分布的、基于构件的地理数据互操作环境,与传统的地理信息处理技术相比,基于该规范的GIS软件将具有很好的可扩展性、可升级性、可移植性、开放性、互操作性和易用性。

6.1.2 OpenGIS 特点

OpenGIS 具有下列特点：

(1) 互操作性：不同的地理信息系统软件之间连接、信息交换没有障碍。

(2) 可扩展性：硬件可在不同软件、不同档次的计算机上运行；软件增加新的地学空间数据和地学数据处理功能。

(3) 公开性：技术开放主要是对用户公开，公开源代码及规范说明是重要途径。

(4) 可移植性：独立于软件、硬件及网络环境，不需修改便可在不同的计算机上运行。

此外，还有诸如兼容性、可实现性、协同性等特点。

OGC 促进了 GIS 的互操作。它通过规范改变了地理数据及其服务的处理方式，通过互操作的开放式系统将它们集成，从而在 Intranet/Internet 环境下，通过分布式平台从异构信息中直接获取信息。OGC 促进了地理数据提供者、厂商和服务商之间的联合。推动了全球范围内的标准化进程，拓宽了地理数据服务市场。OpenGIS 技术将使 GIS 始终处于一种有组织、开放式的状态，真正成为服务于整个社会的产业以及实现地理信息的全球范围内的共享与互操作，是未来网络环境下 GIS 技术发展的必然趋势。

6.1.3 OpenGIS 相关定义

OpenGIS 定义了一组基于数据的服务，而数据的基础是要素(Feature)。所谓要素，简单地说就是一个独立的对象，在地图中可能表现为一个多边形建筑物，在数据库中即是一个独立的条目。要素具有两个必要的组成部分——几何信息和属性信息。OpenGIS 将几何信息分为点、边缘、面和几何集合四种：其中这里熟悉的线(LineString)属于边缘的一个子类，而多边形(Polygon)是面的一个子类。也就是说 OpenGIS 定义的几何类型并不仅仅是我们常见的点、线、多边形三种，它提供了更复杂更详细的定义，增强了未来的可扩展性。另外，几何类型的设计中采用了组合模式(Composite)，将几何集合(GeometryCollection)也定义为一种几何类型。类似地，要素集合(FeatureCollection)也是一种要素。属性信息没有做太多的限制，可以在实际应用中结合具体的实现进行设置。相同的几何类型、属性类型的组合成为要素类型(FeatureType)，类型相同的要素可以存放在一个数据源中。而一个数据源只能拥有一个要素类型。因此，可以用要素类型来描述一组属性相似的要素。在面向对象的模型中，完全可以把要素类型理解为一个类，而要素则是类的实例。通过 GIS 中间件可以从数据源中取出数据，供 WMS 服务器和 WFS 服务器使用。WMS 服务器接收请求，根据请求内容的不同，可以返回不同格式的最终数据。例如，WMS 可以返回常用图片格式的地图片段供最终用户阅读(类似 GoogleMaps)，其中地图是根据一个样式文件(SLD)生成的，它描述了地图的线的宽度、色彩等；WMS 也可以返回 GeoRSS 和 KML 用来与其他地图服务互通。WFS 服务器也可以接收请求，但 WFS 将返回 GML 格式的地理信息数据。GML 是一种基于 XML 的数据格式，它可以完整地再现数据，也是 OpenGIS 数据源的重要形式。也就是说，WFS 返回的 GML 可以继续作为数据源。在 WFS 请求中，OpenGIS 定义了一个 Filter 标准，用来实现对数据的筛选，使 WFS 更加灵活。另一方面，WFS 还支持通过 WFS-t 提交客户端对数据的修改。通俗地说，WMS 是只读的，而 WFS 则是可以读写的。

6.1.4 OpenGIS 开放模式

开放 GIS 就是网络环境中对不同种类地理数据和地理处理方法的透明访问。开放 GIS 的目的是提供一套具有开放界面规范的通用组件，开发者根据这些规范开发出交互式组件，这些组件可以实现不同种类地理数据和地理处理方法间的透明访问。

从小型产业到全球空间数据基础机构开放 GIS 协会的 OGIS 工程技术委员会已经完成了一系列文献的第一部分，包括 OGIS。第一部叫《开放 GIS 交互性指南》，它全面而深入地阐述了 OGIS；第二部 OGIS 文献包括高级技术语言，这种语言是一种完全意义上的执行语言，不需要解译，它的说明书由 GIS 世界有限公司出版。但 OGIS 并非 OGC 的最终对象，《开放 GIS 交互性指南》的出版不是 OGC 的第一个重要里程碑。OGC 的真正功能是在地理信息领域制定一个规范来统一行业，并把这种规范融入到更宽的技术领域和更大的市场中，使它成为全球信息基础机构不可分离的一部分，全球信息基础机构主要是组织世界性活动和解决重要环境和基础设施问题的机构。类似的工作在其他行业已经取得了成功。

国际竞争不是 OGC 所要解决的问题，OGC 所要解决的是把本行业从信息技术这个大行业中分离出来。长时间以来，GIS 只不过是一个“家庭手工业”，它的很多方面与机械行业在工业革命前的受限情况相似，不过这种情况已经得到了改变。

GIS 软件开发正朝着组件式 GIS 方向发展，因为在以往，组件式这一基本原则已经加强了技术上的优势：例如，通过把一个复杂繁琐的大问题划分为一些更易解决的小问题，从而成功地进行了工程分析。充分利用现有的零件和材料就可以进行组装制造。一套可行性标准的出台、商品和物质的丰富更使组件式成为了现实。

过去，工程原则趋向于从技术和工艺向既定的程序和方法发展。虽然革新者和发明家用直觉和强制力量得出了新产品和成果，但这种进步是偶然的，材料的运用效率很低，商品化的进程很慢。一般情况下，初始阶段后紧接着的是学习技能阶段，在这个阶段中每个人都模仿革新者而成为熟练的从业者。但像工匠一样，他们的行业受到缺乏标准、专门化和基础设施的限制。科学和工程学把规范和理论框架提到了日程上，发展变得更有预见性，人们倾向于他们的专业领域、数量、质量和应用激增，是标准和其他基础设施支持了这种发展，整个市场价值和规模扩大。

《开放 GIS 交互性指南》中的一个新概念“信息通信”对 GIS 的普及起着重要的作用。OGIS 的第一版将规范空间属性和几乎所有信息行业所需要的支持。然后，OGIS 提供一个标准方法，通过这种标准信息行业（整个工业的“技术授权者”）可以为在他们学科或行业中使用的空间数据编纂符号，开发方法和使用权限，也就是说，因为学术评论委员会和专业组织协会提供了符号定义，“基础 OGIS”将会被扩充，学术评论委员会和专业组织协会的职责就是为他们的用户建立符号和编译规则，这些符号和编译规则将确定“基础 OGIS”和其他学科空间符号的信息行业界面。

6.1.5 软件及类库

1. 桌面 GIS 软件

桌面 GIS 软件用于桌面电脑环境的 GIS 信息浏览、编辑和分析工具。

代表：User-friendlyDesktopInternetGIS（uDig）、QuantumGIS（QGIS）、GRASSGIS、gvSIG 桌面系统、KosmoDesktop、OpenJUMPGIS。

2. 客户端

客户端分为浏览器和桌面客户端程序两种。

代表：OpenLayers/MapBuilder(JavaScript)网页 GIS 服务、MapBender 网络地图服务集成框架、QGIS(C++)网页地图服务。

3. 地图与导航

代表：GPSDrive—GPS 导航、GPSPrune—GPS 航迹编辑器、OpenCPN—海图导航、OpenStreetMap 工具组—OpenStreetMap 相关工具。

4. 地理空间操作函数库

地理空间操作函数库在系统中扮演连接数据和服务的角色。

代表：GeoTools(JavaGIS 工具箱)、GEOS-C/C++空间操作、JTSTopologySuite (JTS)拓扑运算函数库、Java 语言的拓扑运算。

5. 数据源实现

数据源的实现主要是开源数据库的空间扩展。

代表：PostGIS(PostgreSQL)、MySQLSpatial。

6. WMS/WFS 服务器

地图服务器扮演向网络中的客户端提供地图服务的角色。这类地图服务器可以接收统一规范的 WMS 和 WFS 请求(request)，返回多种格式的数据。这个过程有 WMS/WFS 规范的严格规定，所以对客户端来说，其地图服务器的实现究竟是什么并不会造成太大影响。这样的规范为公共的、联合的地图服务创造了可能。

代表：GeoServer(Java)、MapServer(PHP)。

7. Shapefile

ESRI 的 Shapefile 格式是 GIS 矢量文件格式的事实标准，通常由. shp、. shx、. prj、. dbf 等文件组成。OpenGIS 的实现软件普遍支持 Shapefile 的读写。Shapefile 在 GeoServer 中可以直接作为数据源，但是这种方式并不被推荐，原因很简单，基于文件的数据源可能造成性能不佳和数据丢失。

8. GML

GML 是 OpenGIS 的标准规范之一，它基于 xml 描述地理数据。与 Shapefile 相比，xml 更容易读写，易于在网络中以各种形式传播。同时，xml 还具有可读性，可供人们理解和辨识。GeoTools 实现了 GMLDataStore，因此在 GeoServer 中 GML 也可以直接作为数据源

(需要下载 GML 扩展)。同时,GML 的数据源为数据源动态化提供了实现的思路和可能性。

9. PostGIS

PostGIS 是加拿大 Refractions 公司支持的开源项目,它为开源数据库 PostgreSQL 提供了空间支持。PostGIS 安装后,PostgreSQL 中出现一个模板数据库,新建空间数据库时只需以 PostGIS 为模板即可。PostGIS 在 SQL 级别上实现了基本的空间运算功能。另外绝大多数开源 GIS 软件(即使是不严格遵守 OpenGIS 标准的)都支持 PostGIS 数据表的直接载入、读写等功能。毋庸置疑,PostGIS 是 OpenGIS 数据源最佳实现。

10. MySQLSpatial

MySQL 是开源数据库的大鳄,从 MySQL4.0 开始加入了 Spatial 扩展功能,实现了 OpenGIS 规定的几何数据类型,在 SQL 中的简单空间运算。但是从 4.0 之后到现在,MySQL 的 Spatial 部分一直没有继续更新和增强。加上早先 MySQL 在 SQL 上对空间运算支持的不完善(只支持基于最小外接矩形的关系判断),所以 MySQL 是开源数据源中一个不太让人满意的选择。不过,由于 MySQL 在小型项目上的广泛引用,在一些情况下也是可以以 MySQL 为数据源的。

6.1.6 框架作用

开放 GIS 是做什么的呢? 开发者用开放 GIS 规范的界面建立系统的过程中要开发一些过渡软件、组件软件和能处理所有类型地理数据和具有地理数据处理功能的应用软件。这些系统的用户可以共享一个巨型的网络数据空间,数据可以在不同的时间,由无关的组织用不同的方法为不同的目的采集,也可以处于早期的控制系统之下。

具有开放 GIS 规范统一界面系统中的地理数据可以被其他所有具有开放 GIS 规范统一界面的软件访问。这些界面要使标准桌面 PC 或运行低档开放 GIS 绘图应用软件的笔记本电脑的用户能够通过制图软件中简单图形选取功能在网上查询远程数据服务器,远程数据服务器存储一些商用的地理数据,这些数据存储在配置有开放 GIS 界面的通用关系数据库管理系统(RDBMS)中。其中一部分数据也许是几年前在 Genasys、IntergraphMGE 或 ESRIARC/INFO 系统中采集的,也可能是一套共用的关系型数据库记录集,用户利用绘图应用软件进行查询时,记录集的街道地局限在满足用户查询条件的区域,由于客户绘图软件存在着不足,信息在传送过程中可能会丢失一部分,但服务器和绘图应用程序可以把信息的丢失情况通知用户。

用户还能从远程服务器请求获得地理数据处理服务,一些价格较低的绘图应用软件就可以下载 GIS 功能的工具条,这些工具条可以控制高级的、功能强大的远程 GIS 服务器。在许多分布式地理数据处理应用软件方案中,为了得到一个答案,这些应用软件可以到多个服务器上进行查询。基于网络的过渡软件对这一功能的实现起着重要的作用。开放 GIS 规范为软件开发者提供了框架,根据这些框架开发的软件可以使它们的用户在一个开放信息技术的基础上通过一般的计算界面就可以访问和处理不同来源的地理数据。

“软件开发者的框架”意味着开放 GIS 规范是一个全面的、通用的具有交互性的地理数据处理方案的详细软件规范。“访问和处理”在本文中意味着地理数据的用户可以远程查询数据库并控制处理源，可以利用其他分布式计算技术，例如软件从一个远程环境传送到用户当前环境临时使用。也就是说，基于组件式软件或复合文档环境的应用程序可以进行地理数据处理。“不同来源”意味着用户可以以不同方法访问数据，可以把数据存储在不同的数据库中。“通过一般的计算界面”意味着开放 GIS 界面为所有使用这种开放界面的软件间提供了可靠的通信，也就是说，所有具有开放 GIS 界面的软件间可以进行互操作来发送和接收数据。“在开放信息技术环境中”意味着开放 GIS 规范使地理数据处理方法应用在所有网络版 GIS 环境、遥感、控制和限制数据库的 AM/FM 系统、用户界面、网络和数据处理中。权威的计算范例从封闭系统转向开放系统，从孤立转向实时互操作系统，从固定包装的独立应用软件转向配有为用户提供更灵活功能组件软件的应用软件环境。

通过这一小节，我们对 OpenGIS 的概念有了大致的了解，接下来介绍 OpenGIS 的技术实现的相关知识。

6.2 OpenGIS 技术实现

6.2.1 面向对象技术与分布计算技术

在 OGIS 中，从开放式地理数据模型到开放式地理服务模型，面向对象技术都无所不在。例如，把数据类型及其操作都封装在一起，将共同的接口提供给用户，用户不需知道其具体实现过程。数据是隐藏在对数据进行操作的接口之中的，对具体功能实现的改变不会影响其接口；为了定义更具体的对象，可以在基本对象特性的继承上，再增加一些更具体的方法。

分布计算是指分布处理系统中的计算和数据处理工作，分布计算环境提供分布处理的服务和工具。建立分布计算环境，必须遵循开放系统原则。开放式地理信息系统是在分布处理环境之上考虑的，尽管它的目标是实现独立于分布处理平台的标准和接口，但实现开放式地理信息系统必须以分布处理环境为依托。

6.2.2 开放式数据库互连(ODBC)

由于数据源的多样性，需要一种规范来完成数据的连接，而 ODBC 就能很好地完成该项任务。ODBC 是一个用于访问数据库的统一界面标准。它实际上是一个数据库访问库，它的最突出特点是应用程序不随数据库的改变而改变。ODBC 的工作原理是通过使用驱动程序(Driver)来体现数据库独立性。Driver 是一个用以支持 ODBC 函数调用的模块，应用程序通过调用驱动程序支持的函数来操作数据库，不同类型的数据库对应不同的驱动程序。

OGIS 和 ODBC 的思想类似。OGIS 是为了访问不同地理信息系统软件而研制的统一标准接口，使不同地理信息系统软件之间能相互操作，但它和 API(应用程序接口)又有所不同。API与操作系统和程序设计语言有关，而OGIS中的接口更抽象、更独立。

1. ODBC介绍

ODBC(Open Database Connectivity，开放数据库互连)是微软公司开放服务结构(Windows Open Services Architecture，WOSA)中有关数据库的一个组成部分，它建立了一组规范，并提供了一组对数据库访问的标准API(应用程序编程接口)。这些API利用SQL来完成其大部分任务。ODBC本身也提供了对SQL语言的支持，用户可以直接将SQL语句送给ODBC。可以使用ODBC驱动程序访问一组数据的位置。

2. ODBC的优点

一个基于ODBC的应用程序对数据库的操作不依赖任何DBMS，不直接与DBMS打交道，所有的数据库操作由对应的DBMS的ODBC驱动程序完成。也就是说，不论是FoxPro、Access，还是Oracle数据库，均可用ODBC API进行访问。由此可见，ODBC的最大优点是能以统一的方式处理所有的数据库。

ODBC技术以C\S结构为设计基础，它使得应用程序与DBMS之间在逻辑上可以分离，使得应用程序具有数据库无关性。ODBC定义了一个API，每个应用程序利用相同的源代码就可以访问不同的数据库系统，存取多个数据库中的数据。与嵌入式SQL相比，ODBC最显著的优点是利用它生成的应用程序与数据库或数据库引擎无关。

ODBC使应用程序具有良好的互用性和可移植性，并且具备同时访问多种DBS的能力，从而克服了传统数据库应用程序的缺陷。

3. 通过ODBC完成数据转换

前面介绍说，OpenGIS就是制定一个规范，使得应用系统开发者可以在单一的环境和单一的工作流中，使用分布于网上的任何地理数据和地理处理，在这个过程中，需要用到ODBC。因为OpenGIS最初的设想是制定一套标准(标准API函数)提供读/写自己系统空间数据的驱动程序，其他软件就可以通过调用这一程序，直接读到对方的内部数据，而该驱动程序就可以使用ODBC。

ODBC作为一种驱动程序，可以访问OpenGIS中的地理要素数据的位置，它建立了一组规范，并提供了一组对数据库访问的标准API(应用程序编程接口)。这些API利用SQL来完成其大部分任务。ODBC本身也提供了对SQL语言的支持，用户可以直接将SQL语句送给ODBC。而SQL作为结构化查询语言，可以便捷地存取数据以及查询、更新和管理。因此，ODBC是适合OpenGIS的。

6.2.3 分布式对象技术

分布式对象技术(Distributed Object Technology)是建立在网络基础上的。它是建立在组件(Component)的概念之上。组件可以跨平台、网络和应用程序运行。

目前，有两个标准用来规范组件的连接和通信问题。一个是对象集团(OMG)提出的CORBA(Common Object Request Broker Architecture)，另一个是微软公司的DCOM(Distributed Component Object Model)。OGIS只是对开放地理信息系统定义了抽象的互操作规程，具体如何实现，还需采用分布式对象的技术，通过 Acrobat、OLE、ActiveX、Java 等语言实现。

从数据的观点看，开放式地理信息系统是未来网络环境下地理信息系统技术发展的必然趋势。地理信息标准化组织对开放式地理信息系统的研究和开发具有浓厚的兴趣，逻辑级的数据组织、处理和交换机制的说明文本已开始供业界讨论，而对系统的具体实现将是地理信息系统发展的重要任务。

通过前面的介绍，我们对 OpenGIS 框架有了大致的了解，接下来介绍如何搭建一个开源的 OpenGIS 平台并且介绍相关实例。

基于 OpenGIS 的地图服务可以供网上任何能够发现它们的应用程序调用，甚至可以被其他 Web 服务调用。利用 Web 服务技术，可以很好地实现服务在 Internet 层次上的互操作。OpenGIS 作为访问地理信息和地理数据处理服务开放的标准接口，是解决数据共享与互操作问题的关键。本章基于 OpenGIS，利用开源地图服务器以及 WebGIS 客户端开发包 Openlayers 构建了开放的可定制的地图服务平台。

1. 软件框架选择

开发语言：Java。

地图服务器：GeoServer。

地图框架：OpenLayers。

数据库实现：PostGIS(PostgreSQL)。

2. 地图服务平台的系统体系结构

随着 Internet 的发展，B/S 结构的 WebGIS 已经由浏览器/网络服务器/数据服务器(Browser/WebServer/DataServer)三层架构阶段进入到浏览器/网络服务器/应用服务器/数据服务器(Browser/WebServer/ApplicationServer/DataServer)四层架构阶段。

在四层 B/S 架构中，网络服务器和应用服务器分离，其间还可以插入二次开发和扩展功能，其中的应用服务器一般为支持远程调用的组件式 GIS 平台，或由组件式 GIS 平台封装而成。将 GIS 复杂数据分析与处理功能(编辑、拓扑关系的构建、对象关系的自动维护、制图)移植到 GIS 应用服务器上，使客户端与服务端的数据传输减到最少的程度，为在 Internet 上实现复杂、大规模的地理信息服务提供了可能。这一架构带来的巨大优势是使服务器端具有极强的扩展性，能够方便地和其他的系统进行集成，而且维护、更新和扩展这些应用也非常容易。因此作为应用服务器的组件式 GIS 所具备的功能，都可以通过 B/S 结构实现。

图 6.2-1 是地图服务平台结构框架，其中，应用层主要封装了与地图相关的服务，包括地图表现服务、地图查询服务、数据转换服务等，而用户层通过与 Web 服务器以及应用服务器的交互，获得上述服务地址，并进行调用。

地图服务平台是建立在空间数据标准化、服务标准化的基础上的，平台建设是一项系统工程，必须遵循一定的原则，否则就无法实现平台的开放性。平台实现必须遵循的指导性原则如下：

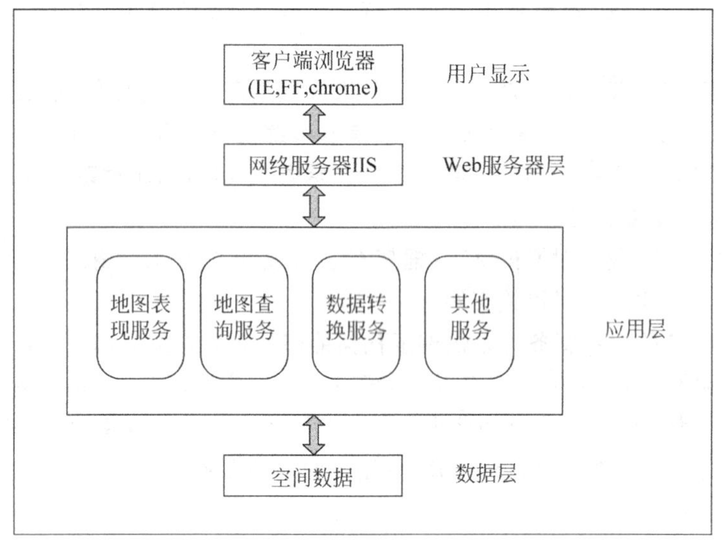

图 6.2-1 地图服务平台四层结构示意图

(1) 模块化：指平台中的任何一个空间信息服务只是整个体系中的一个模块，可以独立存在和发布，也能够集成到别的模块中成为别的服务的一个部分，从而支持不同服务模块的多种组合。

(2) 标准化：平台中的各个服务的实现与集成应遵循关于空间信息描述、组织等方面的标准需要，如 GML、遵循内容编码、数据通信等方面的标准，才能保证所建立的空间信息服务的可使用性、互操作性。

(3) 开放集成：任何服务集成或链接的方式都通过标准的、开放的调用和表现机制来实现，与具体位置和系统平台无关，尽管其中某些(甚至所有)服务就部署在本地系统上。

6.3 地图服务器 GeoServer

1. GeoServer 定义

GeoServer 是 OpenGISWeb 服务器规范的 J2EE 实现，利用 GeoServer 可以方便地发布地图数据，允许用户对特征数据进行更新、删除、插入操作，通过 GeoServer 可以比较容易地在用户之间迅速共享空间地理信息。

2. GeoServer 主要特性

兼容 WMS 和 WFS 特性；支持 PostgreSQL、Shapefile、ArcSDE、Oracle、VPF、MySQL、MapInfo；支持上百种投影；能够将网络地图输出为 JPEG、GIF、PNG、SVG、KML 等格式；能够运行在任何基于 J2EE/Servlet 的容器之上；嵌入 MapBuilder 支持 AJAX 的地图客户端 OpenLayers；除此之外，还包括许多其他的特性。

3. GeoServer 最新的版本

1.5.0beta1 版增加了 GeoTools2.2.x。GeoTools 是一款基于 Java 的开源 GIS 工具集，允许用户对地理数据进行基本操作。通过 GeoTools 的各种接口和 helper 类，可以写入新的数据格式，通过 GeoTools 为 GeoServer 提供的插件，在不进行重新编译的情况下，可以让 GeoServer 支持更多的数据格式，甚至只需要通过 GUI 的 option 设置。

目前，GeoServer 最新版本为 2.5.0。

用户可以从官网 http://docs.geoserver.org/下载安装文件。安装文件有两种，一种是常见的.EXE 安装文件，例如 geoserver-2.0.1-ng.exe。这种安装方式最简单，只要确保计算机上安装了 JDK，并且 8080 端口是开的，按照安装步骤一步一步进行就可以完成安装。另一种是以 WAR 的形式安装，需要开发者计算机上安装有 Tomcat，然后将此 WAR 导入即可。

6.3.1 GeoServer 简介

GeoServer 是一个功能齐全，遵循 OGC 开放标准的开源 WFS-T 和 WMS 服务器。利用 GeoServer 可以把数据作为 maps/images 发布（利用 WMS 来实现），也可以直接发布实际的数据（利用 WFS 来实现），同时也提供了修改、删除和新增的功能（利用 WFS-T）。

GeoServer，是一个开源的 Server，允许用户查看和编辑地理数据。这是地理信息系统（GIS）领域。GeoServer 是符合 OGC 规范的一个全功能的 WFS-T 和 WMS server。

GeoServer 能够发布的数据类型：

（1）地图或影象——应用 WMS。

（2）实时数据——应用 WFS。

（3）用户更新、删除和编辑的数据——应用 WFS-T。

1. WMS（Web Map Service，Web 地图服务）

利用具有地理空间位置信息的数据制作地图，将地图定义为地理数据可视化的表现。这个规范定义了三个操作：

（1）GetCapabitities：返回服务级元数据，它是对服务信息内容和要求参数的一种描述。

（2）GetMap：返回一个地图影像，其地理空间参考和大小参数是明确定义了的。

（3）GetFeatureInfo（可选）：返回显示在地图上的某些特殊要素的信息。

2. WFS（Web Feature Service，Web 要素服务）

Web 地图服务返回的是图层级的地图影像，Web 要素服务（WFS）返回的是要素级的 GML 编码，并提供对要素的增加、修改、删除等事务操作，是对 Web 地图服务的进一步深入。OGCWeb 要素服务允许客户端从多个 Web 要素服务中取得使用地理标记语言（GML）编码的地理空间数据，定义了五个操作：

（1）GetCapabilites：返回 Web 要素服务性能描述文档（用 XML 描述）。

（2）DescribeFeatureType：返回描述可以提供服务的任何要素结构的 XML 文档。

(3) GetFeature：一个获取要素实例的请求提供服务。

(4) Transaction：为事务请求提供服务。

(5) LockFeature：处理在一个事务期间对一个或多个要素类型实例上锁的请求。

3. WFS-T(Web Map Service-Transactional，网络地图传输服务)

允许用户以可传输的块编辑地理数据。

4. WCS(Web Coverage Service，Web 覆盖服务)

Web 覆盖服务(WCS)面向空间影像数据，它将包含地理位置值的地理空间数据作为“覆盖(Coverage)”在网上相互交换。

网络覆盖服务由三种操作组成：GetCapabilities、GetCoverage 和 DescribeCoverageType。

(1) GetCapabilities：返回描述服务和数据集的 XML 文档。

(2) GetCoverage：它是在 GetCapabilities 确定什么样的查询可以执行、什么样的数据能够获取之后执行的，它使用通用的覆盖格式返回地理位置的值或属性。

(3) DescribeCoverageType：允许客户端请求由具体的 WCS 服务器提供的任一覆盖层的完全描述。

5. GML(Geography Markup Language，地理标记语言)

GML 是一种用于描述地理数据的 XML。

地理标记语言(Geography Markup Language，GML)，它由开放式地理信息系统协会(OGC)于 1999 年提出，并得到了许多公司的大力支持，如 Oracle、Galdos、MapInfo、CubeWerx 等。GML 能够表示地理空间对象的空间数据和非空间属性数据。

6. OGC(Open Geospatial Consortium，开放地理信息联盟)

总之，GeoServer 是您需要显示地图在网页的那些工具当中的一个，用户可以缩放并且移动。可以与一些客户端联合使用，例如 MapBuilder (forwebpages)、UDig、GVSig 等。本节提供全面、完善的 GeoServer 部署解决方案，包括 GeoServer 环境搭建、地图数据处理、部署地图数据、发布地图服务等详细介绍。

6.3.2 环境搭建

Geoserver 支持在不同的操作系统环境下安装配置，包括 Windows、MacOSX、Linux、Webarchive (WAR)。本节以 Windows 7 为平台安装配置相应的开发环境。

搭建 GeoServer 环境需要安装 GeoServer、JavaJDK1.5/1.6、Tomcat5.0/6.0(老版本的 GeoServer 需要 Tomcat 的支持，最新版本的 GeoServer2.0.2 版已经内置了 HTTP 服务器)。

1. 下载、安装 Tomcat、JavaJDK1.5/1.6

Tomcat 和 Javajdk 都可以通过其官方网站下载，环境变量的配置可参考 3.2.1 节，这里不再详述。这里将 JDK 安装在 D 盘的 ProgramFiles 下，如图 6.3-1 所示。

如果使用最新的 GeoServer2.0.2 版本，就不需要安装 Tomcat，GeoServer2.0.2 已经内

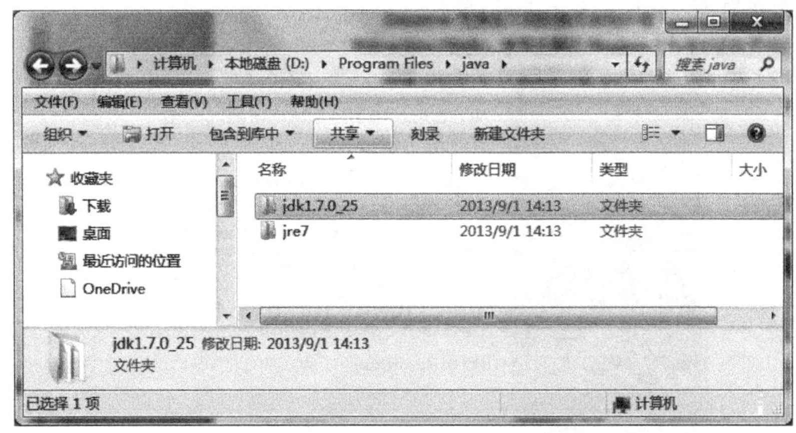

图 6.3-1 JDK 安装目录

置了 HTTP 服务器。

2. 下载、安装 GeoServer

GeoServer 是由 OpenGISWeb 服务器规范的 J2EE 实现，利用 GeoServer 可以方便地发布地图数据，允许用户对特征数据进行更新、删除、插入操作，通过 GeoServer 可以比较容易地在用户之间迅速共享空间地理信息。GeoServer 是社区开源项目，可以直接通过社区网站下载，详情可查看本文档末的资源表。

GeoServer 兼容 WMS 和 WFS 特性；支持 PostGIS、Shapefile、ArcSDE、Oracle、VPF、MySQL、MapInfo；支持上百种投影；能够将网络地图输出为 JPEG、GIF、PNG、SVG、KML 等格式；能够运行在任何基于 J2EE/Servlet 容器之上；嵌入 MapBuilder 支持 AJAX 的地图客户端 OpenLayers。关于 GeoServer，更多信息可以访问百度百科或官网。

安装 GeoServer 非常简单，由于 GeoServer 是 Java 编写的开源项目，故 GeoServer 的运行需要有 JavaJDK 的支持，也就是上一步所安装的 JavaJDK，在安装 GeoServer 的同时必须提供 JavaJDK 的 JRE 才能完成 GeoServer 的安装。

Windows 安装程序提供了一种简单的方法来设置 GeoServer。由于没有配置文件来编辑或命令行设置，一切都可以通过 Windows 的图形用户界面来完成。

（1）导航到在 GeoServer 的下载页面 http://geoserver.org/display/GEOS/Download。

（2）选择要下载的 GeoServer 版本。如果不确定，就选择稳定的版本 http://geoserver.org/display/GEOS/Stable。

（3）单击 Windows installer 链接，如图 6.3-2 所示。

（4）下载完成后，启动文件双击 geoserver2.3.0.exe。

图 6.3-2 下载 Windowsinstaller

(5) 在欢迎界面(如图 6.3-3 所示)单击 Next 按钮。

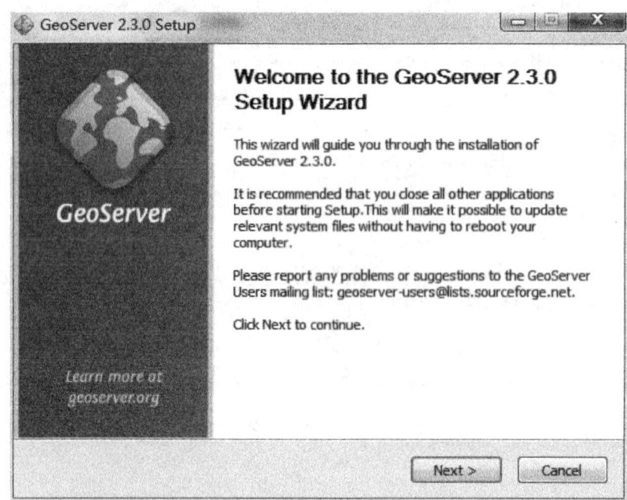

图 6.3-3　安装 GeoServer 欢迎界面

(6) 阅读许可协议,然后单击"I Agree"按钮,如图 6.3-4 所示。

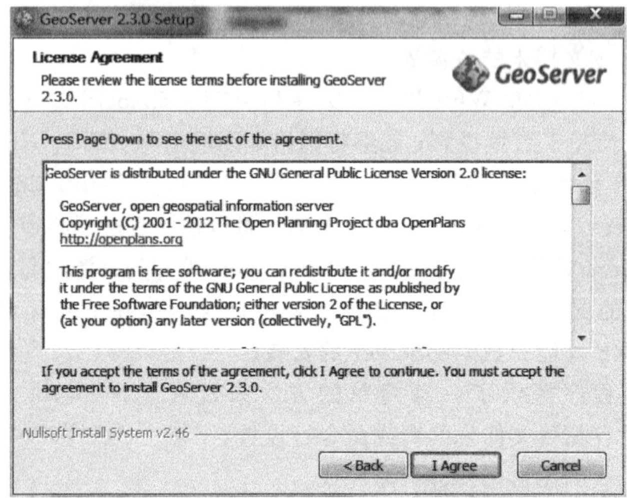

图 6.3-4　安装 GeoServer 同意界面

(7) 选择安装的目录,然后单击 Next 按钮,如图 6.3-5 所示。

(8) 选择开始菜单目录的名称和位置,然后单击 Next 按钮,如图 6.3-6 所示。

(9) GeoServer 需要一个有效的 JRE 才能运行,所以这一步是必需的。安装程序会检查你的系统,并尝试自动填充此框包含在你的%JAVA_HOME%变量的路径。单击 Next 按钮配置 JDK 环境,如图 6.3-7 所示。

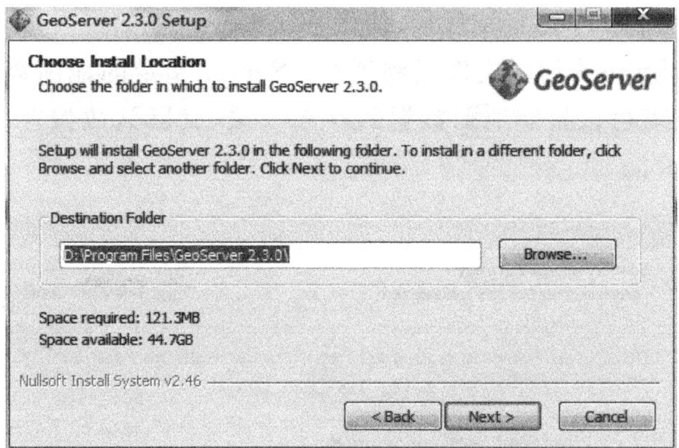

图 6.3-5 安装 GeoServer 目录

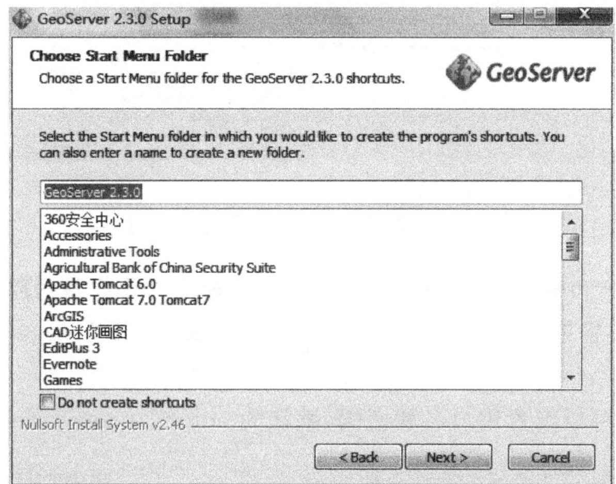

图 6.3-6 安装 GeoServer 选择开始菜单目录

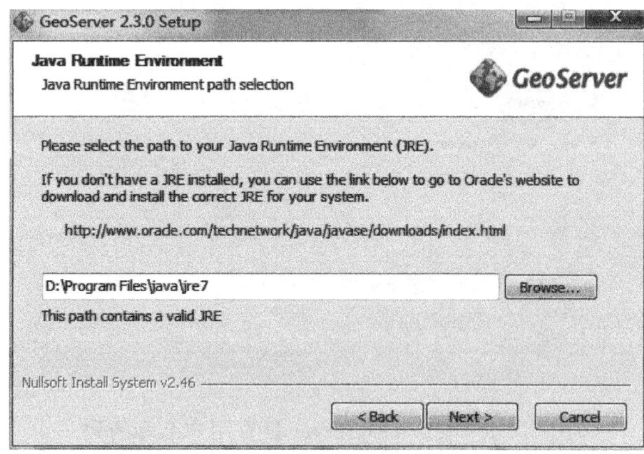

图 6.3-7 安装 GeoServer 配置 JDK 环境

(10) 选择放置 GeoserverData 目录,使用 GeoServer 来部署发布 shp 格式地图数据为 WMS 服务,需要将 shp 格式地图文件复制到 GeoServer 指定的地图数据目录下,在最新版的 GeoServer 安装中就可以指定地图数据的存放目录,其默认放置在 GeoServer 的安装目录下,如图 6.3-8 所示。

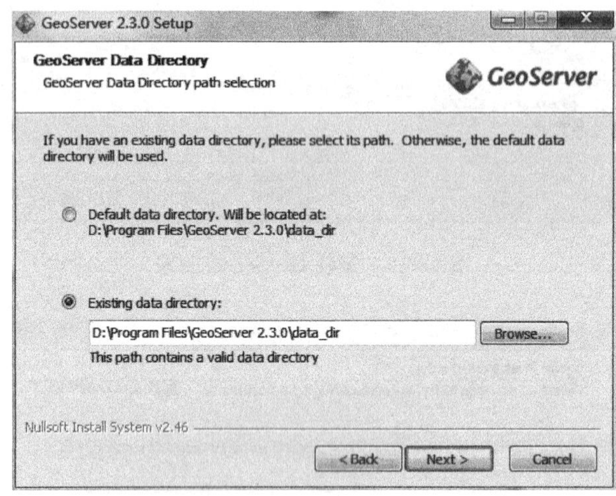

图 6.3-8 安装 GeoServer 配置安装目录

(11) 输入用户名和密码。GeoServer 的 Web 管理界面需要身份验证,在这里输入用户名和密码会变成系统管理员,默认用户名和密码为 admin / GeoServer。输入完成后,单击 Next 按钮。

单击 Next 按钮可以设置用户名和密码,默认为 admin 和 geoserver,如图 6.3-9 所示。

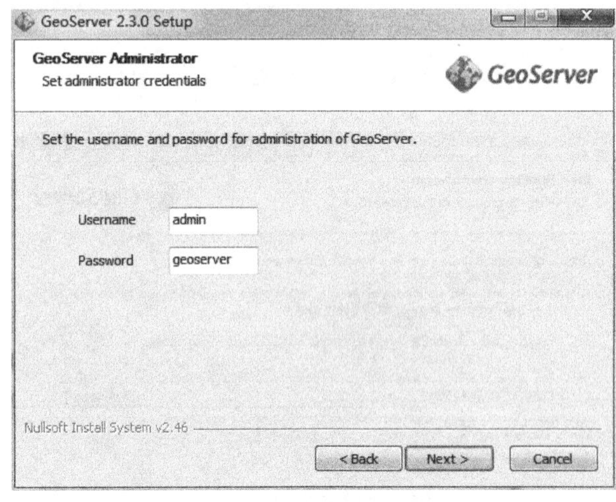

图 6.3-9 安装 GeoServer 设置用户名和密码

(12) GeoServer 安装的时候提供默认的用户名(admin)、密码(geoserver),以及GeoServer管理系统的访问端口号(8080)。为了不与Tomcat服务器8080端口冲突,这里将GeoServer端口配置为8081,如图6.3-10所示。

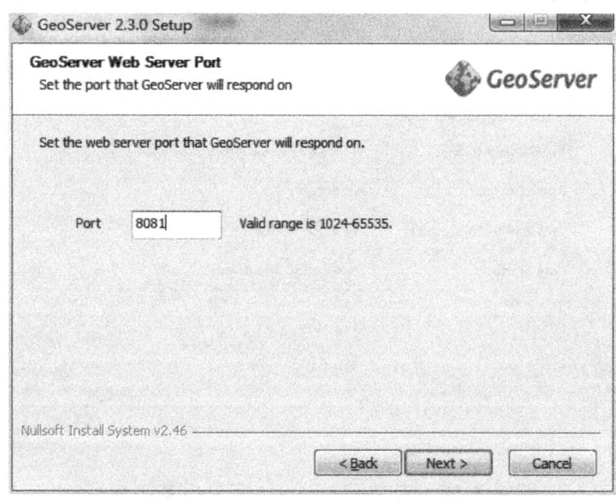

图 6.3-10　安装 GeoServer 服务器端口配置

(13) 选择是否为GeoServer,手动运行或安装为服务。当手动运行,GeoServer运行就像在当前用户的下一个标准的应用程序。当安装为服务,GeoServer整合到Windows服务,从而更易于管理。如果在一台服务器上运行,或者管理的GeoServer作为一种服务,选择安装为服务;否则,选择手动运行。完成后,单击Next按钮,选择安装类型为默认,如图6.3-11所示。

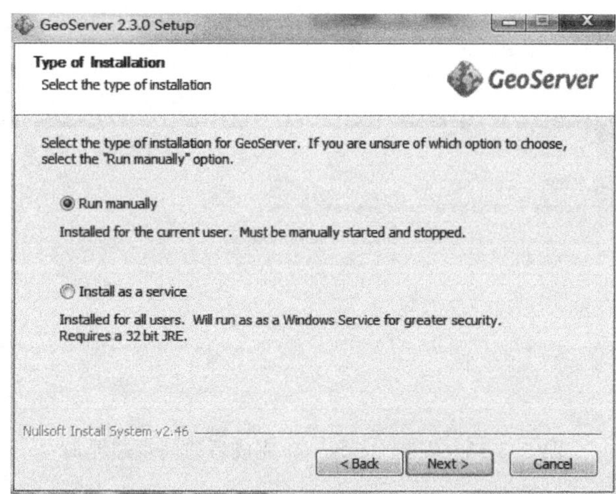

图 6.3-11　安装 GeoServer 默认配置

(14) 如果有任何变更单击 Back 按钮。否则,单击 Next 按钮,然后单击 Install 安装,如图 6.3-12 所示。

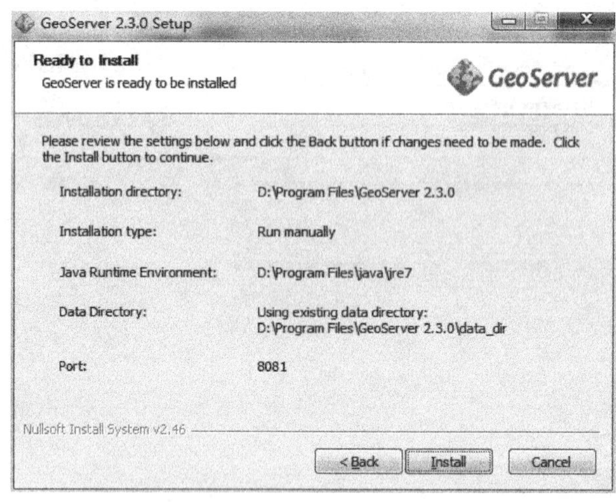

图 6.3-12 安装 GeoServer 完成后基本信息

(15) GeoServer 将安装在系统上,完成后单击 Finish 按钮以关闭安装程序。

(16) 如果安装 GeoServer 作为一种服务,确认已经在运行。否则,可以进入开始菜单,启动 GeoServer。

(17) 导航到 http://[SERVER_URL]:[端口]/GeoServer/(例如 http://localhost:8080/geoserver/)来访问 GeoServer 的 Web Administration Interface。如果看到 GeoServer,那么表示 GeoServer 安装成功,如图 6.3-13 示。

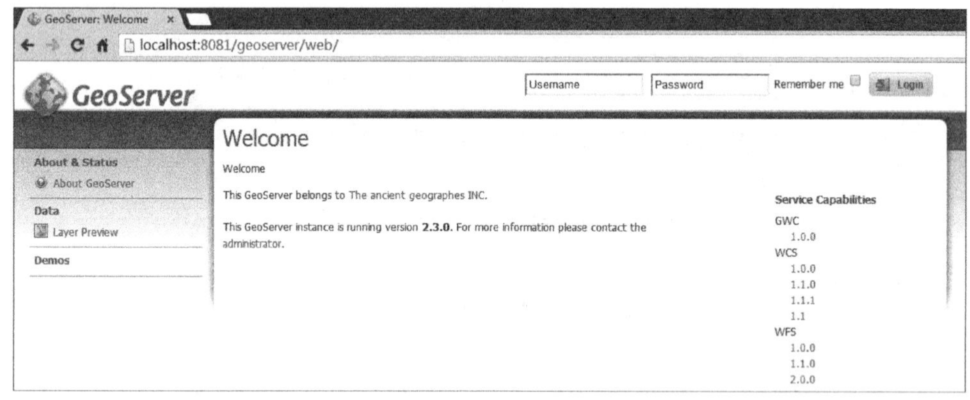

图 6.3-13 安装 GeoServer 完成后访问欢迎界面

3. 下载、安装 uDig

uDig 是一个 opensource (EPL and BSD)桌面应用程序框架,构建在 EclipseRCP 和

GeoTools(一个开源的JavaGIS工具包)上的桌面GIS(地理信息系统);它是一款开源桌面GIS软件,基于Java和Eclipse平台,可以进行shp格式地图文件的编辑和查看;是一个开源空间数据查看器/编辑器,对OpenGIS标准,关于互联网GIS、网络地图服务器和网络功能服务器有特别的加强。uDig提供一个一般的Java平台来用开源组件建设空间应用。其下载地址为http://udig.refractions.net/download/。

(1) 下载完成后,双击udig-1.4.0.win32. x86.exe启动文件。

(2) 在欢迎界面上,单击Next按钮,如图6.3-14所示。

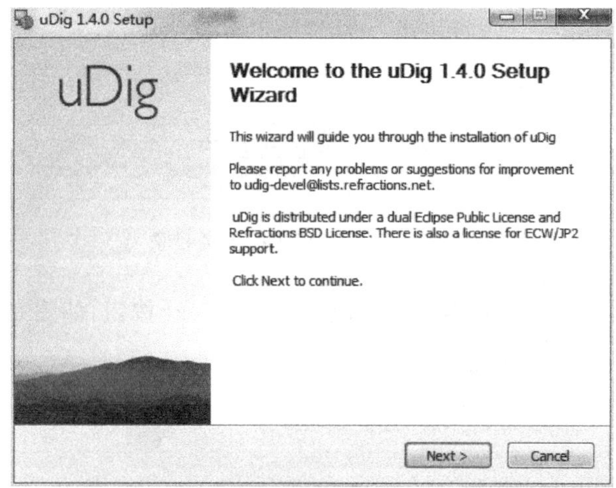

图6.3-14　安装uDig的欢迎界面

(3) 阅读许可协议,然后单击I Agree按钮,如图6.3-15所示。

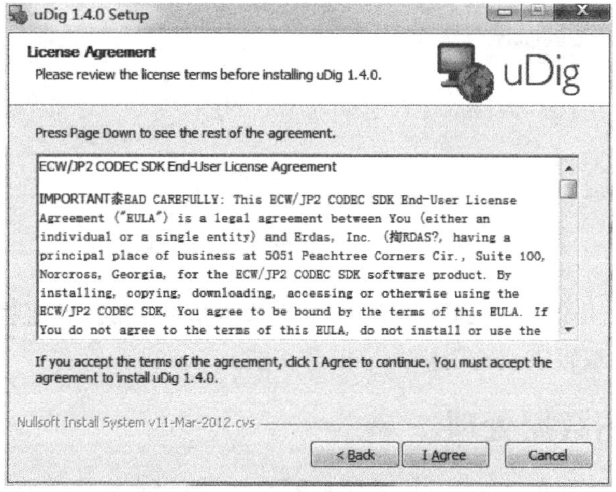

图6.3-15　安装uDig的同意界面

(4) 选择安装目录,然后单击 Next 按钮,如图 6.3-16 所示。

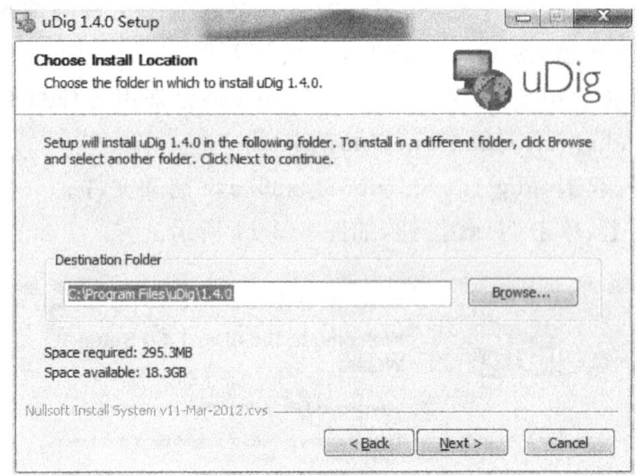

图 6.3-16 安装 uDig 地址目录

(5) 选择开始菜单目录的名称和位置,然后单击 Next 按钮,如图 6.3-17 所示。

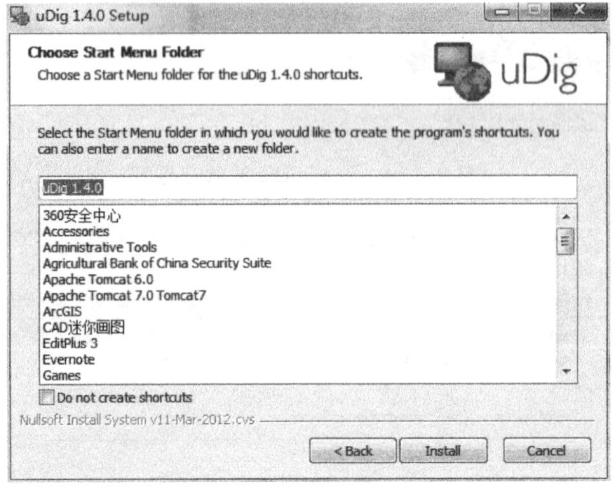

图 6.3-17 安装 uDig 开始文件

到此为止,基于 GeoServer 的地图部署环境基本搭建完成,后面将详细介绍如何基于 uDig 地图数据查看、编辑以及地图样式导出等功能。

6.3.3 地图数据处理

GeoServer 只支持发布 ArcGIS 格式的地图数据,即 shp 格式的地图数据。如果是第三方厂商提供的地图数据,则需要进行一次地图数据格式转化。这里主要介绍如何查看、编辑地图数据的应用。

这里的地图文件选用 uDig 官网所提供的地图数据文件，下载地址为 http://udig.refractions.net/，下载压缩包地图文件名为 udigdata_1_3.zip，解压后可以看到数据文件，如图 6.3-18 所示。

名称	日期	类型
10m_admin_0_countries.dbf	2011/1/29 3:54	DBF 文
10m_admin_0_countries.prj	2011/1/29 3:12	PRJ 文
10m_admin_0_countries.qix	2011/7/8 0:33	QIX 文
10m_admin_0_countries.shp	2011/1/29 3:54	SHP 文
10m_admin_0_countries.shx	2011/1/29 3:54	SHX 文
10m_admin_1_states_provinces_shp.dbf	2011/1/27 1:49	DBF 文
10m_admin_1_states_provinces_shp.prj	2011/1/27 1:49	PRJ 文
10m_admin_1_states_provinces_shp.qix	2011/7/13 2:17	QIX 文
10m_admin_1_states_provinces_shp.shp	2011/1/27 1:49	SHP 文
10m_admin_1_states_provinces_shp.shx	2011/1/27 1:49	SHX 文
10m_geography_marine_polys.dbf	2011/1/30 12:37	DBF 文

图 6.3-18 文件预览

1. 启动 uDig

GeoServer 只支持发布 ArcGIS 格式的地图数据，即 shp 格式的地图数据。在使用 GeoServer 部署地图数据之前需要针对不同的地图厂商提供的地图数据进行数据格式转化，例如将 MapInfo 地图数据转为 ArcGIS 的 shp 格式地图数据，需要使用 MapInfo 提供的工具进行转换。操作非常简单，这里不做详细介绍。

（1）从桌面 Geospatial→DesktopGIS→uDig 启动。系统初始化将花费一些时间。

（2）欢迎界面，首次启动时，欢迎界面将展示教程、文档和项目网站信息。

（3）单击箭头形的 Workbench 图标（右上角）开启主界面，如图 6.3-19 所示。

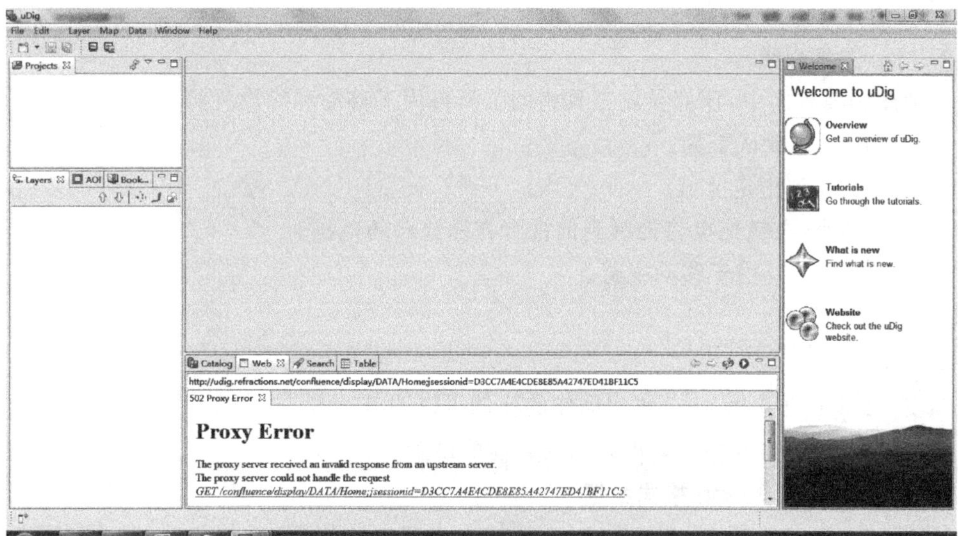

图 6.3-19 uDig 初始界面

(4) 在主界面菜单栏选择 *Help→Welcome* 可以回到欢迎界面。

(5) 主界面提供了一种编辑面板(显示地图)和信息面板(显示与地图和要素有关的信息)。

(6) 一个典型的 uDig 会话包括图层、项目、编录和地图,如图 6.3-20 所示。

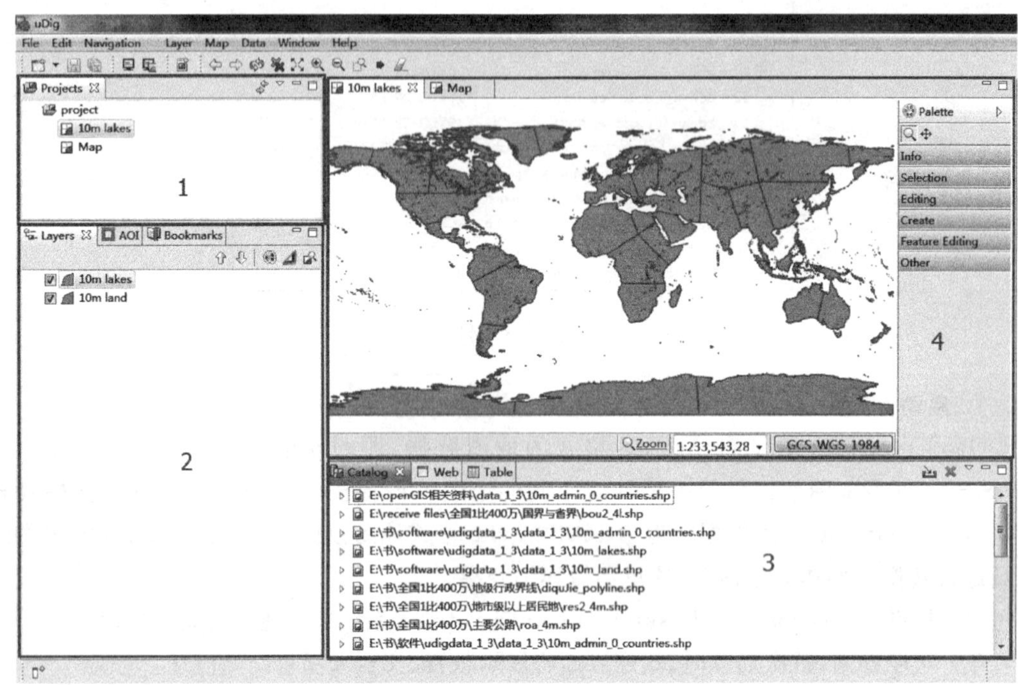

图 6.3-20 uDig 界面布局

2. Map 工具介绍

在地图编辑界面中,顶部导航工具栏的工具可用于移动和缩放视野。

(1) 缩放是默认工具:

① 拖曳放大到指定区域;

② 右键缩小,右键拖曳将控制当前视野在缩放后的范围。

(2) 平移工具用于移动视野。

(3) 其他工具:

① 全局试图;

② 放大和缩小——每次动作的比例可以调节;

③ 回退和前进——可以返回之前的设置。

3. 使用 uDig 导入 shp 格式数据

新建工程,命名为"world"读取 Live 系统上内建的数据集,数据集从 udig 官网上下载(http://udig.refractions.net/)。压缩包名称为 data_1_3,然后解压文件。

(1) 新建工程,如图 6.3-21 所示。

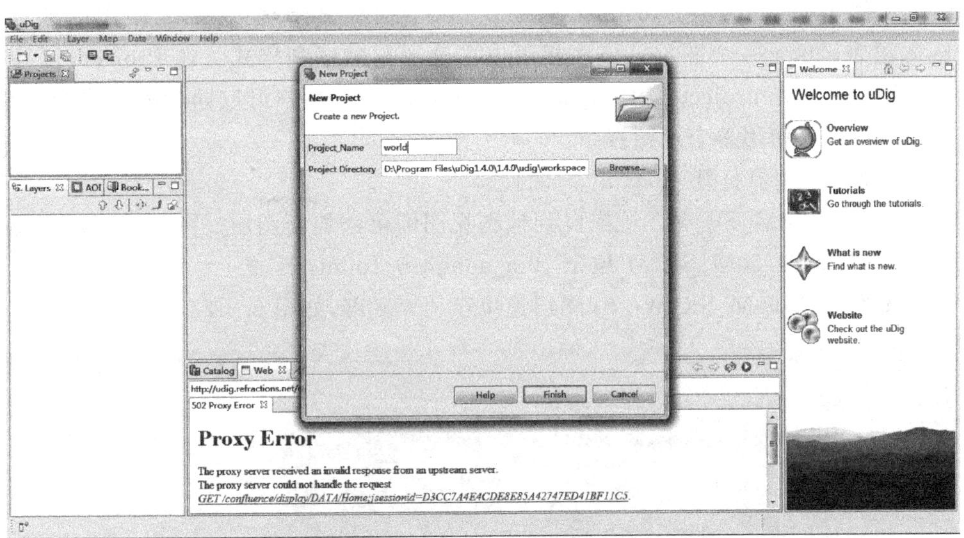

图 6.3-21　新建 uDig 工程

(2) 从菜单选择 Layer→Add 打开 AddData 界面。

(3) 从数据来源(datasources)data_1_3 选择 Files,如图 6.3-22 所示。

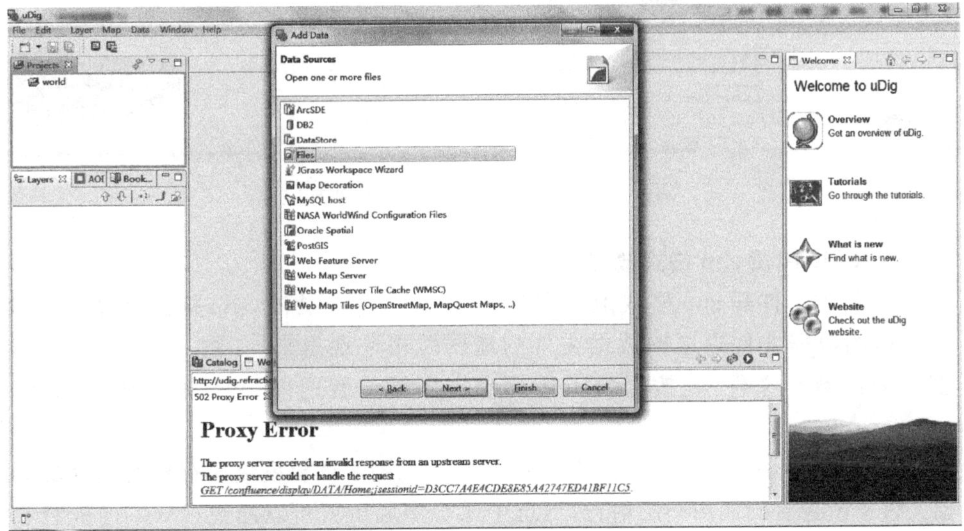

图 6.3-22　添加地图数据

(4) 单击 Next 打开文件对话框。

(5) 从 data_1_3 数据文件中选择 10m_admin_0_countries. shp。

(6) 单击 Open 打开。

启动一个新的编辑器，其默认名称和投影是根据源文件设定的。同时，Catalogview 显示了数据文件 10m_admin_0_countries. shp。这个面板显示当前 uDig 使用的数据。在 Layers 图层表显示了一个图层。该面板可以更改图层顺序和样式。在 Projects 工程面板可以看到当前工程是 projects>10m_admin_0_countries。用户可以同时操作多个工程，各个工程也可以同时使用多个地图视图。

(7) 从文件管理器打开～/data_1_3 目录。

(8) 将 NE1_50M_SR_W. tif 拖曳到地图视图即可添加新图层。图层表显示了图层的叠压顺序，当前 NE1_50M_SR_W 位于 10m_admin_0_countries 之上。

(9) 选择 NE1_50M_SR_W . tif 图层拖曳至列表底部，如图 6. 3-23 所示。

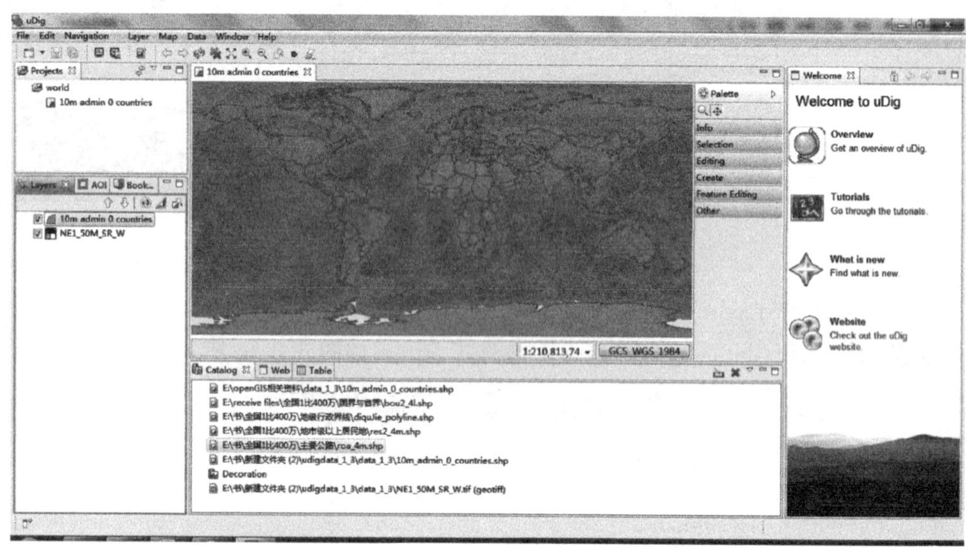

图 6. 3-23　拖曳图层添加地图数据

4. 使用 uDig 编辑 shp 格式数据

(1) 使用 uDig 打开 shp 格式地图文件，支持同时打开多个 shp 格式地图数据文件。打开单个地图数据文件以地图数据文件的地图风格呈现出来，如图 6. 3-24 所示。如果打开多个地图数据文件，则按照地理坐标确定图层位置的图层重叠呈现，如图 6. 3-25 所示。

(2) 打开 shp 格式地图数据文件后，通过 uDig 的图层面板就可以查看所选择的 shp 地图数据文件中所包含的地图图层信息，当选中某个图层后就可以通过 Table 面板查看该图层所对应的一些详细数据信息，如图 6. 3-26 所示。

5. 修改 shp 格式数据样式

选择 project>10m_admin_0_countries，双击打开。

(1) 选择 countries 图层。

(2) 右击 10m_admin_0_countries 选择 ChangeStyle 打开 StyleEditor 样式编辑器。

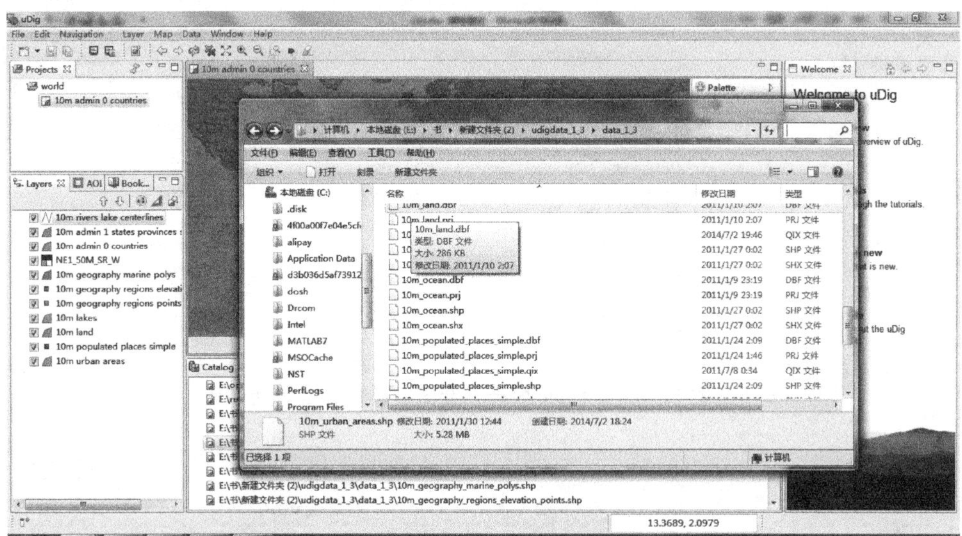

图 6.3-24 导入单个地图数据

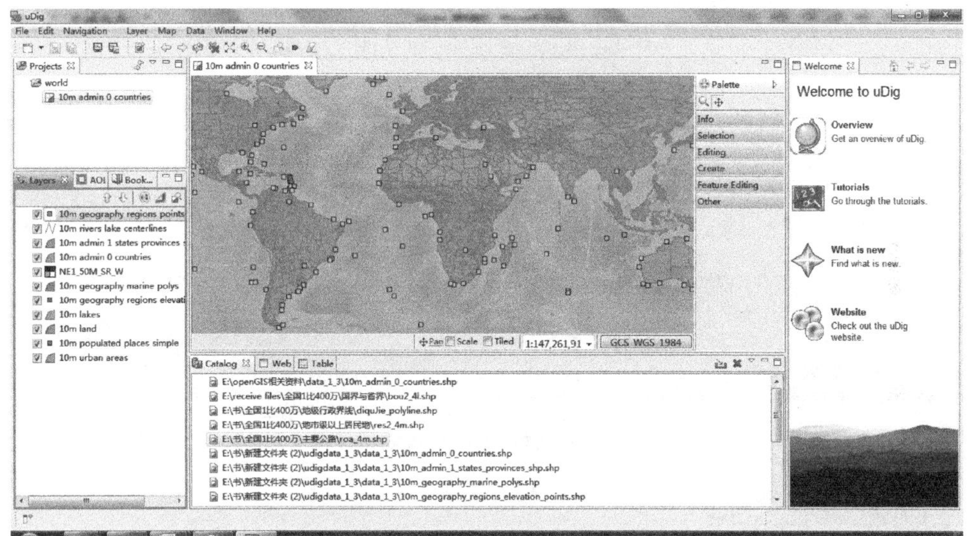

图 6.3-25 叠加多图层地图数据

(3) 调整该图层的几个样式设置，如图 6.3-27 所示。

① 边界线：单击 Border 选择颜色(color)并调整。

② 填充：单击 Fill 并取消 enable/disablefill 可关闭填充。

③ 标注：单击 Labels 选择 enable/disablelabeling 并选中 NAME 字段用于标注。

(4) 单击 Apply 应用样式，在 Layer 视图中的渲染结果会更新。

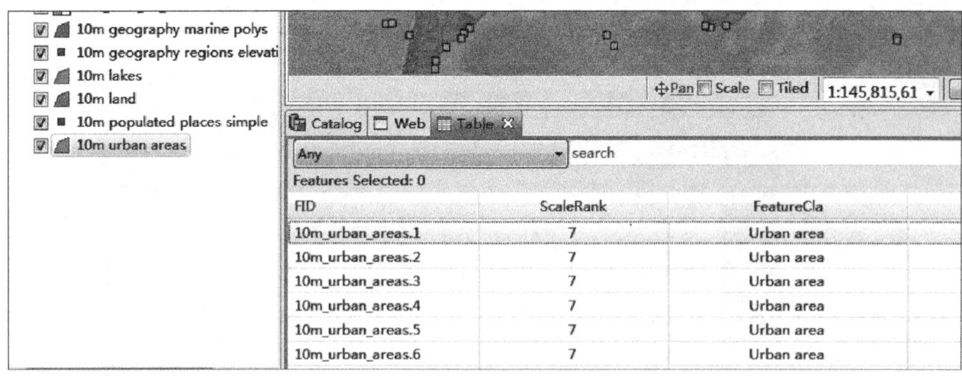

图 6.3-26　Table 面板查看图层详细数据信息

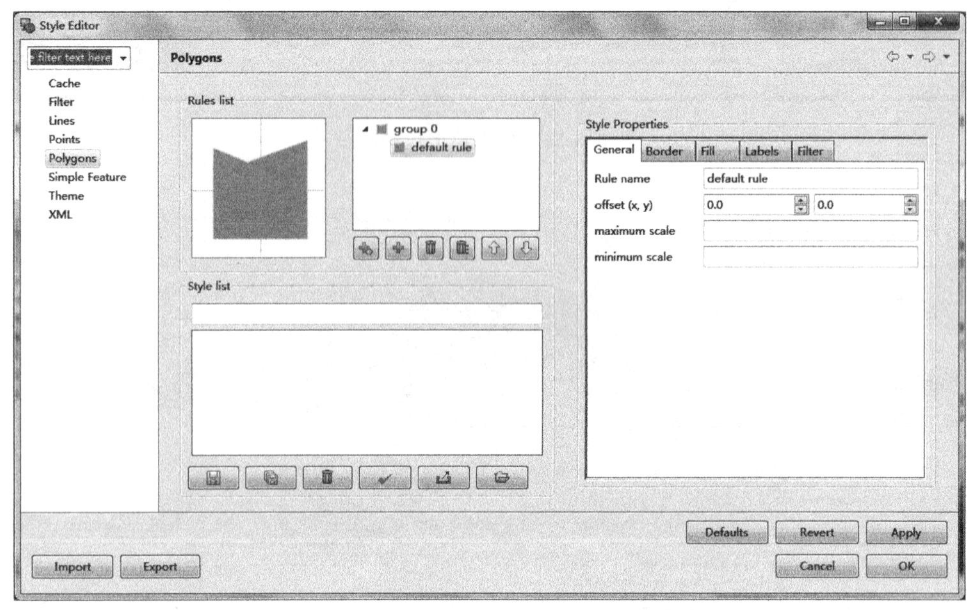

图 6.3-27　修改 shp 格式数据样式

(5) 单击 Close 关闭。

如果图层较多，编辑样式时可能难以看清效果。单击 Map→Mylar，Layer 试图关闭一些图层以有助于编辑。再次选取 Map→Mylar 可以关闭这一效果，如图 6.3-28 所示。

通过 uDig 工具可以对地图数据进行查看、编辑，这是地图数据部署中对地图数据进行纠错处理的不可缺少的工具。

6. 从 uDig 导出 shp 格式数据样式

uDig 提供了非常强大的地图数据编辑功能，实际上应用最多的就是使用 uDig 编辑 shp 格式的地图数据，从中提取样式文件。目的其实很简单，就是为了修改编码，通常默认的文字编码发布出的 WMS 服务呈现出来的地图标签中是乱码。通过图层的 ChangeStyle 功能

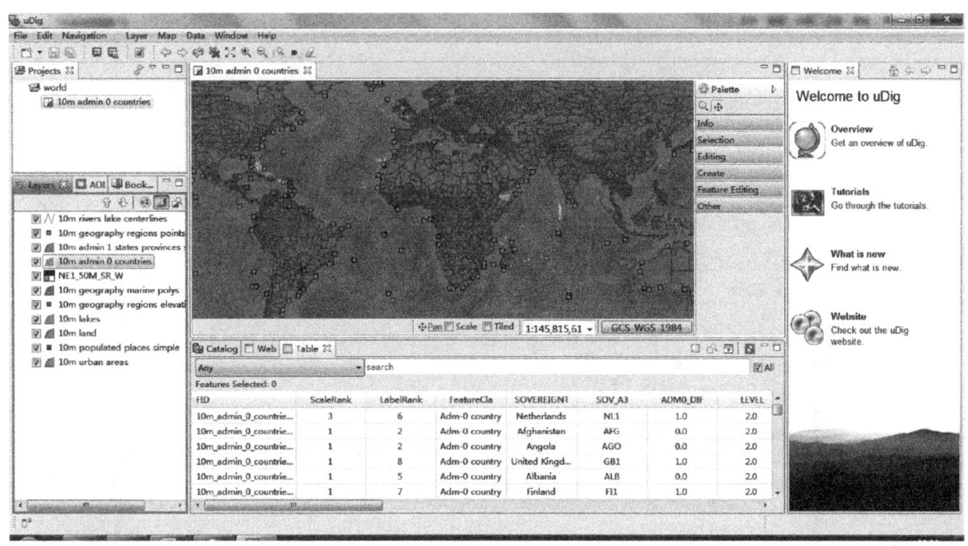

图 6.3-28 多图层 Mylar 分层查看

选项就可以进入图层的样式编辑器。

通过可视化编辑器将修改后的样式导出为样式文件(sld),在发布地图数据的时候就可以使用编辑后的样式到对应的地图图层,从而解决中文标签乱码问题,如图 6.3-29 和图 6.3-30 所示。

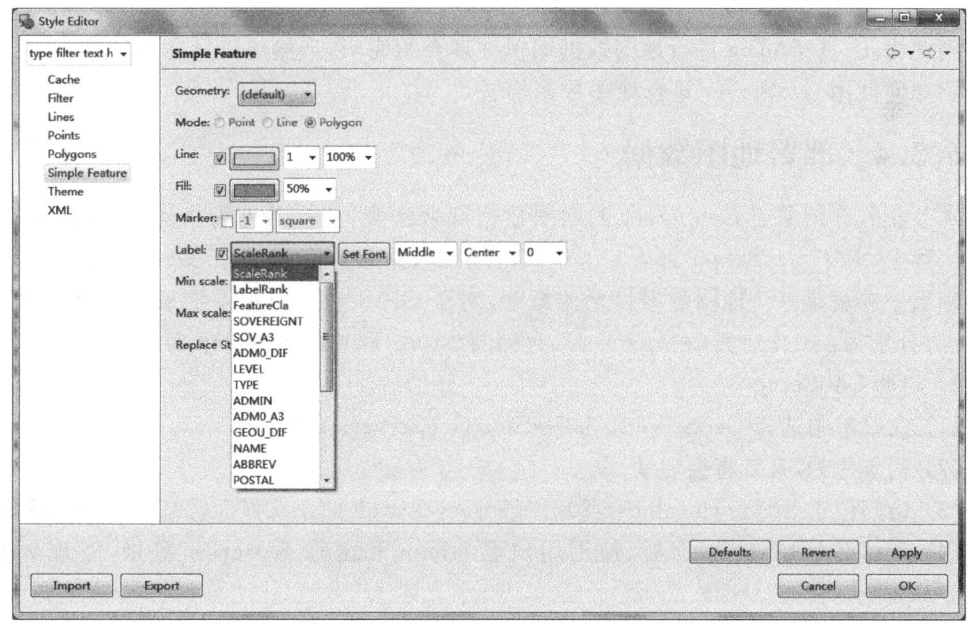

图 6.3-29 修改图层样式

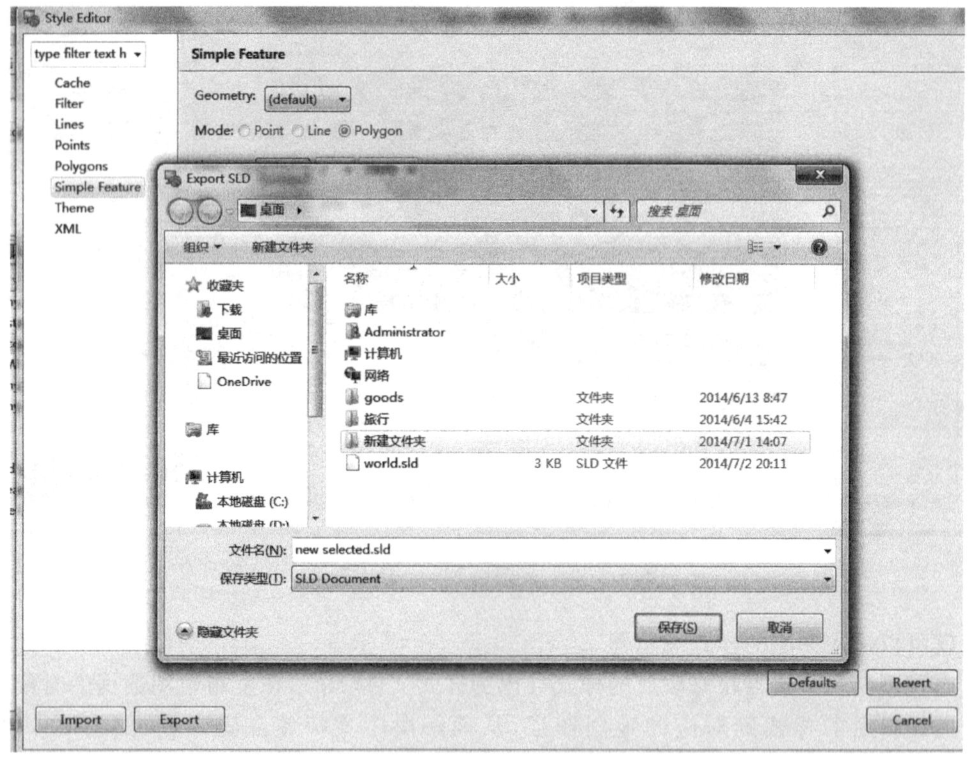

图 6.3-30 导出修改后图层样式

到此为止，基于 uDig 进行地图数据编辑处理介绍完毕，当然这里只是简单的介绍，下一节介绍如何使用 GeoServer 进行地图数据部署。

6.3.4 部署地图数据

本节正式介绍基于 GeoServer 的地图数据部署实现，前提条件为搭建有 GeoServer 环境。实际上，基于 GeoServer 部署 shp 格式的地图数据非常简单，对于 GeoServer 对应的磁盘物理层主要就是一个地图数据目录的概念，对于 GeoServer 应用系统来说则有三大重要知识点，分别为：工作空间(workspace)、存储器(store)和地图图层(layer)。

1. 启动 GeoServer

(1) 在菜单中选择 GeoServer2.3.0→StartGeoServer。

(2) 稍等片刻，系统将会启动。

(3) 访问位于 http://localhost:8081/geoserver/web 的系统界面，如图 6.3-31 所示。

(4) 开启 GeoServer 界面后，使用用户名 admin 和密码 geoserver 登录，管理界面如图 6.3-32 所示。

(5) * Data 数据* 面板中的 LayerPreview 连接可以用于预览服务中载入的数据，如

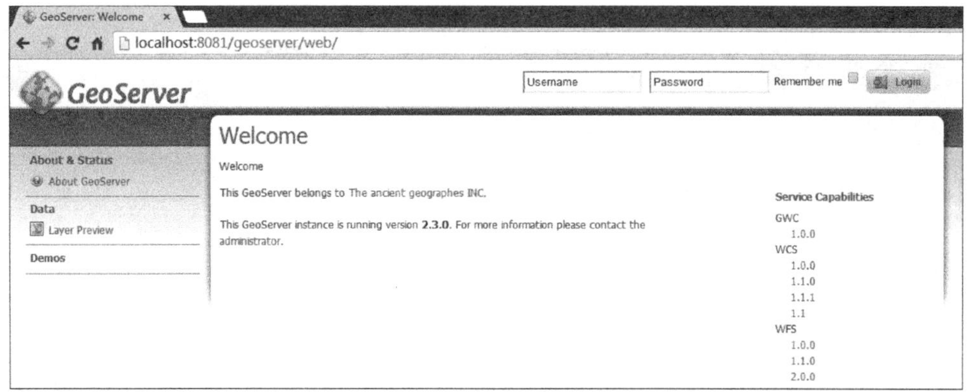

图 6.3-31 访问 GeoServer 界面

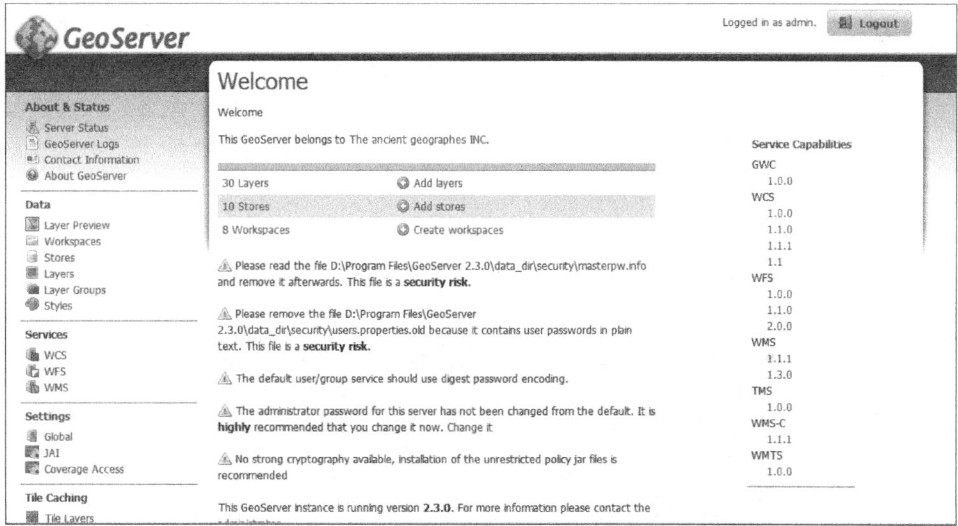

图 6.3-32 登录 GeoServer 界面

图 6.3-33 所示。

(6) 在页面底部 nurc:Arc_Sample 单击 OpenLayers，可以用 OpenLayers 开启示例数据的显示，如图 6.3-34 所示。

(7) 该界面的缩放可以用三种方式控制：

① 单击左侧的缩放尺，高位对应较大的比例尺；

② 使用鼠标滚轮，向前放大，向后缩小；

③ 按住 Shift 键，并拖曳一个范围框，界面将尽可能地以相适应的缩放显示，同理可以查看其他数据。

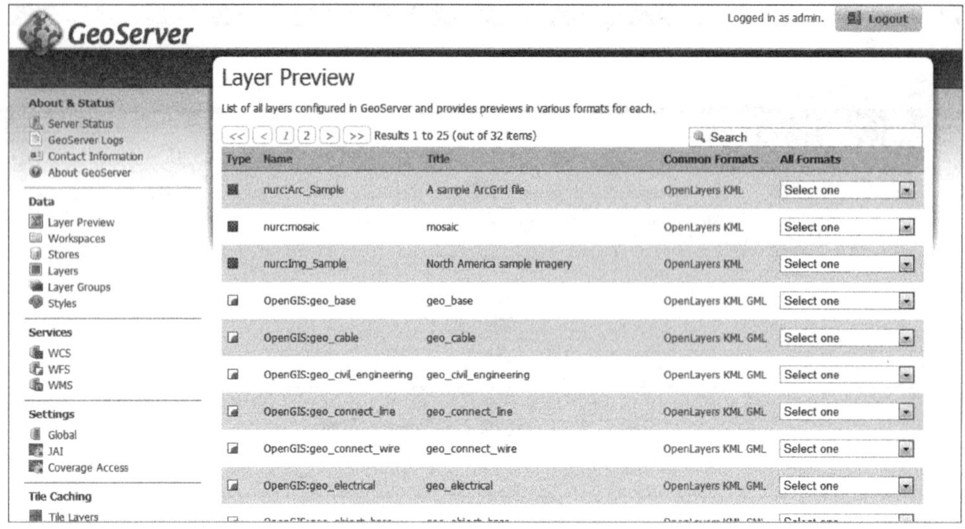

图 6.3-33　GeoServer 层预览

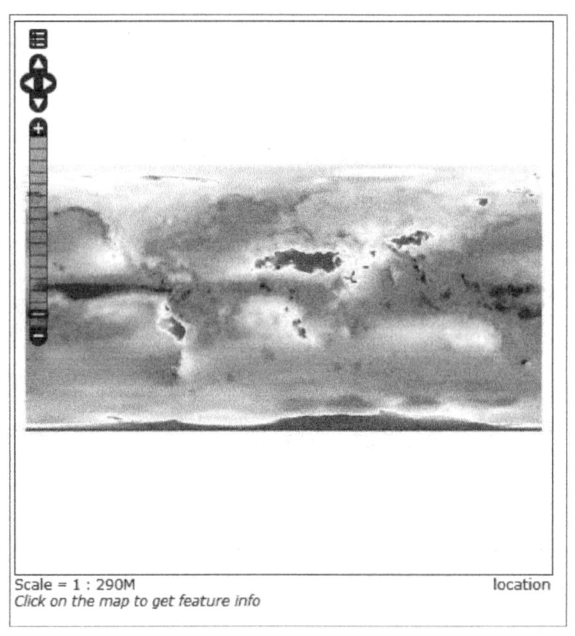

图 6.3-34　OpenLayers 地图数据预览

2. GeoServer 地图数据目录

地图数据目录(Data Directory)就是地图数据的存放目录，在 6.3.1 节中介绍环境搭建的时候就提到过地图数据目录这个概念，安装 GeoServer 的时候就已经指定了地图数据目录的位置。

部署地图数据非常简单，首先需要将地图数据文件（shp 地图数据文件）复制到 GeoServer 的数据目录（安装 GeoServer 的时候指定的地图数据目录）下面，因为只有将地图数据放到此目录下，GeoServer 后台才能发现 shp 的地图数据文件（建议使用英文命名地图数据文件），如图 6.3-35 所示。

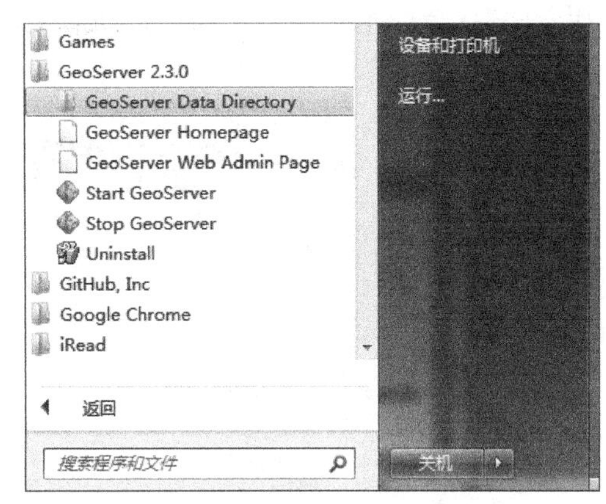

图 6.3-35　GeoServer 地图数据目录

需要部署的地图数据必须放置在 GeoServer 提供的地图数据目录之下，图 6.3-36 就是将待部署发布的 shp 格式地图数据放在在 GeoServer 地图数据目录下名为“data_1_3”的目录中的。需要特别注意这里的“data_1_3”，在使用 GeoServer 进行地图数据部署发布的时候（创建存储器）需要使用到此名字（data_1_3）。

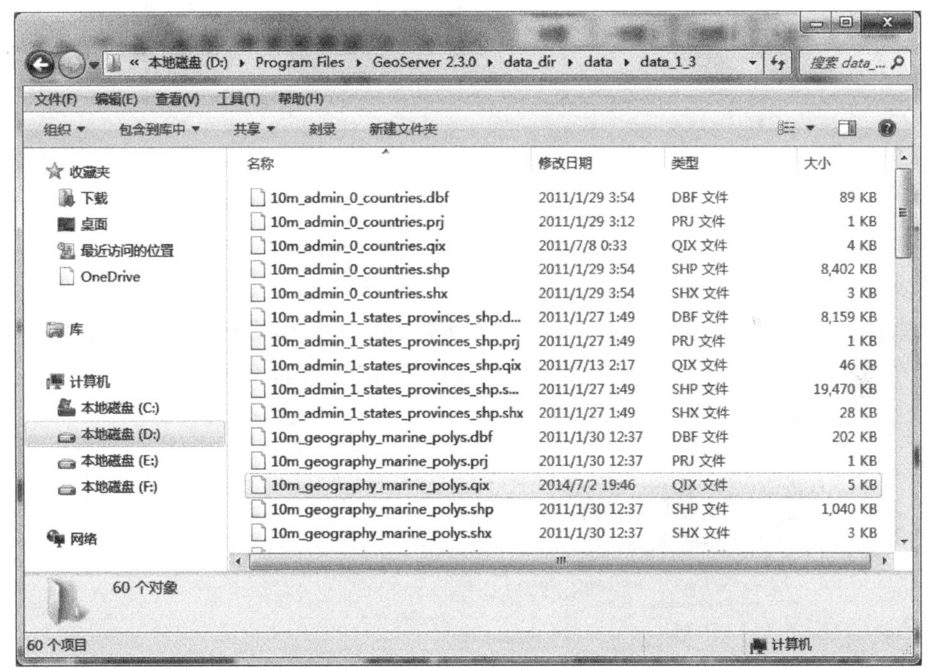

图 6.3-36　“data_1_3”地图数据目录

最新版（版本号：2.0.2）的 GeoServer 全面改善了 shp 格式地图数据的发布，并增加了 OpenLayers 方式的地图数据发布预览功能，并将地图数据导出为 KML 或 GML 等格式的数据。下面详细介绍这些功能。

3. 工作空间

最新版的 GeoServer 修改了老版本的“目录”为“工作空间”（workspace），工作空间存放着多个数据存储器。成功登录 GeoServer 管理系统后就可以从左边的功能导航处看到“工作空间”选项。工作空间管理平台如图 6.3-37 所示。

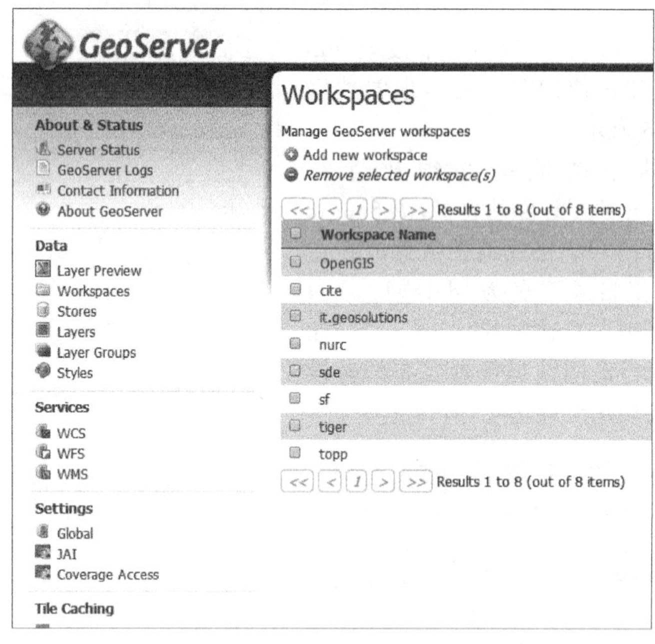

图 6.3-37　工作空间预览

要发布地图数据为 WMS 服务，首先得建立工作空间(也可以使用现有的工作空间)，然后建立数据存储器，最后在存储器里面发布地图数据。要想创建工作空间可以直接通过管理平台界面的 Add new workspace 进入工作空间创建界面，如图 6.3-38 所示。

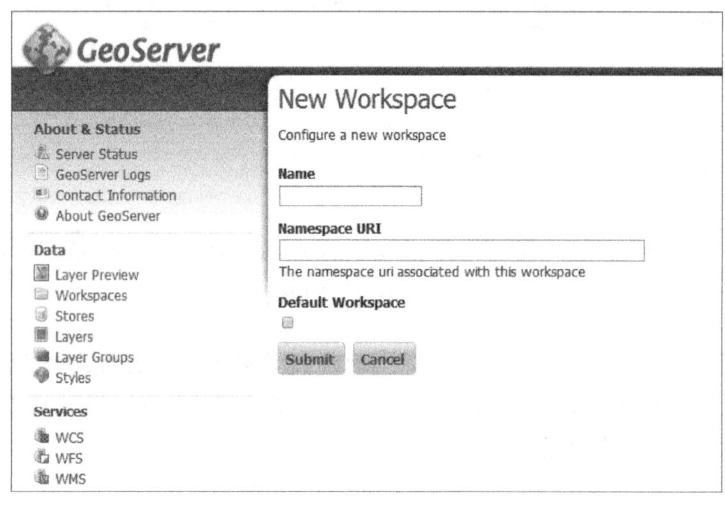

图 6.3-38　工作空间创建

编辑工作空间和创建工作空间一样简单，可以直接从工作空间管理列表界面进入工作空间编辑界面，如图 6.3-39 所示。

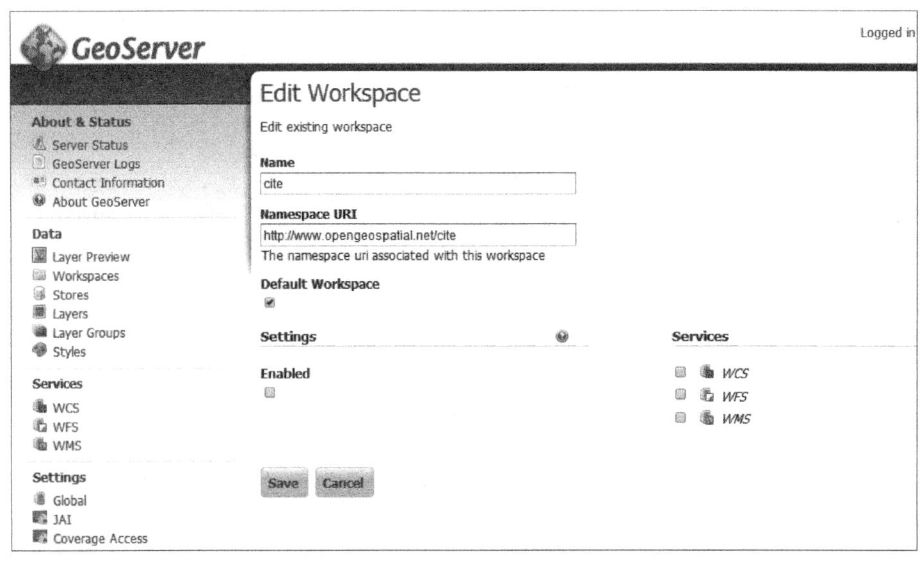

图 6.3-39　工作空间编辑

4. 存储器

基于工作空间的存储器(store)，维护着和地图数据目录的映射关系。可以直接通过 GeoServer 左边的功能导航进入存储器管理界面，如图 6.3-40 所示。

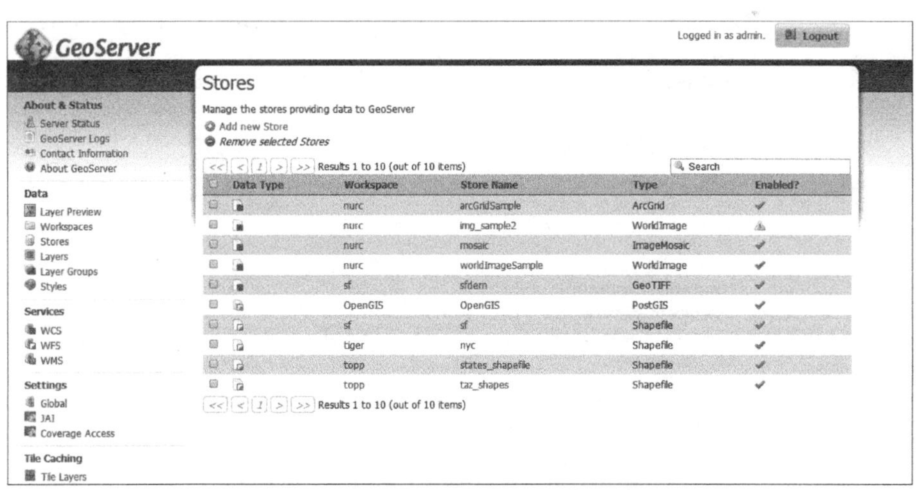

图 6.3-40　存储器预览

如图 6.3-40 所示，在存储器管理界面中单击 Add new Store 就可以导航到创建存储器界面，完成存储器到地图数据目录的映射，为后面发布地图图层做准备，如图 6.3-41 所示。

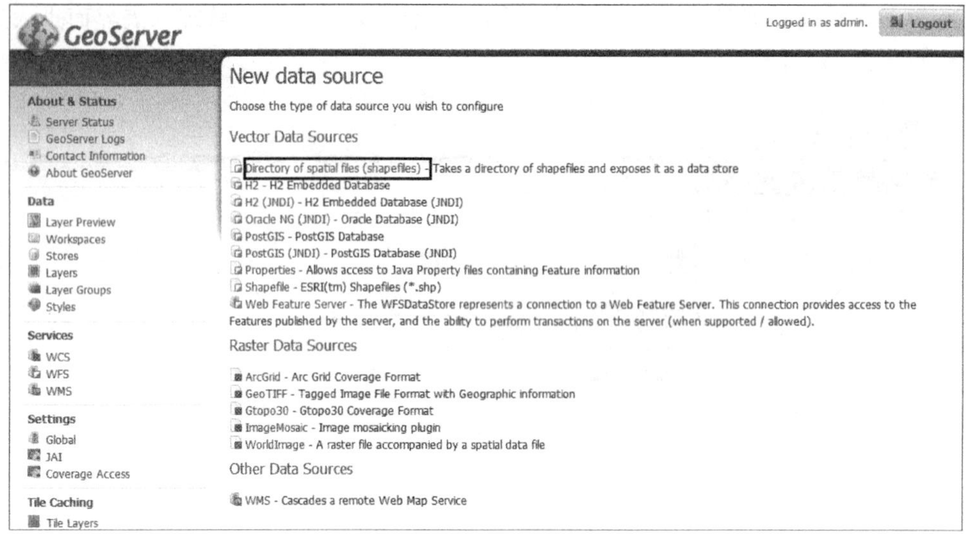

图 6.3-41　创建存储器

通常使用 Directory of Spatialfiles，也就是以目录为单位进行 shp 格式地图数据的部署，如图 6.3-42 所示。

New Vector Data Source

Add a new vector data source

Directory of spatial files (shapefiles)

Takes a directory of shapefiles and exposes it as a data store

Basic Store Info

Workspace *

cite

Data Source Name *

Description

Enabled

Connection Parameters

Directory of shapefiles *

file:data/example.extension　Browse...

DBF files charset

ISO-8859-1

Create spatial index if missing/outdated

Use memory mapped buffers

Cache and reuse memory maps

Save　Cancel

图 6.3-42　存储器数据部署

按照 GeoServer 的约定，一个数据存储器可以部署一个独立的 shp 格式地图数据文件，也可以部署一个目录的 shp 格式地图数据格式。

需要特别注意，“Directory of shapefiles*”指向存放需要部署的地图数据的目录，地址格式为“file:” + “GeoServer 的地图数据目录”。例如，地图数据放在 D:\ProgramFiles\GeoServer2.3.0\data_dir\data\data_1_3 下，那么在建立存储器的时候的 URL 应该为 file:data/data_1_3，最终的配置如图 6.3-43 所示。

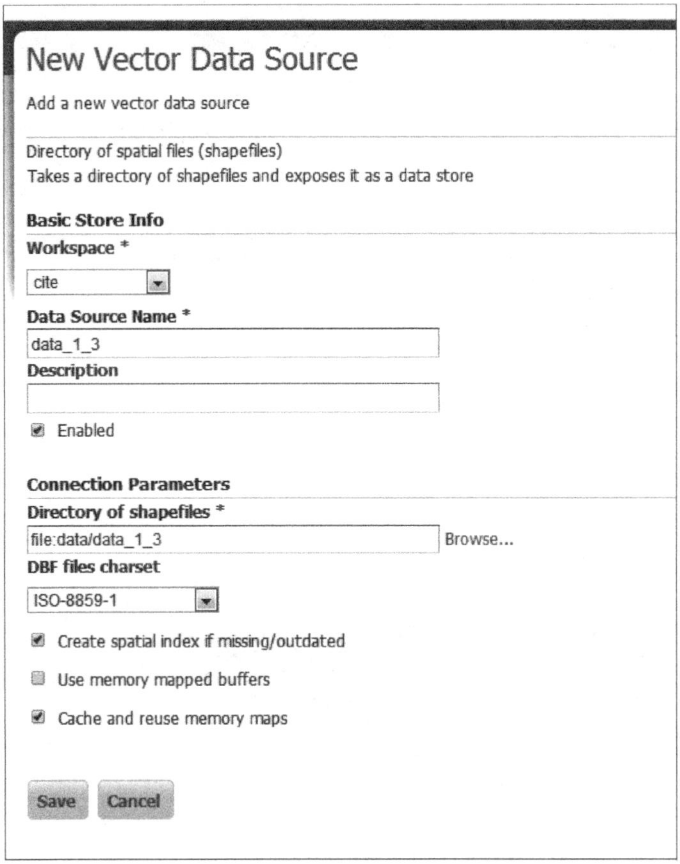

图 6.3-43 存储器数据部署

5. 地图图层

地图图层(layer)主要就是管理部署在 GeoServer 里面的地图数据中的图层元素，通过地图图层管理列表可以非常清楚地看到地图图层的类型、所属工作空间、所属存储器、图层名称以及采用的 SRS 标准等相关信息，如图 6.3-44 所示。

通过图层管理界面的 Add a new resource 可以进入图层类型(工作空间：存储器)选择界面，详细如图 6.3-45 所示。

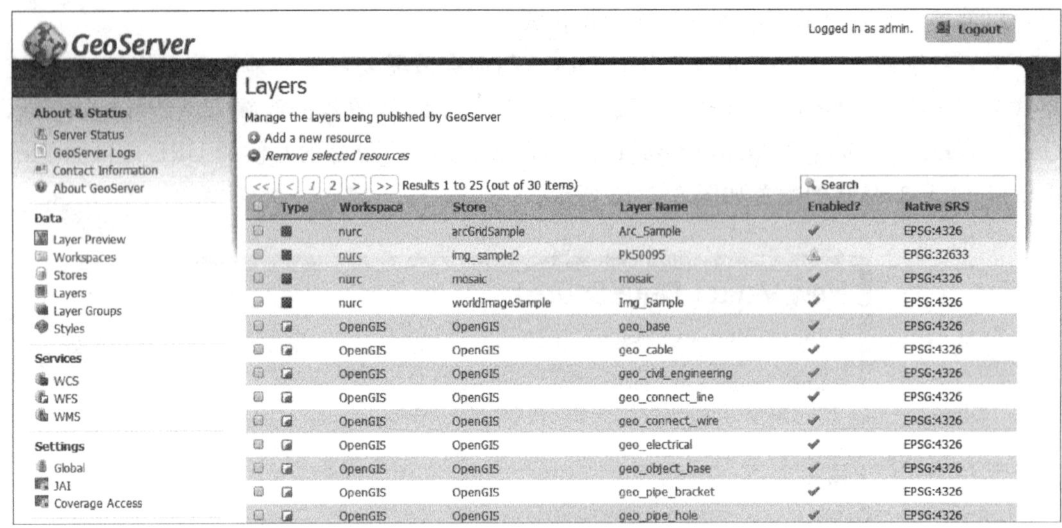

图 6.3-44　地图图层预览

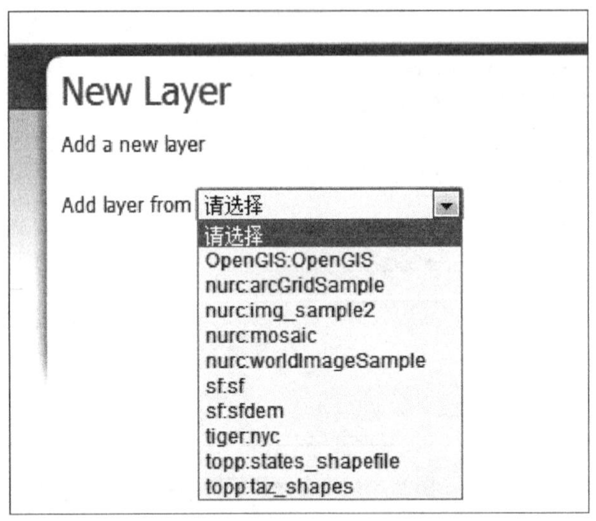

图 6.3-45　地图图层添加

地图数据存储器管理维护与地图数据目录对应的地图图层数据，选择了对应的图层存储器类型，就会列出该图层类型下面的所有图层元素，如图 6.3-46 所示。

图 6.3-46 所示的成功发布地图数据图层为地图服务的前面有“√”标记，如果要修改已发布的地图图层，可以使用再次发布功能完成。

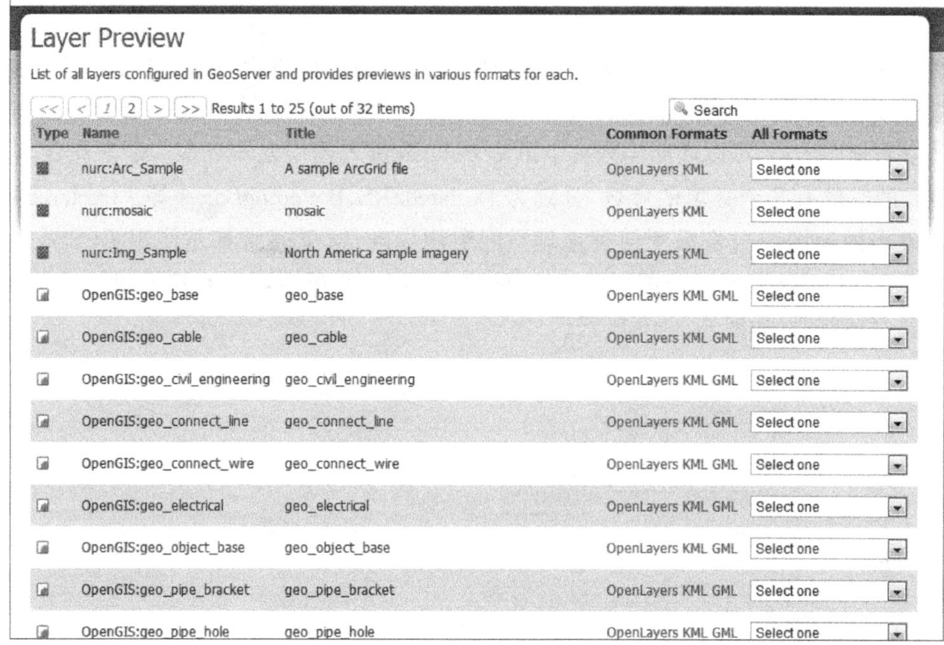

图 6.3-46 地图图层预览

下一节详细介绍如何发布地图图层、应用地图样式以及通过 OpenLayers 的方式预览地图数据。

6.3.5 发布 Web 地图服务(WMS)

1. 发布地图图层

前面介绍了基于工作空间的数据存储器管理的地图图层,以及可在图层列表中发布地图图层为 WMS 服务。对于已经发布过的地图数据还可以进行修改发布,如图 6.3-47 所示。

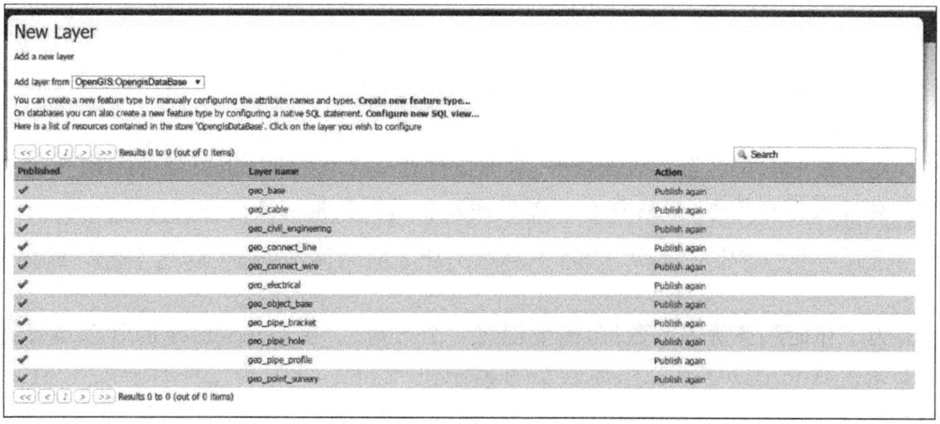

New Layer

Add a new layer

Add layer from OpenGIS:OpengisDataBase

You can create a new feature type by manually configuring the attribute names and types. **Create new feature type...**
On databases you can also create a new feature type by configuring a native SQL statement. **Configure new SQL view...**
Here is a list of resources contained in the store 'OpengisDataBase'. Click on the layer you wish to configure

<< < 1 > >> Results 0 to 0 (out of 0 items) Search

Published	Layer name	Action
✔	geo_base	Publish again
✔	geo_cable	Publish again
✔	geo_civil_engineering	Publish again
✔	geo_connect_line	Publish again
✔	geo_connect_wire	Publish again
✔	geo_electrical	Publish again
✔	geo_object_base	Publish again
✔	geo_pipe_bracket	Publish again
✔	geo_pipe_hole	Publish again
✔	geo_pipe_profile	Publish again
✔	geo_point_survey	Publish again

<< < 1 > >> Results 0 to 0 (out of 0 items)

图 6.3-47 地图图层发布预览

从图 6.3-47 可以看到每个图层有 Published 属性，表示当前图层是否发布，其后还有操作连接 Publishagain 或 Publish，表示对已经发布的图层进行再次发布，或者对没有发布的图层进行发布。

要发布地图图层，可以在图层列表中单击 Publish 进入图层发布界面。需要注意，在进行图层发布的时候有几个必填的参数，分别为 DeclaredSRS、BoundingBoxes 等。DeclaredSRS 表示当前发布的地图图层将采用何种地理空间引用标准，这里通常都是使用 EPSG:4326 标准；BoundingBoxes 表示当前图层的经度、纬度范围，这两项值可以直接通过 GeoServer 提供的工具自动获取，如图 6.3-48 所示。

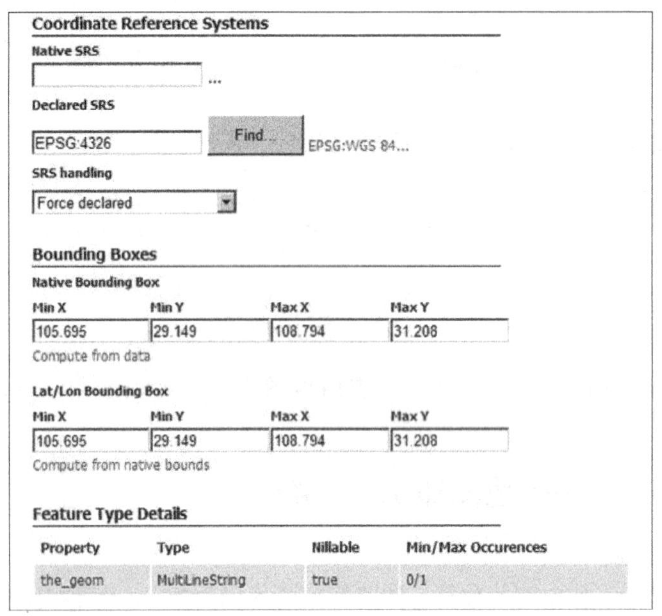

图 6.3-48　地图图层发布部署

导入数据步骤如下：

(1) 这里的示例数据是 data_1_3，它已经包含在 OSGeo-Live 中了(/usr/local/share/data/data_1_3/)。

(2) 要发布地图数据为 WMS 服务，首先需要建立工作空间(也可以使用现有的工作空间)，然后建立数据存储器，最后在存储器里面发布地图数据。要想创建工作空间，可以直接通过管理平台界面的 Add new workspace 进入工作空间创建界面，命名为 world，如图 6.3-49 所示。

(3) 为了存储服务所需的数据，需要创建一个 Store。在 GeoServer 的管理员页面选择 Stores 并单击 Add new Store，如图 6.3-50 所示。

(4) 选择 Directory of spatialfiles 类别，创建页面显示，如图 6.3-51、图 6.3-52 所示。

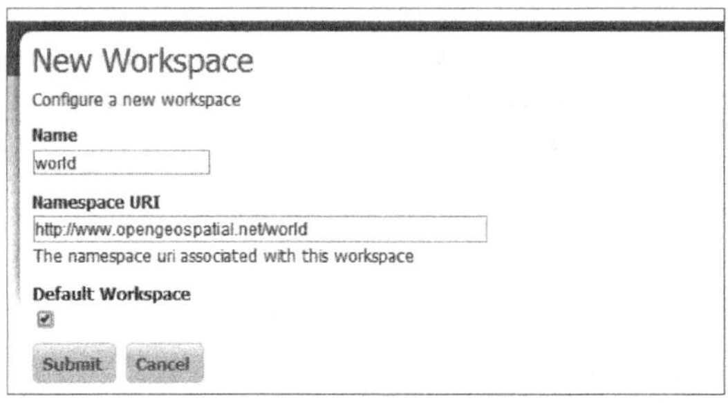

图 6.3-49 工作空间创建界面

Stores

Manage the stores providing data to GeoServer

Add new Store

Remove selected Stores

<< < 1 > >> Results 1 to 14 (out of 14 items)   Search

Data Type	Workspace	Store Name	Type	Enabled?
	nurc	arcGridSample	ArcGrid	✔
	nurc	img_sample2	WorldImage	⚠
	nurc	mosaic	ImageMosaic	✔
	nurc	worldImageSample	WorldImage	✔
	sf	sfdem	GeoTIFF	✔
	cite	hz	Shapefile	✔
	cite	hzroad	Shapefile	✔
	cite	sx	Directory of spatial files (shapefiles)	✔
	OpenGIS	OpengisDataBase	PostGIS	✔
	sf	sf	Directory of spatial files (shapefiles)	✔
	shaoxing	shaoxing	Directory of spatial files (shapefiles)	✔
	tiger	nyc	Directory of spatial files (shapefiles)	✔
	topp	states_shapefile	Shapefile	✔
	topp	taz_shapes	Directory of spatial files (shapefiles)	✔

<< < 1 > >> Results 1 to 14 (out of 14 items)

图 6.3-50 创建 Store

图 6.3-51 存储服务所需的数据

图 6.3-52　存储服务所需的数据

(5) 输入所需的名称(例如 data-1-3),以及目标目录(例如 file:data/data_1_3)。用 Browse 按钮选择目标目录,完成后单击 Save 按钮,如图 6.3-53 所示。

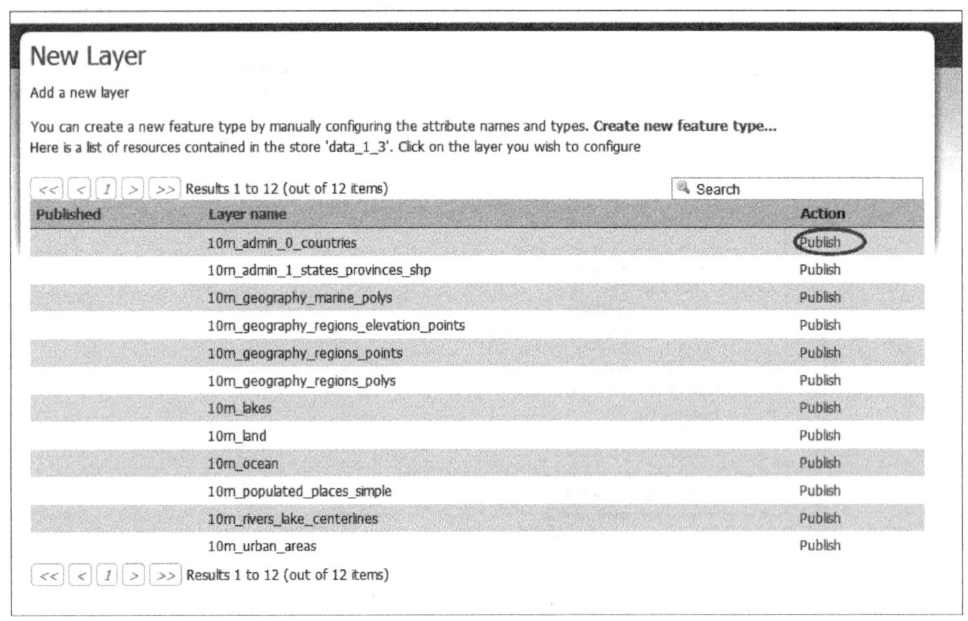

图 6.3-53　发布新添加层

(6) 单击各个图层右侧的 publish 执行发布，界面将转到*Layers*，如图 6.3-54 所示。

图 6.3-54 数据部署

示例数据集中的很多信息可以自动识别并填入表格。在 Coordinate Reference System（坐标系统）中，NativeSRS 原始坐标系显示为“UNKNOWN 未知”。此处应当在 declaredSRS 名义坐标系填入正确的值，使得 GeoServer 能够对数据进行定位。在本例中，填入“epsg:4326”即可。在 http://prj2epsg.org/search 可以用“UNKNOWN”右侧的字符串查询对应的 EPSG 标准坐标系代码。单击 Compute from data 和 Compute from native bounds 计算地理范围参数，最后单击 *Save* 保存即可，如图 6.3-55 所示。

(7) 在图层页面中单击 Addanewresource 可以加入其他的数据源。在下拉菜单中选择之前创建的 data_1_3 可回到示例，如图 6.3-56 所示。

(8) 可以看到，data_1_3 数据里面的 10m_admin_0_countries 已经发布，如图 6.3-57 所示。

(9) 在 LayerPreview(图层预览)内预览刚才发布的地图，如图 6.3-58 所示

2. 发布地图样式

应用样式主要是解决中文编码的问题以及某些地图数据的特别处理。通常可以修改样式文件实现，这里大多数的图层使用默认的样式也不会有问题，而某些图层使用默认的样式却不能正确地发布为 WMS 服务，需要使用前面介绍的通过 uDig 对地图数据的样式进行编辑并导出样式文件，然后在 GeoServer 中发布新的样式，并在图层发布或者是编辑图层的时候就使用自己发布的样式。

Coordinate Reference Systems

Native SRS

UNKNOWN GCS_WGS_1984...

Declared SRS

EPSG:4326 Find... EPSG:WGS 84...

SRS handling

Force declared

Bounding Boxes

Native Bounding Box

Min X	Min Y	Max X	Max Y
-179.9997834891!	-89.99982838943'	180.00000000000	83.633810934029

Compute from data

Lat/Lon Bounding Box

Min X	Min Y	Max X	Max Y
-179.9997834891!	-89.99982838943'	180.00000000000	83.633810934029

Compute from native bounds

Feature Type Details

Property	Type	Nillable	Min/Max Occur
the_geom	MultiPolygon	true	0/1
ScaleRank	Integer	true	0/1
LabelRank	Integer	true	0/1
FeatureCla	String	true	0/1
SOVEREIGNT	String	true	0/1
SOV_A3	String	true	0/1
ADM0_DIF	Double	true	0/1
LEVEL	Double	true	0/1
TYPE	String	true	0/1
ADMIN	String	true	0/1

图 6.3-55　数据部署

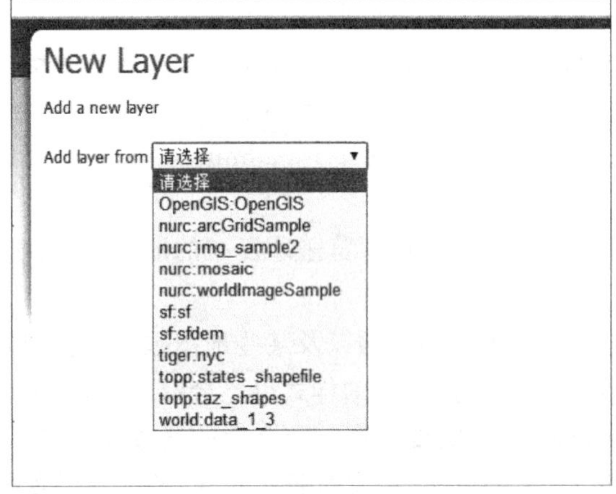

图 6.3-56　加入其他的数据源

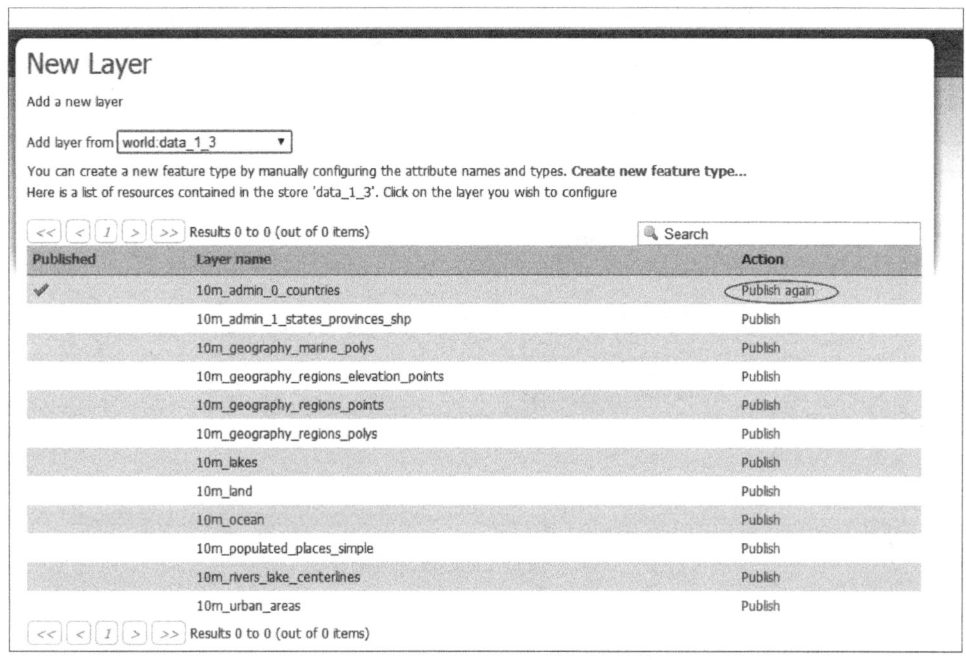

图 6.3-57　数据发布界面

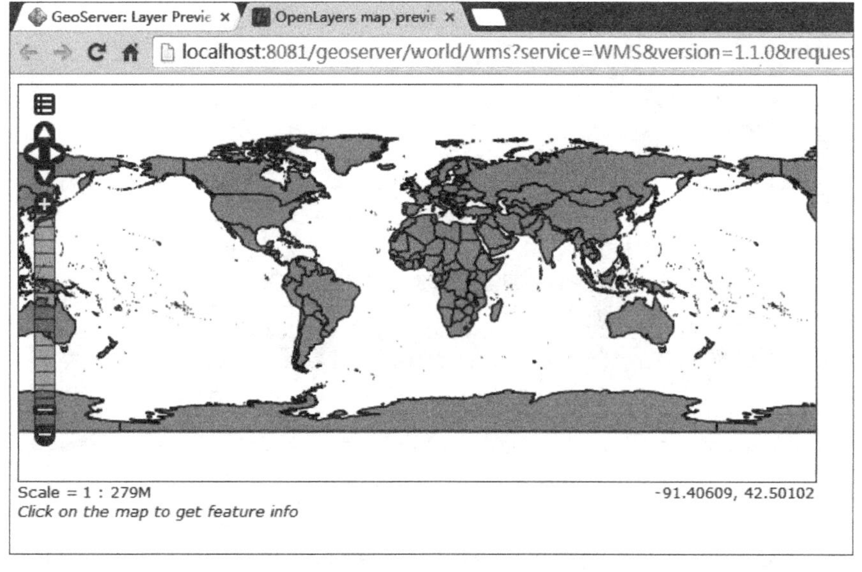

图 6.3-58　地图数据预览

通过 uDig 修改 10m_admin_0_countries 地图样式，如图 6.3-59 所示。

在 uDig 界面中单击 Export 可以输出 SLD 文件，如图 6.3-60 所示。

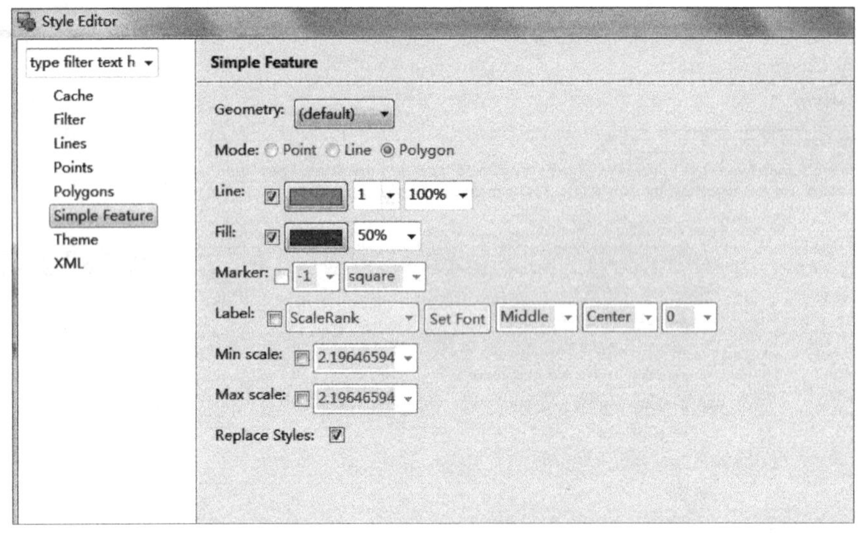

图 6.3-59　通过 uDig 修改地图样式

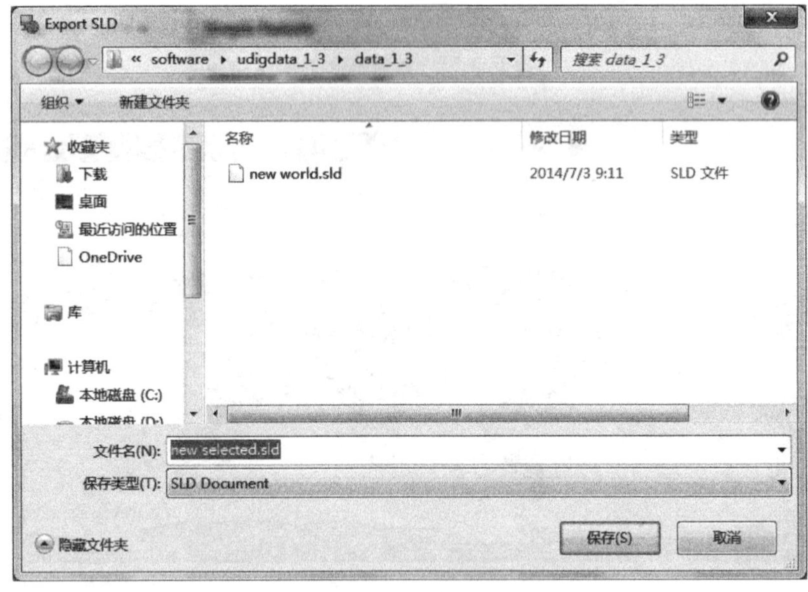

图 6.3-60　导出地图样式

在 GeoServer 管理界面中选择 Styles(Data 面板),并单击 Add New Style。在页面底部单击 Browse 可以浏览之前创建的 SLD 文件。选中后单击 Browse 旁边的 Upload 可导入该文件。导入后,编辑器中若出现高亮的错误行,系统可以执行检查并提供进一步的信息。若不需要这些信息,可以直接忽略。

通过样式列表界面的 Add a newstyle 可进入下面的样式发布界面,如图 6.3-61 所示。

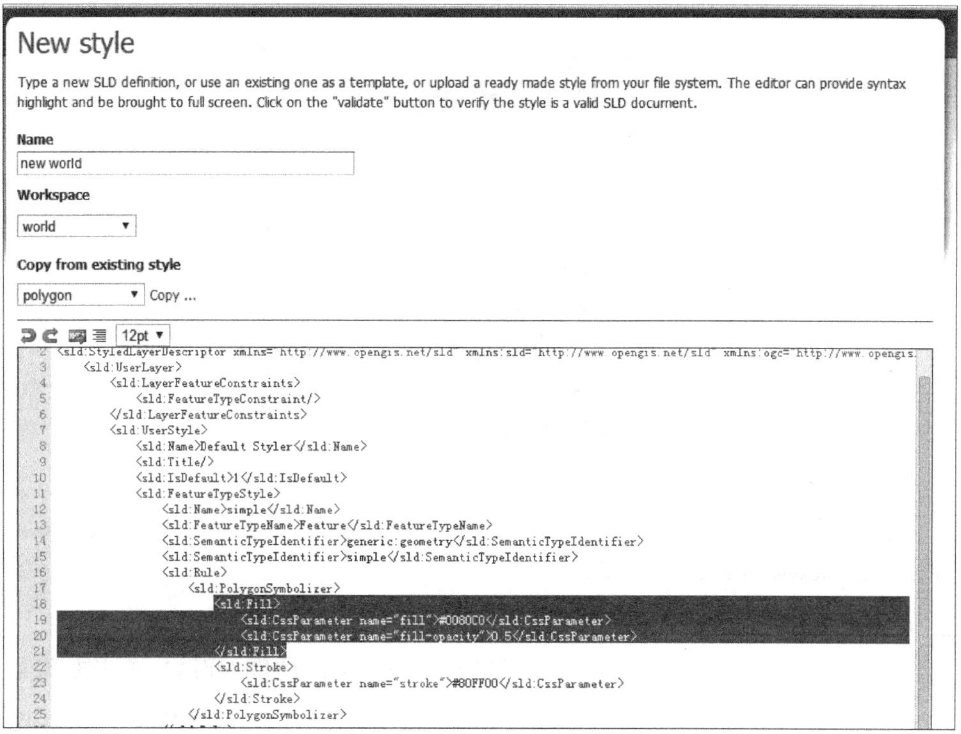

New style

Type a new SLD definition, or use an existing one as a template, or upload a ready made style from your file system. The editor can provide syntax highlight and be brought to full screen. Click on the "validate" button to verify the style is a valid SLD document.

Name

new world

Workspace

world

Copy from existing style

polygon Copy ...

12pt

```
<sld:StyledLayerDescriptor xmlns="http://www.opengis.net/sld" xmlns:sld="http://www.opengis.net/sld" xmlns:ogc="http://www.opengis.
    <sld:UserLayer>
        <sld:LayerFeatureConstraints>
            <sld:FeatureTypeConstraint/>
        </sld:LayerFeatureConstraints>
        <sld:UserStyle>
            <sld:Name>Default Styler</sld:Name>
            <sld:Title/>
            <sld:IsDefault>1</sld:IsDefault>
            <sld:FeatureTypeStyle>
                <sld:Name>simple</sld:Name>
                <sld:FeatureTypeName>Feature</sld:FeatureTypeName>
                <sld:SemanticTypeIdentifier>generic:geometry</sld:SemanticTypeIdentifier>
                <sld:SemanticTypeIdentifier>simple</sld:SemanticTypeIdentifier>
                <sld:Rule>
                    <sld:PolygonSymbolizer>
                        <sld:Fill>
                            <sld:CssParameter name="fill">#0080C0</sld:CssParameter>
                            <sld:CssParameter name="fill-opacity">0.5</sld:CssParameter>
                        </sld:Fill>
                        <sld:Stroke>
                            <sld:CssParameter name="stroke">#80FF00</sld:CssParameter>
                        </sld:Stroke>
                    </sld:PolygonSymbolizer>
```

图 6.3-61　样式发布界面

样式修改 XML 文件代码如下：

```
<?xml version = "1.0" encoding = "UTF - 8"?>
<sld:StyledLayerDescriptor xmlns = "http://www.opengis.net/sld" xmlns:sld = "http://www.opengis.net/sld" xmlns:ogc = "http://www.opengis.net/ogc" xmlns:gml = "http://www.opengis.net/gml" version = "1.0.0">
    <sld:UserLayer>
        <sld:LayerFeatureConstraints>
            <sld:FeatureTypeConstraint/>
        </sld:LayerFeatureConstraints>
        <sld:UserStyle>
            <sld:Name>DefaultStyler</sld:Name>
            <sld:Title/>
            <sld:IsDefault>1</sld:IsDefault>
            <sld:FeatureTypeStyle>
                <sld:Name>simple</sld:Name>
                <sld:FeatureTypeName>Feature</sld:FeatureTypeName>
                <sld:SemanticTypeIdentifier>
                    generic:geometry
                </sld:SemanticTypeIdentifier>
                <sld:SemanticTypeIdentifier>simple</sld:SemanticTypeIdentifier>
```

```
                <sld:Rule>
                    <sld:PolygonSymbolizer>
                        <sld:Fill>
                            <sld:CssParameter name = "fill">
                                #0080C0
                            </sld:CssParameter>
                              <sld:CssParameter name = "fill - opacity">0.5
                              </sld:CssParameter>
                        </sld:Fill>
                        <sld:Stroke>
                            <sld:CssParameter name = "stroke">
                                #80FF00
                        </sld:CssParameter>
                        </sld:Stroke>
                    </sld:PolygonSymbolizer>
                </sld:Rule>
            </sld:FeatureTypeStyle>
        </sld:UserStyle>
    </sld:UserLayer>
</sld:StyledLayerDescriptor>
```

3. 应用地图样式

应用地图样式非常简单，在添加地图图层或者编辑地图图层的时候，单击左侧菜单的Layers，选择所需图层(例如* 10m_admin_0_countries*)，单击 Publishing 并将 DefaultStyle 修改为所需的样式。预览效果如图 6.3-62 所示。

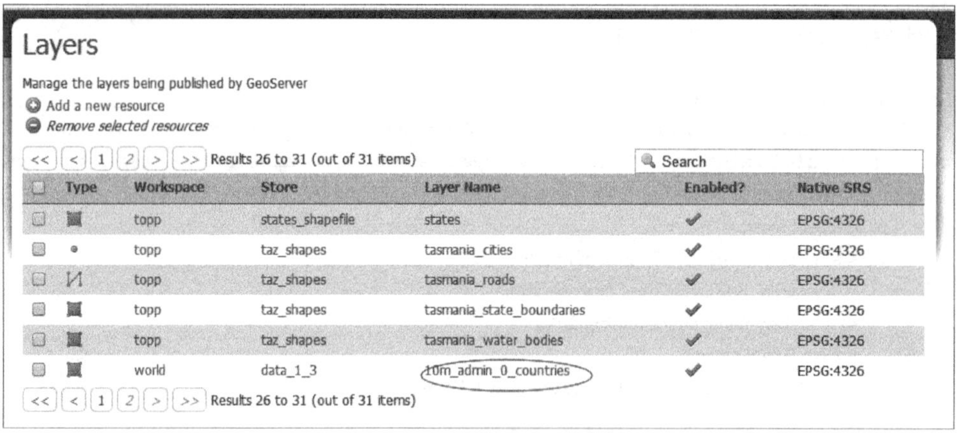

Layers

Manage the layers being published by GeoServer

Add a new resource

Remove selected resources

<< < 1 2 > >> Results 26 to 31 (out of 31 items)　　Search

	Type	Workspace	Store	Layer Name	Enabled?	Native SRS
		topp	states_shapefile	states	✔	EPSG:4326
		topp	taz_shapes	tasmania_cities	✔	EPSG:4326
		topp	taz_shapes	tasmania_roads	✔	EPSG:4326
		topp	taz_shapes	tasmania_state_boundaries	✔	EPSG:4326
		topp	taz_shapes	tasmania_water_bodies	✔	EPSG:4326
		world	data_1_3	10m_admin_0_countries	✔	EPSG:4326

<< < 1 2 > >> Results 26 to 31 (out of 31 items)

图 6.3-62　预览图层效果

通过 Default style 功能选项进行地图图层的样式设置，如图 6.3-63 所示。

1) 预览地图图层

通过 GeoServer 管理界面左边的功能导航 Layer Preview 可进入图层阅览列表，在此列表中部分类型地图图层提供导出为 KML 和 GML 格式的地图数据，如图 6.3-64 所示。

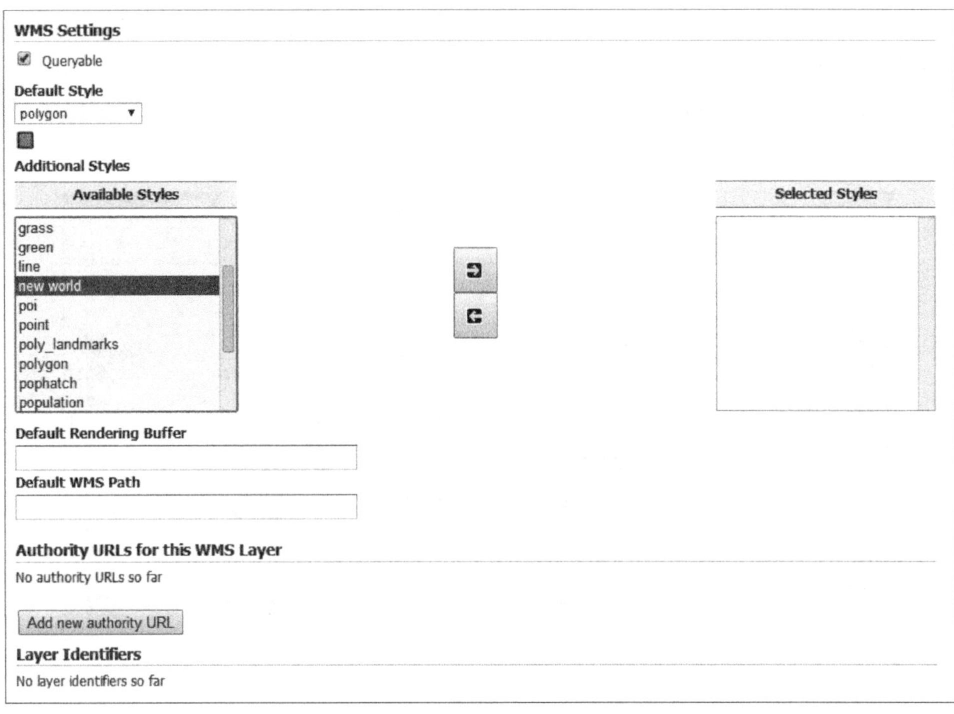

图 6.3-63 地图图层样式设置

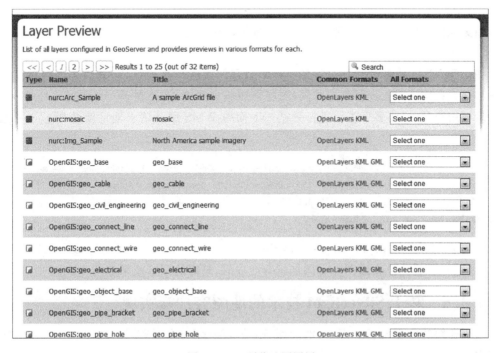

Layer Preview

List of all layers configured in GeoServer and provides previews in various formats for each.

<< < 1 2 > >> Results 1 to 25 (out of 32 items) Search

Type	Name	Title	Common Formats	All Formats
	nurc:Arc_Sample	A sample ArcGrid file	OpenLayers KML	Select one
	nurc:mosaic	mosaic	OpenLayers KML	Select one
	nurc:Img_Sample	North America sample imagery	OpenLayers KML	Select one
	OpenGIS:geo_base	geo_base	OpenLayers KML GML	Select one
	OpenGIS:geo_cable	geo_cable	OpenLayers KML GML	Select one
	OpenGIS:geo_civil_engineering	geo_civil_engineering	OpenLayers KML GML	Select one
	OpenGIS:geo_connect_line	geo_connect_line	OpenLayers KML GML	Select one
	OpenGIS:geo_connect_wire	geo_connect_wire	OpenLayers KML GML	Select one
	OpenGIS:geo_electrical	geo_electrical	OpenLayers KML GML	Select one
	OpenGIS:geo_object_base	geo_object_base	OpenLayers KML GML	Select one
	OpenGIS:geo_pipe_bracket	geo_pipe_bracket	OpenLayers KML GML	Select one
	OpenGIS:geo_pipe_hole	geo_pipe_hole	OpenLayers KML GML	Select one

图 6.3-64 预览地图图层

在图 6.3-64 中单击图层所对应的 OpenLayers 就可以打开对应的地图图层的预览界面，图层列表的地图图层是为了测试而部署的，比如需要查看刚发布的地图图层，那么直接预览大区边界地图图层就可以了，也就是图中名为“world:10m_admin_0_countries”的图层，如图 6.3-65 所示。

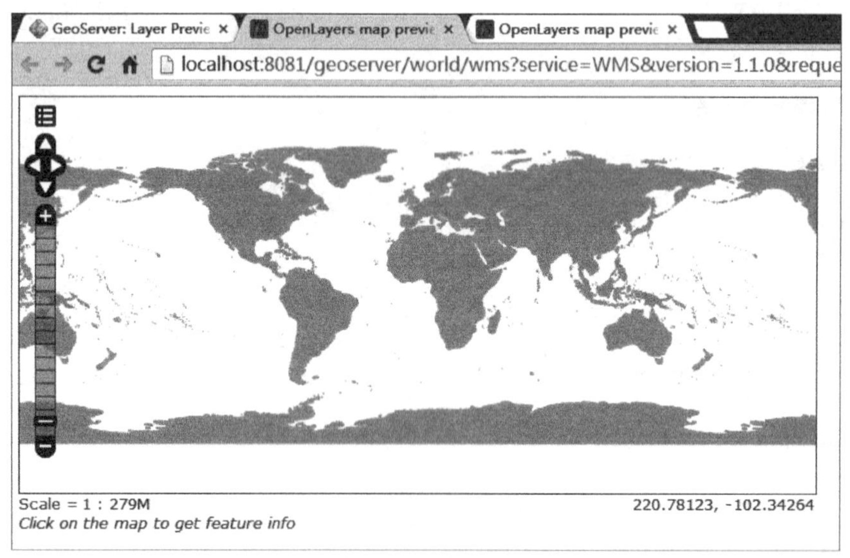

图 6.3-65 预览地图

预览地图图层，实际上就是加载了单个地图图层。

2) 多图层叠加呈现

在访问 WMS 服务的时候通常是将多个地图图层进行叠加组合，完成一个相对完整的地图界面。在访问 WMS 服务的时候，图层叠加非常简单，就是在 WMS 请求地址的 layers 参数后面用逗号(,)将多个图层进行分割。下面的 WMS 服务请求地址就叠加了 3 个地图图层：

```
http://localhost:8081/geoserver/world/wms?service = WMS&version = 1.1.0&request = GetMap&layers = world:10m_admin_0_countries,world:10m_lakes,world:10m_ocean&styles = &bbox = -179.99978348919961, -89.99982838943765,180.0000000000001,83.63381093402974&width = 684&height = 330&srs = EPSG:4326&format = application/openlayers
```

layers=world:10m_admin_0_countries,world:10m_lakes,world:10m_ocean，表示此 WMS 服务请求是由三个地图图层叠加组合而成的，最终的预览效果如图 6.3-66 所示。

6.3.6 基于 Silverlight 技术的地图客户端实现

本节介绍的内容为基于 Web 地图服务(WebMapService，WMS)的 Silverlight 地图客户端实现。

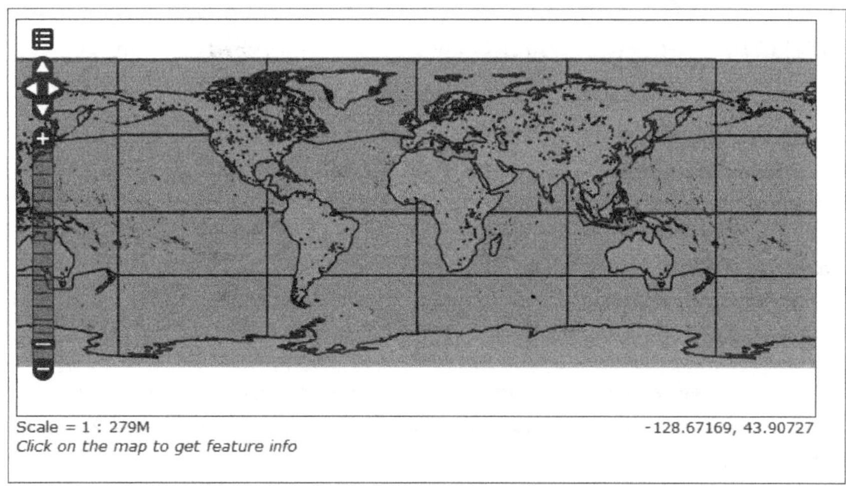

图 6.3-66 多图层叠加呈现

1. DeepZoom 简介

DeepZoom 技术以 MultiScaleImage 控件为核心，其内部有一个 MultiScaleTileSource 类型的源属性，主要用于设置 MultiScaleImage 控件所要呈现的数据源。基于 Silverlight 的 WebGIS 客户端实现也是通过 MultiScaleImage 控件来实现，核心就在于通过 MultiScaleTileSource 属性针对不同的 WebGIS 地图瓦片数据（ImageTiles）提供商为 MultiScaleImage 控件实现一个数据源。因此本篇所要做的工作就是针对 WMS 服务为 MultiScaleImage 控件实现一套加载数据源的算法。

2. WMS 服务加载实现

实现 WMS 服务加载的算法其实非常简单，只需要了解 WMS 发布的方式、WMS 地址的参数组成结构以及地图瓦片的投影原理就可以了，首先需要定义一个盒子对象作为访问 WMS 的边界参数对象。

```
public class BBox
{
    public intX { get; set; }
    public intY { get; set; }
    public intWidth { get; set; }
    public intheight { get; set; }
        public BBox( intx, inty, intw, inth )
    {
        this.X = x;
        this.Y = y;
        this.Width = w;
        this.Height = h;
    }
}
```

关于 WMS 服务加载的详细算法需要具备 GIS 理论基础才能够理解其实现原理，这里不再介绍，直接给出实现代码：

```
public class WMSTileSource : MultiScaleTileSource
{
    public WMSTileSource()
    : base(int.MaxValue, int.MaxValue, 0x100, 0x100, 0)
    { }
    public constint TILE_SIZE = 256;
    //地球半径
    public constd ouble EARTH _RADIUS = 6378137;
    //地球周长
    public constd ouble EARTH _CIRCUMFERENCE = EARTH _RADIUS * 2 * Math.PI;
    public consDouble HALF_EARTH _CIRCUMFERENCE = EARTH _CIRCUMFERENCE / 2;
    //WMS 服务地址
    private const String TilePath = @" http://localhost: 8080/geoserver/wms? service =
WMS&version = 1.1.0&
    request = GetMap&layers = cq:CQ_County_region,cq:CQ_County_region_level&
    styles = &bbox = {0},{1},{2},{3}&width = 512&height = 421&
    srs = EPSG:4326&&Format = image/png";
    public String GetQuadKey(String url)
    {
        var regex = newRegex(". * tiles/(. + )[.]. * ");
        Match match = regex.Match(url);
        return match.Groups[1].ToString ();
    }
    public BBoxQuadKeyToBBox(String quadKey, int x, in ty, int zoomLevel)
        {
            char c = quadKey[0];
            int tileSize = 2 << (18 - zoomLevel - 1);
            if (c == '0')
            {
                y = y - tileSize;
            }
            else if (c == '1')
            {
                y = y - tileSize;
                x = x + tileSize;
            }
            else if (c == '3')
            {
                x = x + tileSize;
            }
            if (quadKey.Length > 1)
            {
                return QuadKeyToBBox(quadKey.SubString (1), x, y,zoomLevel + 1);
            }
```

```
            return newBBox(x, y, tileSize, tileSize);
        }
        public BBoxQuadKeyToBBox(String quadKey)
        {
            constintx = 0;
            constinty = 262144;
            return QuadKeyToBBox(quadKey, x, y, 1);
        }
        public Double XToLongitudeAtZoom(int x, int zoom)
        {
            Double arc = EARTH _CIRCUMFERENCE / ((1 << zoom) * TILE_SIZE);
            Double metersX = (x * arc) - HALF_EARTH _CIRCUMFERENCE;
            Double result = RadToDeg(metersX / EARTH _RADIUS);
            return result;
        }
        public Double YToLatitudeAtZoom(int y, int zoom)
        {
            Double arc = EARTH _CIRCUMFERENCE / ((1 << zoom) * TILE_SIZE);
            Double metersY = HALF_EARTH _CIRCUMFERENCE - (y * arc);
            Double a = Math.Exp(metersY * 2 / EARTH _RADIUS);
            Double result = RadToDeg(Math.Asin((a - 1) / (a + 1)));
            return result;
        }
        public Double RadToDeg(Double d)
        {
            return d / Math.PI * 180.0;
        }
}
```

前端通过一个按钮事件驱动触发加载 WMS 服务，按钮的 XML 代码如下：

```
<Button Content = "WMS 图层" Height = "30" Width = "80" Name = "btnWms" Click = "btnWms_Click"/>
```

通过这一节，我们对地图服务器 Geoserver 有了大致的了解，接下来介绍地图客户端 Openlayers 的相关知识。

6.4　地图客户端 OpenLayers

OpenLayers 使得 Web 开发人员很容易地在任何 Web 页面中嵌入多种来源的动态地图。OpenLayers 提供类似 GoogleMapserverAPI 的丰富的制图工具箱和插件集合。所有工具和插件都运行于浏览器内部，使得 OpenLayers 易于安装，不依赖于任何服务器端的额外支撑。其主要特点如下：

(1) 完全采用 JavaScriptAPI；

(2) 支持标准化和定制的同服务器进行交互的协议；

(3) 可简单定制用户界面的工具;

(4) 支持浏览器内置数据渲染(采用 SVG、VML、orCanvas 技术),支持开发高级浏览器内置地图;

(5) 支持从多种数据源载入地图图层:

① 商业图层:Google,Bing,Yahoo。

② OGC 标准规范:WMS,WMTS,WFS,WFS-T,GeoRS,GML。

③ 其他:ArcGIS,Images,MapGuide,MapServer,TileCache。

④ 解析多种数据格式的矢量数据和元数据的能力:Atom,ArcXML,GeoJSON,GeoRSS,KML,OSM,SLD,WMTS。

OpenLayers 是一个用于开发 WebGIS 客户端的 JavaScript 包。OpenLayers 支持的地图来源包括 GoogleMaps、Yahoo、Map、VirtualEarth 等,用户还可以用简单的图片地图作为背景,与其他的图层在 OpenLayers 中进行叠加,OpenLayers 在这方面提供了非常多的选择。此外,OpenLayers 实现访问地理空间数据的方法都符合行业标准。OpenLayers 支持 OpenGIS 协会制定的 WMS(WebMappingService)和 WFS(WebFeatureService)等网络服务规范,可以通过远程服务的方式,将以 OGC 服务形式发布的地图数据加载到基于浏览器的 OpenLayers 客户端中进行显示。OpenLayers 采用面向对象的开发方式,并使用来自 Prototype.js 和 Rico 中的一些组件。

OpenLayers 除了可以在浏览器中帮助开发者实现地图浏览的基本效果,比如放大(ZoomIn)、缩小(ZoomOut)、平移(Pan)等常用操作之外,还可以进行选取面、选取线、要素选择、图层叠加等不同的操作,甚至可以对已有的 OpenLayers 操作和数据支持类型进行扩充,为其赋予更多的功能。例如,它可以为 OpenLayers 添加网络处理服务 WPS 的操作接口,从而利用已有的空间分析处理服务来对加载的地理空间数据进行计算。同时,在 OpenLayers 提供的类库中,它还使用类库 Prototype.js 和 Rico 中的部分组件,为地图浏览操作客户端增加 Ajax 效果。

6.4.1 开源地图框架介绍

OpenLayers 地图如图 6.4-1 所示。

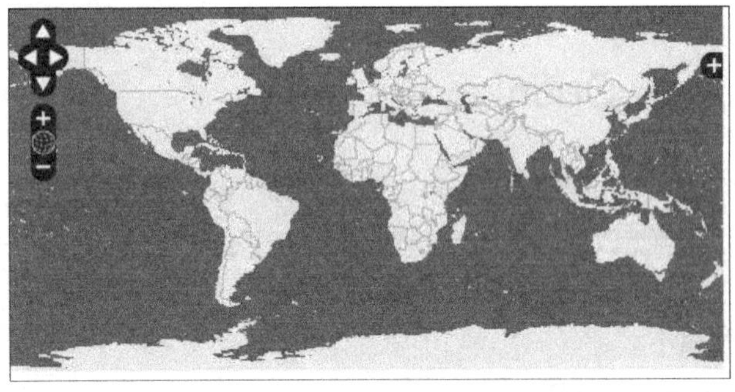

图 6.4-1 OpenLayers 地图

OpenLayers 是由 MetaCarta 公司开发的，用于作为 WebGIS 客户端的 JavaScript 包，通过 BSD License 发行。它实现访问地理空间数据的方法都符合行业标准，比如 OpenGIS 的 WMS 和 WFS 规范，OpenLayers 采用面向对象的 JavaScript 开发方式，同时借用了 Prototype 框架和 Rico 库的一些组件。

采用 OpenLayers 作为客户端不存在浏览器依赖性。由于 OpenLayers 采用 JavaScript 语言实现，而应用于 Web 浏览器中的 DOM（文档对象模型）由 JavaScript 实现，同时，Web 浏览器（比如 IE、FF 等）都支持 DOM。

OpenLayers APIs 采用动态类型脚本语言 JavaScript 编写，实现了类似于 Ajax 功能的无刷新更新页面，能够带给用户丰富的桌面体验（它本身就有一个 Ajax 类，用于实现 Ajax 功能）。

目前，OpenLayers 能够支持的 Format 有 XML、GML、GeoJSON、GeoRSS、JSON、KML、WFS、WKT（Well-Known Text）。在 OPenlayers. Format 名称空间下的各个类里，实现了具体读/写这些 Format 的解析器。

OpenLayers 能够利用的地图数据资源“丰富多彩”，给用户提供较多的选择，比如 WMS、WFS、GoogleMap、KaMap、MSVirtualEarth、WorldWind 等。当然，也可以用简单的图片作为源。

1. 搭建 OpenLayers 框架

先到官方网站 http://www.openlayers.org 下载压缩包，这里下载 Openlayers2.1.2。解压后可以看到其中的一些目录和文件，复制目录下的 OpenLayer.js、根目录下的 lib 目录、根目录下的 img 目录到网站的 Scripts 目录下（要保证 OpenLayers.js，/lib，/img 在同一目录中即可）。然后，创建一个 index.html 作为查看地图的页面，导入 OpenLayers.js 和将要创建的 js。

加载 WMS 和 GML 文件为例，代码如下：

```
<script src = "../lib/OpenLayers.js"></script>
<script type = "text/javascript">
    var lon = 5;
    var lat = 40;
    var zoom = 5;
    var map, layer;
    //声明变量 map、layer; 等同于 var map = null; var layer = null;
    map = new OpenLayers.Map('map');
    //实例化一个地图类 OpenLayers.Map
    layer = new OpenLayers.Layer.WMS( "OpenLayers WMS",
        "http://labs.metacarta.com/wms/vmap0", {layers: 'basic'} );
    //以 WMS 的格式实例化图层类 OpenLayers.Layer
    map.addLayer(layer);
    map.zoomToExtent(new OpenLayers.Bounds( - 3.922119,44.335327,
        4.866943,49.553833));
    //在 Map 对象上加载 Layer 对象,并用 map.zoomToExtent 函数使地图合适地显示,主要就是实现
```

```
图片的范围。使加载的图片可以显示全部需要显示的地图信息不丢失
map.addLayer(new OpenLayers.Layer.GML("GML", "gml/polygon.xml"));
//在刚加载的 WMS 文件基础上,再加载 GML 文件
```

剩下的工作就是,加上一些控件 OpenLayers.Control 之类的东西,比如 LayerSwitcher 等。它们会在地图浏览的"窗口"上增加一些工具栏或是"按钮",增加互动性和功能性。

2. 应用一个实例

在快速搭建完环境之后,结合 GeoServer 地图服务器,发布一张地图。OpenLayers 提供很多丰富的实例供开发者修改应用。由于 OpenLayers 是一款免费的地图浏览器客户端,读者也可以加入 OpenLayers 的 Github 开发团队,贡献自己的代码。实例网址:http://openlayers.org/dev/examples/。

OpenLayersAPI 服务涉及两个重要的基本概念:Map 地图和 Layer 图层。一个 OpenLayers 地图保存了包括默认投影系统、空间范围、度量单位、关于默认的投影、范围、单位等在地图上的存储信息。在地图里面,数据通过图层显示。

1) 下载 OpenLayers

OpenLayers 可以在 http://www.openlayers.org/download/OpenLayers-2.12.zip 处下载。解压后放到 tomcat 的 webapps 目录下,新建文件夹"OpenLayers-第一个程序"OpenLayers 的目录结构如图 6.4-2 所示。

apidoc_config	2014/7/3 11:09	文件夹
art	2014/7/3 11:09	文件夹
build	2014/7/3 11:09	文件夹
doc	2014/7/3 11:09	文件夹
doc_config	2014/7/3 11:10	文件夹
examples	2014/7/3 11:10	文件夹
img	2014/7/3 11:10	文件夹
lib	2014/7/3 11:10	文件夹
licenses	2014/7/3 11:10	文件夹
notes	2014/7/3 11:10	文件夹
tests	2014/7/3 11:10	文件夹
theme	2014/7/3 11:10	文件夹
tools	2014/7/3 11:10	文件夹
.gitignore	2012/6/28 4:56	GITIGNORE 文件
authors.txt	2012/6/28 4:56	文本文档
license.txt	2012/6/28 4:56	文本文档
OpenLayers.debug.js	2012/7/3 14:52	JS 文件
OpenLayers.js	2012/7/3 14:51	JS 文件
OpenLayers.light.debug.js	2012/7/3 14:52	JS 文件
OpenLayers.light.js	2012/7/3 14:52	JS 文件
OpenLayers.mobile.debug.js	2012/7/3 14:52	JS 文件
OpenLayers.mobile.js	2012/7/3 14:52	JS 文件
readme.md	2012/6/28 4:56	MD 文件

图 6.4-2 OpenLayers 的目录结构

2) 构造 HTML 文件

构建 OpenLayers 视窗需要构造一个 HTML 文件,将地图视窗放入 HTML 网页文件

中。OpenLayers 支持把一个地图嵌入任意块级元素内，这意味着它可以把任意一个地图嵌入所有的 HTML 元素在网页上。创建 index. html 文件，并存储在 tomcat 下的 OpenLayers 目录下，除了单块级元素，它也需要包含 OpenLayers 库页面的脚本标记。

```
<html>
    <head>
        <title>OpenLayers 第一个程序</title>
    </head>
    <body>
        <div id = "map" class = "smallmap"></div>
    </body>
</html>
```

3）添加 OpenLayers 库的 js 引用

```
<script src = "./OpenLayers-2.12/lib/OpenLayers.js"></script>
```

4）添加 OpenLayers 的 css 引用

```
<link rel = "stylesheet" href = "./OpenLayers-2.12/theme/default/style.css"
    type = "text/css" />
<link rel = "stylesheet" href = "./OpenLayers-2.12/css/style.css" type = "text/css" />
```

5）创建地图对象

为了创建一个地图对象，首先必须创建一个地图。该 OpenLayers. Map 构造函数需要一个参数：这个参数必须是一个 HTML 元素，或者是一个 HTML 元素的 ID，这个元素将决定地图放置的具体位置。

地图构造函数：

```
var map = new OpenLayers.Map("map");
```

下一步要创建一个视窗，添加一个层到地图。OpenLayers 支持多种不同的数据源，从 WMS 到 Yahoo！MapstoWorldWind。在这个例子中，所使用的 WMS 层调用前面由 GeoServer 发布的地图。

构造层代码：

```
<script type = "text/javascript">
    //定义 OpenLayersmap 对象
    var map = null;
    //定义 wmsurl 地址
    var wms_url = "http://127.0.0.1:8081/geoserver/world/wms?";
    //定义 wms 图层
    var wms_layer = "world:10m_admin_0_countries";
    //定义 wmsmap 图片格式
    var wms_format = 'image/png';
    function init()
```

```
    {
        //创建 map 对象,
        map = new OpenLayers.Map("map");
        //创建 WMSlayer 对象
        var layer = new OpenLayers.Layer.WMS(
           "OpenLayers WMS",
        wms_url,
          {
                layers: wms_layer,
                format: wms_format,
                singleTile: true
           });
        // 添加图层
        map.addLayer(layer);
        // 放大到全屏
        map.zoomToMaxExtent();
    }
</script>
```

此构造函数的第一个参数是层的名字,主要目的用于显示;第二个参数是 WMS 服务器的 URL;第三个参数是包含要追加到 WMS 请求参数的对象。

最后,为了显示地图,必须设置一个中心和缩放级别。为了缩放地图以适合窗口,可以使用函数 zoomToMaxExtent,它能够随意放大至窗口大小。

6) 设置 htmlonload 函数为 init()

```
<body onload = "init()">
    …
</body>
```

7) 定义 Openlayers 的 map 容器

```
<body onload = "init()">
    <div id = "map" class = "smallmap"></div>
</body>
```

8) 代码整合

下面将所有代码整合起来,创建一个 OpenLayers 视窗:

```
<!DOCTYPEHTMLPUBLIC " - //W3C//DTD HTML4.0Transitional//EN">
<html>
    <head>
    <meta http - equiv = "Content - Type" content = "text/html; charset = utf - 8">
    <title>OpenLayers 第一个程序</title>
    <link rel = "stylesheet" href = "./OpenLayers - 2.12/theme/default/style.css"
        type = "text/css" />
    <link rel = "stylesheet" href = "./OpenLayers - 2.12/css/style.css" type = "text/css" />
```

```
    <script src="./OpenLayers-2.12/lib/OpenLayers.js"></script>
    <script type="text/javascript">
        //定义 OpenLayersmap 对象
        var map = null;
        //定义 wmsurl 地址
        var wms_url = "http://127.0.0.1:8081/geoserver/world/wms?";
        //定义 wms 图层
        var wms_layer = "world:10m_admin_0_countries";
        //定义 wmsmap 图片格式
        var wms_format = 'image/png';
        function init()
        {
            //创建 map 对象,
            map = new OpenLayers.Map("map");
            //创建 WMSlayer 对象
            var layer = new OpenLayers.Layer.WMS(
               "OpenLayers WMS",
                   wms_url,
              {
                     layers: wms_layer,
                     format: wms_format,
                     singleTile: true
               });
            // 添加图层
            map.addLayer(layer);
            // 放大到全屏
            map.zoomToMaxExtent();
        }
    </script>
    </head>
    <body onload="init()">
        <div id="map" class="smallmap"></div>
    </body>
</html>
```

9）在浏览器中输入 http://localhost:8080/OpenLayers/index.html，显示 OpenLayer 界面，即之前在地图服务器 GeoServer 发布的地图，如图 6.4-3 所示。

10）添加一个叠加的 WMS

WMS 图层具有相同的投影叠加到其他 WMS 层之上的能力。使用 WMS 做到这一点的最好办法是将 transparent 参数设置为 true。这里的例子演示了如何将一个透明的 WMS 覆盖添加到地图：

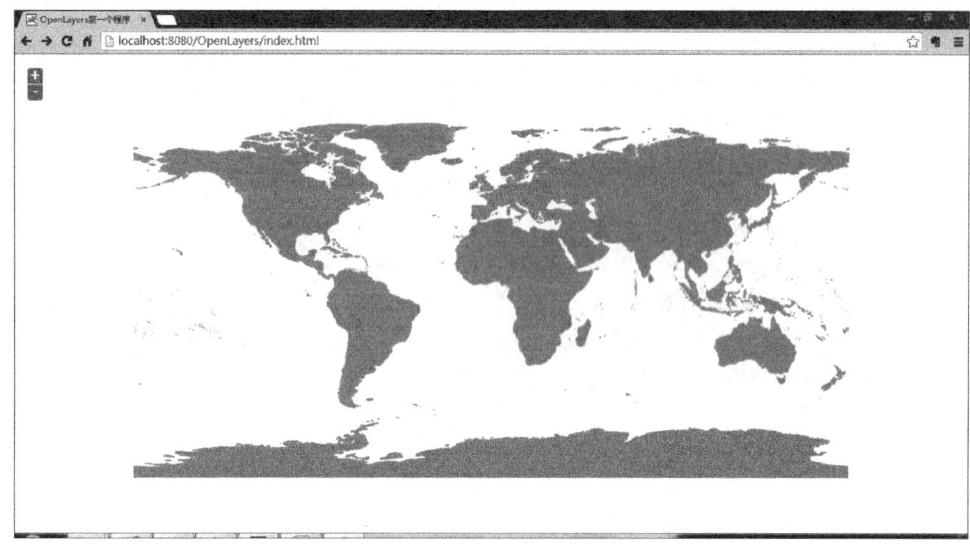

图 6.4-3　OpenLayer 界面

```
var twms = new OpenLayers.Layer.WMS( "WorldMap",
    "http://world.freemap.in/cgi-bin/mapserv?",
    { map: '/www/freemap.in/world/map/factbooktrans.map',
        transparent: 'true', layers: 'factbook'}
    );
map.addLayer(twms);
```

11）添加矢量标记到地图

要在确定地图的经度和纬度中添加一个标记，可以使用一个矢量图层添加一个叠加层。

```
var vectorLayer = new OpenLayers.Layer.Vector("Overlay");
var feature = new OpenLayers.Feature.Vector(
    new OpenLayers.Geometry.Point( -61, 42),
    {some:'data'},
    {externalGraphic: 'img/marker.png', graphicHeight: 21, graphicWidth : 16}
);
vectorLayer.addFeatures(feature);
map.addLayer(vectorLayer);
```

6.4.2　源代码总体结构分析

通过前面的项目介绍，读者已经知道 OpenLayers 是什么，能够做什么。接下来我们将分析它怎么样、以及怎样实现的问题，如图 6.4-4 所示。

从图 6.4-4 可以初步认识一下 OpenLayers 的类（文档中的类按字母顺序排列）。在类的顶层是 OpenLayers，它为整个项目实现提供名称空间（JavaScript 语言没有名称空间，但

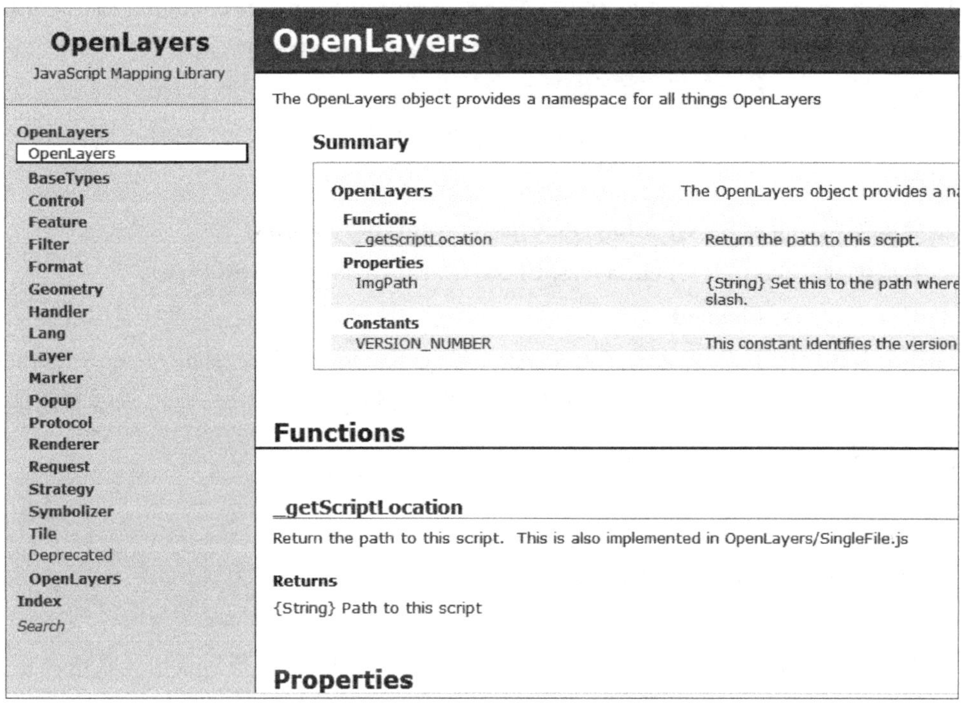

图 6.4-4 OpenLayers 源代码总体结构

是它确实有自己的机制实现类似的功能，后面会说明），它直接拥有常量 VERSION_NUMBER，以标识版本。

1. BaseTypes

BaseTypes（基本类型）：OpenLayers 构建的“自己”的类。它们分别是 OpenLayers.Bounds、OpenLayers.Class、OpenLayers.Element、OpenLayers.LonLat、OpenLayers.Pixel、OpenLayers.Size。

1）OpenLayers.Bounds

在这个类中，数据以四个浮点型数 left、bottom、right、top 的格式存储，它是一个像盒子一样的范围。它实现了描述一个 Bound 的函数：toString、toArray 和 toBBOX。其中，toString 的代码如下：

```
toString :function () {
    return ( "left - bottom = (" + this.left + "," + this.bottom + ")"
        + " right - top = (" + this.right + "," + this.top + ")" );
}
```

结果类似于"left-bottom=(5,42) right-top=(10,45)"。

三个 Bound 数据来源函数为 fromString、fromArray 和 fromSize；五个获取对象属性的函数：getWidth、getheight、getSize、getCenterPixel、getCenterLonLat。其余还有：

add:function (x,y),extend:function (object),containsLonLat,containsPixel,contains,intersectsBounds,containsBounds,determineQuadrant,wrapDateLine。

2) OpenLayers. Class

这个类是 OpenLayers 中的“大红人”,只要创建其他类就得用它,同时也实现了多重继承。用法如下:

单继承创建:class = OpenLayers. Class(prototype)。

多继承创建:class = OpenLayers. Class(Class1, Class2, prototype)。

3) OpenLayers. Element

在这个名称空间下,开发者写了好多 API,有 visible、toggle、hide、show、remove、getheight、getd imensions 和 getStyle,以实现元素的显示、隐藏、删除、取得高度,取得范围等功能。以 getheight 函数为例看看它的代码:

```
getheight: function (element) {
    element = OpenLayers.Util.getElement(element);
    return element.offsetheight;
}
```

这里涉及文档对象模型 DOM 的一些东西,函数本身很简单,最后返回元素的高度。

4) OpenLayers. LonLat

这是经纬度类,其实例为地图提供一经度、纬度对,即位置。有两个属性 lon(x-axis coodinate)和 lat(y-axis coordinate)。这里说明一下,经纬度如何与 x 轴坐标、y 轴坐标联系在一起:当地图是在地理坐标投影下,它就是经纬度;不然就是地图上的 x/y 轴坐标。除构造函数外,实现了五个函数:

(1) toShortString :function ():把坐标转换为字符串。

(2) clone:function ():复制一个 LonLat 对象。

(3) Add:function (lon,lat):改变现有地图的位置。

```
return new OpenLayers.LonLat(this.lon + lon, this.lat + lat);
```

(4) equals:function (ll):判断传入的 lon,lat 对是否与当前的相等。

(5) wrapDateLine:function (maxExtent):复制(lon,lat),指定为边界的最大范围。

5) OpenLayers. Pixel

这是像素类,在显示器上以(x,y)坐标的形式呈现像素位置。有 x 坐标、y 坐标两个属性,提供四个成员函数:

(1) clone:function ():复制像素。

(2) equals:function (px):判断两像素是否相等。

(3) add:function (x,y):改变(x,y)使其成为新像素。

```
return new OpenLayers.Pixel(this.x + x, this.y + y);
```

(4) offset:function (px):调用 add()使像素位置发生偏移。

```
newPx = this.add(px.x, px.y);
```

6) OpenLayers. Size

它也有两个属性:宽度 width、高度 height。实现了两个成员函数:clone:function ()和 equals:function (sz)。

2. Control

Control 是通常所说的控件类,提供各种各样的控件,比如上节中的图层开关 LayerSwitcher,编辑工具条 EditingToolbar 等。加载控件的例子:

```
class = new OpenLayers.Map('map', { controls: [] });
map.addControl(new OpenLayers.Control.PanZoomBar());
map.addControl(new OpenLayers.Control.MouseToolbar());
```

(1) Button:按钮,方法 trigger()单击按钮的时候会调用。

使用方法如下:

```
var button = new OpenLayers.Control.Button({
    displayClass: "MyButton", trigger: myFunction
});
panel.addControls([button]);
```

(2) DragPan:鼠标拖动地图。

(3) DrawFeature:在矢量图上画点、线、面。

(4) EditingToolbar:编辑工具条,EditingToolbar 包含 4 个控件,分别是 drawpoint、drawlines、drawpolygon、pannavigation,构造函数参数为 layer(Openlayer. Layer. Vector)、options。

例如:

```
var vector = new OpenLayers.Layer.Vector("Editable Vectors");
map.addLayers([vector]);
map.addControl(new OpenLayers.Control.EditingToolbar(vector));
```

Geolocate:地理定位,把 w3cgeolocationAPI 包装成控件,与地图绑定,位置发生变化时触发事件。

(5) Graticule:格子线,在地图上以 grid 显示经纬线。

(6) KeyboardDefaults:增加了用键盘实现平移缩放功能。

```
map.addControl(new OpenLayers.Control.KeyboardDefaults());
```

(7) LayerSwitcher:图层切换功能。

```
map.addControl(new OpenLayers.Control.LayerSwitcher());
```

(8) Measure：用于测量绘图，方法 getArea 和 getLength。

(9) MousePosition：鼠标位置，显示鼠标指针移动时的地理坐标。

```
map.addControl(new OpenLayers.Control.MousePosition());
```

(10) MouseToolbar：鼠标工具栏，有拉框放大的功能，但是需要按住 Shift 键，所以不推荐使用，要实现相同的功能可以使用 NavToolbar。

(11) Navigation：导航，导航控件处理鼠标事件(拖动、双击、滚动)的地图浏览。

注意 这个控件是默认添加到地图中的 NavToolbar；加入了两个 mousedefaults 控件，通过使用 zoomBox 实现拉框放大功能。

```
map.addControl(new OpenLayers.Control.NavToolbar());
```

(12) OverviewMap(鹰眼)：默认在地图的右下角 map. addControl(new OpenLayers. Control. OverviewMap())。

(13) Pan：平移。

(14) Panel：面板，Panel 控件是其他控件的容器。

Eachcontrolinthepanelisrepresentedbyanicon，即表示添加到面板里面的控件都是用图像表示的。

(15) PanZoom：平移缩放，由 OpenLayers. Control. PanPanel 和 OpenLayers. Control. PanPanel 这两个控件组成，具有平移和缩放的功能。

```
map.addControl(new OpenLayers.Control.PanZoom());
```

(16) PanZoomBar：平移缩放工具栏，由 OpenLayers. Control. PanPanel 和 OpenLayers. Control. ZoomBar 这两个控件组成，具有平移和缩放功能，此控件和 PanZoom 的区别见图标。

```
map.addControl(new OpenLayers.Control.PanZoomBar());
```

(17) Permalink：永久链接，单击永久链接将用户返回到当前地图视图。例如：

```
map.addControl(new OpenLayers.Control.Permalink());
```

(18) Scale：比例尺，以 1：1 的比率样式显示当前地图的比例。例如：

```
map.addControl(new OpenLayers.Control.Scale());
```

(19) ScaleLine：比例尺，以线段指标的样式显示当前地图的比例。例如：

```
map.addControl(new OpenLayers.Control.ScaleLine());
```

(20) SelectFeature：通过单击或是悬停选择给定层上的 Feature，构造函数参数 layer (Openlayers. Layer. Vector)、options。

(21) multiple：是否允许同时选择多个图形。

(22) clickout：取消功能，当单击图形外的任何东西，取消对图形的选择。

(23) hover：鼠标悬停。

例如：

```
selectControl = new OpenLayers.Control.SelectFeature(
    [vectors1, vectors2],
    {
        clickout: true, toggle: false,
        multiple: false, hover: false,
        toggleKey: "ctrlKey",
        multipleKey: "shiftKey"
    }
);
map.addControl(selectControl);
selectControl.activate();
```

(24) Snapping：编辑矢量图层时用于捕捉。

(25) TouchNavigation：触摸导航，只针对触摸功能的设备的地图绘制应用程序。

(26) WMSGetFeatureInfo：使用 WMS 的查询来获取地图上一个点的信息，显示的格式是 Format。

(27) WMTSGetFeatureInfo：使用 WMTS 的查询来获取地图上一个点的信息，显示的格式是 Format。

(28) ZoomBox：拉框放大的功能，与 NavToolbar 同样，属性 out 可以实现拉框缩小(这个控件没有实现)。

3. Feature

Feature 是 geography 和 attributes 的集合。在 OpenLayers 中，OpenLayers. Feature 类由一个 Marker 和一个 lonlat 组成，如图 6.4-5 所示。

OpenLayers. Feature. WFS 与 OpenLayers. Feature. Vector 继承于它。

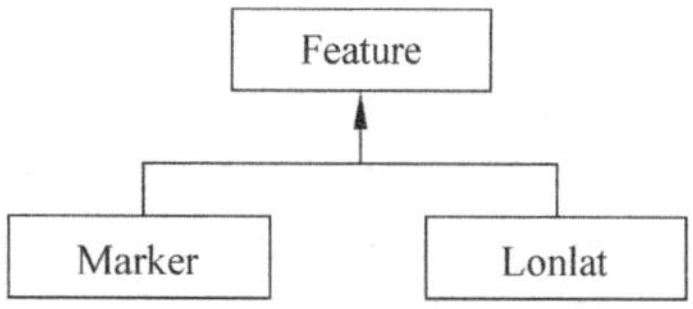

Feature

Marker　　Lonlat

图 6.4-5　Feature 集合图

4. Filter

此类表示 OGC 过滤器。

5. Format

此类用于读/写各种格式的数据，它的子类都分别创建了各个格式的解析器。这些格式有：XML、GML、GeoJSON、GeoRSS、JSON、KML、WFS、WKT(Well-Known Text)。

6. Geometry

几何参数，是对地理对象的描述。它的子类有 Collection、Curve、LinearRing、LineString、MultiLineString、MultiPoint、MultiPolygon、Point、Polygon、Rectangle、Surface，正是这些类的实例，构成了地图。需要说明的是，Surface 类暂时还没有实现。

7. Handler

这个类用于处理序列事件，可被激活和取消。同时，它也有命名类似于浏览器事件的方法。当一个 handler 被激活，处理事件的方法就会被注册到监听器 listener，以响应相应的事件；当一个 handler 被取消，这些方法在事件监听器中也会相应地被取消注册。Handler 通过控件 control 创建，而 control 通过 icon 表现。

8. Lang

Lang 是国际化命名空间，包含各种语言和方法来设置和获取当前的语言词典。

9. Icon

Icon 在计算机屏幕上以图标的形式呈现，有 url、size 和 position 三个属性。一般情况下，它与 OpenLayers. Marker 结合应用，表现为一个 Marker。

10. Layer

Layer 即图层。

11. Map

Map 是网页中动态地图。它就像容器，可向里面添加图层 Layer 和控件 Control。实际上，单个 Map 是毫无意义的，正是 Layer 和 Control 成就了它。

12. Marker

它的实例是 OpenLayers. LonLat 和 OpenLayers. Icon 的集合。通俗地说，Icon 附上一定的经纬度就是 Marker。

Marker 包括一个 OpenLayers. LonLat 和 OpenLayers，Icon。注意，标记一般都是添加到一个特殊的图层，即 OpenLayers. Layer. Markers。

使用方法一：

```
var markers = new OpenLayers.Layer.Markers( "Markers" );
map.addLayer(markers);
var size = new OpenLayers.Size(21,25);
var offset = new OpenLayers.Pixel( - (size.w/2), - size.h);
var icon = new OpenLayers. Icon ( ' http://www. openlayers. org/dev/img/marker. png ' , size,
offset);
markers.addMarker(new OpenLayers.Marker(new OpenLayers.LonLat(0,0),icon));
markers.addMarker(new OpenLayers.Marker(new OpenLayers.LonLat(0,0),icon.clone()));
```

使用方法二：

```
var markers = new OpenLayers.Layer.Markers( "Markers" );
map.addLayer(markers);
markers.addMarker(new OpenLayers.Marker(new OpenLayers.LonLat(0,0),
    new OpenLayers.Icon('http://www.openlayers.org/dev/img/marker.png'))
);
```

注意　标记不能使用同样的图标，但是可以使用 clone()方法实现对图标的克隆。

Box用矩形做标记，同样要添加到Boxes这个图层里面，它们的组合关系如图6.4-6所示：

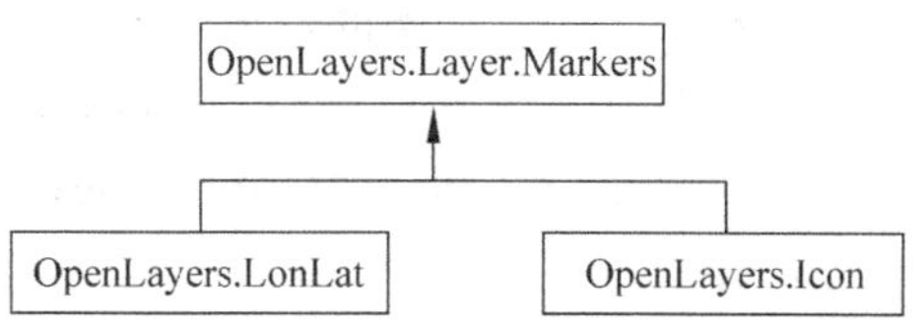

图6.4-6　OpenLayers. Layer. Markers组合关系

13. Popup

地图上一个小巧的层，实现地图"开关"功能。例如：

```
Class = new OpenLayers.Popup("chicken",
    new OpenLayers.LonLat(5,40),
    new OpenLayers.Size(200,200),"example popup",true
);
map.addPopup(popup);
```

14. Protocal

抽象的矢量层协议类，为了不被直接实例化，使用的协议子类的一个替代。

15. Renderer

渲染类。在OpenLayers中，渲染功能是作为矢量图层的一个属性存在的，称为渲染器，矢量图层就是通过这个渲染器提供的方法将矢量数据显示出来。以SVG和VML为例，继承关系如图6.4-7所示。

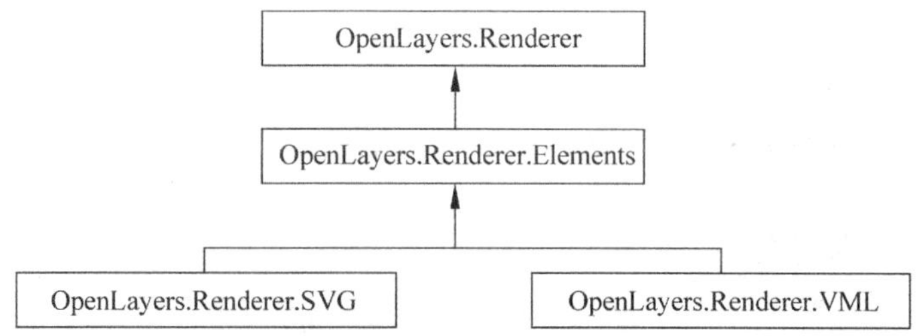

图6.4-7　OpenLayersRenderer集合继承关系

16. Symbolizer

1) Line用来渲染线

属性：

strokeColor：线条的颜色。

strokeOpacity：线条的不透明度。

strokeWith ：宽度。

strokeLinecap：类型（"butt"，"round"，or"square"）。

strokeDahstyle：根据SLD规范的虚线样式。

2) Point用来渲染点

属性：

strokeColor：线条的颜色。

strokeOpacity：线条的不透明度。

strokeWith ：宽度。

strokeLinecap：类型(“butt”,“round”,or“square”)。

strokeDahstyle：根据 SLD 规范的虚线样式。

fillColor：RGB 十六进制填充颜色。

fillOpacity：填充不透明度。

pointRadius：一个像素点的半径。

3）Polygon 用来渲染平面

属性：

strokeColor：线条的颜色。

strokeOpacity：线条的不透明度。

strokeWith ：宽度。

strokeLinecap：类型(“butt”, “round”, or“square”)。

strokeDahstyle：根据 SLD 规范的虚线样式。

fillColor：RGB 十六进制填充颜色。

fillOpacity：填充不透明度。

4）Text 用来渲染文字

属性：

label：标签的文本。

fontFamily：标签的字体家族。

fontSize：字体大小。

fontWeight：字体粗细。

fontStle：字体样式。

17. Tile

Tile 用于设计一个单一的瓦片，或者更小的分辨率，Tile 存储自己的相关信息。

SingleTile 进入单瓦模式层，意味着一个瓦片将被载入，即载入的多张瓦片会被合成一个瓦片载入，Tile 的 size 取决于 ratio 属性，size=ratio* map. size。

Ratio 单瓦大小与整个地图大小的比例，ratio 属性只在 singleTile 模式下使用 Tile 存储它们自身的信息，比如 url 和 size 等。它的类继承关系如图 6.4-8 所示。

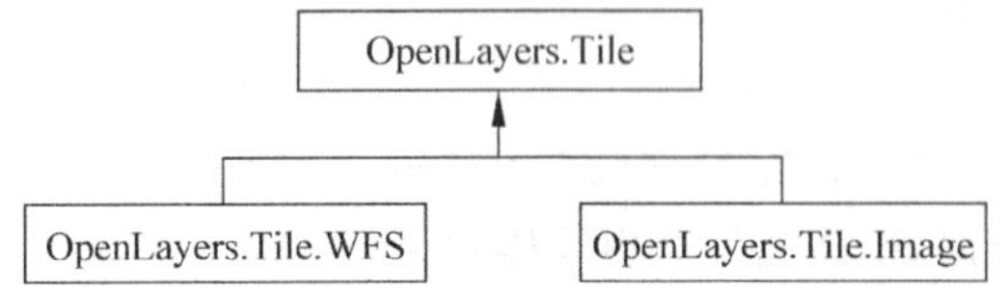

图 6.4-8　OpenLayers 瓦片集合类继承关系

6.4.3　Web 制图基本知识

OpenLayers 的主要概念是地图，它是信息渲染的具体表现。地图可以包含任意数量的层，它可以是栅格层或者矢量层。在这种情况下，每一层都有一个数据源提供特定的数据，包括 PNG 格式图像、KML 格式文件等。此外，在地图上可以包含控件，这有助于与地图内容之间的交互，包括平移、缩放、特征选择等。

1. 理解基础层和非基础层

当你在应用 OpenLayers 构建 Web 地图时，需要明确的第一件事情是基础层。

baseLayer(基础层)是一种特殊的层，这一图层始终是可见的，并确定了一些地图属性，如投影和缩放级别。

一个地图可以有一个以上的基础层，但是在同一时间它们中只有一个可以处于活动状态。此外，如果你添加多个标记基础层到地图，添加的第一个基础层将作为地图的活动状态基础层。

下面这个实例将展示如何将图层添加到地图中，并且标记它们是基础层。要建立具有两个并排显示的地图，每一个地图页面有一个层切换控制，可以控制地图图层，如图 6.4-9 所示。

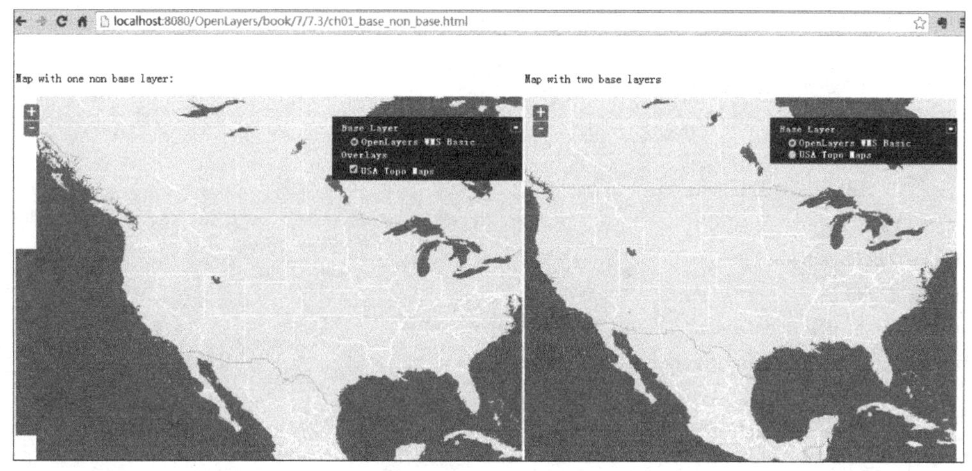

图 6.4-9　基础层和非基础层

假设已经创建了一个 index.html 文件，并且已经包含了 OpenLayers 库。

修改添加层的步骤如下：

(1) 首先创建必要的 HTML 代码，同时包含了创建好的地图。

```
<table style = "width : 100 % ; height: 95 % ;">
    <tr>
        <td>
            <p> Map with one nonbaselayer:</p>
```

```
            <div id="ch01_base_nonbase_map_a" style="width : 100 % ;
              height: 500px;"></div>
        </td>
        <td>
            <p>Map with two baselayers </p>
            <div id="ch01_base_nonbase_map_b" style="width : 100 % ;
              height: 500px;"></div>
        </td>
    </tr>
</table>
```

(2) 在此之后,添加一个 script 元素(<script type="text/javascript">< /script>)提供必要的代码来初始化每一个地图。在地图左侧栏包含两个图层,一个基础层和一个非基础层。

```
//初始化左侧地图
//应用特定 DOM 元素创建地图
var map_a = new OpenLayers.Map("base_nonbase_map_a");
//添加 WMS 层
var wms = new OpenLayers.Layer.WMS("OpenLayersWMSBasic",
    "http://vmap0.tiles.osgeo.org/wms/vmap0",
    {
        layers: 'basic'
    },
    {
        isBaseLayer: true
    });
map_a.addLayer(wms);
// 添加 WMS 层
var topo = new OpenLayers.Layer.WMS("USATopoMaps",
    "http://terraservice.net/ogcmap.ashx",
    {
        layers: "DRG"
    },
    {
        opacity: 0.5,
        isBaseLayer: false
    });
map_a.addLayer(topo);
//添加层选择控件
map_a.addControl(new OpenLayers.Control.LayerSwitcher());
//将地图视图范围设置为全图视窗
//注意: 如果没有一个基础层,将创建失败
map_a.setCenter(new OpenLayers.LonLat( - 100, 40), 5);
```

(3) 在地图的右边包含两个基础层：

```
//初始化右侧地图
//应用特定 DOM 元素创建地图
var map_b = new OpenLayers.Map("base_nonbase_map_b");
// 添加 WMS 层
var wms = new OpenLayers.Layer.WMS("OpenLayersWMSBasic",
     "http://vmap0.tiles.osgeo.org/wms/vmap0",
    {
        layers: 'basic'
    });
map_b.addLayer(wms);
// 添加 WMS 层
var topo = new OpenLayers.Layer.WMS("USATopoMaps",
    "http://terraservice.net/ogcmap.ashx",
    {
        layers: "DRG"
    });
map_b.addLayer(topo);
//添加层选择控件
map_b.addControl(new OpenLayers.Control.LayerSwitcher());
//将地图视图范围设置为全图视窗
//注意: 如果没有一个基础层,将创建失败
map_b.setCenter(new OpenLayers.LonLat(-100, 40), 5);
```

(4) 看到左侧地图中的解释。做的第一件事是创建一个 OpenLayers. Map 例子，它将在 Div 元素中准备渲染，左侧地图如下：

```
varmap_a = new OpenLayers.Map("base_nonbase_map_a");
```

(5) 接下来，创建两个图层，并将其添加到地图中。使第二层成为非基础层，在构造函数中配置指定的属性：

```
var topo = new OpenLayers.Layer.WMS("USATopoMaps",
     "http://terraservice.net/ogcmap.ashx",
    {
        layers: "DRG"
    },
    {
        opacity: 0.5,
        isBaseLayer: false
    }
);
```

(6) 在 OpenLayers 中，所有层的类继承 OpenLayers. Layer 基础类。此类定义了常见的所有图层，如一些属性 opacity(透明度)或者 isBaseLayer(是否为基础层)。

2. 添加地图选择项

在创建一个地图的可视化数据时，有时需要考虑一些重要的事情：使用投影、缩放级别的选择，要使用的默认的平铺尺寸层的请求等。

大多数这些重要的要求都包含在所谓的地图属性中，如果你选择工作在 allOverlays 模式，你需要把它们考虑在内。

这个实例将演示如何设定一些最常见的地图属性。

注意，创建 OpenLayers. Map 类的实例可以有三种方式：

(1) 表示地图将呈现的 DOM 元素的标识符：

```
varmap = new OpenLayers.Map("map_id");
```

(2) 表示 DOM 元素的标识符，并表示一组选项：

```
varmap = new OpenLayers.Map("map_id", {some_options_here});
```

(3) 只显示一组选项，可以在以后设置 DOM 元素的地方呈现地图：

```
varmap = new OpenLayers.Map({some_options_here});
```

具体步骤如下：

(1) 创建一个 DOM 元素来渲染地图。

```
<! -- 地图 DOM 元素 -->
<div id = "map_options" style = "width : 100 % ; height: 95 % ;"></div>
```

(2) 定义一些地图选择项。

```
var options =
{
    div: "map_options",
    projection: "EPSG:4326",
    units: "degrees",
    displayProjection: new OpenLayers.Projection("EPSG:900913"),
    numZoomLevels: 7
};
```

(3) 通过传递选项创建的地图。

```
var map = new OpenLayers.Map(options);
```

(4) 添加 MousePosition 控件使在地图上显示鼠标位置。

```
var map = new OpenLayers.Map(options);
```

(5) 添加一个 WMS 图层，并设置一些需要显示地图视图的地方。

```
var wms = new OpenLayers.Layer.WMS("OpenLayersWMSBasic",
    "http://vmap0.tiles.osgeo.org/wms/vmap0",
```

```
    {
        layers: 'basic'
    }
);
map.addLayer(wms);
map.setCenter(new OpenLayers.LonLat(0, 40), 4);
```

在这个例子中，已经使用了 5 个地图选择项来初始化 OpenLayers. Map 实例。

3. 管理地图的栈层

地图(Map)是 OpenLayers 的核心概念。它使开发者能够从不同的可视化信息层，同时带来管理以及连接到这些层的方法。

如何使用控制层很重要，因为添加、删除或重新排序层是几乎每一个网站地图应用都需要而且非常常见的操作，地图的栈层如图 6.4-10 所示。

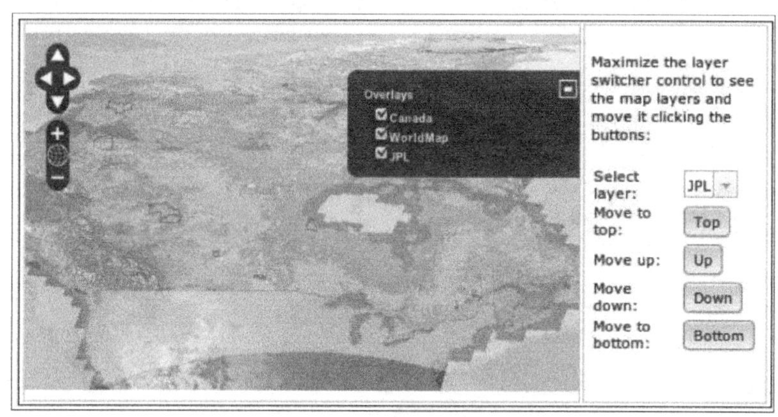

图 6.4-10 管理地图的栈层

该应用程序在地图的右侧显示控制面板，添加按键来进行图层的控制操作。

(1) 创建一个 index. htm 文件，添加需要的代码来创建应用程序布局。这里将其放置在一个表中，在左侧放置地图。

```
<table class = "tm">
<tr>
<td class = "left">
    <div id = "managing_layers" style = "width : 100 % ; height: 500px;"></div>
</td>
<td class = "right">
```

(2) 在右侧放置控件。

```
<td class = "left">
    <div id = "managing_layers" style = "width : 100 % ; height: 500px;"></div>
</td>
<td class = "right">
```

```
    <p>Maximize the layer switcher control to see the map
        layers and move it clicking the buttons:</p>
    <table class = "tb">
        <tr>
            <td>Select layer:</td>
        <td>
        <select id = "layerSelection">
            <option value = "JPL">JPL</option>
            <option value = "WorldMap">WorldMap</option>
            <option value = "Canada">Canada</option>
        </select>
        </td>
        </tr>
        <tr>
            <td>Move to top:</td>
            <td><button onClick = "topLayer()">Top</button></td>
        </tr>
        <tr>
            <td>Move up:</td>
            <td><button onClick = "raiseLayer()">Up</button></td>
        </tr>
        <tr>
            <td>Move down:</td>
            <td><button onClick = "lowerLayer()">Down</button></td>
        </tr>
        <tr>
            <td>Move to bottom:</td>
            <td><button onClick = "bottomLayer()">Bottom</button></td>
        </tr>
    </table>
</td>
```

(3) 在 allOverlays 模式下创建一个 OpenLayers. Map 实例。

```
var map = new OpenLayers.Map("managing_layers",
    {
        allOverlays: true
    }
);
```

(4) 添加一些图层到地图。

```
var jpl = new OpenLayers.Layer.WMS("JPL",
    [
        "http://t1.hypercube.telascience.org/tiles?",
        "http://t2.hypercube.telascience.org/tiles?",
        "http://t3.hypercube.telascience.org/tiles?",
        "http://t4.hypercube.telascience.org/tiles?"
    ],
    {
```

```
            layers: 'landsat7'
        }
    );
    var worldmap = new OpenLayers.Layer.WMS("WorldMap",
        "http://vmap0.tiles.osgeo.org/wms/vmap0",
        {
            layers: 'basic',
            format: 'image/png'
        },
        {
            opacity: 0.5
        }
    );
    var canada = new OpenLayers.Layer.WMS("Canada",
            "http://www2.dmsolutions.ca/cgi-bin/mswms_gmap",
        {
            layers: "bath ymetry,land_fn,park",
            transparent: "true",
            format: "image/png"
        },
        {
            opacity: 0.5
        }
    );
    map.addLayers([jpl, worldmap, canada]);
```

(5) 添加一个图层切换控制(显示层)和中心地图视图。

```
// 添加图层选择控件
map.addControl(new OpenLayers.Control.LayerSwitcher({ascending: false}));
// 将地图放入合适的视窗中
map.setCenter(new OpenLayers.LonLat(-100, 40), 4);
```

(6) 添加 JavaScript 代码,当前面的四个按钮被单击时进行响应。

```
// 按键事件
function raiseLayer() {
    var layerName = document.getElemnetById('layerSelection').get('value');
    var layer = map.getLayersByName(layerName)[0];
    map.raiseLayer(layer, 1);
}
function lowerLayer() {
    var layerName = document.getElemnetById('layerSelection').get('value');
    var layer = map.getLayersByName(layerName)[0];
    map.raiseLayer(layer, -1);
}
function topLayer() {
    alert("1");
    var layerName = document.getElemnetById('layerSelection').get('value');
    var layer = map.getLayersByName(layerName)[0];
```

```
        var lastIndex = map.getNumLayers() - 1;
        map.setLayerIndex(layer, lastIndex);
    }
    function bottomLayer() {
        var layerName = document.getElemnetById('layerSelection').get('value');
        var layer = map.getLayersByName(layerName)[0];
        map.setLayerIndex(layer, 0);
    }
```

4. 管理地图控件

OpenLayers 自带很多控件与地图进行交互，包括平移、缩放、展示完整地图、编辑要素等。以同样的方式作为两层，OpenLayers. Map 类具有管理控制方法附加到地图。OpenLayers 带有很多控件，只需要添加简单的代码，就可以在 OpenLayers 上添加控件，如图 6.4-11 所示。

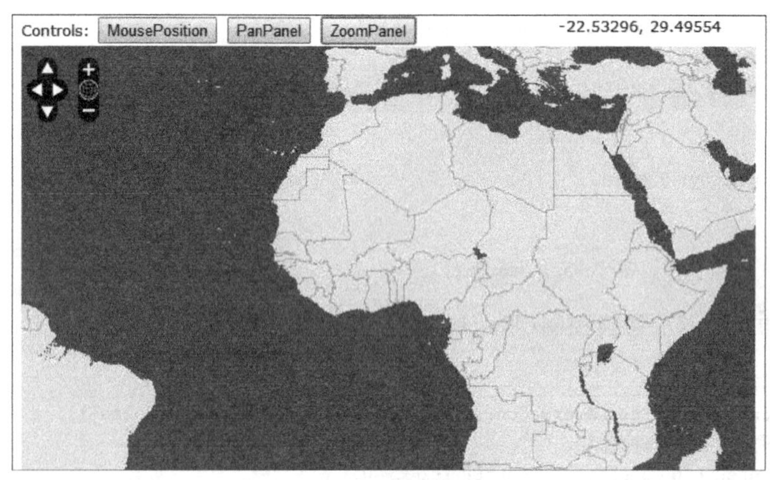

图 6.4-11 管理地图控件

OpenLayers 控件位于 OpenLayers. Control 命令空间下，下面介绍一些常用的控件类型。

1) 图层切换(Switcher)控件(LayerSwitcher)

图层切换(Switcher)控件用于切换 OpenLayersMap 上的图层。LayerSwither 的类为 OpenLayers. Control. LayerSwitcher。添加 LayerSwitcher 的代码如下：

```
map.addControl(new OpenLayers.Control.LayerSwitcher());
```

2) 鼠标坐标位置(MousePosition)控件

用于显示当前鼠标所在的地图坐标。图 6.4-12 右下角矩形框处为当前鼠标所在位置的地图坐标。

(1) 定义显示坐标值的容器：使用鼠标坐标位置(MousePosition)控件需要定义显示坐标值的 div 容器，MousePosition 控件会将坐标值写入该 div 中。

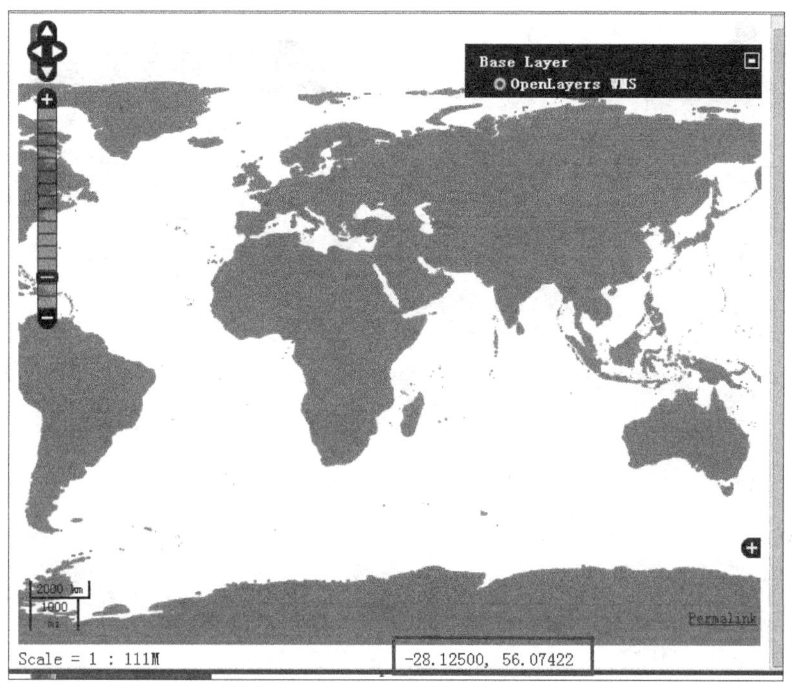

图 6.4-12 定义显示坐标值

```
<div id = "location"> location </div>
```

(2) 创建 MousePosition 控件:

```
map.addControl(new OpenLayers.Control.MousePosition({element: $ ('location')}));
```

OpenLayers. Control. MousePosition 的参数即为前面定义的 div 的 id 值。

3) 地图比列尺(MapScale)控件

用于显示当前地图的比例尺。图 6.4-13 左下角矩形框处为当前地图的比例尺。

(1) 定义显示坐标值的容器:使用 MapScale 控件需要定义显示内容的 div 容器,MapScale 控件值会写入到该 div 中。

(2) 创建 MapScale 控件:

```
map.addControl(new OpenLayers.Control.Scale( $ ('scale')));
```

OpenLayers. Control. Scale 的参数即为前面定义的 div 的 id 值。

4) 放大缩小条(PanZoomBar)控件

创建代码:

```
map.addControl(new OpenLayers.Control.PanZoomBar());
```

图 6.4-14 左上角矩形框给出当前地图放大缩小条。

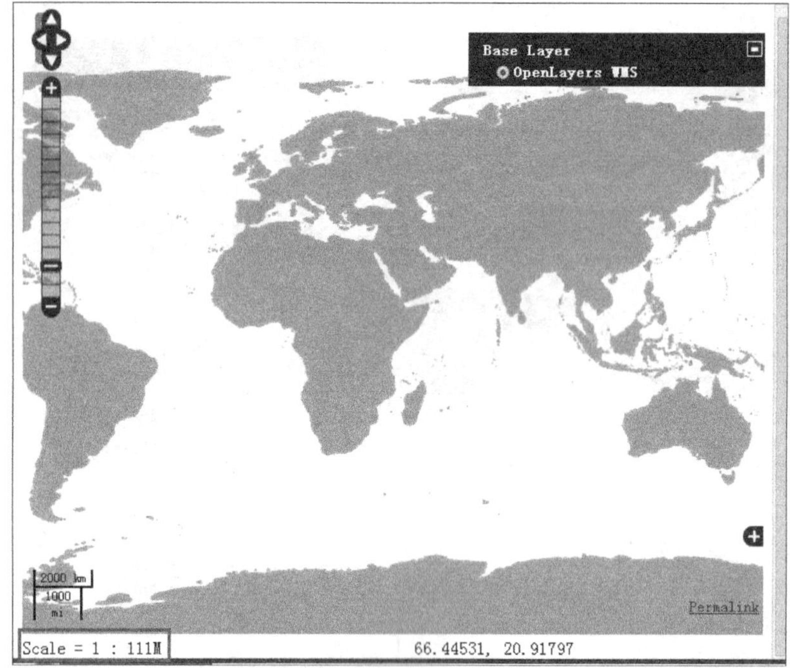

图 6.4-13　MapScale 控件

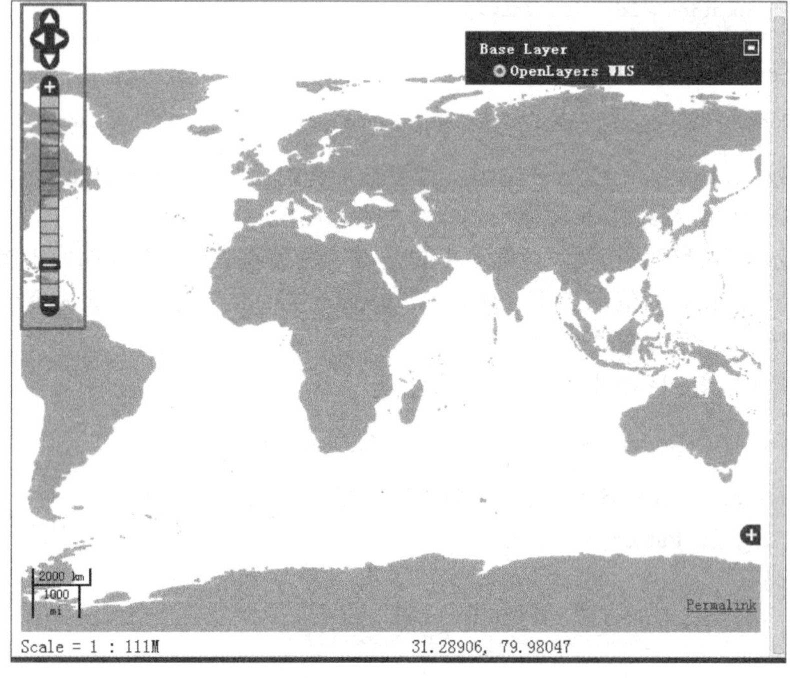

图 6.4-14　PanZoomBar 控件

5）地图比例尺线(ScaleLine)控件

添加代码：

```
map.addControl(new OpenLayers.Control.ScaleLine());
```

效果如图 6.4-15 左下角矩形框所示。

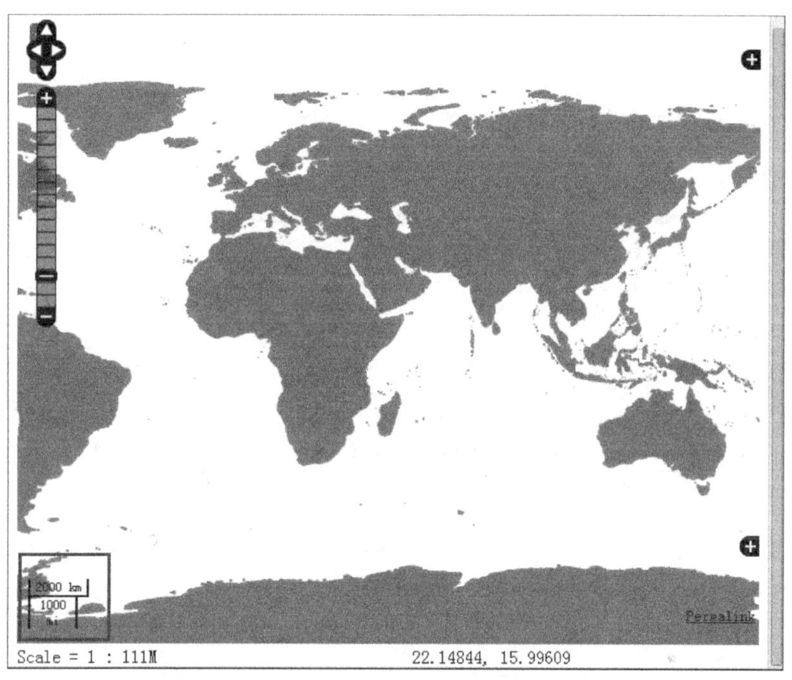

图 6.4-15 ScaleLine 控件

6）鹰眼控件(OverviewMap)

```
map.addControl(new OpenLayers.Control.OverviewMap());
```

完整代码如下：

```
<!DOCTYPEHTMLPUBLIC " - //W3C//DTD HTML4.0Transitional//EN">
<HTML>
    <HEAD>
        <TITLE> OpenLayer : MapControls </TITLE>
        <link rel = "stylesheet" href = "./OpenLayers - 2.12/theme/default/style.css"
                type = "text/css" />
        <script src = "./OpenLayers - 2.12/lib/OpenLayers.js"></script>
        <style type = "text/css">
          #wrapper
            {
              width : 500px;
            }
```

```
        #location
         {
            float: right;
          }
        #scale
         {
            float: left;
          }
      </style>
      <script type="text/javascript">
         var map = null;
         var wms_url = "http://localhost:8081/geoserver/wms?";
         var wms_layer = "world:10m_admin_0_countries";
         var wms_format = 'image/png';
         var wms_version = "1.3.0";
         function init()
            {
                //创建 map 对象,
               map = new OpenLayers.Map("map");
               var layer = new OpenLayers.Layer.WMS("OpenLayersWMS",
               wms_url,
                     {
                     layers : wms_layer,
                     format : wms_format,
                     singleTile: true
                  });
                // 添加图层
               map.addLayer(layer);
                // 添加 LayerSwitcher 控件
               map.addControl( new OpenLayers.Control.LayerSwitcher() );
                // 添加 MousePosition 控件
               map.addControl(new OpenLayers.Control.MousePosition
                  ({element: $ ('location')}));
                // 添加 MapScale 控件
               map.addControl(new OpenLayers.Control.Scale( $ ('scale')));
                // 添加 PanZoomBar
               map.addControl(new OpenLayers.Control.PanZoomBar());
               map.addControl(new OpenLayers.Control.Permalink());
               map.addControl(new OpenLayers.Control.ScaleLine());
               map.addControl(new OpenLayers.Control.OverviewMap());
                // 放大到全屏
               map.zoomToMaxExtent();
            }
      </script>
   </HEAD>
```

```
    <BODYonload = "init()">
        <div>
            <div id = "map" class = "smallmap"></div>
        </div>
        <div id = "wrapper">
            <div id = "location"></div>
            <div id = "scale"></div>
        </div>
    </BODY>
</HTML>
```

效果如图 6.4-16 所示。

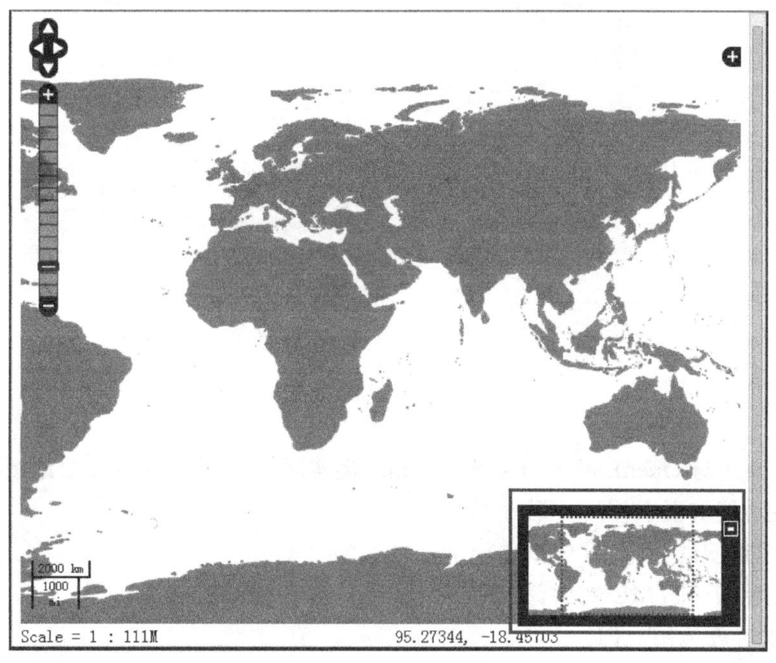

图 6.4-16 鹰眼控件

6.4.4 添加栅格图层

栅格图层的数据被渲染为图像,而图像是由像素组成的。所以,定义栅格图层的样式,本质上是定义计算每个像素颜色的规则。通过改变栅格图层定义,可以调整栅格图层中每个像素的亮度、对比度,选择透明颜色等。

在 GIS 系统中应用最多的数据是图像格式。OpenLayers 提供了几个类来使用不同的图像供应商整合,包括专有的供应商(如 GoogleMaps 和 BingMaps)和开放源码图像(如作为 OpenStreetMap 或者任何 WMS 服务提供商)。对于任何图层类型,基本类是 OpenLayers. Layer 类,它提供了一组通用属性和定义的任何其他类的公共行为。

此外，多层次的 OpenLayers. Layer. Grid 类用来划分继承该层为缩放级别。这样，每个缩放级别覆盖相同的面积。例如，在零水平网格覆盖全球，在一个级别有四个网格覆盖整个世界，等等。

1. 使用谷歌地图的图像

谷歌地图可能是世界上最知名的 Web 地图应用程序，谷歌栅格图如图 6. 4-17 所示。它的图像应用瓦片层的方式，是众所周知的。因为习惯于他们这样的图层样式，开发者可能也倾向于应用在自己的网络映射项目上。

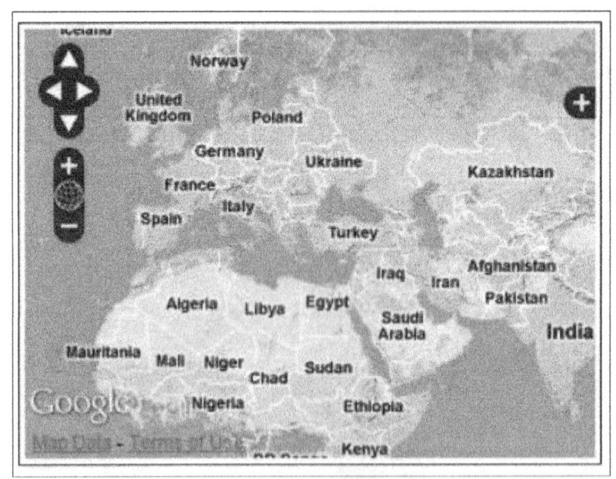

图 6. 4-17　谷歌地图

OpenLayers 与 OpenLayers. Layer. Google 类实际上是一个围绕谷歌地图 API 的封装代码，使开发者能够混合使用谷歌地图瓦片和 OpenLayersAPI。

使用谷歌地图的图像，具体步骤如下：

(1) 创建一个 HTML 文件，并添加 OpenLayers 的依赖关系。

(2) 添加谷歌地图 API：

```
<script type = "text/javascript" src = "http://maps.google.com/maps/
    api/js?v = 3.5&sensor = false"></script>
```

(3) 添加一个 Div 元素创建地图：

```
<! -- MapDOM 元素 -->
<div id = "google" style = "width : 100 % ; height: 100 % ;"></div>
```

(4) 在一个 script 元素，添加代码来创建地图实例，并添加一个图层切换控制：

```
//通过特定 DOM 元素创建地图
var map = new OpenLayers.Map("google");
map.addControl(new OpenLayers.Control.LayerSwitcher());
```

(5) 创建一些谷歌地图并将其添加到地图中：

```
var streets = new OpenLayers.Layer.Google("GoogleStreets",
    {
        numZoomLevels: 20
    }
);
var physical = new OpenLayers.Layer.Google("GooglePhysical",
    {
        type: google.maps.MapTypeId.TERRAIN
    }
);
var hybrid = new OpenLayers.Layer.Google("GoogleHybrid",
    {
        type: google.maps.MapTypeId.HYBRID, numZoomLevels: 20
    }
);
var satellite = new OpenLayers.Layer.Google("GoogleSatellite",
    {
        type: google.maps.MapTypeId.SATELLITE, numZoomLevels: 22
    }
);
map.addLayers([physical, streets, hybrid, satellite]);
```

(6) 将地图放入一个合适的位置：

```
map.setCenter(new OpenLayers.LonLat(0, 0), 2);
```

在这个实例中，展示了如何使用谷歌地图 API，添加谷歌图像到具体的 OpenLayers 项目中。

2. 添加 WMS 图层

Web 地图服务(WMS)，是由开放地理空间联盟(OGC)开发的一个标准，被应用于许多地理空间服务器，其中可以找到自由和开放源码项目的 GeoServer (http://geoserver.org) 和 MapServer (http://mapserver.org)。

作为一个非常基本的总结，可以理解 WMS 服务器为一个接受了一些 GIS 相关参数(如投影，边界框等)的 HTTPWeb 服务器，并返回类似于图 6.4-18 所示的地图。

添加一个 WMS 图层的步骤如下：

(1) 创建一个 HTML 文件，并添加 OpenLayers 的依赖关系。

(2) 添加一个 Div 元素创建地图：

```
<div id = "ch2_wms_layer" style = "width : 100 % ; height: 100 % ;"></div>
```

(3) 创建地图实例：

```
// 通过特定 DOM 元素创建地图
var map = new OpenLayers.Map("ch2_wms_layer");
```

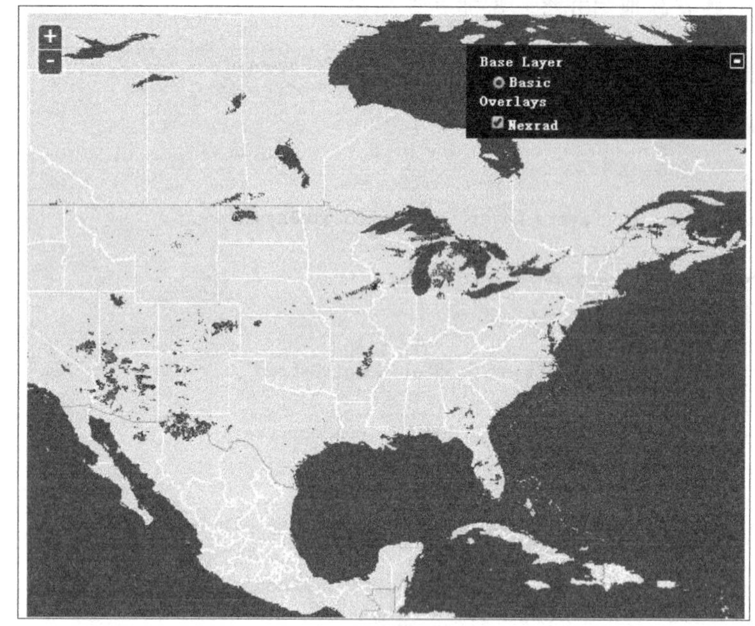

图 6.4-18　添加 WMS 图层

(4) 添加两个 WMS 图层——基本层和叠加层：

```
// 添加 WMS 图层
var wms = new OpenLayers.Layer.WMS("Basic", "http://vmap0.tiles.osgeo.org/wms/vmap0",
    {
        layers: 'basic'
    }
);
// 添加 NexradWMS 图层
var nexrad = new OpenLayers.Layer.WMS("Nexrad",
    "http://mesonet.agron.iastate.edu/cgi-bin/wms/nexrad/n0r.cgi",
    {
        layers: "nexrad-n0r",
        transparent: true,
        format: 'image/png'
    },
    {
        isBaseLayer: false
    }
);
map.addLayers([wms, nexrad]);
```

(5) 在地图视窗中添加一个图层选择控件：

```
// 添加图层选择控件
```

```
map.addControl(new OpenLayers.Control.LayerSwitcher());
// 设置图层视窗
map.setCenter(new OpenLayers.LonLat( - 90,40), 4);
```

(6) 该 OpenLayers. Layer. WMS 类构造函数需要实例化四个参数(第四个参数是可选的):

```
new OpenLayers.Layer.WMS(name, url, params, options)
```

具体参数解释如下:

name: 通用于所有层,并作为一个用户友好的说明。

utl: 一个必须指向 WMS 服务器的字符串。

params: 是一个对象,并且可以包含在 WMS 中使用的任何参数请求,包括层、格式、风格等。

options: 是包含特定性质的可选对象图层对象,其中包括不透明度、isBaseLayer 等。

3. 更改缩放效果

平移和缩放效果都关系到用户的导航体验。以同样的方式,你可以控制图层缩放级别之间的过渡效果。该 OpenLayers. Layer 类具有 transitionEffect 特性,这就决定了效果应用在缩放级别改变的层。目前只有两个允许值: null 和 resize。

null 值表示没有过渡效果被应用,因为当你改变缩放级别,直到地图瓦片在新的缩放级别被加载时你才可能看到图层的消失。

要更改缩放级别,请执行下列步骤:

(1) 创建一个 HTML 文件,包括所需的 OpenLayers。

(2) 在这个实例中,添加一个复选框按钮,允许改变在单个层之间的过渡效果:

```
Transitioneffect: < input type = " CheckBox" checked onChange = "transitionEffect" /> Resize
```

(3) 添加的 Div 元素:

```
< div id = "ch2_transition_effect" style = "width : 100 % ; height:100 % ;"></div >
```

(4) 添加初始化的地图和创建一个 WMS 图层:

```
< script type = "text/javascript">
// 创建使用指定的 DOM 元素的地图
var map = new OpenLayers.Map("ch2_transition_effect");
// 添加 WMS 层
var wms = new OpenLayers.Layer.WMS("OpenLayersWMSBasic",
    "http://vmap0.tiles.osgeo.org/wms/vmap0",
    {
        layers: 'basic'
    },
    {
        wrapDateLine: true,
```

```
        transitionEffect: 'resize'
    }
);
map.addLayer(wms);
map.setCenter(new OpenLayers.LonLat(0,0), 3);
```

(5) 切换 transitionEffect 属性值的函数：

```
function transitionEffect(checked) {
    if(checked) {
        wms.transitionEffect = 'resize';
    } else {
        wms.transitionEffect = null;
    }
}
</script>
```

4. 创建一个图像层

有时你可能不需要一个瓦片地图层，如 GoogleMaps、OpenStreetMap 或者 WMS。你可能已经有一个地理参考图像，知道它的投影和边界框，并想呈现在地图上。

在这些情况下，OpenLayers 提供 OpenLayers. Layer. Image 类，允许创造一个简单的图像层。地理参考图像如图 6.4-19 所示。

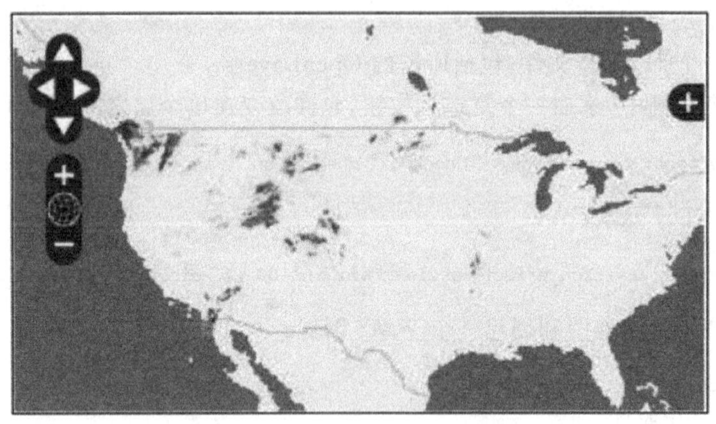

图 6.4-19　创建一个图像层

创建一个图像层的具体步骤如下：

(1) 创建一个 HTML 文件，添加 OpenLayers 的依赖关系。

(2) 添加一个 Div 元素创建地图：

```
<! -- 地图 DOM 元素 -->
<div id="image" style="width : 100% ; height: 100% ;"></div>
```

(3) 初始化地图,并添加一个 WMS 基底层:

```
var map = new OpenLayers.Map("image",
    {
        allOverlays: true
    }
);
map.addControl(new OpenLayers.Control.LayerSwitcher());
// 添加 WMs 图层
var wms = new OpenLayers.Layer.WMS("OpenLayersWMSBasic",
    "http://vmap0.tiles.osgeo.org/wms/vmap0",
    {
        layers: 'basic'
    }
);
map.addLayer(wms);
```

(4) 定义图像的 URL,设置其范围和大小,并创建一个图像层:

```
// 添加一个 Image 图层
var img_url = "http://localhost:8080/openlayers-cookbook/recipes/data/nexrad.png";
var img_extent = new OpenLayers.Bounds
        (-131.0888671875, 30.5419921875, -78.3544921875, 53.7451171875);
var img_size = new OpenLayers.Size(780, 480);
var image = new OpenLayers.Layer.Image("ImageLayer", img_url, img_extent, img_size,
    {
        isBaseLayer: false,
        alwaysInRange: true
    }
);
map.addLayer(image);
// 中心视图
map.setCenter(new OpenLayers.LonLat(-85, 40), 3);
```

(5) 该 OpenLayers.Layer.Image 类构造函数需要如下五个参数:

name:该层所需的描述性名称。

url:用于图像 URL 地址。

extend:图像边框的 OpenLayers.Bounds 类实例。

size:图像尺寸像素的 OpenLayers.Size 实例。

options:表示一个 JavaScript 对象使用不同的选项层。

6.4.5 添加矢量图层

本节主要讨论矢量图层。与栅格图层相比,矢量信息是 GIS 系统另一种重要的信息类型。在 GIS 中,现实世界的现象可由功能的概念来表示:它可以是一个地方,就像一个城市或一个村庄;它可以是一条道路或铁路;它可以是一个地区、一个湖、一个国家的边界,等等。

每一个功能都有一组属性：如人口、长度等。它在视觉上表示几何符号：点、线、多边形等。用一些视觉风格：颜色、半径、宽度等。

矢量层的基本类是 OpenLayers. Layer. Vector 类，它定义了常见的属性和行为的所有子类。

OpenLayers. Layer. Vector 类包含了一系列的功能。这些功能实例其实是继承了 OpenLayers. Feature. Vector 的子类。

矢量层本身或每个功能可以有一个与之关联的视觉风格，这将是用于呈现在地图上的功能。

除了屏幕上的显示图层，这里需要考虑数据源。OpenLayers 提供了类来从很多数据源读/写，并使用不同的格式，如 GML、KML、GeoJSON、GeoRSS 等。

1. 添加 GML 图层

地理标记语言(GML)是用 XML 语法来表示地理功能。这是一个被 GIS 社区广泛接受的 OGC 标准，一个 GML 图层如图 6.4-20 所示。

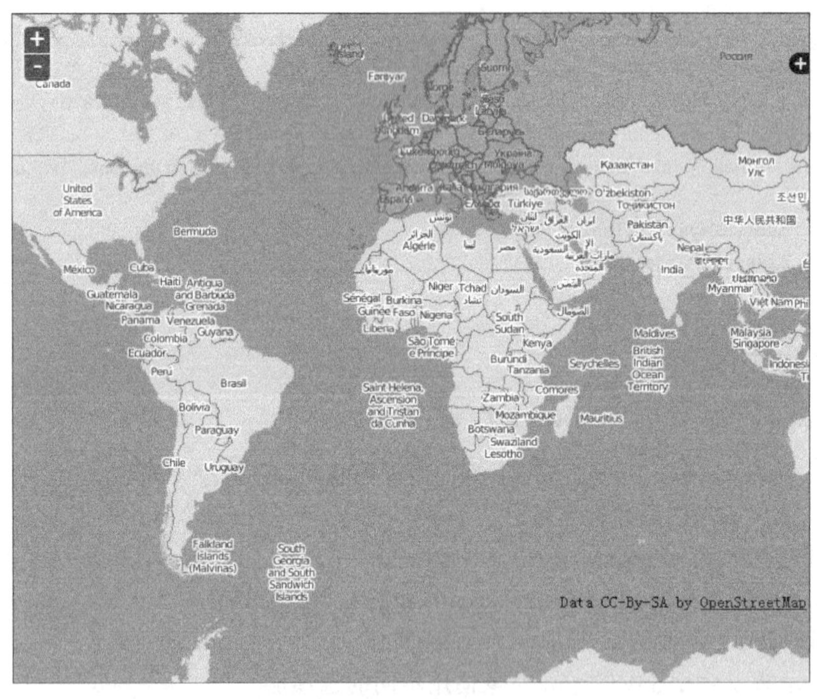

图 6.4-20 添加 GML 层

在 GML 文件中创建一个矢量图层的具体步骤如下：

(1) 创建具有所需 OpenLayers 的依赖 HTML 文件，并添加下面的代码。首先添加的 Div 元素包含地图：

```
<! -- 地图 DOM 元素 -->
<div id="ch3_gml" style="width : 100% ; height: 100% ;"></div>
```

(2) 添加 JavaScript 代码来初始化地图,添加基础层和图层选择控件:

```
var map = new OpenLayers.Map("ch3_gml");
var layer = new OpenLayers.Layer.OSM("OpenStreetMap");
map.addLayer(layer);
map.addControl(new OpenLayers.Control.LayerSwitcher());
map.setCenter(new OpenLayers.LonLat(0,0), 2);
```

(3) 添加一个 GML 空间数据的矢量图层:

```
map.addLayer(new OpenLayers.Layer.Vector("Europe (GML)",
    {
        protocol: new OpenLayers.Protocol.HTTP({
            url: "http://localhost:8080/OpenLayers/book/7/7.3/data/europe.gml",
            format: new OpenLayers.Format.GML()
        }),
    strategies: [new OpenLayers.Strategy.Fixed()]
    })
);
```

2. 添加 KML 图层

KML 是 Keyhole 标记语言(Keyhole Markup Language)的缩写,最初由 Keyhole 公司开发,是一种基于 XML 语法格式的、用于描述和保存地理信息(点、线、图像、多边形和模型等)的编码规范,可以被 GoogleEarth 和 GoogleMaps 识别并显示。GoogleEarth 和 GoogleMaps 处理 KML 文件的方式与网页浏览器处理 HTML 和 XML 文件的方式类似。像 HTML 一样,KML 使用包含名称、属性的标签(tag)来确定显示方式。因此,可将 GoogleEarth 和 GoogleMaps 视为 KML 文件浏览器。在 2008 年 4 月,微软的 OOXML 成为国际标准后,Google 公司宣布放弃对 KML 的控制权,由开放地理信息联盟(OGC)接管 KML 语言,并将 GoogleEarth 及 GoogleMaps 使用的 KML 语言变成为一个国际标准。

Keyhole 标记语言(KML)已成为最广泛使用的格式之一,它变成了一个 OGC 标准。一个 KML 全球运输路线如图 6.4-21 所示。

从一个 KML 文件添加功能的具体步骤如下:

(1) 创建包含 OpenLayers 的 HTML 文件,并添加下面的代码。首先添加 Div 元素包含地图:

```
<! -- 地图 DOM 元素 -->
<div id="ch3_kml" style="width : 100% ; height: 100% ;"></div>
```

(2) 初始化一个 map 实例,添加一个基础层,添加图层切换控制和中心观察点:

```
var map = new OpenLayers.Map("ch3_kml");
var layer = new OpenLayers.Layer.OSM("OpenStreetMap");
layer.wrapDateLine = false;
```

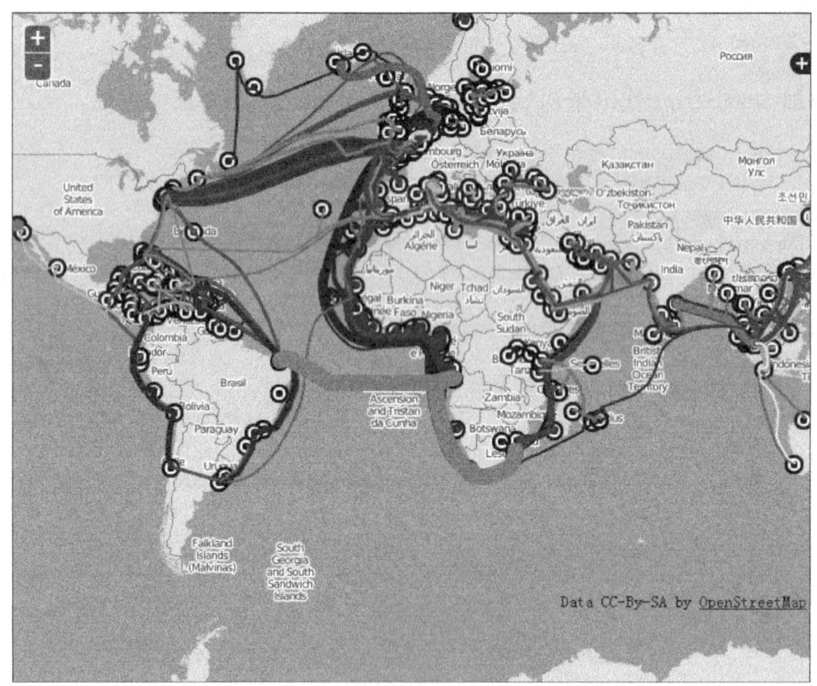

图 6.4-21 KML 全球运输路线

(3) 添加一个矢量图层，从一个 KML 文件加载数据：

```
map.addControl(new OpenLayers.Control.LayerSwitcher());
map.setCenter(new OpenLayers.LonLat(0,0), 2);
map.addLayer(new OpenLayers.Layer.Vector("GlobalUnderseaFiberCables",
{
    protocol: new OpenLayers.Protocol.HTTP({
        url: "http://localhost:8080/OpenLayers/book/7/7.3/data/globalundersea.kml",
        format: new OpenLayers.Format.KML({
            extractStyles: true,
            extractAttributes: true
        })
    }),
    strategies: [new OpenLayers.Strategy.Fixed()]
}));
```

3. 添加地图标记

标记广泛应用于网络应用程序映射，他们使开发者能够通过显示所需的位置的图标快速识别兴趣点。

这里介绍如何通过使用 OpenLayers. Marke 和 OpenLayers. Layer. Markers 类标记添加到地图，实现效果如图 6.4-22 所示。

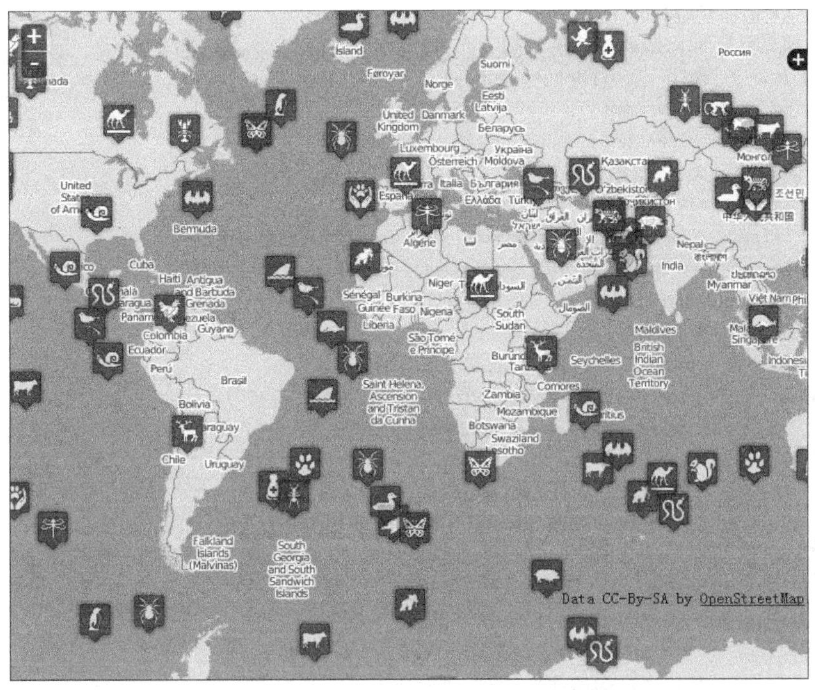

图 6.4-22 添加地图标记

(1) 创建包含 OpenLayers 包的 HTML 文件,并添加下面的代码。首先添加 Div 元素包含地图:

```
<! -- 地图 DOM 元素 -->
<div id = "ch3_markers" style = "width : 100 % ; height: 100 % ;"></div>
var map = new OpenLayers.Map("ch3_markers");
var layer = new OpenLayers.Layer.OSM("OpenStreetMap");
map.addLayer(layer);
map.addControl(new OpenLayers.Control.LayerSwitcher());
map.setCenter(new OpenLayers.LonLat(0,0), 2);
```

(2) 添加一个新的层 OpenLayers. Layer. Markers,用于包含 OpenLayers. Marker 实例:

```
var markers = new OpenLayers.Layer.Markers("Markers");
map.addLayer(markers);
```

(3) 使用一个随机数组图标来创建随机标记,如图 6.4-23 所示。

```
//创建一些随机标记
var icons = [
        // 这里添加一组数组的标记图片
    ];
```

```
for(var i = 0; i < 150; i++) {
    // 随机计算标记摆放经纬度坐标
    var icon = Math.floor(Math.random() * icons.length );
    var px = Math.random() * 360 - 180;
    var py = Math.random() * 170 - 85;
    // 新建标记大小,像素点
    var size = new OpenLayers.Size(32, 37);
    var offset = new OpenLayers.Pixel( - (size.w/2), - size.h);
    var icon = new OpenLayers.Icon('./data/icons/' + icons[icon], size, offset);
    icon.setOpacity(0.7);
    // 将经纬度坐标转换为地图工程
    var lonlat = new OpenLayers.LonLat(px, py);
    lonlat.transform(new OpenLayers.Projection("EPSG:4326"),
        new OpenLayers.Projection("EPSG:900913"));
    // 添加标记
    var marker = new OpenLayers.Marker(lonlat, icon);
    //事件处理程序,当鼠标移动图标时,图标变大更改其不透明度
    marker.events.register("mouseover", marker, function () {
        this.inflate(1.2);
        this.setOpacity(1);
     });
    //事件处理程序,当鼠标移动图标时,图标变大更改其不透明度
    marker.events.register("mouseout", marker, function () {
        this.inflate(1/1.2);
        this.setOpacity(0.7);
    });
    markers.addMarker(marker);
}
```

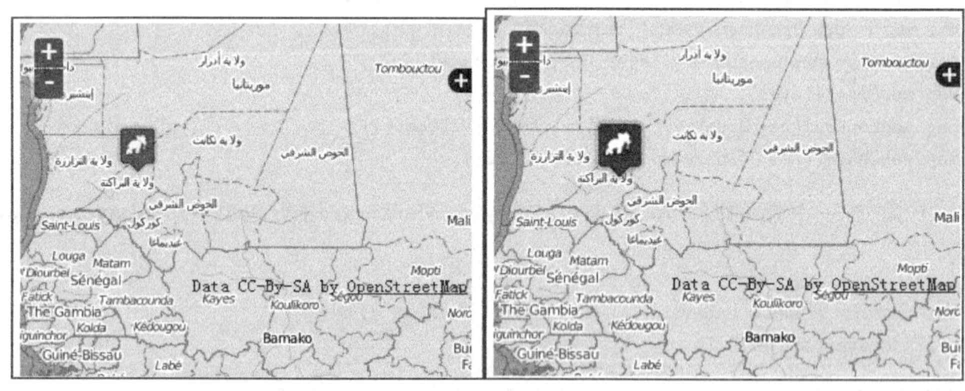

图 6.4-23　鼠标移至标记高亮显示

4. 使用点要素作为标记

显示标志不限于使用 OpenLayers. Marker 和 OpenLayers. Layer. Markers 类。

一个标记,可以理解为一个兴趣点(POI)。这里放置一个图标来标识兴趣点及其相关信息:一座丰碑、一个停车场、一个桥梁等。

下面将学习如何使用与这些功能相关联的几何类型创建标记,实现效果如图 6.4-24 所示。

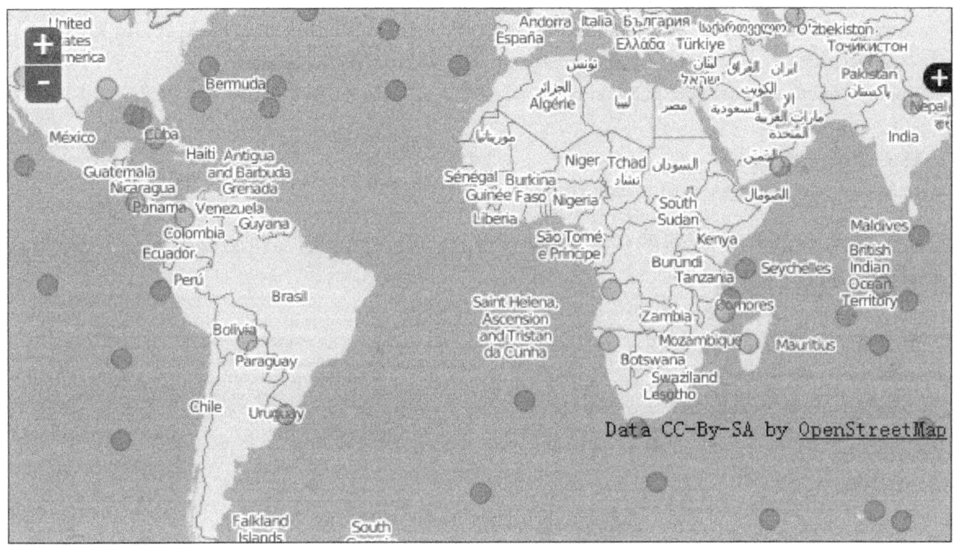

图 6.4-24 使用点要素作为标记

(1) 创建包含 OpenLayers 包的 HTML 文件,并添加下面的代码。首先添加 Div 元素包含地图:

```
<div id = "ch3_feature_markers" style = "width : 100 % ; height: 100 % ;"></div>
```

(2) 启动初始化地图的实例,并添加一个基础层和控制:

```
var map = new OpenLayers.Map("ch3_feature_markers");
var layer = new OpenLayers.Layer.OSM("OpenStreetMap");
map.addLayer(layer);
map.addControl(new OpenLayers.Control.LayerSwitcher());
map.setCenter(new OpenLayers.LonLat(0,0), 2);
```

(3) 添加包含一组随机标记的一个矢量图层:

```
var pointLayer = new OpenLayers.Layer.Vector("Features", {projection: "EPSG:933913"});
map.addLayer(pointLayer);
```

(4) 创建一些随机点,然后使用 addFeatures 方法在矢量图层中添加:

```
// 新建一些随机的要素点
var pointFeatures = [];
for(var i = 0; i < 150; i++) {
```

```
    var px = Math.random() * 360 - 180;
    var py = Math.random() * 170 - 85;
    //将经纬度坐标转换为地图工程
    var lonlat = new OpenLayers.LonLat(px, py);
    lonlat.transform(new OpenLayers.Projection("EPSG:4326"),
        new OpenLayers.Projection("EPSG:900913"));
    var pointGeometry = new OpenLayers.Geometry.Point(lonlat.lon, lonlat.lat);
    var pointFeature = new OpenLayers.Feature.Vector(pointGeometry);
    pointFeatures.push(pointFeature);
}
//将要素添加到图层中
pointLayer.addFeatures(pointFeatures);
```

(5) 连接两个事件侦听器的矢量层的 featureselected 和 featureunselected 事件，侦听器将负责更换该特征的风格：

```
//当要素选中之后的事件控制
pointLayer.events.register("featureselected", null, function (event){
    var layer = event.feature.layer;
    event.feature.style =
    {
        fillColor: '#ff9900',
        fillOpacity: 0.7,
        strokeColor: '#aaa',
        pointRadius: 12
    };
    layer.drawFeature(event.feature);
});
//当要素未选中之后的事件控制
pointLayer.events.register("featureunselected", null, function (event){
    var layer = event.feature.layer;
    event.feature.style = null;
    event.feature.renderIntent = null;
    layer.drawFeature(event.feature);
});
```

(6) 在地图上附加一个 SelectFeature 控件，并引用矢量层：

```
//添加到触发矢量图层上的事件需要选择功能控制
var selectControl = new OpenLayers.Control.SelectFeature(pointLayer);
map.addControl(selectControl);
selectControl.activate();
```

5. 使用弹出窗口

一个常见网页地图应用功能的特征是显示地图包含的一些相关的信息。这些功能包括通过点、线、多边形等来指代任何真实的现象或者直观特性。

当然，也可以选择一个功能检索其相关信息，并在任何地方显示它的应用程序布局。最常见的方式是使用弹出窗口来显示它，如图 6.4-25 所示。

图 6.4-25 使用弹出窗口

(1) 创建包含 OpenLayers 包的 HTML 文件，并添加下面的代码。首先添加 Div 元素包含地图：

```
<div id="ch3_popups" style="width : 100% ; height: 100% ;"></div>
```

(2) 在 JavaScript 部分，初始化地图并添加一个基础层：

```
var map = new OpenLayers.Map("ch3_popups");
var layer = new OpenLayers.Layer.OSM("OpenStreetMap");
map.addLayer(layer);
map.addControl(new OpenLayers.Control.LayerSwitcher());
map.setCenter(new OpenLayers.LonLat(0,0), 2);
```

(3) 创建矢量层，并添加一些特性：

```
var pointLayer = new OpenLayers.Layer.Vector("Features", {projection: "EPSG:900913"});
map.addLayer(pointLayer);
```

(4) 添加一些随机特性的矢量层：

```
// 创建一些随机的要素点
var pointFeatures = [];
for(var i = 0; i < 150; i++)
{
    var icon = Math.floor(Math.random() * icons.length );
    var px = Math.random() * 360 - 180;
    var py = Math.random() * 170 - 85;
    var lonlat = new OpenLayers.LonLat(px, py);
    lonlat.transform(new OpenLayers.Projection("EPSG:4326"),
        new OpenLayers.Projection("EPSG:900913"));
```

```
    var pointGeometry = new OpenLayers.Geometry.Point(lonlat.lon, lonlat.lat);
    var pointFeature = new OpenLayers.Feature.Vector(pointGeometry, null,
    {
        pointRadius: 16,
        fillOpacity: 0.7,
        externalGraphic:
'http://localhost:8080/openlayers-cookbook/recipes/data/icons/' + icons[icon]
      });
    pointFeatures.push(pointFeature);
}
pointLayer.addFeatures(pointFeatures);
```

（5）加入负责管理该特性的选项，以显示弹出的代码：

```
// 添加到触发矢量图层上的事件需要选择功能控制
var selectControl = new OpenLayers.Control.SelectFeature(pointLayer,
{
    hover: true,
    onSelect: function (feature)
    {
        var layer = feature.layer;
        feature.style.fillOpacity = 1;
        feature.style.pointRadius = 20;
        layer.drawFeature(feature);
        var content = "<div><strong>Feature:</strong><br/>" + feature.id
                        "<br/><br/><strong>Location:</strong><br/>" +
                        feature.geometry +"</div>";
        var popup = new OpenLayers.Popup.FramedCloud(
            feature.id+"_popup",
            feature.geometry.getBounds().getCenterLonLat(),
            new OpenLayers.Size(250, 100),
            content,
            null,
            false,
            null
        );
        feature.popup = popup;
        map.addPopup(popup);
    },
    onUnselect: function (feature)
    {
        var layer = feature.layer;
        feature.style.fillOpacity = 0.7;
        feature.style.pointRadius = 16;
        feature.renderIntent = null;
        layer.drawFeature(feature);
        map.removePopup(feature.popup);
    }
});
```

```
map.addControl(selectControl);
selectControl.activate();
```

6.4.6 使用事件

OpenLayers 中的事件封装是一大亮点，非常值得学习。谈到事件机制，涉及控件 OpenLayers. Control 类、OpenLayers. Marker 类、OpenLayers. Icon 等类。在外观上控件通过 Marker 和 Icon 表现出来，而事件包含在控件之中。

控件实现的核心是 handler 类，每个控件都包含对 handler 的引用，通过 active 和 deactive 两个方法，实现动态激活和注销。

OpenLayers 中的事件有两种：一种是浏览器事件(比如 onclick、onmouseup 等)，另一种是自定义的事件。自定义的事件如 addLayer、addControl 等，它不像浏览器事件会绑定相应的 dom 节点，它是与 layer、map 等关联的。

OpenLayers 中支持的浏览器事件类型有(以常量的形式提供)：

```
BROWSER_EVENTS:
        [
            "mouseover", "mouseout",
            "mousedown", "mouseup", "mousemove",
            "click", "dblclick",
            "resize", "focus", "blur"
        ]
```

构造函数的实现过程：

```
initialize: function (object, element, eventTypes, fallThrough)
{
    this.object      = object;
    this.element     = element;
    this.eventTypes  = eventTypes;
    this.fallTh rough = fallTh rough;
    this.listeners = {};
    this.eventh andler = OpenLayers.Function .bindAsEventListener(
          this.handleBrowserEvent
    );
    if (this.eventTypes != null)
    {
        for (var i = 0; i < this.eventTypes.length ; i++) {
            this.addEventType(this.eventTypes[i]);
        }
    }
    if (this.element != null) {
          this.attachToElement(element);
    }
}
```

initialize(object，element，eventTypes，fallThrough)方法会以数组 eventTypes 的每个元素为 key 建立哈希表 listeners，表中每个键对应一个数组。还会给 this. eventhandler 赋值，它实际上只是一个包装了 triggerEvent 事件触发函数的方法。所有的事件，包括浏览器事件和自定义事件都是通过它来中转的。然后，initialize 将所有的浏览器事件放入 listeners 中，并为其绑定相应的 dom 节点 element 和 this. eventhandler 事件处理函数 OpenLayers. Event. observe(element，eventType，this. eventh andler)，节点上事件触发的时候会把事件传给 this. eventh andler，它调用 triggerEvent，从而将事件传出来。

其他的成员函数如下：

(1) addEventType：在事件对象中添加一个新的事件类型。

(2) attachToElement：把浏览器事件关联到相应的 dom 元素上。

(3) register：在事件对象中注册事件。

(4) unregister：注销方法。

(5) remove：删除所有监听器对于一个给定的事件类型。

(6) triggerEvent：触发指定的注册事件。

6.4.7 添加控件

本节介绍 OpenLayers 的内容(控件)。控件使用图层放大或缩小地图，执行诸如编辑、测量距离等。从本质上讲，控件允许我们与地图之间进行互动。

OpenLayers. Control 类是所有控件的基本类，一个控件包含常用的属性和方法：

(1) 连接到地图；

(2) 触发事件；

(3) 激活或停用；

(4) 有一个可视化表示形式(如按钮)或完全没有视觉表示(如拖动动作)。

OpenLayers 中的控件是通过加载到地图上而起作用的，也是地图表现的一部分。同时，控件需要对地图发生作用，所以每个控件也持有对地图(map 对象)的引用。

前面说过，控件是与事件相关联的。具体地说，就是控件的实现是依赖于事件绑定的，每个 OpenLayers. Control 及其子类的实例都会持有一个 handler 的引用。

1. 添加和删除控件

OpenLayers 提供了大量的控件及常用的应用程序映射。下面这个实例展示了如何使用具有可视化表示形式的最常用控件。该列表包括 OverviewMap 控制、Scale 和 ScaleLine 控制、Graticule 控制、LayerSwitcher 控制、PanZoomBar 控制、mousePosition 控制和 Premalink 控制，如图 6.4-26 所示。

```
//实例化一个控件
var control1 = new OpenLayers.Control({div: myDiv});
//向地图中添加控件
var map = new OpenLayers.Map('map', { controls: [] });
map.addControl(control1 );
```

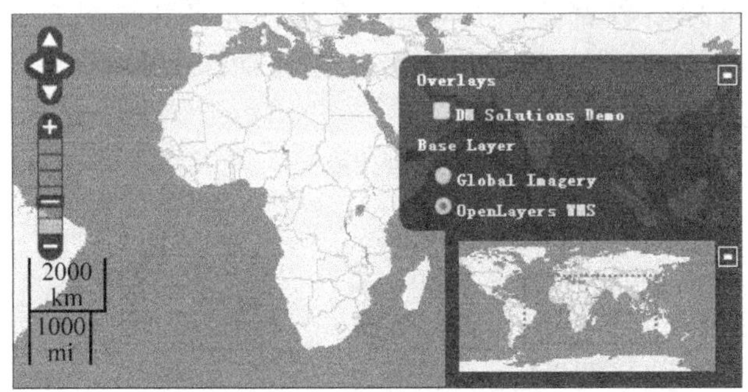

图 6.4-26 地图控件添加

对于一些常用的 OpenLayers 控件,项目本身都封装好了,用下面的语句添加:

```
map.addControl(new OpenLayers.Control.PanZoomBar());
map.addControl(new OpenLayers.Control.MouseToolbar());
map.addControl(new OpenLayers.Control.LayerSwitcher({'ascending':false}));
map.addControl(new OpenLayers.Control.Permalink());
map.addControl(new OpenLayers.Control.Permalink('permalink'));
map.addControl(new OpenLayers.Control.MousePosition());
map.addControl(new OpenLayers.Control.OverviewMap());
map.addControl(new OpenLayers.Control.KeyboardDefaults());
```

下面先看看 OpenLayers. Control 基类的实现过程,再选择几个典型的子类分析一下。

1) OpenLayers. Control

```
//设置控件的 map 属性,即控件所引用的地图
setMap: function (map) {
    this.map = map;
    if (this.handler) {
        this.handler.setMap(map);
    }
}
//draw 方法,当控件准备显示在地图上时被调用,这个方法只对有图标的控件起作用
draw: function (px) {
    if (this.div == null) {
        this.div = OpenLayers.Util.createDiv();
        this.div.id = this.id;
        this.div.className = this.displayClass;
    }
    if (px != null) {
        this.position = px.clone();
    }
    this.moveTo(this.position);
    return this.div;
}
```

前面说过,OpenLayers. Control 及其子类的实例都会持有一个 handler 的引用,因为每

个控件起作用时，鼠标事件都不一样，这需要动态绑定和接触绑定。在 OpenLayers. Control 中通过 active 和 deactive 两个方法实现，就是动态激活和注销。

激活方法如下：

```
activate: function () {
    if (this.active) {
        return false;
    }
    if (this.handler) {
        this.handler.activate();
    }
    this.active = true;
    return true;
}
```

注销方法如下：

```
deactivate: function () {
    if (this.active) {
        if (this.handler) {
            this.handler.deactivate();
        }
        this.active = false;
        return true;
    }
    return false;
}
```

再来看看 OpenLayers. Control 的子类，即各类特色控件。

选择"鹰眼控件"OpenLayers. Control. OverviewMap 和"矢量编辑工具条控件" OpenLayers. Control. EditingToolbar 来讨论。顺便说一句，OpenLayers 中的控件有些是需要图标的，像 EditingToolbar；有些是不需要图标的，像 OpenLayers. Control. DragPan。

2）OpenLayers. Control. OverviewMap

"鹰眼"实际上也是地图导航的一种形式，在外部形态上跟图层开关控件有点儿像。

添加鹰眼控件的语句如下：

```
map.addControl(new OpenLayers.Control.OverviewMap());
```

在它实现的成员函数中，draw 函数是核心，继承基类 OpenLayers. Control，在地图中显示这个控件。

此控件关联了一些浏览器事件，例如：

```
rectMouseDown: function (evt) {
    if(!OpenLayers.Event.isLeftClick(evt))
    return ;
    this.rectd ragStart = evt.xy.clone();
    this.performedRectd rag = false;
```

```
    OpenLayers.Event.stop(evt);
}
```

3) OpenLayers. Control. EditingToolbar

OpenLayers 从 2.3 版起就对矢量编辑进行了支持，完成点、线、面的编辑功能。同样，它也是用 drew 方法激活：

```
draw: function () {
    Var div = OpenLayers.Control.Panel.prototype.draw.apply(this, arguments);
    this.activateControl(this.controls[0]);
    return div;
}
```

下面的代码是使用此控件的具体过程：

```
Var map, layer;
map = new OpenLayers.Map( 'map', { controls: [] } );
layer = new OpenLayers.Layer.WMS( "OpenLayersWMS",
"http://labs.metacarta.com/wms/vmap0", {layers: 'basic'} );
map.addLayer(layer);
vlayer = new OpenLayers.Layer.Vector( "Editable " );
map.addLayer(vlayer);
map.addControl(new OpenLayers.Control.PanZoomBar());
map.addControl(new OpenLayers.Control.EditingToolbar(vlayer));
map.setCenter(new OpenLayers.LonLat(lon, lat), zoom);
```

2. 在地图外放置控件

默认情况下，所有的控件都放置在地图上。通过这种方式，如 PanPanel 控制、EditingToolbar 或 MousePosition 呈现在任何图层之上，如图 6.4-27 所示。

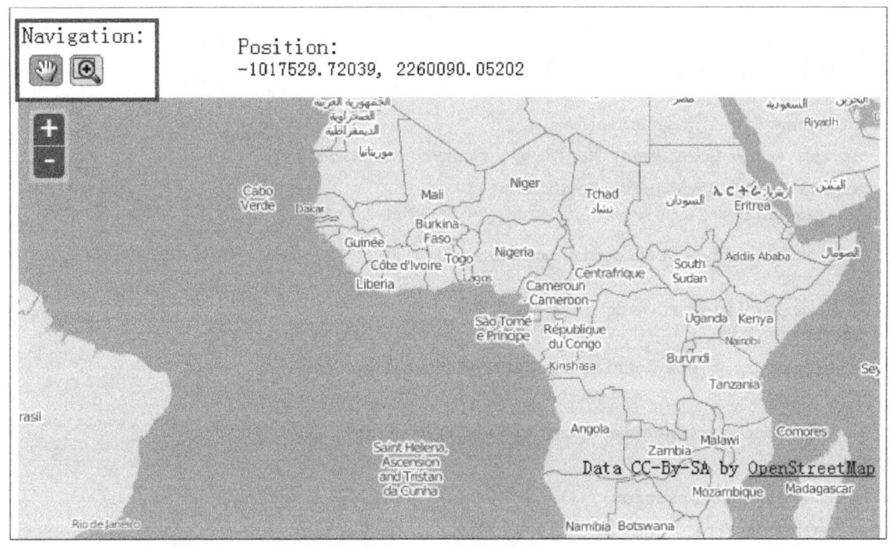

图 6.4-27 在地图外放置控件

在这个实例中，将创建一个地图，导航工具栏和鼠标位置控制都放在地图外面。具体步骤如下：

(1) 创建一个 HTML 文件，并添加 OpenLayers 的依赖关系。这里添加以下的 CSS 代码重新定义控件样式：

```
<style>
.olControlNavToolbar {
    top: 0px;
    left: 0px;
    float: left;
}
.olControlNavToolbardiv {
    float: left;
}
</style>
<div id="control_outside" style="width : 100% ; height: 90% ;"></div>
```

(2) 添加 HTML 代码，放置地图上的两个控件：

```
<table>
    <tr>
        <td>
            Navigation: <div id="navigation" class="olControlNavToolbar"></div>
        </td>
        <td>
             Position: <div id="mouseposition" style="font-size: smaller;"></div>
        </td>
    </tr>
</table>
```

(3) 创建地图实例，并添加一个基础层：

```
<script type="text/javascript">
    var map = new OpenLayers.Map("ch05_control_outside");
    var osm = new OpenLayers.Layer.OSM();
    map.addLayer(osm);
    map.setCenter(new OpenLayers.LonLat(0, 0), 3);
```

(4) 添加鼠标的位置和导航工具栏控件：

```
var mousePosition = new OpenLayers.Control.MousePosition
    ({
        div: document.getElementById('mouseposition')
    });
map.addControl(mousePosition);
var navToolbarControl = new OpenLayers.Control.NavToolbar
    ({
```

```
        div: document.getElementById("navigation")
    });
map.addControl(navToolbarControl);
</script>
```

3. 在多个矢量图层编辑要素

当用到矢量信息时，在 GIS 应用中最常见的事件是：增加新的要素。

OpenLayers 有足够的控件，所以没有必要推倒重来。有一套工具，需要做的唯一一件事就是学习如何使用。

OpenLayers 有 OpenLayers.Control.EditingToolbar 控件，显示一个工具栏与一些按钮来添加多边形、折线，如图 6.4-28 所示。

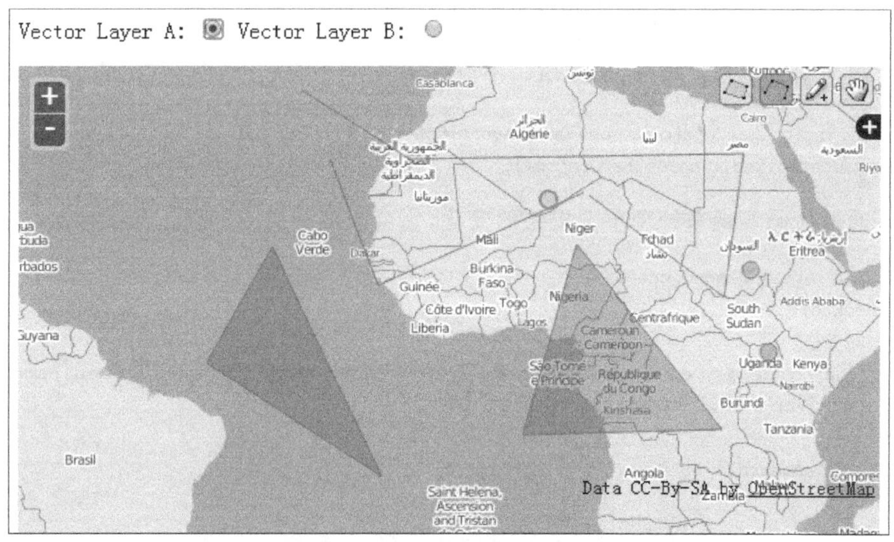

图 6.4-28 多个矢量图层编辑功能

在地图中可以有很多矢量图层，控件需要指定相应的图层。这个实例的目的是展示如何使用相同的控制功能添加到多个图层。

这样一来，这个应用程序在两个向量图层的地图中，使用单选按钮就能选择要创建新的功能层。

具体步骤如下：

(1) 添加 HTML 代码来创建一对单选按钮，这将允许选择绘制矢量图层：

```
<form action = "">
    VectorLayerA: <input id = "rbA" type = "radio" onChange = "layerAChanged"
    name = "layer" value = "layerA" checked/>
    VectorLayerB: <input id = "rbB" type = "radio" onChange = "layerBChanged"
    name = "layer" value = "layerB"/>
</form>
```

```
<div id = "editing_vector" style = "width : 100 % ; height: 100 % ;"></div>
```

(2) 创建一个地图实例,并添加一个基础层:

```
var map = new OpenLayers.Map("editing_vector");
var osm = new OpenLayers.Layer.OSM();
map.addLayer(osm);
map.addControl(new OpenLayers.Control.LayerSwitcher());
map.setCenter(new OpenLayers.LonLat(0, 0), 3);
```

(3) 新增两个矢量图层:

```
var vectorLayerA = new OpenLayers.Layer.Vector("VectorlayerA");
var vectorLayerB = new OpenLayers.Layer.Vector("VectorlayerB");
map.addLayers([vectorLayerA, vectorLayerB]);
```

(4) 添加编辑工具栏控件,关联第一个向量层:

```
var editingToolbarControl = new OpenLayers.Control.EditingToolbar(vectorLayerA);
map.addControl(editingToolbarControl);
```

(5) 通过代码实现来处理单选按钮的变化,它会改变相关的编辑工具栏控制层:

```
function layerAChanged(checked) {
if(checked)
    {
      var controls = editingToolbarControl.getControlsByClass("OpenLayers.Control.DrawFeature")
      for(var i = 0; i < controls.length ; i++)
      {
          controls[i].layer = vectorLayerA;
       }
    }
}
function layerBChanged(checked)
{
  if(checked)
  {
      var controls =
        editingToolbarControl.getControlsByClass
            ("OpenLayers.Control.DrawFeature");
      for(var i = 0; i < controls.length ; i++)
      {
          controls[i].layer = vectorLayerB;
      }
  }
}
```

4. 修改要素

在 Web 制图应用程序工作时,用户添加新的功能将是一个理想的要求,但对于修改功能，如移动顶点、旋转功能、修改尺寸等问题要通过修改要素实现。

OpenLayers 提供强大的 OpenLayers. Control. ModifyFeature 控件，如图 6.4-29 所示。

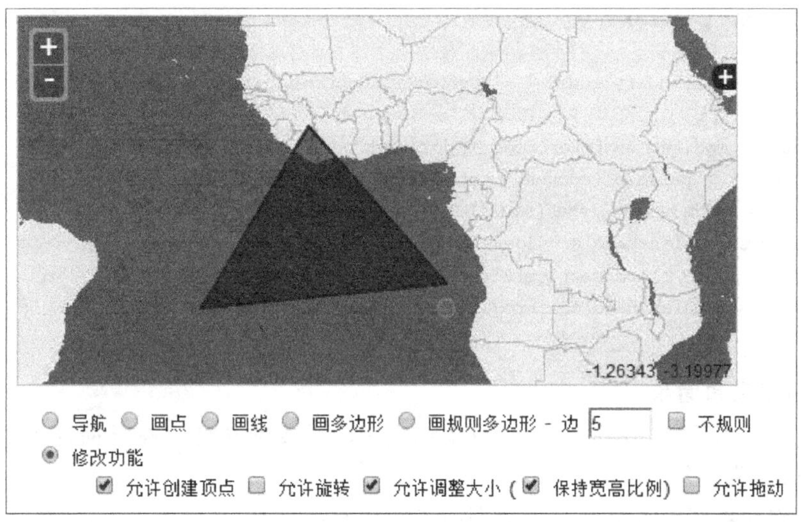

图 6.4-29 修改功能

实例的导航功能中允许画点、线和多边形，可对图形进行选择旋转、调整大小、拖动等操作。

关键函数如下：

```
function update()
{
    controls.modify.mode = OpenLayers.Control.ModifyFeature.RESHAPE;
    var rotate = document.getElementById("rotate").checked;
    if(rotate)
    {
        controls.modify.mode |= OpenLayers.Control.ModifyFeature.ROTATE;
    }
    var resize = document.getElementById("resize").checked;
    if(resize)
    {
        controls.modify.mode |= OpenLayers.Control.ModifyFeature.RESIZE;
        var keepAspectRatio = document.getElementById("keepAspectRatio").checked;
        if (keepAspectRatio)
        {
            controls.modify.mode&= ~OpenLayers.Control.ModifyFeature.RESHAPE;
        }
    }
    var drag = document.getElementById("drag").checked;
    if(drag)
```

```
        {
            controls.modify.mode |= OpenLayers.Control.ModifyFeature.DRAG;
        }
        if (rotate || drag)
        {
            controls.modify.mode&= ~OpenLayers.Control.ModifyFeature.RESHAPE;
        }
        controls.modify.createVertices = document.getElementById("createVertices").checked;
        var sides = parseInt(document.getElementById("sides").value);
        sides = Math.max(3, isNaN(sides) ? 0 : sides);
        controls.regular.handler.sides = sides;
        var irregular = document.getElementById("irregular").checked;
        controls.regular.handler.irregular = irregular;
    }
```

5. 测量距离和面积

测量距离或面积的功能是地理信息系统应用的重要的功能。在下面这个实例中，将看到 OpenLayers 提供给开发者的测量功能。

该实例将在地图下方显示按钮分别用来测量地图距离、测量面积等，如图 6.4-30 所示。

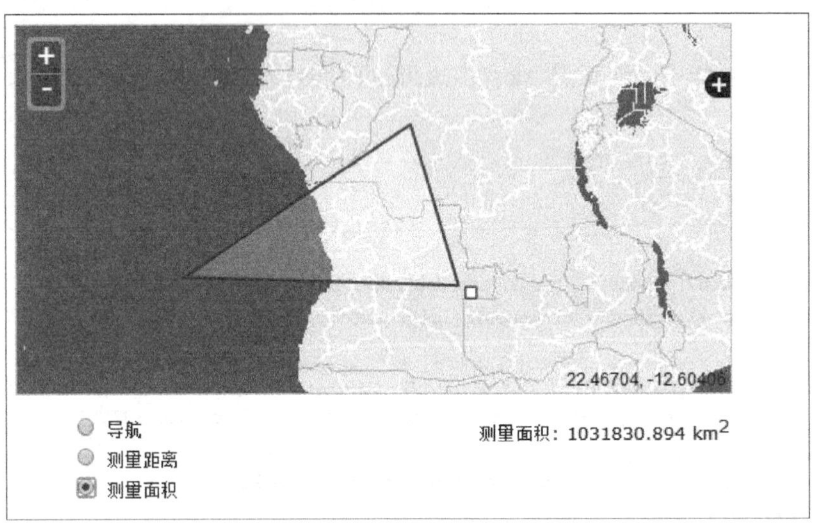

图 6.4-30 测量距离和面积

具体步骤如下：

(1) 创建一个 HTML 文件，并添加 OpenLayers 的依赖关系。添加以下 CSS 重新定义的控件到某些方面需要的代码中：

```
<style type = "text/css">
        #controlToggleli {
            list - style: none;
```

```
        }
        p {
            width : 512px;
        }
        #options {
          position: relative;
          width : 512px;
        }
        #output {
                    float: right;
                }
        .olImageLoadError {
                background-color: transparent !import ant;
        }
</style>
```

添加 HTML 代码，放置在地图下方的按钮会测量这个面积：

```
<div id="map" class="smallmap"></div>
    <div id="options">
        <div id="output">
        </div>
    <ul id="controlToggle">
        <li>
            <input type="radio" name="type" value="none"
                    id="noneToggle"onclick="toggleControl(this);" checked="checked" />
            <label for="noneToggle">导航</label>
        </li>
        <li>
            <input type="radio" name="type" value="line" id="lineToggle"
                    onclick="toggleControl(this);" />
            <label for="lineToggle">测量距离</label>
        </li>
        <li>
            <input type="radio" name="type" value="polygon" id="polygonToggle"
                    onclick="toggleControl(this);" />
            <label for="polygonToggle">测量面积</label>
        </li>
    </ul>
</div>
```

创建地图实例，并添加一个基础层：

```
var map, measureControls;
function init(){
    map = new OpenLayers.Map('map');
    var wmsLayer = new OpenLayers.Layer.WMS( "OpenLayersWMS",
```

```
        "http://vmap0.tiles.osgeo.org/wms/vmap0?", {layers: 'basic'});
    map.addLayers([wmsLayer]);
    map.addControl(new OpenLayers.Control.LayerSwitcher());
    map.addControl(new OpenLayers.Control.MousePosition());
    map.setCenter(new OpenLayers.LonLat(0, 0), 3);
    document.getElementById('noneToggle').checked = true;
```

(2) 添加测量方式:

```
measureControls =
{
    line: new OpenLayers.Control.Measure(
    OpenLayers.Handler.Path , {
        persist: true,
        handlerOptions: {
            layerOptions: {
                  renderers: renderer,
                  styleMap: styleMap
                }
            }
        }
    ),
    polygon: new OpenLayers.Control.Measure(
    OpenLayers.Handler.Polygon, {
        persist: true,
        handlerOptions: {
            layerOptions: {
                    renderers: renderer,
                    styleMap: styleMap
                }
            }
        }
    )
};
```

6.4.8 样式特点

前面已经详细讲解了如何创建矢量图层,一旦创建了矢量图层,如果要添加新的要素或修改现有的图层,所面对的问题就是修改图层样式。

要素的可视化表示形式,是地理信息系统中最重要的概念之一。从用户的经验或设计师的角度来看,它很重要。

可视化要素的形式很重要,可以使应用程序更有吸引力。例如,设置热点,如果对某区域有兴趣,可以用不同的半径和颜色值来表示。例如,用小半径和浅蓝色的圆表示一个冷区,用大半径和红色的圆表示热区。

OpenLayers 具有很好的灵活性来展现要素，但最初使用的时候有点复杂，例如 symbolizers、StyleMap 等。

相关模块要素类比较多，这里首先介绍各个关键类在样式渲染环节中的作用和要素。

1. 使用 symbolizers 样式特征

创建一个小的地图编辑器来学习使用样式要素的基本形式，允许通过指定某些少数样式属性增加新的要素，如图 6.4-31 所示。

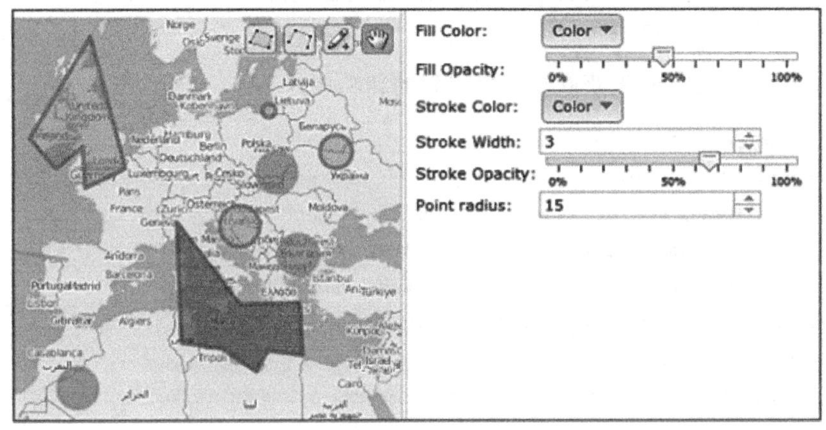

图 6.4-31 使用 symbolizers 样式特征

每个 OpenLayers. Feature. Vector 实例可以有一个与之关联的样式。这种风格称为 symbolizer，这是一个 JavaScript 对象的某些字段指定填充颜色、边界等，例如：

```
{
    fillColor: "#ee9900",
    fillOpacity: 0.4,
    strokeColor: "#ee9900",
    strokeOpacity: 1,
    strokeWidth : 1
}
```

在这些代码中，每次都有一个要素被添加到地图中，填写代码并控制笔触属性，创建一个新的 symbolizer 散列。

源代码有两个主要部分：一个用于 HTML；第二个用于 JavaScript 代码。

(1) 建立包括 OpenLayers 的 HTML 文件后(见 Gettingreadysection 的 HTML 代码)，在 Div 元素中创建地图，样式文件由 ch07_using_symbolizersand 添加一个基础层：

```
var map = new OpenLayers.Map("ch07_using_symbolizers");
var osm = new OpenLayers.Layer.OSM();
map.addLayer(osm);
map.setCenter(new OpenLayers.LonLat(0,0), 3)
```

(2) 添加一个矢量图层：

```
var vectorLayer = new OpenLayers.Layer.Vector("Features");
vectorLayer.events.register('beforefeatureadded', vectorLayer, setFeatureStyle);
map.addLayer(vectorLayer);
```

(3) 添加新的 OpenLayers. Control. EditingToolbar 控件功能到一个矢量层：

```
var editingControl = new OpenLayers.Control.EditingToolbar(vectorLayer);
map.addControl(editingControl);
```

(4) 添加实施的代码，来获取样式应用到的新功能：

```
function setFeatureStyle(event) {
      var fillColor = dijit.byId('fillColor').get('value');
      var fillOpacity = dijit.byId('fillOpacity').get('value')/100;
      var strokeColor = dijit.byId('strokeColor').get('value');
      var strokeWidth = dijit.byId('strokeWidth ').get('value');
      var strokeOpacity = dijit.byId('strokeOpacity').get('value')/100;
      var pointRadius = dijit.byId('pointRadius').get('value');
      var style = OpenLayers.Util.extend({},OpenLayers.Feature.Vector.style['default']);
      style.fillColor = fillColor;
      style.fillOpacity = fillOpacity;
      style.strokeColor = strokeColor;
      style.strokeWidth = strokeWidth ;
      style.strokeOpacity = strokeOpacity;
      style.pointRadius = pointRadius;
      event.feature.style = style;
}
```

2. 使用 StyleMap 并更换要素的属性改变风格

有两种方法来改变样式特征：第一种方法是应用 symbolizer 直接散列到该要素(请参阅使用 symbolizers 样式特征)；第二个方法是应用样式的图层使每一个要素改变风格。

第二个方法是在许多情况下的首选方式。它是一种通用的方法，通过设置所有的样式来改变样式和规则的层特征。

下面展示如何使用 StyleMap，并展示如何修改所有样式层，而不是修改每一个样式属性。这个实例的输出类似于下面的截图，如图 6.4-32 所示。

此外，该技术使开发者能够使用要素的属性来选择半径和颜色，将它们动态地创建在一起。

(1) 建立包括 OpenLayers 的依赖 HTML 文件后(见 Gettingreadysection 的 HTML 代码)，在 Div 元素中创建地图：

```
<div id="ch07_styleMap" style="width : 100% ; height: 95% ;"></div>
```

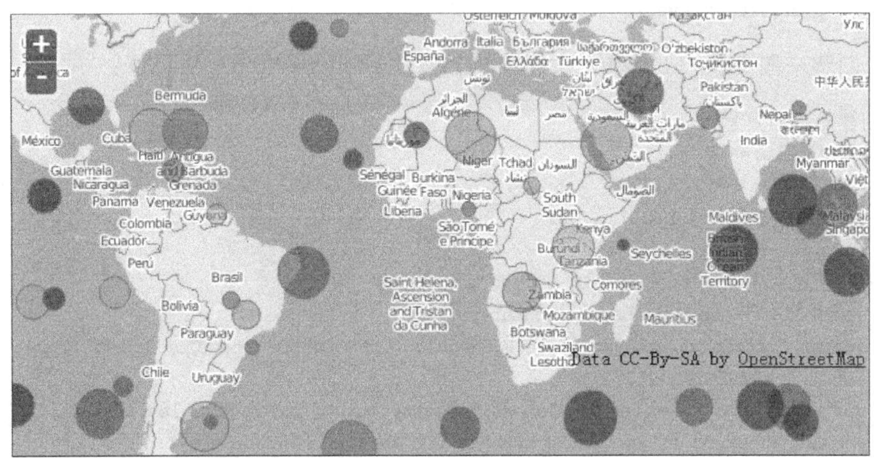

图 6.4-32　样式修改

(2) 创建地图实例,并添加一个基础层:

```
var map = new OpenLayers.Map("ch07_styleMap");
var osm = new OpenLayers.Layer.OSM();
map.addLayer(osm);
map.setCenter(new OpenLayers.LonLat(0,0), 2)
```

(3) 为全层定义样式,首先为点要素创建一个调色板:

```
// 创建 stylemap 图层
var colors = ['#EBC137','#E38C2D','#DB4C2C','#771E10','#48110C'];
```

(4) 从以前的 symbolizer 散列创建一个样式实例:

```
var style = OpenLayers.Util.extend({}, OpenLayers.Feature.Vector.style["default"]);
style.pointRadius = "${radius}";
style.fillColor = '${colorFunction}';
var defaultStyle = new OpenLayers.Style(style, {
    context: {
      colorFunction : function (feature) {
          return colors[feature.attributes.temp];
        }
    }
});
```

(5) 创建应用所需的 StyleMap 矢量层:

```
// 创建矢量层
var vectorLayer = new OpenLayers.Layer.Vector("Features", {
    styleMap: new OpenLayers.StyleMap(defaultStyle)
});
```

```
map.addLayer(vectorLayer);
```

(6) 创建一些随机点，每项要素都有两个属性 radius 和 temp 随机值：

```
// 创建随机的要素点
var pointFeatures = [];
for(var i = 0; i < 150; i++) {
    var px = Math.random() * 360 - 180;
    var py = Math.random() * 170 - 85;
    // 创建一个 lonlat 实例，并把它转换为地图投影
    var lonlat = new OpenLayers.LonLat(px, py);
    lonlat.transform(new OpenLayers.Projection("EPSG:4326"),new OpenLayers.Projection
            ("EPSG:900913"));
    var pointGeometry = new OpenLayers.Geometry.Point(lonlat.lon, lonlat.lat);
    var pointFeature = new OpenLayers.Feature.Vector(pointGeometry);
    // 添加随机属性
    var radius = Math.round(Math.random() * 15 + 4);
    var temp = Math.round(Math.random() * 4);
    pointFeature.attributes.radius = radius;
    pointFeature.attributes.temp = temp;
    pointFeatures.push(pointFeature);
}
vectorLayer.addFeatures(pointFeatures);
```

3. 应用 StyleMap 和渲染目的

有一些控件(如 SelectFeature、ModifyFeature 或 EditingToolbar)能够根据其当前状态改变要素的风格。如何管理 OpenLayers 呢？答案是通过渲染来实现，如图 6.4-33 所示。

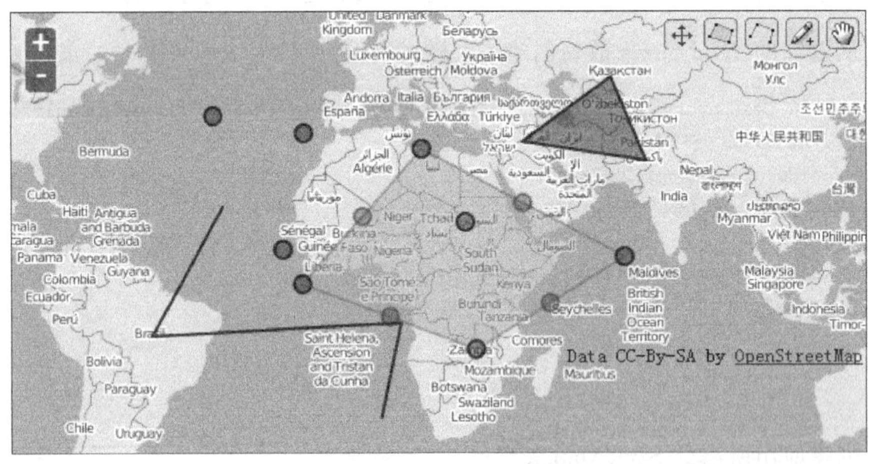

图 6.4-33 渲染实现

这个实例显示如何修改，并用于每个样式渲染来改变样式属性。这样，将采用蓝色而不是橙色来绘制地图要素。暂时的要素使用绿色绘制，选定的要素使用橙色绘制。

(1) 创建一个新的 HTML 文件,并添加 OpenLayers 的依赖关系。第一个步骤是添加 Div 元素创建地图实例:

```
<div id="ch07_rendering_intents" style="width : 100 % ; height: 95 % ;"></div>
```

(2) 在 JavaScript 部分,初始化地图实例,添加基础层和中心视窗:

```
var map = new OpenLayers.Map("ch07_rendering_intents");
var osm = new OpenLayers.Layer.OSM();
map.addLayer(osm);
```

(3) 创建三个不同的风格:

```
var defaultStyle = new OpenLayers.Style({
    fillColor: "#336699",
    fillOpacity: 0.4,
    hoverFillColor: "white",
    hoverFillOpacity: 0.8,
    strokeColor: "#003366",
    strokeOpacity: 0.8,
    strokeWidth : 2,
    strokeLinecap: "round",
    strokeDashstyle: "solid",
    hoverStrokeColor: "red",
    hoverStrokeOpacity: 1,
    hoverStrokeWidth : 0.2,
    pointRadius: 6,
    hoverPointRadius: 1,
    hoverPointUnit: " % ",
    pointerEvents: "visiblePainted",
    cursor: "inherit"
});
var selectStyle = new OpenLayers.Style({
    fillColor: "#ffcc00",
    fillOpacity: 0.4,
    hoverFillColor: "white",
    hoverFillOpacity: 0.6,
    strokeColor: "#ff9900",
    strokeOpacity: 0.6,
    strokeWidth : 2,
    strokeLinecap: "round",
    strokeDashstyle: "solid",
    hoverStrokeColor: "red",
    hoverStrokeOpacity: 1,
    hoverStrokeWidth : 0.2,
    pointRadius: 6,
    hoverPointRadius: 1,
    hoverPointUnit: " % ",
```

```
    pointerEvents: "visiblePainted",
    cursor: "pointer"
});
var temporaryStyle = new OpenLayers.Style({
    fillColor: "#587058",
    fillOpacity: 0.4,
    hoverFillColor: "white",
    hoverFillOpacity: 0.8,
    strokeColor: "#587498",
    strokeOpacity: 0.8,
    strokeLinecap: "round",
    strokeWidth : 2,
    strokeDashstyle: "solid",
    hoverStrokeColor: "red",
    hoverStrokeOpacity: 1,
    hoverStrokeWidth : 0.2,
    pointRadius: 6,
    hoverPointRadius: 1,
    hoverPointUnit: "%",
    pointerEvents: "visiblePainted",
    cursor: "inherit"
});
```

(4) 创建一个 StyleMap 实例来保存三种风格不同的渲染：

```
var styleMap = new OpenLayers.StyleMap({
                'default': defaultStyle,
                'select': selectStyle,
                'temporary': temporaryStyle
            });
```

(5) 创建矢量层 StyleMapinstance：

```
// 创建使用定义的 StyleMap 矢量图层
var vectorLayer = new OpenLayers.Layer.Vector("Features", {
    styleMap: styleMap
});
map.addLayer(vectorLayer);
```

(6) 将一些控件添加到地图：

```
// 添加控件
var editingControl = new OpenLayers.Control.EditingToolbar(vectorLayer);
var modifyControl = new OpenLayers.Control.ModifyFeature(vectorLayer, {
    toggle: true
});
editingControl.addControls([modifyControl]);
map.addControl(editingControl);
```

6.4.9 OpenLayers 数据表现

1. 空间数据的组织与实现

提到数据，首先思考几个问题：GIS 核心是什么？是数据、平台、服务、空间数据的特征、表达方式，还是地理数据的模型（结构）？

OpenLayers 空间数据的实现主要存在 OpenLayers. Geometry 类及其子类中。图 6.4-34 描述了这些类的继承关系，从图中可以清楚地看出，MultiPoint、Polygon 和 MultiLineString 这三个类实现了多重继承，既直接继承于 Geometry 类，又继承于 Collection 类。

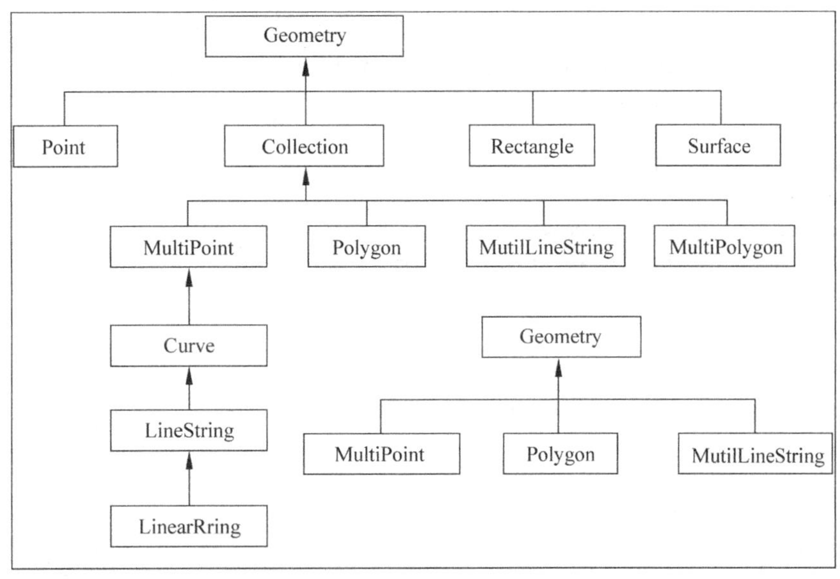

图 6.4-34 空间数据的组织关系

OpenLayers 对于 Geometry 对象的组织是：最基础的就是点；MultiPoint 由点构成，继承自 Openlayers. Geometry. Collection；LinearRing；LineString 均由 Point 构成。

Polygon 由 OpenLayers. Geometry. LinearRing 构成。OpenLayers 在解析数据时候，将所有的面、线包含的点全部都对象化为 Openlayers. Geometry. Point。有人曾经测试过这里面存在问题：解析矢量数据非常慢，在点数多的情况下甚至会使浏览器"崩溃"。原因是：OpenLyers 在解析数据时候，将所有的面、线包含的点全部都对象化为点对象，并首先将所有的对象读取到内存，得到一个 Feature 的集合，然后将这个集合提交给渲染器进行渲染。这样渲染速度当然就慢了。为什么这样，可能是由于 OpenLayers 项目本身在标准和框架结构上做得比较好，但更具体的东西还得优化。

下面以 Point 和 Collection 为例来说明其内部实现过程，首先来看 Point。

一个点就是一个坐标对(x,y)，它有两个属性：x 和 y。在 point 类里，提供了六个成员函数：clone、distanceTo、equals、move、rotate 和 resize。下面看看计算两点距离的函数：

```
distanceTo: function (point) {
    var distance = 0.0;
    if ( (this.x != null) && (this.y != null) &&(point != null) && (point.x != null)
    && (point.y != null) ) {
        var dx2 = Math.pow(this.x - point.x, 2);
        var dy2 = Math.pow(this.y - point.y, 2);
        distance = Math.sqrt( dx2 + dy2 );
    }
    return distance;
}
```

在 collection 集合对象中，可以存放同一类型的地理对象，也可以存放不同的地理对象。定义一个属性 component，以数组对象的形式存储组成 collection 对象的"组件"。一个获取集合大小的函数 getLength 如下：

```
getLength : function () {
    var length = 0.0;
    for (var i = 0; i<this.components.length ; i++) {
        length += this.components[i].getLength ();
    }
    return length ;
}
```

细心的读者可能会发现，每一个基类都有一个 destroy 函数。它是 OpenLayers 实现的垃圾回收机制，以防止内存泄露，优化性能：

```
/* APIMeth od: destroy
 * Destroythisgeometry.
 */
destroy: function () {
    this.components.length = 0;
    this.components = null;
}
```

2. 数据解析——以 GML 为例

前面提到过，OpenLayers 设计是符合标准的，有良好的框架结构和实现机制。OpenLayers 支持的格式比较多，有 XML、GML、GeoJSON、GeoRSS、JSON、KML、WFS 等。这里主要以 GML 为例，来看 OpenLayers 数据的解析过程。

GML (Geography Markup Language)即地理标识语言，它由 OGC(开放式地理信息系统协会)于 1999 年提出，目前的版本是 3.0。GML 是 XML 在地理空间信息领域的应用。利用 GML 可以存储和发布各种特征的地理信息，并控制地理信息在 Web 浏览器中的显示。地理空间互联网络作为全球信息基础架构的一部分，已成为 Internet 上技术追踪的热点。许多公司和相关研究机构通过 Web 将众多的地理信息源集成在一起，向用户提供各种层次的应用服务，同时支持本地数据的开发和管理。GML 可以在地理空间的 Web 领域完成同样的任务，GML 技术的出现是地理空间数据管理方法的一次飞跃。

从总体上来说，OpenLayers 对于 GML 数据的解析过程是：首先通过调用得到 GML 文本数据，然后通过 Formate. GML 类的 read 方法来解析这个文本，解析得到 Geometry 对象，然后用相应的渲染器画出 Geometry 对象。其实，解析得到还是基本的 Point、LineString 之类的 Geometry 对象，就是在地图上看到的内容。

下面看看其实现过程：

```
//read()函数读取数据,获取特征列表
read: function (data) {
    if(typeofdata == "String ") {
        data = OpenLayers.Format.XML.prototype.read.apply(this, [data]);
    }
    var featureNodes =
    this.getElementsByTagNameNS(data.documentElement,this.gmlns,
    this.featureName);
    var features = [];
    for(var i = 0; i < featureNodes.length ; i++) {
        var feature = this.parseFeature(featureNodes[i]);
        if(feature) {
            features.push(feature);
        }
    }
    return features;
}
```

函数 parseFeature()是 OpenLayers 中 GML 数据格式解析的核心，就是它创建地理对象及其属性。实际上，每一个 Format 子类都实现了这个成员函数，完成类似的功能。

```
parseFeature: function (node) {
    var order = ["MultiPolygon", "Polygon",
    "MultiLineString ", "LineString ",
    "MultiPoint", "Point"];
    var type, nodeList, geometry, parser;
    for(var i = 0; i < order.length ; ++i) {
      type = order[i];
      nodeList = this.getElementsByTagNameNS(node, this.gmlns, type);
      if(nodeList.length > 0) {
        var parser = this.parseGeometry[type.toLowerCase()];
        if(parser) {
            geometry = parser.apply(this, [nodeList[0]]);
        } else {
            OpenLayers.Console.error("Unsupportedgeometrytype: " + type);
        }
        break;
        }
    }
```

```
        if(this.extractAttributes) {
            attributes = this.parseAttributes(node);
        }
        var feature = new OpenLayers.Feature.Vector(geometry, attributes);
        var childNode = node.firstChild;
        var fid;
        while(childNode) {
          if(childNode.nodeType == 1) {
            fid = childNode.getAttribute("fid") || childNode.getAttribute("id");
            if(fid) {
                    break;
                }
            }
            childNode = childNode.nextSibling;
        }
        feature.fid = fid;
        return feature;
    }
```

结合前面的“OpenLayers 空间数据的组织”,可以看到 OpenLayers 在解析获取 GML 数据的时候(比如涉及到面、线的时候),总是以点为基础构建。有人曾经做过测试:直接用 SVG 画出来,性能上会好很多。

3. 数据渲染分析

实际上,OpenLayers 的整个表现过程是这样的:通过调用获取数据,然后各种格式的解析器解析数据,使用渲染器渲染后加到图层上,最后再结合相应的控件表现出来,成为一幅“动态”的地图。

这里主要讨论 OpenLayers. Renderer 类及其子类。

Renderer 类提供了一些虚方法,以供其子类继承,像 setExtent、drawFeature、drawGeometry、eraseFeatures、eraseGeometry 等。

Elements 继承 Renderer,具体实现渲染的类又继承 Renderer 类。之所以这样设计,是因为不同的矢量格式数据需要共享相应的函数,在 Elements 这个类中封装。这个类的核心是 drawGeometry 和 drawGeometryNode 两个函数。其中 drawGeometry 调用了 drawGeometryNode,创建出基本的地理对象。

```
drawGeometry: function (geometry, style, featureId) {
    var className = geometry.CLASS_NAME;
    if ((className == "OpenLayers.Geometry.Collection") ||
    (className == "OpenLayers.Geometry.MultiPoint") ||
    (className == "OpenLayers.Geometry.MultiLineString ") ||
    (className == "OpenLayers.Geometry.MultiPolygon")){
        for (var i = 0; i<geometry.components.length ; i++){
            this.drawGeometry(geometry.components[i], style, featureId);
        }
```

```
        return ;
    };
    var nodeType = this.getNodeType(geometry);
    var node = this.nodeFactory(geometry.id, nodeType, geometry);
    node._featureId = featureId;
    node._geometryClass = geometry.CLASS_NAME;
    node._style = style;
    this.root.appendChild(node);
    this.drawGeometryNode(node, geometry);
}
```

渲染器的继承关系如图 6.4-35 所示。

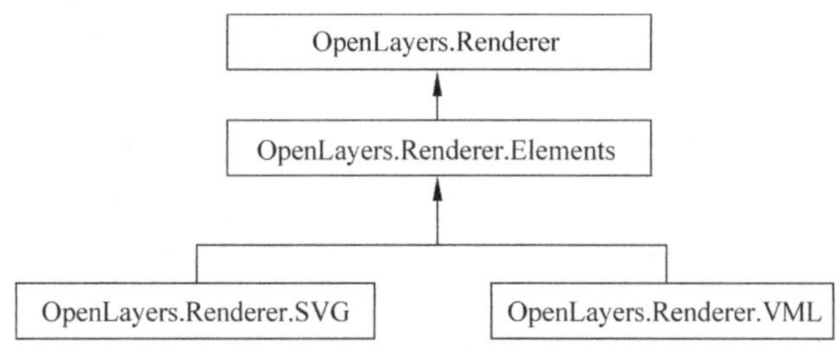

图 6.4-35 渲染器的继承关系图

实现渲染的具体方法是在 OpenLayers. Renderer. SVG 和 OpenLayers. Renderer. VML 两个类中实现，也就是实现 Elements 提供的虚方法，比如 drawPoint、drawCircle、drawLineString、drawLinearRing、drawLine、drawPolygon、drawSurface 等。下面以 drawCircle 为例，看看具体实现过程：

```
drawCircle: function (node, geometry, radius) {
    if(!isNaN(geometry.x)&& !isNaN(geometry.y)){
        var resolution = this.getResolution();
        node.style.left = (geometry.x /resolution).toFixed() - radius;
        node.style.top = (geometry.y /resolution).toFixed() - radius;
        var diameter = radius * 2;
        node.style.width = diameter;
        node.style.height = diameter;
    }
}
```

4. 体系结构

一般来说，了解一个事物，先是从轮廓去认识，然后再从内部去探究。同样，软件开发的过程（比如 OpenLayers），先是在文档中设计它的框架体系，有个总体的结构，然后是各个模块的设计，再下来就是具体编写代码。如果要分析一个做好的项目，恰恰与此步骤相反——要从具体的代码中分析总结出系统框架。

图 6.4-36 把 OpenLayers 的体系结构勾勒出来了，也就是我们所看到的浏览器上地图

的内部抽象表示。图上最底层的是 OpenLayers 的数据源 Image、GML 等，实际上它们都是 OpenLayers. Layer 的子类。这些数据经过渲染器 OpenLayers. Renderer 渲染，显示在地图的图层 Layer 上。把整个地图看作一个容器，这个地图容器中还有一些特别的层、控件等。此外，还有绑定在 Map 和 Layer 上的一系列的待请求的事件。

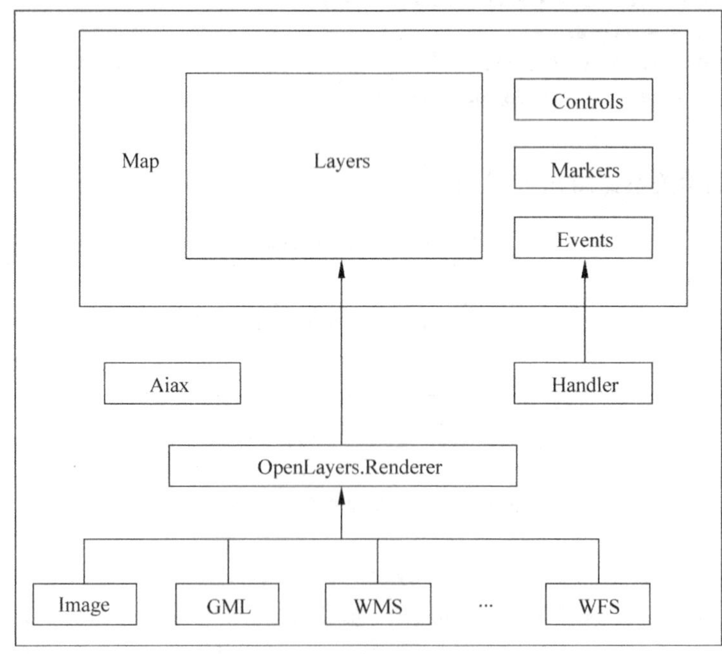

图 6.4-36　OpenLayers 体系结构图

WebGIS 项目实践篇

本篇通过两个典型案例来帮助读者快速动手，开始 WebGIS 项目开发实践。第 7 章通过电力管线 WebGIS 系统整体设计、数据库设计、系统实现以及系统发布几个方面来介绍 WebGIS 开发的各个环节。第 8 章通过交通 WebGIS 系统采用同样的开发流程进行开发，所不同的是加入了移动客户端的开发，将 WebGIS 和移动 GIS 完美结合起来。

第 7 章

城市地下电力管线 GIS 系统

7.1 系统概述

7.1.1 开发背景

随着能源产业结构的调整，电力已经成为国民生活中最重要的能源。一个完整的电力系统包括各个环节，其中电网是电力系统中的命脉。电网像人体中的血液循环系统一样将发电设备生产的电能送到用户端，使用户能够使用安全、清洁的能源。随着城市建设的快速发展，城市电网设施逐步转到地下建设，电力管线数量逐年增加。与架空线相比，地下电力管线基本不占用地面空间，发生人身伤害的概率小，可避免天气和环境因素造成的短路和接地故障，可以提高配电可靠性和电能稳定性。城市地下电力管线的建设是衡量城市硬件设施完善程度的重要标志，也是城市长远发展的重要保障。2013 年 9 月 16 日国务院出台《国务院关于加强城市基础设施建设的意见》，这是改革开放以来首次以国务院的名义就城市基础设施建设发布文件。其中，在《意见》的第二点“加大城市管网建设和改造力度”中，明确指出要加大城市电力管线的建设和管理。

由于管理手段的落后，城市地下电力管网建设存在规划混乱和重复施工的问题，造成了公共资源的极大浪费，另一方面，供电部门长期存在“重建设轻管理”的意识，使得地下电力管线的管理工作也不能及时到位。目前的电力管线管理手段跟不上电力社会发展的需求，电力管网的管理问题日益突出。我国地下电力管线管理大多依赖从业人员的经验和对电缆网络的熟悉程度，人员的专业素质直接关系到地下电力管网管理水平。电力管线现有线路的资料大多残缺不全，且有关资料精度不高甚至与现状不符。据调查显示，截止到 2013 年，我国有逾 60% 的城市尚未进行地下管线的普查。此外，大部分供电单位的现有电缆资料以文件形式由人工方式管理，容易损坏、丢失，资料准确率低，效率低，不能实时为电力管线的规划、管理提供决策支持。由于不能准确掌握电力管线的位置、深度等相关资料，涉及路面开挖的道路和建筑施工时，施工单位盲目开挖造成的事故屡见不鲜。因此，在进行城市规划、设计、施工和管理工作中，如果没有完整准确的城市地下电力管线信息，就会变成“瞎子”，到处碰壁，寸步难行，甚至造成重大的损失。随着计算机技术的发展，采用先进技术和管理手段提高地下电力管线的管理水平，满足决策、管理部门和施工单位的需要，已经成为电力行业十分紧迫的任务。

本章针对国内城市地下电力管线 GIS 管理系统的现状，在分析需求的基础上设计系统的功能模块。本系统采用J2EE框架技术,以桐乡市1∶1000城市地图作为系统背景图层,通过PostgreSQL数据库和空间数据管理插件PostGIS管理系统的属性和空间数据,采用开源架构的Geoserver+OpenLayers作为GIS功能的开发平台,并且使用SSH框架实现系统的业务逻辑功能。系统将GIS技术和空间数据建模技术引入城市地下电力管线管理和分析中,根据系统特点,建立属性数据库和空间数据库管理模型,设计并开发了轨迹图、工井立视图、单线图和接线图等具有电力行业特色的地下电力管线的管理功能模块,实现了地下电力管线数据的信息化和可视化。

7.1.2 需求分析

基于WebGIS的城市地下电力管线管理系统需要满足电力行业对城市地下电力管线的存储、显示、管理、分析等功能,具体需求如下:

(1) 提供方便、灵活的地图操作。支撑Web矢量图形及栅格图形的发布和Web地图操作,包括地图的缩放、漫游、鹰眼,地图局部显示,地理定位,线路量算等功能。提供符合国内电力行业规范的电力管线设施符号系统。

(2) 提供电力管线设备管理,包括配电设施、电力管线的台账管理以及有关设备的相关图片和施工附件管理功能、设备的分层控制、配电设备一次接线图等资料,工作人员可以快速查询所需资料。

(3) 提供地图数据和属性数据的一体化管理,通过属性资料可以在地图上查询其位置,同时可由地图数据查询出相应的属性资料,方便工作人员查询。

(4) 提供城市地下电力管线的分析模块、配电线路的单线图绘制与编辑功能、空间定位分析、管网拓扑等功能。

(5) 提供地下电力管道工井剖面图编辑和维护功能,实现电力管线与管道的关联操作,将电缆与管道的孔位关联功能,实现工井内电缆关系的可视化。

(6) 提供用户权限管理,具有特定权限的用户才能编辑相关图形。实现电力管线数据批量导入功能以及导出图片文件和打印机制图输出。

总之,该系统应具备以下特征和功能:网页端GIS界面,服务器端和数据库服务器,能够支持海量空间数据的发布,支持常用栅格、矢量地图的读取、可视化,通过WMS、WFS访问支持开放标准的地理空间信息资源,具备电力管线的一般空间分析功能。并且该系统具备基础性、扩展性、独立性。基础性指的是系统具备基础的GIS平台的支撑能力,能够处理基本的GIS操作且工作稳定。扩展性是指可以对系统进行更加深入的开发和功能扩展,能够支持电力行业的特殊需求,使其具备行业特色。独立性是指系统不依赖特定的商用GIS平台和软件,避免产生昂贵的系统运行费用。

7.1.3 可行性分析

利用开源GIS系统可以避免开发人员一切从零开始研发的巨大成本,并且开源GIS的开发性可以保证开发的系统的扩展性和灵活性,使其可以与电力管线的需求相融合。WebGIS的地下电力管线管理系统的网页端的GIS功能开发基于OpenLayers框架,服务器端使用 GeoServer 地图服务器，系统属性数据使用 PostgreSQL 数据库存储，空间数据存储使用 PostGIS 工具，在技术层面上是可行的。

利用开源 GIS 系统开发只需遵循相关的许可协议，无需负担商业软件昂贵的许可费用。另外，系统是基于 B/S 模式的 Web 系统，电力管网管理人员使用免费的 Web 浏览器进行浏览和操作，不需要安装客户端以及任何软件，从而使终端用户的维护费用降低至零。因此，以开源软件为基础的城市电力管线管理系统带来的经济效益是显而易见的，在经济层面上是可行的。

城市地下电力管线 GIS 系统可以提高电力系统管理效率、提高排出故障的速度、降低甚至消除电力故障隐患，为电力系统间接创造经济效益。用户通过本系统可以及时、快速、简便地获取分析和决策所需要的关键信息，缩短分析和决策所需的时间，减少人力资源消耗，实现高效率、低成本的电力管线的管理。通过本系统的应用，可以更加科学地规划管道建设，减少城市道路的"拉链"效应，避免地下管道的重复建设，有效地利用现有的管道，从而创造良好的社会效益。因此，在社会效益层面也是可行的。

7.2 系统整体设计

城市地下电力管线管理系统是一个基于 B/S 架构的应用系统。系统的网络拓扑结构如图 7.2-1 所示，采用 Apache 公司的 Tomcat 服务器作为 Web 服务器，采用开源的

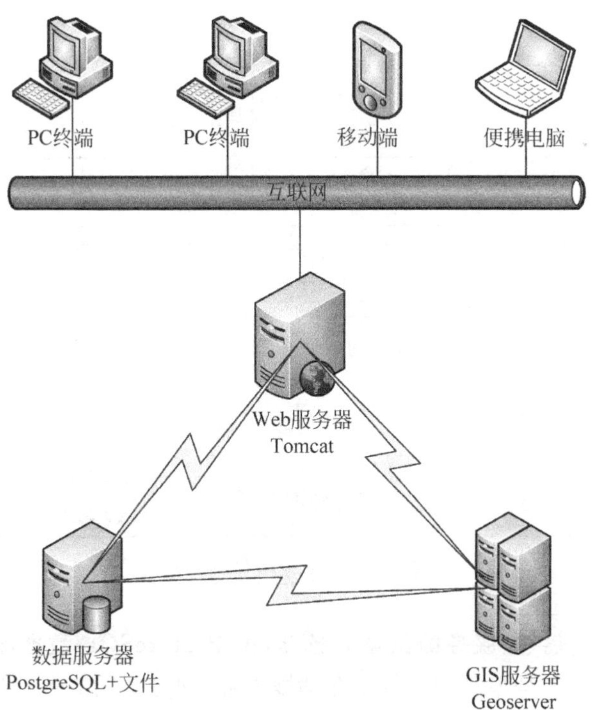

图 7.2-1　网络拓扑结构图

PostgreSQL 数据库以及文件系统作为数据服务器。另外，使用 GeoServer 作为 GIS 服务器，提供符合 OpenGIS 规定的 WFS、WMS 等协议的 GIS 服务。

遵循 MVC 的分层设计思想，系统整体上分为数据层、应用逻辑服务层及表现层三层。系统的层次结构图如图 7.2-2 所示。由于城市地下电力管线 GIS 系统涉及大量的数据处理，如果将业务逻辑都放在浏览器端处理会使浏览器负担过重，导致效率下降，相反如果将其都放在服务器端处理会使服务器端请求过多，导致服务器堵塞。因此，系统采用三层的 B/S 层次结构，将一部分逻辑放在服务器端实现，同时将 GeoServer 放在服务器端发布，在前端和后台间实现系统业务逻辑的负载均衡。

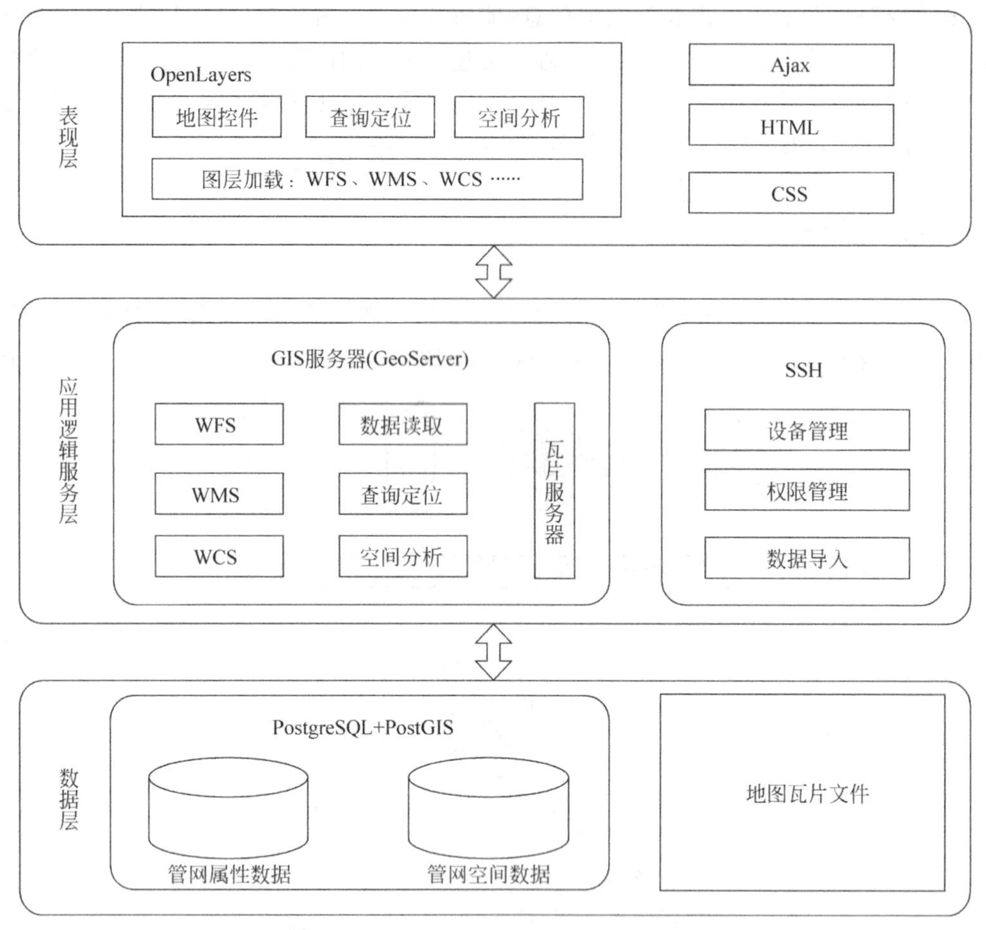

图 7.2-2 系统层次结构图

数据层主要为提供数据服务的数据服务器，由 PostgreSQL 数据库和地图瓦片文件构成。PostgreSQL 数据库是最基础的数据存储服务器，通过空间数据处理插件 PostGIS 使数据库具有空间数据处理功能。数据层中存储了瓦片地图数据、WebGIS 空间数据、电力管线属性数据以及用户管理数据。

应用逻辑服务层主要起到连接数据层和前台表现层的作用，主要由 GIS 服务和业务逻辑服务两部分构成。GIS 服务由 GeoServer 提供，瓦片服务器的通过读取瓦片地图文件构建系统背景图层。GeoServer 可以为表现层提供基于 GIS 开放标准规定的 WFS、WMS 等协议的 GIS 访问服务。业务逻辑服务通过基于符合 J2EE 规范的 SSH 框架提供，主要有设备管理、用户权限管理以及数据导入等服务。业务逻辑服务除了提供系统设备属性管理服务外，还提供系统设备逻辑关系的管理功能。电力设备间的关系包括承载关系、连接关系和包含关系。根据电力管线资源 GIS 模型，对电力管线设备进行建模，数据库表结构、GIS 服务和资源管理服务都是基于这一模型。

表现层为系统的功能实现层，通过 HTML 和 CSS 技术设计系统界面，使用 JavaScript 脚本实现前台的业务逻辑控制。表现层主要由 GIS 功能模块、导航树模块、资源管理模块以及其他模块构成。GIS 功能模块为系统最重要的功能模块，通过网页开发框架 OpenLayers 实现。GIS 功能模块可以提供地图渲染、基本地图操作控件、图层控制控件以及实现地图的交互操作，并且实现了电力管线单线图、设备接线图以及工井剖面图的绘制和编辑功能。

表现层与逻辑服务层之间的交互主要通过 WFS、WMS 协议和 Ajax 技术实现。OpenLayers 通过 WMS 协议获取瓦片地图数据，然后构建空间背景图层，同时利用 WFS 协议获取代表管线设备的地物类，将其在地图上渲染出来，从而构建各设备图层。导航树模块与设备管理模块利用 Ajax 技术与业务逻辑服务进行异步通信，获得设备间逻辑关系，以确保正确构建导航树的各节点，并且保证系统在进行设备管理时设备间的逻辑关系。通过使用 Ajax 技术实现网页与服务器的异步交互，实现了网页的无刷新操作。另外，设备管理模块利用 WFS 服务与 GIS 模块通信查询、修改某一设备的空间信息，同时结合 Ajax 获得的设备属性信息实现对电力管线设备资源的管理。

在综合考虑系统目标和功能需求的基础上，设计了城市地下电力管线管理系统的功能。系统的功能主要包括 GIS 基本功能、设备管理、管线业务管理和其他功能四个功能模块构成。系统的功能结构图如图 7.2-3 所示。

7.2.1 GIS 功能模块设计

1. 地图渲染

主要解决将指定的空间数据以地图的形式绘制出来的问题，主要包括瓦片图层的渲染、矢量图层的渲染以及电力管线设施的符号系统。系统通过瓦片图层的渲染构建系统的背景图层，通过矢量图层的渲染解决电力管线设备图层的显示。另外，为了有效区分不同类型的电力设施，需要在矢量图层的渲染中加入符号化的概念，电力管线符号系统主要就是对电力管线设施的符号化。系统符号库中包含常用的电力管线设施的符号，系统能够根据符号库将电力管线设施用对应的符号在地图上绘制出来，符号库的绘制国内电力行业参考了标准。

2. 地图控制

指的是基础的地图操作以及一些地图控件，如地图的放大、缩小、平移，导航条、比例尺、

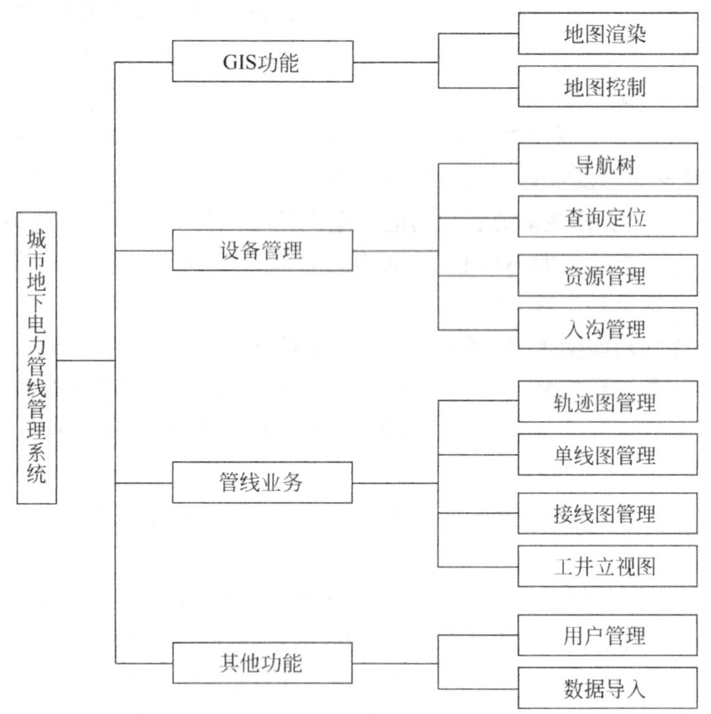

图 7.2-3　系统功能结构图

鹰眼图、全图显示、图层选择等地图控件。地图的漫游操作可以利用鼠标实现，比如滚轮缩放地图、单击拖动地图，也可以通过导航条的缩放和平移地图实现。鹰眼图是 GIS 信息系统中基础功能之一，可以通过小窗口达到快速定位到地图上某个范围的功能。另外，通过其他地图控件可以方便地控制地图操作，实现显示当前比例尺、快速定位地图、显示整体地图以及图层显示的选择等 GIS 基本功能。

7.2.2　设备管理模块设计

1. 导航树管理

导航树是电力管线设备管理的重要组成部分，用户可以通过导航树查询电力设备间的拓扑连接关系。地下电力管线系统中的各种设备存在着类似树状结构的连接关系，导航树通过设备间的关系模型可以管理城市地下电力管网中所有设备。用户可以在导航树中查询电力管线设备，并且能够根据拓扑连接关系在导航树中添加、删除相应节点以实现导航树的动态更新。

2. 查询定位功能

查询定位功能是 GIS 最基础的功能之一，系统根据用户请求找到符合的地理信息并将其在地图上定位出来。用户可以通过导航树的右键菜单或者输入相关信息查询电力管线设备在地图上的位置。系统可以实现不同方式的查询操作，可以实现通过设备坐标查询电力设备在地图上的位置，也可以提供按照设备类型、设备材质等的条件查询，并可以提供模糊查询操作。

3. 资源管理功能

资源管理是电力管线管理 GIS 系统中除 GIS 功能外另一项基本功能，系统的设备的资源管理贯穿于系统各个功能模块之中。它主要包括管网点状设备、电缆、管沟段等设备的增删改查，设备属性查询与修改，设备相关图片和附件上传、查询，设备间关系的管理等功能。用户不仅可以在导航树中管理管网设备，还可以在地图上添加、查询、修改电力设备，实现了导航树与地图上设备的关联操作。

4. 入沟管理

入沟管理指电缆标准段从起点到终点所应经过的电缆管沟段，系统通过入沟操作管理电缆标准段与管沟段间的逻辑关系。系统的入沟管理包括管沟段的增加、删除和更改，能够实现标准段入沟的可视化操作。

7.2.3　管线业务功能模块设计

1. 轨迹图管理

系统通过电力管线地理轨迹图管理可以实现管网连通性分析、空间定位分析和管网拓扑关系分析。并且能够根据比例尺过滤地图上的电力管线设备，随着比例尺的增大，在地图上显示的电力管线设备越详细。另外，系统能够突出显示单一配电线路和单一变电站上的电气设备、相关的土建设施以及电力管线轨迹图，屏蔽无关设施。

2. 单线图管理

单线图是电力管线的拓扑结构、运行状态等信息的图形或图像的显示形式。配电线路单线图可以直观反映电网逻辑关系，展现电网设备间的连接关系。系统可以通过地理轨迹图生成电气单线图，实现单线图与地理轨迹图的关联。工作人员可以查看配电线路的单线图，并实现单线图的绘制、修改和删除。

3. 设备接线图管理

设备接线图能够可视化展示相关设备内部的线路接线图，系统能够实现电力设备接线图的绘制与编辑，并可以将接线图中的设备和管线与地理轨迹图中的设备和管线关联在一起。通过系统的接线图管理功能，电网管理人员可以绘制与管理设备接线图，工作人员方便快捷的查询电力设备中的线路连接关系。

4. 工井立视图管理

工井立视图是电缆井俯视图、管沟关联图和剖面图的合并展现，是地下电力管线管理的最重要的组成部分。由于地下电力管线具有隐蔽性、网络型、复杂性，人工管理很难分辨电缆走向、位置等关键信息，很容易造成施工事故的发生。工井立视图提供了以计算机技术和 GIS 技术科学解决这一问题的方法，它通过 GIS 服务和逻辑服务展示了工井与管沟的连接关系，管沟内电缆放置的位置、电缆走向等关键信息。工井立视图为地下电力管线的规划、施工、巡检等管理提供了科学的解决方法。

7.2.4 其他管理模块

1. 用户管理功能

系统只允许拥有相关权限的用户才能进入系统进行相应的操作。系统提供了用户信息管理、添加用户、修改密码等相关操作，并将用户分为管理员与普通用户两种权限，只有拥有管理员权限的用户才能进行用户的添加与删除操作。

2. 数据导入功能

随着城市地下电力管网覆盖范围的不断扩大，设备数量成指数级增长，而人工添加的方式工作量大、效率低下，还不能避免错误的发生。因此，系统必须提供数据的批量输入并可进行数据的质量检查功能。数据的批量输入可以通过 Excel 模板进行，在导入的同时进行数据规则初步检查，并将检查结果反馈给用户。

7.3 数据库设计

系统采用 PostgreSQL 作为属性数据库，PostGIS 作为空间数据库，通过 Hibernate 框架来实现数据的持久化。

7.3.1 系统设备模型设计

1. 设备模型结构

城市地下电力管线设备模型如图 7.3-1 所示，由电气设备、土建设备和逻辑关系三部分构成。电气设备是电能从变电站配送到最终用户所需经过的各个节点与线路的总称，其中包括容器、线缆段和配电线路。配电线路是逻辑设备，为从配电起点到配电终点一条电气通路。配电线路是管理所有电气设备逻辑关系的基础，包含在电气通路所经过的所有容器和线缆段。容器是电网的各节点设备，包括变电站、分支箱、开关站、环网柜、分支接头、变压器。土建设备是承载电气设备的城市基础设施，电力管网是搭建在其基础之上的。土建设备包括工井、杆塔等地下和地上的点状建筑以及管沟段、管沟线和城市道路。逻辑关系是用来描述系统设备相互之间的关联关系，我们将其总结为连接关系、承载关系和包含关系三种

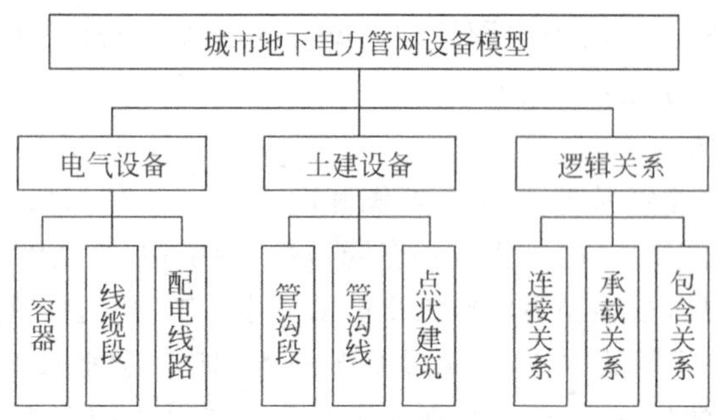

图 7.3-1 系统设备模型

关联关系。

2. 设备逻辑关系模型

系统设备逻辑关系模型如图 7.3-2 所示，其中容器、线缆段、变电站、城市道路、管沟段、点状建筑为物理设备，配电线路、管沟线为逻辑设备。逻辑关系模型分为电气设备间的关联关系、土建设备间的关联关系以及电气与土建设备间的关联关系。配电线路的起点为变电站，容器和线缆段是连接关系，多个线缆段和容器的连接构成了配电线路。城市的道路承载了管沟段与点状建筑构成的管沟线，土建设备的建设都是以道路为基础的。线缆段铺设在地下管沟段中或者铺设在地上由杆塔构成的虚拟管沟段，管沟段是承载电气线路的基础。

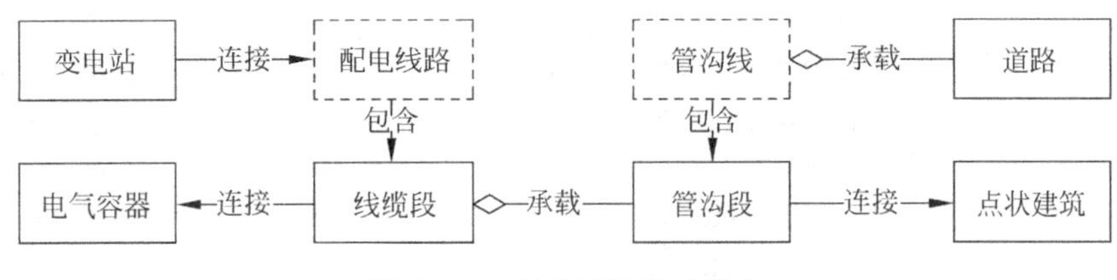

图 7.3-2　设备逻辑关系模型

7.3.2　系统属性数据库设计

1. 系统属性数据库

系统属性数据库为系统设备描述、业务图属性以及设备间的逻辑关系等提供数据支持。我们将属性数据库分为了电气部分、土建部分、业务图实体部分以及系统辅助实体部分。系统选用的 PostgreSQL 数据库是一种对象—关系型数据库管理系统，不仅支持关系数据模型，而且也能够支持面向对象的数据模型。项目组根据系统需求，使用面向对象的数据模型设计了系统属性数据库，实体清单如表 7.3-1 所示。

表 7.3-1　属性数据库实体清单

名　称	代　码	备　注
对象基础	PD_OBJECT_BASE	父类实体表
配电线路	PD_EL_LN_CABLELINE	电气实体表
容器	PD_EL_PT_CONTAINER_V	电气实体表
分支箱	PD_EL_CN_BRANCH_BOX	电气实体表
变压器	PD_EL_CN_TRANSFORMER	电气实体表
变电站	PD_EL_CN_TRANSFORMERSUBSTATION	电气实体表
开关站	PD_EL_CN_SWITCH_STATION	电气实体表
环网柜	PD_EL_CN_RINGMAINUNIT	电气实体表
线缆段	PD_EL_LN_WIRECABLE_SEGMENG_V	电气实体表
导线段	PD_EL_CN_WIRE_SEGMET	电气实体表
电缆段	PD_EL_CN_CABLE_SEGMENT	电气实体表
管沟线	PD_EW_PIPE_LINE_V	土建实体表

续表

名　　称	代　　码	备　　注
管沟段	PD_EW_PP_SEGMENT_V	土建实体表
虚拟管沟	PD_EW_PP_VIRTUAL_PIPE	土建实体表
排管	PD_EW_PP_RACK_PIPE	土建实体表
桥架	PD_EW_PP_BRIDGE	土建实体表
沟道	PD_EW_PP_CHANNEL	土建实体表
直埋	PD_EW_PP_BURIED	土建实体表
隧道	PD_EW_PP_TUNNEL	土建实体表
点状建筑	PD_EW_POINT_BUILDING	土建实体表
工井	PD_EW_PT_WELL	土建实体表
杆塔	PD_EW_PT_TOWER	土建实体表
剖面	PD_PIPE_PROFILE	业务图实体表
管孔	PD_PIPE_HOLE	业务图实体表
支架	PD_PIPE_BRACKET	业务图实体表
道路	PD_EW_ROAD	系统辅助实体表
附件	PD_AUXILIARY	系统辅助实体表
照片	PD_PHOTO	系统辅助实体表
线缆段所经管沟段	PD_WIRECABL_TO_PIPE_SEGMENT	系统辅助实体表

2. 实体继承关系

PostgreSQL 数据库实现表继承的机制，通过表继承机制用户对一个表使用查询时可以引用此表及其所有后代表的记录。利用这一机制，我们将属性数据库所有实体表统一继承于对象基础表。子表通过对象基础表中的字段描述实体具有的相同属性，同时加入描述各自不同属性的子表字段。属性数据库实体继承关系如图 7.3-3 所示。

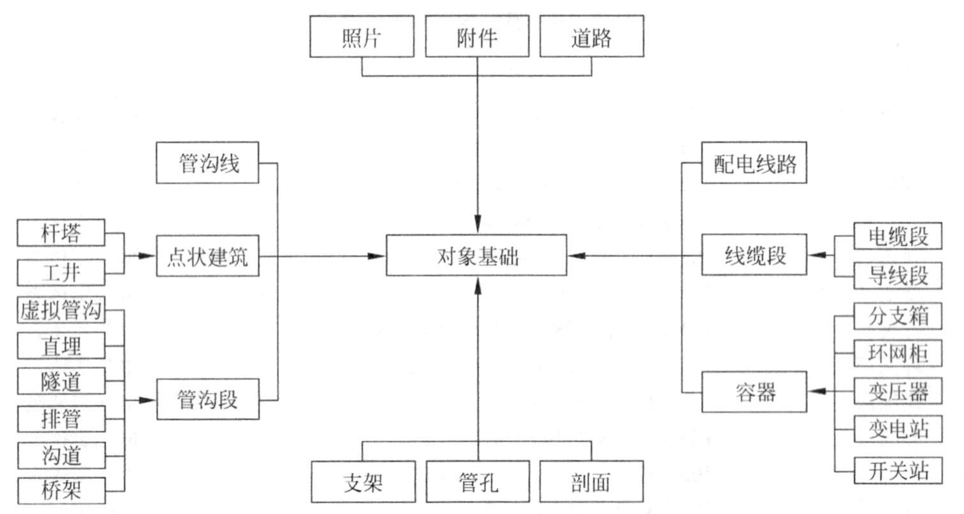

图 7.3-3　实体继承关系图

对象基础表的表结构如表 7.3-2 所示。电气设备实体表、土建设备实体表、业务图实体表和系统辅助实体表统一继承于对象基础表，系统可以通过它统一查询所有属性数据，并可以管理属性表中的相同字段。同时项目组通过电力管线设备模型，使用多层继承机制将具有相同功能的设备继承于同一张父表，实现了属性数据库的分层管理。电气点状设备如分支箱、环网柜、变压器、变电站、开关站继承于容器父表；电缆段和线缆段分别代表配电线路的地下和地上部分继承于线缆段父表；土建点状设备如工井和杆塔继承于点状设备父表；直埋、隧道、排管、沟道、桥架等地下管沟段和地上的虚拟管沟段统一继承于管沟段父表。

表 7.3-2　PD_OBJECT_BASE 结构

字段名称	代　码	数据类型	说　明
自动 ID	AUTO_ID	INTEGER	主键
静态 ID	STATIC_ID	BIGINT	非空
名称	NAME	TEXT	
对象类型	OBJECT_TYPE	INTEGER	

3. 属性数据库模型图

属性数据库中实体表之间的关联关系如图 7.3-4 所示。下面介绍属性数据库实体表间的联系。

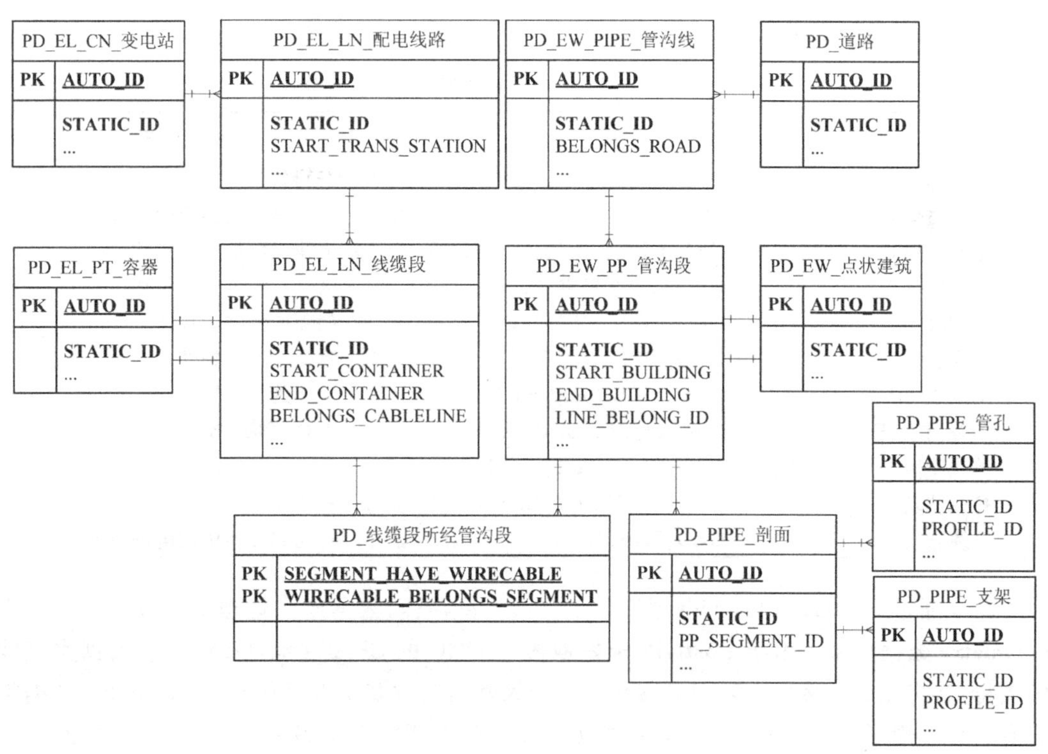

图 7.3-4　属性数据库模型图

1）电气实体部分

（1）变电站与配电线路通过起点电站形成一对多联系；

（2）配电线路与线缆段及其子表通过所属配电线路形成一对多联系；

（3）线缆段与容器类实体表通过起点容器和终点容器形成一对一联系。

2）土建实体部分

（1）道路与管沟线通过所属道路形成一对多联系；

（2）管沟线与管沟段及其子表通过所属管沟线形成一对多联系；

（3）管沟段与点状建筑间通过起点土建和终点土建形成一对一联系。

3）其他实体联系

（1）线缆段与管沟段类实体表通过线缆段所经管沟段形成多对多联系；

（2）剖面实体表与管沟线通过所属管沟线形成多对一联系；

（3）管孔和支架与剖面实体表通过剖面号形成多对一联系。

7.3.3 系统空间数据库设计

1. 空间数据库

系统空间数据库存储电力管线设备和管网各业务图的地理空间信息，GIS 服务器 GeoServer 通过读取空间数据库的实体表中的空间信息确定地物类的位置和几何形状，然后将其在地图上渲染出来。空间数据库实体清单如表 7.3-3 所示。

表 7.3-3 空间数据库实体清单

名 称	代 码	备 注
空间基础表	GEO_BASE	空间数据库父表
空间对象基础表	GEO_OBJECT_BASE	拥有属性实体空间父表
空间土建表	GEO_CIVIL_ENGINEERING	土建对象的空间描述
空间电气表	GEO_ELECTRICAL	电气对象的空间描述
剖面表	GEO_PIPE_PROFILE	剖面图的空间描述
管孔表	GEO_PIPE_HOLE	管孔的空间描述
支架表	GEO_PIPE_BRACKET	支架的空间描述
工井测绘表	GEO_POINT_SURVERY	工井俯视图空间描述
单线图表	GEO_CONNECT_WIRE	单线图的空间描述
接线图表	GEO_CONNECT_LINE	接线图的空间描述
电缆表	GEO_CABLE	管孔和支架中的电缆空间描述

系统通过 PostGIS 对空间数据库构建提供支持，空间数据库中地理空间数据统一使用 Geometry 数据类型。由于 PostGIS 很好地遵守 OGC 的 SFA 规范，Geometry 数据类型能够支持点、多点、线、多线、多边形、多多边形以及集合对象集等几何类型。Geometry 数据类型有两种表现形式：一种是几何对象的文本表现形式（WKT）；另一种是 SQL 实现形式，即 Canonical Form。并且 PostGIS 可以通过 ST_AsText(geometry)和 ST_GeomFromEWKT (text)函数实现两种表现形式间的自由转换。

2. 空间数据库实体结构

空间数据库的实体结构如图 7.3-5 所示，空间数据库实体表统一继承于空间基础表(GEO_BASE)。工井俯视图实体表、单线图实体表、接线图实体表存储着可以渲染各种业务图的空间数据，它记录着业务图的各元素形状和位置信息。

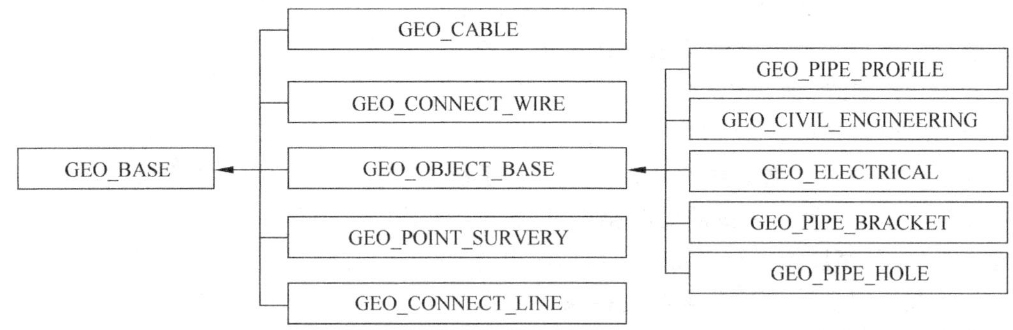

图 7.3-5　空间数据库实体结构图

土建实体表和电气实体表分别记录的是土建层和电气层的空间数据；剖面实体表存储的是管沟段的横剖面的几何信息和关键属性；管孔实体表和支架实体表则记录着剖面图上的管孔的位置及几何形状。与属性数据库数据相对应的空间土建表、电气表、剖面图表、管孔和支架表继承于空间对象基础表(GEO_OBJECT_BASE)，GEO_OBJECT_BASE 的表结构如表 7.3-4 所示。

表 7.3-4　PD_OBJECT_BASE 结构

字段名称	代　　码	数据类型	说　　明
自动 ID	AUTO_ID	INTEGER	主键
静态 ID	STATIC_ID	BIGINT	非空
空间数据	GEOMETRY_DATA	GEOMETRY	
名称	NAME	TEXT	
对象类型	OBJECT_TYPE	INTEGER	

7.3.4　属性与空间数据库关联设计

系统通过 GIS 技术实现空间数据的发布功能，通过结合电力管线属性数据与地理数据系统实现系统图文一体化操作，从地图上可以查询和管理设备与管线的地理位置等空间信息，也可以管理设备的相关属性信息。由于系统数据库采用了属性和空间的两层设计结构，因此实现系统的图文一体化操作的关键在于属性数据和空间数据间的关联设计。

属性数据库和空间数据库中各实体表的主键(AUTO_ID)是 PostgreSQL 数据库中的序列对象(SEQUENCE)实现由数据库控制为每条记录生成唯一序号。而空间数据库和属性数据库中同一记录的一对一关联则是通过静态 ID(STATIC_ID)实现的,STATIC_ID 的生成规则通过时间戳生成算法由系统业务逻辑层控制的。由业务逻辑层控制静态 ID 的生成不仅可以保证静态 ID 的唯一性,而且可以保证属性数据库和空间数据库中相同记录的静态 ID 也是相同的。属性和空间数据库中相同记录的静态 ID 的一致性为属性和空间数据的关联操作提供的基础。

属性数据和空间数据的关联操作包括增加、删除和修改。添加数据记录的关联操作是由系统的业务逻辑层控制的,业务逻辑层会同时控制生成一一对应的属性和空间数据记录,而数据的删除和修改的关联则是通过数据库触发器控制的。在系统执行数据的删除和特定字段的更新操作时,触发器会通过静态 ID 字段删除和更新相应数据库中的记录。系统数据库设计的触发函数包括属性数据删除的触发函数、空间数据删除的触发函数、NAME 字段更新触发函数以及经纬度更新的触发函数。其中,经纬度更新的触发函数的流程图如图 7.3-6 所示,它的主要功能是在空间数据库中点设备的 GEOMETRY 数据发生修改时,更新属性数据库中相应记录的经纬度。

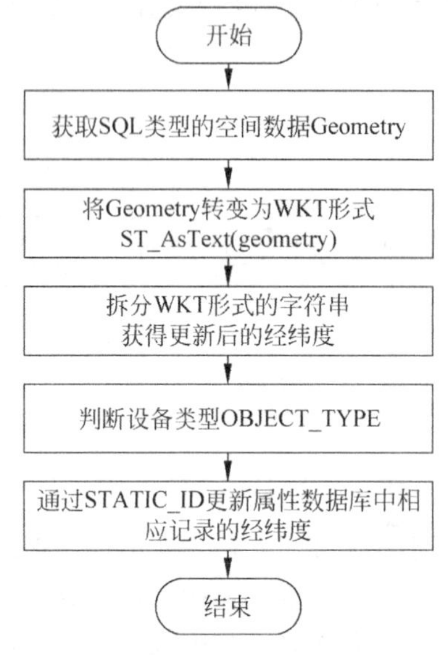

图 7.3-6　经纬度更新触发函数流程图

7.4　系统实现

7.4.1　开发环境搭建

城市地下电力管线管理系统是基于 B/S 架构的应用管理系统,其系统开发平台的软件环境配置要求如下:

(1) 操作系统:Windows 系列。

(2) Java 运行环境:JDK 1.6 及以上版本。

(3) Web 服务器:Tomcat 7.0 服务器。

(4) 数据库:PostgreSQL 9.2 和 PostGIS 2.0 及以上版本。

(5) 地图服务器:GeoServer 2.3 及以上版本。

(6) J2EE 开发平台使用:Eclipse 4.2 及以上版本。

系统在 Eclipse 平台下使用 Java、HTML 和 JavaScript 等语言进行 J2EE 开发。系统的开发平台使用开源的 GIS 框架:GeoServer、PostGIS 和 OpenLayers。GeoServer 是系统的 GIS 服务器,主要作为 GIS 服务的发布平台;PostGIS 为系统空间数据的存储提供支持;OpenLayers 为网页端的 GIS 开发框架,能够快速进行网页端 GIS 功能的开发和维护。

(1) 项目开发的第一步是搭建项目环境及项目集成框架等,在此之前需要将 Spring2、

Structs2、Hibernate 及系统应用的其他 jar 包导入到项目的 lib 文件下。

接下来需要对 Struts、Spring、Hibernate 以及 web. xml 文件进行配置。这些配置文件的配置过程如下。

(2) 配置 Struts2：在项目的 ClassPath 下创建 Struts. xml 文件，其配置代码如下。

```
<?xmlversion = "1.0" encoding = "UTF - 8"?>
<!DOCTYPEstrutsPUBLIC
    " - //ApacheSoftwareFoundation//DTD StrutsConfiguration2.0//EN"
    "http://struts.apache.org/dtd s/struts - 2.0.dtd ">
< struts >
    < constant name = "struts.devMode" value = "false" />
    < constant name = "struts.multipart.saveDir" value = "/tmp"></constant >
    < constant name = "struts.multipart.maxSize" value = "20971520" />
    <! -- 树目录及侧栏配置 -->
    < package name = "tree" extends  = "struts - default">
        < action name = "initTree" class = "treeAction" meth od = "execute">
            < result name = "error">/wrong.jsp </result >
        </action >
        < action name = "getSideBarJson" class = "getSideBarJson" meth od = "execute">
            < result name = "error">/wrong.jsp </result >
        </action >
        < action name = "getSideBarJJson" class = "getSideBarJJson" meth od = "execute">
            < result name = "error">/wrong.jsp </result >
        </action >
    </package >
    <! -- 地图相关配置 -->
    < package name = "property" extends  = "struts - default">
        < interceptors >
            < interceptor name = "loginCheck" class = "loginCheck">
            </interceptor >
            < interceptor - stackname = "myStack">
                < interceptor - refname = "loginCheck"/>
                < interceptor - refname = "defaultStack"/>
            </interceptor - stack >
        </interceptors >
        < default - interceptor - refname = "myStack"></default - interceptor - ref >
        < global - results >
        < result name = "unlogin">/template/relogin.jsp </result >
        </global - results >
        < action name = "getProperty" class = "getProperty" meth od = "execute">
            < result name = "1010203">/template/property/transformer.jsp </result >
            …….<!省略的配置信息>
        </action >
        < action name = "getPropertyJson" class = "getPropertyJson" meth od = "execute">
            < result name = "input">/template/common/error.jsp </result >
        </action >
```

```
        <action name = "getPropertiesJson" class = "getPropertiesJson"
            method = "execute">
            <result name = "input">/template/common/error.jsp</result>
        </action>
    </package>
    <! -- 系统功能配置 -->
    <package name = "system" extends = "struts - default">
        <interceptors>
            <interceptor name = "loginCheck" class = "loginCheck">
            </interceptor>
        </interceptors>
        <global - results>
            <result name = "unlogin">/template/relogin.jsp</result>
        </global - results>
        <action name = "home" class = "home" meth od = "execute">
            <result name = "success">/template/home.jsp</result>
            <result name = "unlogin">/template/login.jsp</result>
            <interceptor - refname = "defaultStack" />
            <interceptor - refname = "loginCheck" />
        </action>
    …….<!省略的配置信息>
    </package>
</struts>
```

(3) 配置 Hibernate：在 Hibernate 的配置文件中配置数据库的连接信息、数据库方言及打印 SQL 语句等属性，其关键代码如下。

```
<?xmlversion = "1.0" encoding = "utf - 8"?>
<! DOCTYPEhibernate - configurationPUBLIC
" - //Hibernate/HibernateConfigurationDTD 3.0//EN"
"http://www.hibernate.org/dtd /hibernate - configuration - 3.0.dtd ">
<hibernate - configuration>
    <session - factory>
        <property name = "hibernate.bytecode.use_reflection_optimizer">false
          </property>
          <property name = "hibernate.connection.driver_class">
            org.postgresql.Driver</property>
          <property name = "hibernate.connection.password ">admin</property>
                <property name = "hibernate.connection.url">
            jdbc:postgresql://localhost:5432/OpengisData Base</property>
          <property name = "hibernate.connection.username">postgres</property>
                <property name = "hibernate.dialect">
            org.hibernate.spatial.dialect.postgis.PostgisDialec t</property>
        <property name = "hibernate.format_sql">true</property>
        <property name = "hibernate.search.autoregister_listeners">false
          </property>
        <property name = "hibernate.show_sql">true</property>
```

```
        <property name = "hibernate.connection.pool_size">20</property>
        <property name = "hibernate.proxool.pool_alias">pool1</property>
        <property name = "hibernate.max_fetch_depth ">1</property>
        <property name = "hibernate.jdbc.batch_versioned_data">true</property>
        <property name = "hibernate.jdbc.use_streams_for_binary">true</property>
        <property name = "hibernate.cache.region_prefix">hibernate.test</property>
          <property name = "hibernate.cache.provider_class">
            org.hibernate.cache.Hashtable CacheProv ider</property>
        <mapping resource = "org/resource/object/PdEwPpBuried.hbm.xml"/>
      …….<!省略的映射信息>
    </session-factory>
</hibernate-configuration>
```

(4) 配置 Spring：利用 Spring 加载 Hibernate 的配置文件及 Session 管理类，在配置 Spring 时只需要配置 Spring 的核心配置文件 applicationContex.xml，其代码如下。

```
<?xmlversion = "1.0" encoding = "UTF-8"?>
<beansxmlns = "http://www.springframework.org/schema/beans"
    xmlns:xsi = "http://www.w3.org/2001/XMLSchema-instance"
    xmlns:aop = "http://www.springframework.org/schema/aop"
    xmlns:tx = "http://www.springframework.org/schema/tx"
    xsi: schemaLocation = " http://www.springframework.org/schema/beanshttp://www.springframework.org/schema/beans/spring-beans-2.5.xsdhttp://www.springframework.org/schema/aophttp://www.springframework.org/schema/aop/spring-aop-2.5.xsdhttp://www.springframework.org/schema/txhttp://www.springframework.org/schema/tx/spring-tx-2.5.xsd">
    <!-- Service服务层配置
    ##########################################  -->
        <!-- 树目录 -->
        <bean name = "treeService" class = "org.ldw.service.treeService">
            <property name = "treeDao">
                <ref bean = "treeDao"/>
            </property>
        </bean>
        <!-- 登录 -->
        <bean name = "loginService" class = "org.ldw.service.loginService">
            <property name = "userDao">
                <ref bean = "systemUser"/>
            </property>
        </bean>
        <!-- 属性 -->
        <bean name = "propertyService" class = "org.ldw.service.propertyService">
            <property name = "daoSelect">
                <ref bean = "selectRecordAll"/>
            </property>
            <property name = "daoSave">
                <ref bean = "SaveProperty"/>
```

```
    </property>
</bean>
<!-- 系统用户管理 -->
<bean name = "systemUserService" class = "org.ldw.service.systemUserService">
    <property name = "userDao">
        <ref bean = "systemUser"/>
    </property>
</bean>
<!-- 文件数据导入 -->
<bean name = "import ExcelService" class = "org.ldw.service.import
        ExcelService"scope = "prototype">
    <property name = "import Dao">
        <ref bean = "import Dao"/>
    </property>
    <property name = "import DaoEle">
        <ref bean = "import DaoEle"/>
    </property>
    <property name = "import DaoWirecable">
        <ref bean = "import DaoWirecable"/>
    </property>
    <property name = "import DaoObj">
        <ref bean = "import DaoObj"/>
    </property>
</bean>
<!-- 图片导入 -->
<bean name = "uploadsPhotoService"
        class = "org.ldw.service.uploadsPhotoService"scope = "prototype">
    <property name = "jpegTool">
        <ref bean = "jpegTool"/>
    </property>
    <property name = "daoSave">
        <ref bean = "SaveProperty"/>
    </property>
    <property name = "photo">
        <ref bean = "photo"/>
    </property>
</bean>
<!-- 拦截器 -->
<bean name = "loginCheck" class = "org.ldw.action.loginInterceptor"/>
<!-- Action 视图层配置
    ###################################### -->
<bean name = "home" class = "org.ldw.action.homeAction"/>
    <bean name = "login" class = "org.ldw.action.loginAction" scope = "prototype">
    <property name = "loginService">
        <ref bean = "loginService"/>
    </property>
</bean>
```

```
<bean name = "treeAction" class = "org.ldw.action.TreeAction" scope = "prototype">
    <property name = "service">
        <ref bean = "treeService"/>
    </property>
</bean>
<! -- 单线图侧栏 -->
<bean name = "getSideBarJson" class = "org.ldw.action.getSideBarJson" scope = "prototype">
    <property name = "proService">
        <ref bean = "propertyService"/>
    </property>
</bean>
<! -- 接线图侧栏 -->
<bean name = "getSideBarJJson"
    class = "org.ldw.action.getSideBarJJsonAction"scope = "prototype">
    <property name = "proService">
        <ref bean = "propertyService"/>
    </property>
</bean>
<bean name = "getAttachment" class = "org.ldw.action.getAttachmentAction"
    scope = "prototype">
</bean>
<bean name = "getProperty" class = "org.ldw.action.getPropertyAction"
    scope = "prototype">
…….<! 省略的映射信息>
</bean>
<! -- Action 数据服务层配置
    ############################################ -->
<bean name = "getPropertyJson"
    class = "org.ldw.action.getPropertyJsonAction"scope = "prototype">
    <property name = "proService">
        <ref bean = "propertyService"/>
    </property>
</bean>
… ….<! 省略的映射信息>
<bean name = "delete" class = "org.ldw.action.deleteAction" scope = "prototype">
</bean>
<! -- Dao 数据库层配置
    ############################################ -->
<! -- 属性查询 -->
<bean name = "selectRecordAll" class = "org.lyd.Hibernate.SelectRecordAll"/>
<! -- 属性插入 -->
<bean name = "SaveProperty" class = "org.lyd.Hibernate.SavePropertyObject"/>
<! -- 用户管理 -->
<bean name = "systemUser" class = "org.ldw.dao.systemUserDao" />
<! -- 树目录 -->
<bean name = "treeDao" class = "org.lyd.Operate.TreeCatalog" />
<! -- excel 数据导入 -->
```

```
        <bean name = "import Dao" class = "org.lyd.Operate.SurveyDataImport "
                    scope = "prototype"/>
        <bean name = "import DaoEle" class = "org.lyd.Operate.ContainerDataImport "
                    scope = "prototype"/>
        <bean name = "import DaoWirecable" class = "org.lyd.Operate.WirecableImport
                    "scope = "prototype"/>
        <bean name = "import DaoObj" class = "org.lyd.Operate.InsertObjectByFile"
                    scope = "prototype"/>
        <!-- 图片导入 -->
        <bean name = "jpegTool" class = "org.lyd.util.JpegTool" scope = "prototype"/>
        <bean name = "photo" class = "org.resource.objectclass.PdPhoto"
                    scope = "prototype"/>
</beans>
```

(5) 配置 web.xml：web.xml 的配置文件是项目的基本配置文件，通过该文件设置实例化 Spring 容器、过滤器、Structs2，以及默认执行的操作，其核心代码如下。

```
<?xmlversion = "1.0" encoding = "UTF-8"?>
<web-appxmlns:xsi = "http://www.w3.org/2001/XMLSchema-instance" xmlns = "http://java.
    sun.com/xml/ns/javaee" xmlns:web = "http://java.sun.com/xml/ns/javaee/web-app_2_5.
    xsd" xsi:schemaLocation = "http://java.sun.com/xml/ns/javaeehttp://java.sun.com/xml/
    ns/javaee/web-app_2_5.xsd" id = "WebApp_ID" version = "2.5">
<display-name>TONGXIANG</display-name>
<welcome-file-list>
    <welcome-file>index.jsp</welcome-file>
</welcome-file-list>
<!-- CGIservlet 的配置 -->
<servlet>
    <servlet-name>cgi</servlet-name>
    <servlet-class>org.apache.catalina.servlets.CGIServlet</servlet-class>
    <init-param>
    <param-name>debug</param-name>
    <param-value>0</param-value>
    </init-param>
    <init-param>
    <param-name>cgiPath Prefix</param-name>
    <param-value>cgi</param-value>
    </init-param>
    <init-param>
    <param-name>executable</param-name>
    <param-value>C:\Pyth on27\pyth on.exe</param-value>
    </init-param>
    <init-param>
    <param-name>passShellEnvironment</param-name>
    <param-value>true</param-value>
    </init-param>
    <load-on-startup>5</load-on-startup>
```

```
    </servlet>
    <servlet-mapping>
        <servlet-name>default</servlet-name>
        <url-pattern>/</url-pattern>
    </servlet-mapping>
    <servlet-mapping>
        <servlet-name>cgi</servlet-name>
        <url-pattern>/cgi/*</url-pattern>
    </servlet-mapping>
    <!-- strut2 的配置 -->
<session-config>
    <session-timeout>3600</session-timeout>
</session-config>
<filter>
    <filter-name>struts2</filter-name>
    <filter-class>
        org.apache.struts2.dispatcher.ng.filter.StrutsPrepareAndExecuteFilter
    </filter-class>
</filter>
<filter-mapping>
    <filter-name>struts2</filter-name>
    <url-pattern>*.action</url-pattern>
    <dispatcher>REQUEST</dispatcher>
<dispatcher>FORWARD</dispatcher>
</filter-mapping>
<filter-mapping>
    <filter-name>struts2</filter-name>
    <url-pattern>*.jsp</url-pattern>
    <dispatcher>REQUEST</dispatcher>
    <dispatcher>FORWARD</dispatcher>
</filter-mapping>
<!-- spring 监听 -->
<listener>
    <listener-class>
        org.springframework.web.context.ContextLoaderListener
    </listener-class>
</listener>
</web-app>
```

配置完以上文件，整个项目的框架就搭建好了，接下来分别对各个模块的具体实现过程进行详细讲解。

7.4.2 GIS 功能模块实现

GIS 基本功能模块主要是在表现层开发的，是在 OpenLayers 开发框架提供的接口上，通过 GeoServer 提供的 GIS 服务在 Web 服务器端使用 HTML 和 JavaScript 语言开发实现的。

1. GIS 模块流程图

GIS 基本模块的主要实现流程图如图 7.4-1 所示。

2. 网页端地图缓存的实现

地图数据是网页端与服务器交互过程中数据量最大的数据，所以地图数据的缓存尤为重要，可以大大提高系统的性能。

瓦片地图的缓存是通过 GeoServer 的瓦片缓存服务器实现的，地图的瓦片以文件的形式缓存在网页端，当地图范围发生改变需要加载新的地图瓦片时先查询缓存，如果缓存中没有该瓦片，GeoServer 会向服务器端请求该瓦片，并将其加载在地图上。整个过程的流程图如图 7.4-2 所示。

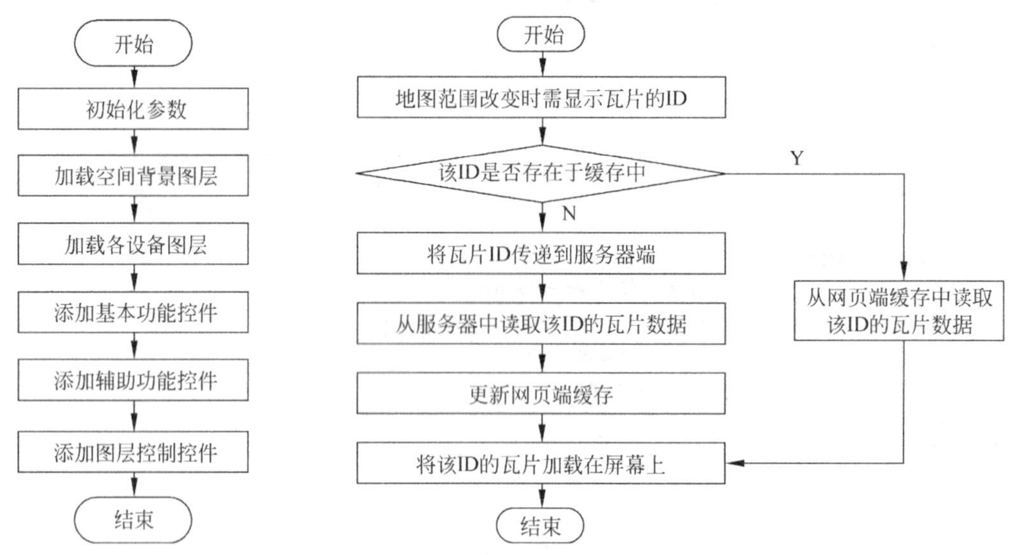

图 7.4-1 GIS 功能模块流程图

图 7.4-2 地图缓存的流程图

3. GIS 图形操作功能实现

OpenLayers 提供了导航条、比例尺、鹰眼、图层控制控件等，表现层通过配置这些控件的接口就可以将其加载在 GIS 功能中。除了通过操作导航条，还可以使用鼠标拖曳和滚轮来平移和缩放地图。并且，随着地图等级的放大，不同的设备图层将加载出来，以便实现电力管线设备的分级显示，而且可以通过图层控制控件单独显示特定的设备图层。利用 OpenLayers 框架实现系统的各个地图图层和操作控件加载的关键代码如下：

```
/* 地图初始化 */
Global.locus.method.init = function(){
    var options = {
        resolutions:[...],
        projection: new OpenLayers.Projection('EPSG:4326'),
        maxExtent:new OpenLayers.Bounds(...)
        numZoomLevels:5
```

```
    };
     /*定义地图*/
    Global.locus.map = new OpenLayers.Map('map',options);
    Global.locus.layers.baseLayer = new OpenLayers.Layer.WMS("桐乡地图",...);
                                                                    /*背景图层*/
    /*电气设备图层*/
Global.locus.layer.electricalLayer = new OpenLayers.Layer.Vector("电气设备",...);
/*土建设备图层*/
    Global.locus.layer.buildingLayer = new OpenLayers.Layer.Vector("土建设备",...);
    ...
    //地图加载背景图层和各个设备图层
    Global.locus.map.addLayers([
        Global.locus.layers.baseLayer,
        Global.locus.layer.buildingLayer
        Global.locus.layer.electricalLayer,
        ...
    ]);
   var navigation = new OpenLayers.Control.Navigation();
   navigation.zoomBoxKeyMask = OpenLayers.Handler.MOD_ALT;
   Global.locus.map.addControl(navigation);                         /*平移控件*/
   Global.locus.map.addControl(new OpenLayers.Control.ScaleLine());      /*比例尺控件*/
   Global.locus.map.addControl(new OpenLayers.Control.LayerSwitcher());  /*图层选择控件*/
   Global.locus.map.addControl(new OpenLayers.Control.OverviewMap());    /*鹰眼控件*/
   //定义鼠标坐标显示控件
   Global.locus.mousePositionCtl.control = new OpenLayers.Control.MousePosition({
       prefix: '<a target="_blank" ' +
           'href="http://spatialreference.org/ref/epsg/4326/">' +
           'EPSG:4326</a> coordinates: ',
       separator: ' | ',
       numDigits: 10,
       emptyString: 'Mouse is not over map.'
       }
   );
/*加载鼠标坐标显示控件*/
   Global.locus.map.addControl( Global.locus.mousePositionCtl.control);
   Global.locus.mousePositionCtl.control.activate();
}
```

1) 地图漫游

地图漫游包括地图放大、缩小、图层控制、鹰眼导航、全图显示、经纬度显示，关键代码如下：

```
Global.locus.map.addControl(new OpenLayers.Control.PanZoomBar({
        position: new OpenLayers.Pixel(2, 15)
   }));
```

```
var navigation = new OpenLayers.Control.Navigation();
navigation.zoomBoxKeyMask = OpenLayers.Handler.MOD_ALT;
Global.locus.map.addControl(navigation);
Global.locus.map.addControl(new OpenLayers.Control.ScaleLine());
Global.locus.map.addControl(new OpenLayers.Control.LayerSwitcher());
Global.locus.map.addControl(new OpenLayers.Control.OverviewMap());
Global.locus.map.addControl(Global.locus.select.control);
Global.locus.select.control.activate();
Global.locus.map.zoomIn();
Global.locus.map.zoomOut();
Global.locus.map.zoomToExtent(Global.locus.constant.fullExtent);
```

2）对象删除

对象删除用于删除选中的对象，关键代码如下：

```
public class DeleteObject {
    private Static Sessions = null;
    private Static Transactiontx = null;
    public intd eleteObjectG(LongStatic Id){
        try{
            s = HibernateSessionFactory.currentSession();
            tx = s.beginTransaction();
            intd eleteResult =
            s.createQuery("deletefrom GeoObjectBase whereStatic Id = :Static Id").
                setParameter("Static Id", Static Id).executeUpdate();
            tx.commit();
            return 1;
        }catch(Exceptione){
            e.printStackTrace();
            tx.rollback();
            return 0;
        }finally{
            HibernateSessionFactory.closeSession();
        }
    }
```

3）选择复制

选择复制功能对需要复制的对象进行复制，关键代码如下：

```
/*定义要素拖动按钮*/
Global.locus.copy.dragControl = new OpenLayers.Control.DragFeature(
    [
        Global.locus.layers.electricalLayer,
        Global.locus.layers.buildingLayer,
        Global.locus.layers.elevationLayer.surveyLayer
    ], {
        onStart: Global.locus.meth od.startd rag,
```

```
        onDrag: Global.locus.meth od.doDrag,
        onComplete: Global.locus.meth od.endDrag,
    }
);
Global.locus.map.addControl(Global.locus.copy.dragControl);
/* Featurestartingtomove */
Global.locus.meth od.startd rag = function (feature, pixel) {
    lastPixel = pixel;
}
/* Featuremoving */
Global.locus.meth od.doDrag = function (feature, pixel) {
    var layers = this.layers || [this.layer];
    var layer;
    for(var l = 0; l < layers.length ; ++l) {
        layer = layers[l];
        Global.locus.copy.features[l] = [];
        for (iinlayer.selectedFeatures) {
            if(layer.selectedFeatures[i]){
                if(Global.locus.flag.copy){
                    Global.locus.copy.features[l].push
                        (layer.selectedFeatures[i].clone());
                }
                var res = this.map.getResolution();
                layer.selectedFeatures[i].geometry.move(
                    res * (pixel.x - lastPixel.x),
                    res * (lastPixel.y - pixel.y)
                );
layer.drawFeature(layer.selectedFeatures[i]);
                if(Global.locus.flag.copy){
                    layer.addFeatures(Global.locus.copy.features[l]);
                    for(var j = 0;j < Global.locus.copy.features[l].length ;j++){
                        Global.locus.copy.features[l][j].state = OpenLayers.State.INSERT;
                    }
                    Global.locus.copy.features[l] = [];
                }
            }
        }
    }
    lastPixel = pixel;
    if(Global.locus.flag.copy){
        Plugins.menu.refresh();
        Plugins.FLAG.MAP['M1'] = true;
        Plugins.menu.update();
        Global.locus.flag.copy = false;
    }
}
```

```
/* Featruestoppedmoving */
Global.locus.meth od.endDrag = function (feature, pixel) {
    var layers = this.layers || [this.layer];
    var layer;
    for(var l = 0; l < layers.length ; ++l) {
        layer = layers[l];
        for (iinlayer.selectedFeatures) {
            layer.selectedFeatures[i].state = OpenLayers.State.UPDATE;
        }
    }
}
```

4）属性查看

属性查看是一个常用的功能，用于查看选中的设备或者线路的相关属性，在这里以变压器属性查看为例，实现后的界面效果如图 7.4-3 所示。关键代码如下：

```
package org.ldw.action;
import com.opensymphony.xwork2.ActionSupport;
import org.ldw.service.propertyService;
import net.sf.json.JSONObject ;
/*
 * 获取设备属性表单
 */
public class getPropertyAction extends ActionSupport {
    private inttype;
    private Longisbn;
    private LongwellSid;                  //工井的静态 ID,查询剖面属性时使用
    private String name;
    private propertyServiceproService;
    private JSONObject result;
    private booleanifByName = false;
    private String clName;                //所属线路
    private String startInt;              //起点间隔:标准段
    private String endInt;                //终点间隔:标准段
    private String startObj;              //起点设备: 标准段
    private String endObj;                //终点设备: 标准段
    private String road;                  //所属道路
    private String well;                  //所属工井: 剖面
    private String well2;
    private String ppSeg;                 //所属管沟段: 剖面
    private String startBuilding;         //起始土建: 管沟线
    private String endBuilding;           //终点土建: 管沟线
    private String building;              //土建: 中间接头
    private String wirecable;             //中间接头
    private String pipeline;              //管沟线: 管沟段
```

```
    private String containerId;            //间隔:所属设备
    private String startTransStation;      //配电线路:起点电站
        public String execute() throwsException {
        if(ifByName){
            result = proService.getPropertyJson(type, name);
        } elseif(isbn != null) {
            result = proService.getPropertyJson(type, isbn);
        } else {
            result = null;
        }
        if(result != null){
            clName = proService.getNameOfCableline(type, result);
            startObj = proService.getNameOfObj(type, result, "startContainer");
            endObj = proService.getNameOfObj(type, result, "endContainer");
            road = proService.getNameOfRoad(type, result);
            well = proService.getNameOfWell(type, result);
            well2 proService.getNameOfWell2(type, wellSid);
            ppSeg = proService.getNameOfPP(type, result);
            startBuilding = proService.getNameOfBuilding(type, result,"startBuilding");
            endBuilding = proService.getNameOfBuilding(type, result, "endBuilding");
            building = proService.getNameOfLocateId(type, result, "locationId");
            wirecable = proService.getNameOfWirecable(type, result);
            pipeline = proService.getNameOfPipeline(type, result);
            containerId = proService.getNameOfElectrical(type, result, "containerId");
            startTransStation = proService.getNameOfStartTransStation(type,
                      result, "startTransStation");
        } else {
            clName = "";
            startInt = "";
            endInt = "";
            road = "";
            well = "";
            ppSeg = "";
            startBuilding = "";
            endBuilding = "";
            building = "";
            wirecable = "";
            pipeline = "";
            containerId = "";
            startTransStation = "";
        }
        return Integer.toString (type);
    }
<! --- 省略 setter,getter>
```

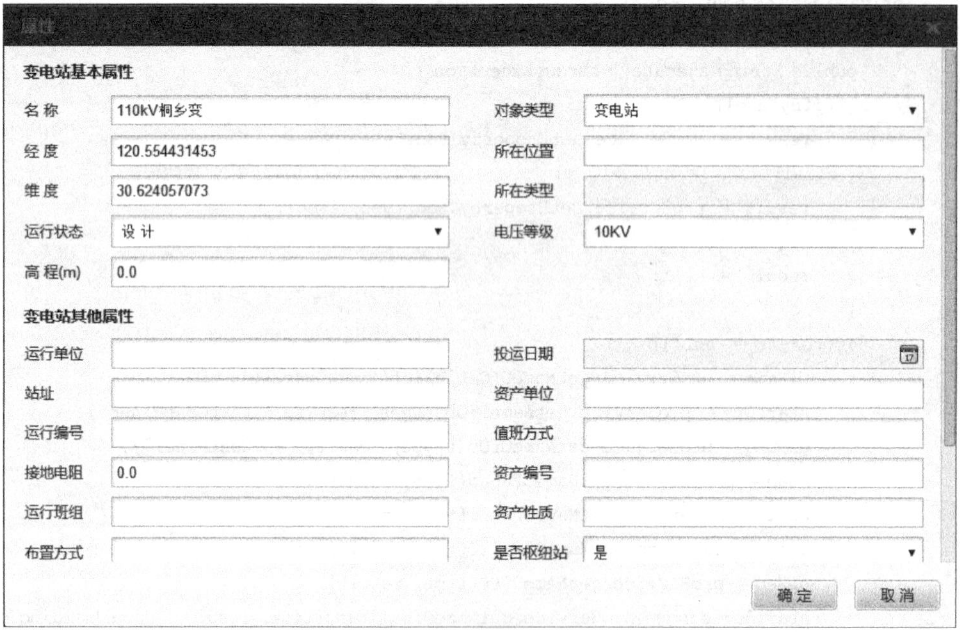

图 7.4-3　查看变压器属性

5）设备添加

添加设备功能用于在地图上添加某种具体的设备，实现后的效果如图 7.4-4 所示，该系统支持添加变电站、开关站、变压器、环网柜、分支箱、分支接头、盘余、中间接头、工井、塔杆、虚拟工井等常见的电力设施。关键代码如下：

```
var drawArr = ['变电站','开关站','变压器','环网柜','分支箱',
               '分支接头','盘余','中间接头','工井','杆塔','虚拟工井'];
    Global.locus.draw.number = drawArr.length ;
    var visibleArr = ['变电站','开关站','变压器','环网柜','分支箱',
                  '分支接头','盘余','中间接头','工井','杆塔',
                  '虚拟工井','电缆','导线','虚拟管沟','排管',
                  '桥架','沟道','直埋','隧道','顶管'];
    Global.locus.constant.visible = visibleArr.length ;
-------------------------------------------------------
/*电气设备添加按钮*/
    for(var i=0;i<Global.constant.electricalNum;i++){
    Global.locus.draw.controls[i] = new OpenLayers.Control.DrawFeature(
        Global.locus.layers.electricalLayer, OpenLayers.Handler.Point,
    {
    callbacks:{
        done: function (geometry) {
        var feature = new OpenLayers.Feature.Vector(geometry);
        feature.attributes['object_type'] = Global.locus.draw.unitType;
```

```
        feature.attributes['z_index'] = Global.constant.unit;
                    feature.attributes['x_offset'] = 0;      //设置默认注记偏移值
        feature.attributes['y_offset'] = -15;
        feature.renderIntent = 'default';
        var proceed = this.layer.events.triggerEvent(
                "sketchcomplete", {feature: feature}
            );
    if(proceed !== false) {
        feature.state = OpenLayers.State.INSERT;
        this.layer.addFeatures([feature]);
        this.featureAdded(feature);
        this.events.triggerEvent("featureadded",{feature : feature});
    }
Plugins.dialog.show({
    title : '属性',
    url : Global.option .URL + '/getProperty.action',
    obj : feature,
    param : {
        type : feature.attributes['object_type']
    }
  }, {
          'success' : function (){
          var projectTo = new OpenLayers.Projection("EPSG:4326");
          var projectSource = Global.locus.map.getProjectionObject();
          var feature Clone = feature.clone();
          featureClone.geometry.transform(projectSource, projectTo);
          Plugins.dialog.set('#lon', featureClone.geometry.x);
          Plugins.dialog.set('#lat', featureClone.geometry.y);
      },
      'submit' : function (e){
          if( $ ('#feature_name').val() == ""){
            Plugins.dialog.warm(e, '名称不能为空,请填写后重新提交',{});
          }else{
            Base.request.insert_pro(e, 0);
          }
      },
      'cancel' : function (e){
              e['obj'].destroy();
        }
      });
    },
      create: function (vertex, feature) {
      feature.style = Global.locus.draw.style type;
      this.layer.events.triggerEvent("sketchstarted", {vertex:vertex,feature:feature})
      }
    }
}
```

图 7.4-4 添加某种具体设备

7.4.3 设备管理模块实现

1. 导航树模块的实现

导航树的各节点是通过 Ajax 技术异步加载的，系统初始化时导航树只会加载初始的城市节点，用户根据自身需要选择相应的父节点加载其逻辑关系下的子节点。各节点的数据信息是导航树模块通过 JavaScript 与业务逻辑服务通信获得的。

导航树的交互操作是定义各个组织节点和实例节点的右键菜单，根据节点的定义不同，构建菜单的功能也不相同，主要是设备的查询、增加、修改及删除功能以及地图定位等与 GIS 模块的交互功能。导航树功能的实现效果如图 7.4-5 所示。

实现树目录功能的关键代码如下：

```
/*
 * 树目录及侧栏列表服务
 * 1.左侧树目录
 * 2.右侧单线图包含的设备
 */
public class treeService {
    private String fatherId;
    private String fatherLevel;
    private String fatherName;
    private String fatherType;
    private TreeCatalogtreeDao;
    private Static finalString wrongMsg = "ERROR";
    public void initVar (String id, String n, String lev){
        if(id != null){
            String [] array = id.split(" - ");
            this.fatherId = array[1];
            this.fatherType = array[0];
            this.fatherLevel = lev;
            this.fatherName = n;
        } else {
            this.fatherId = null;
            this.fatherType = null;
```

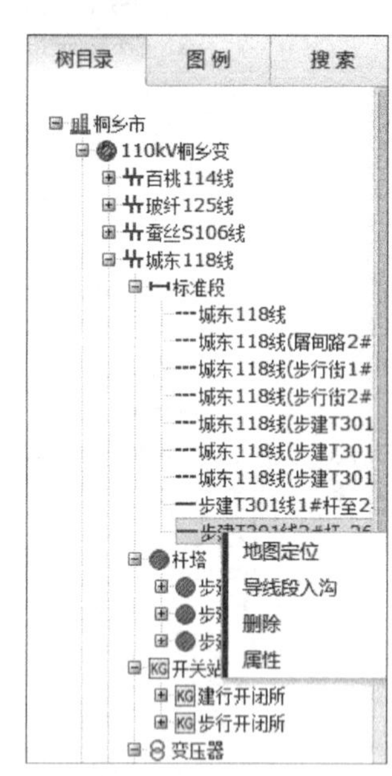

图 7.4-5 导航树界面

```
            this.fatherLevel = null;
            this.fatherName = null;
        }
    }
    /*
     * 获取父类型
     */
    private intgetType(){
        if(fatherLevel.equals("none")){
            return 0;
        } else {
            return 1;
        }
    }
    //获取最终目录数据
    public String getd ata(){
        return getJsonF().toString ();
    }
    //获取返回 JSON 数据
    //[{idname:'TONGXIANG', isParent:true, iconSkin:'city'}]
    public JSONArray getJsonF(){
        JSONArray jsa = newJSONArray ();
        intt = this.getType();
        List<TreeCatalogRecord>aim ;   //= treeDao.getTreeCatalog();
        switch(t){
        case0   : aim = treeDao.getTreeCatalog();break;
        case1   : aim = treeDao.getTreeCatalog(Long.parseLong(fatherId), Integer.parseInt
                  (fatherType));break;
        default : aim = treeDao.getTreeCatalog(Long.parseLong(fatherId), Integer.parseInt
                  (fatherType));
        }
        for(inti = 0; i<aim.size(); ++i){
            JSONObject jso = newJSONObject ();
            jso.accumulate("id", aim.get(i).getTypeId() + "-" + aim.get(i).getStatic Id());
            jso.accumulate("name", aim.get(i).getName());
            jso.accumulate("isParent", aim.get(i).getParent());
            jso.accumulate("iconSkin", aim.get(i).getIconSkin());
            jsa.add(jso);
        }
        return jsa;
    }
```

2. 查询定位功能的实现

系统需要通过导航树和搜索功能实现电力管线设备的查询和定位，实现的界面效果如图 7.4-6 和图 7.4-7 所示。导航树实例节点的右键交互菜单提供设备的定位功能，通过导航树的逻辑关系查询到对应设备后可以将其定位到地图的中间突出显示。系统的搜索功能是通过 GIS 服务实现的，可以通过设备名字进行模糊查询和通过设备经纬度精确查询。

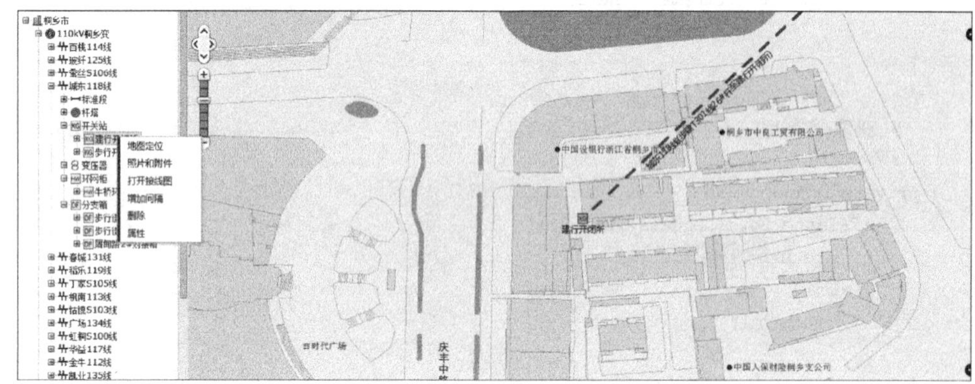

图 7.4-6　导航树查询定位功能

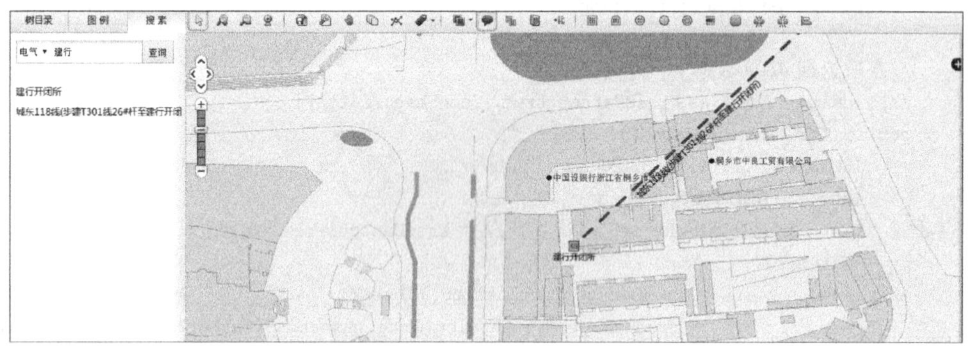

图 7.4-7　系统的搜索功能

本系统的查询功能支持模糊查询和经纬度查询两种方式。模糊查询实现后的界面效果如图 7.4-8 所示，实现模糊查询功能的关键代码如下：

```
/*模糊查询功能函数*/
Global.locus.meth od.vague_search = function (text, layerIndex){
    Global.constant.searchIndex = layerIndex;
    var layer;
    if(layerIndex == 0){
        layer = 'electrical';
    }else{
        layer = 'civil_engineering';
    }
    var filter = new OpenLayers.Filter.Comparison({                    //比较操作符
        type: OpenLayers.Filter.Comparison.LIKE,
        property: "name",//查询的字段,需要根据图层设置
        value: "*" + text + "*"
    })
```

```
    var filter_1_0 = new OpenLayers.Format.Filter.v1_0_0();
    var tempXML = new OpenLayers.Format.XML();
    var xmlPara = tempXML.write(filter_1_0.write(filter));
    var dataXML = Global.locus.constant.originXML
            + '< wfs:QuerytypeName = "OpenGIS:geo_' + layer + '">'
            + "/n"//查询的图层,需要设置
            + '< wfs:Property name > OpenGIS:name </wfs:Property name >'
            + '/n'//查询的属性字段,需要设置
            + '< wfs:Property name > OpenGIS:object_type </wfs:Property name >'
            + '/n'//查询的属性字段,需要设置
            + '< wfs:Property name > OpenGIS:Static _id</wfs:Property name >'
            + '/n'//查询的属性字段,需要设置
            + '< wfs:Property name > OpenGIS:geometry_data </wfs:Property name >'
            + '/n'//查询的几何字段,需要设置
            + xmlPara
            + '</wfs:Query>' + "/n"
            + '</wfs:GetFeature>';
        var request = OpenLayers.Request.POST({
        url : "http://" + Global.option .ip + ":8081/geoserver/wfs",
        data : dataXML,
        callback : Global.locus.meth od.vague_search_handler
    });
}
```

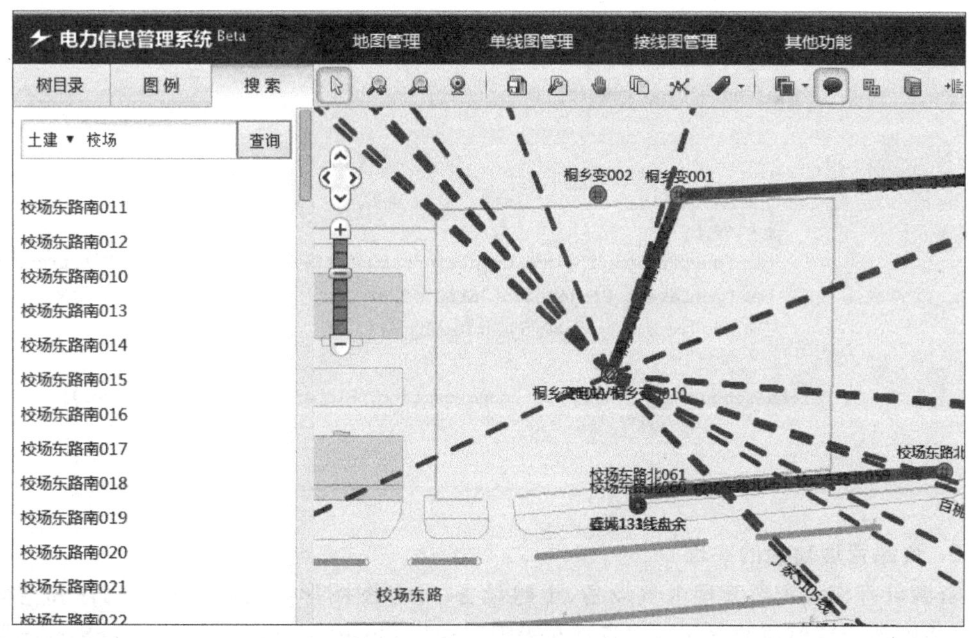

图 7.4-8　模糊查询演示

除了模糊查询，系统还需要实现经纬度查询功能，在查询框中输入经度和纬度值，可实现经纬度查询功能，实现效果如图 7.4-9 所示，经纬度查询的关键代码如下：

```
/*按经纬度查询功能*/
Global.locus.meth od.cr_search = function (text){
var values = text.split(",");
if (values.length !== 2) {
        Plugins.dialog.show({
          'title': '错误信息',
          'text': '请按照 x,y 的形式输入'
        },{
          'submit' : function (e){
            Plugins.dialog.remove();
          }
        });
      values = null;
    } else {
        values[0] = parseFloat(values[0]);
        values[1] = parseFloat(values[1]);
        if (isNaN(values[0]) || isNaN(values[1])) {
          Plugins.dialog.show({
            'title': '错误信息',
            'text': '输入的 x,y 必须是数字'
          },{
            'submit' : function (e){
              Plugins.dialog.remove();
            }
          });
            values = null;
              } else {
              var foundPosition = new OpenLayers.LonLat(values[0], values[1]).transform(
              new OpenLayers.Projection("EPSG:4326"),
              Global.locus.map.getProjectionObject()
          );
          Global.locus.map.setCenter(foundPosition, Global.constant.zoomLevel);
        }
    }
}
```

3. 资源管理功能的实现

资源管理模块需要管理电气设备、土建设备、业务图图形等所有资源的属性和空间数据，其中资源管理模块的空间数据管理在表现层通过 OpenLayers 接口利用 GeoServer 服务实现，资源管理属性数据的管理通过调用服务器端的各种 Action 接口实现。资源管理模块主要包括设备的查询、增加、修改以及删除操作，可以在导航树模块上选择相应的节点进行

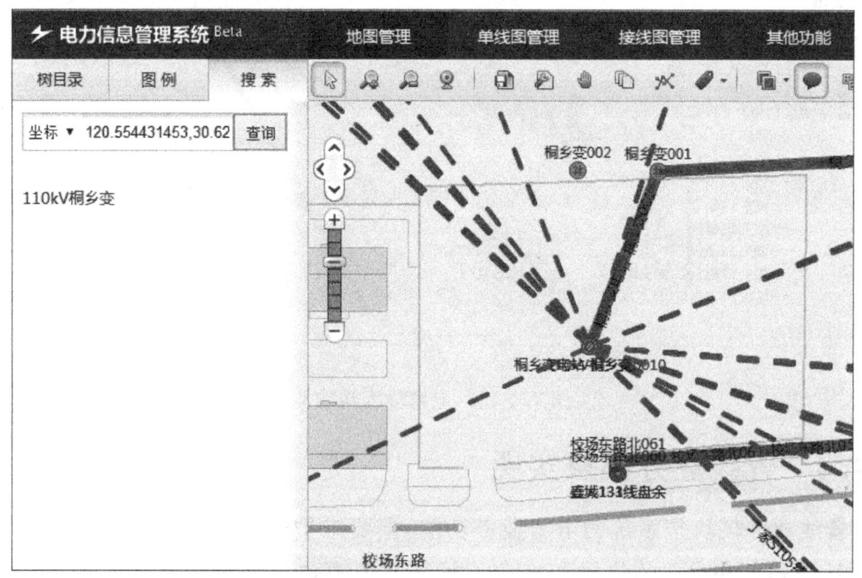

图 7.4-9 经纬度查询

资源管理的操作,也可以在地图进行交互操作时进行资源管理。下面以电缆段的查询操作为例,介绍资源管理模块的详细实现流程。当资源管理模块的查询接口被调用时,系统与业务逻辑服务通信获得设备的信息,然后在前台以对话框的形式显示,资源管理模块与业务逻辑服务的时序图如图 7.4-10 所示。

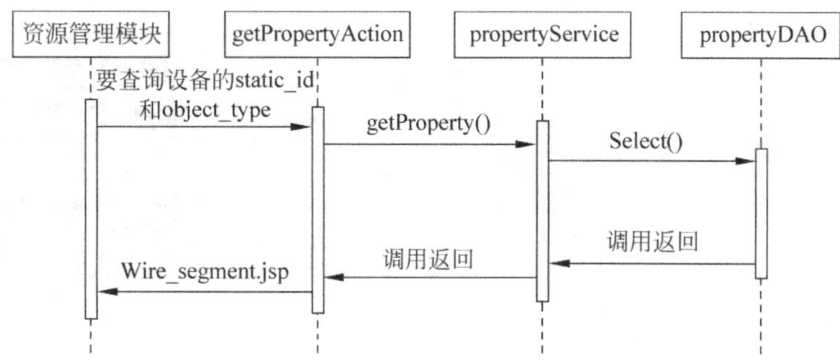

图 7.4-10 线缆段查询功能时序图

4. 电缆段入沟功能实现

电缆段入沟操作是电力管线管理的必要流程之一,系统通过电缆段入沟可以建立电缆段和管沟段之间的逻辑关系。实现入沟功能的界面如图 7.4-11 所示,系统通过导航树右键交互菜单请求电缆段入沟,在 GIS 地图中可视化选择入沟的管沟段。入沟完成后,GIS 服务可以重新渲染电缆段在地图上的走向和位置。

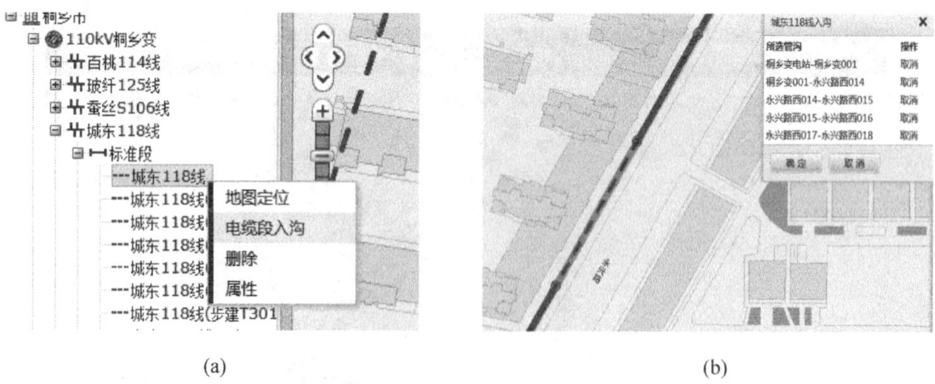

(a) (b)

图 7.4-11 电缆段入沟功能

7.4.4 管线业务模块实现

电力管线业务模块是系统的电力业务功能，主要维护电气设备的电力连接关系以及电缆在GIS地图和工井内部的位置和走向。管线业务模块由配电线路的轨迹图、单线图、接线图和工井立视图四部分构成。

1. 配电线路轨迹图

配电线路的轨迹图实现界面如图7.4-12所示，通过导航树的配电线路右键菜单提供请求接口。系统获得请求后与业务逻辑服务通信获取此配电线路下电气设备和土建设备，然后通过GIS服务将查询到的设备显示，并在GIS地图上展示配电线路的轨迹图。另外，用户可以使用图层选择控件选择显示的设备图层，单独查看电气设备轨迹和土建设备轨迹。

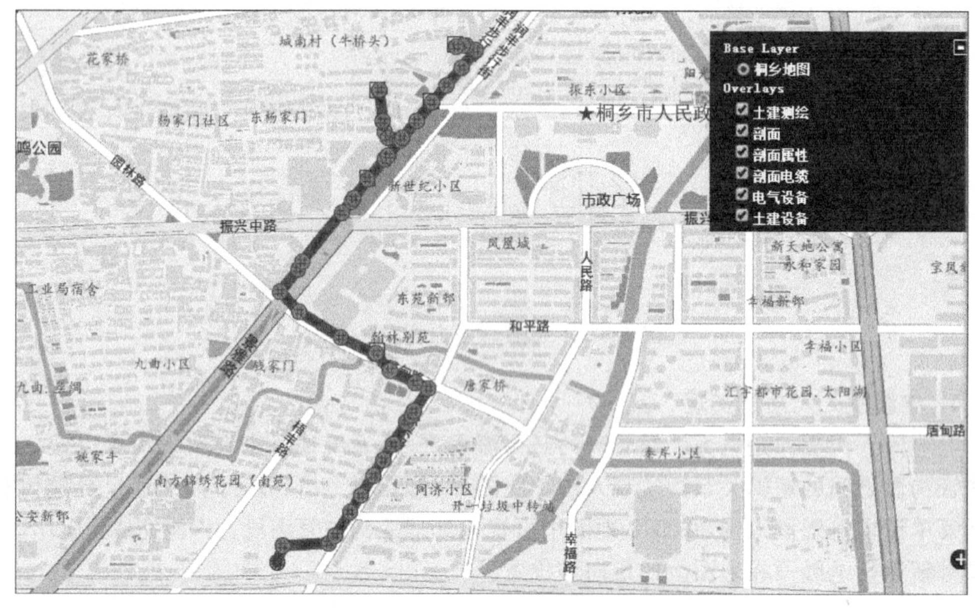

图 7.4-12 配电线路轨迹图

2. 配电线路单线图

配电线路单线图的实现界面如图 7.4-13 所示，它提供了可视化智能化管理配电线路单线图的工具。单线图模块提供了单线图的查看和编辑功能，并且通过右侧菜单栏可以实现单线图中的设备在 GIS 地图上的定位。系统提供了简单的图形编辑菜单栏，电网管理人员可以对单线图中的设备、线路属性、位置和连接关系进行编辑，以提高单线图数据的准确性。

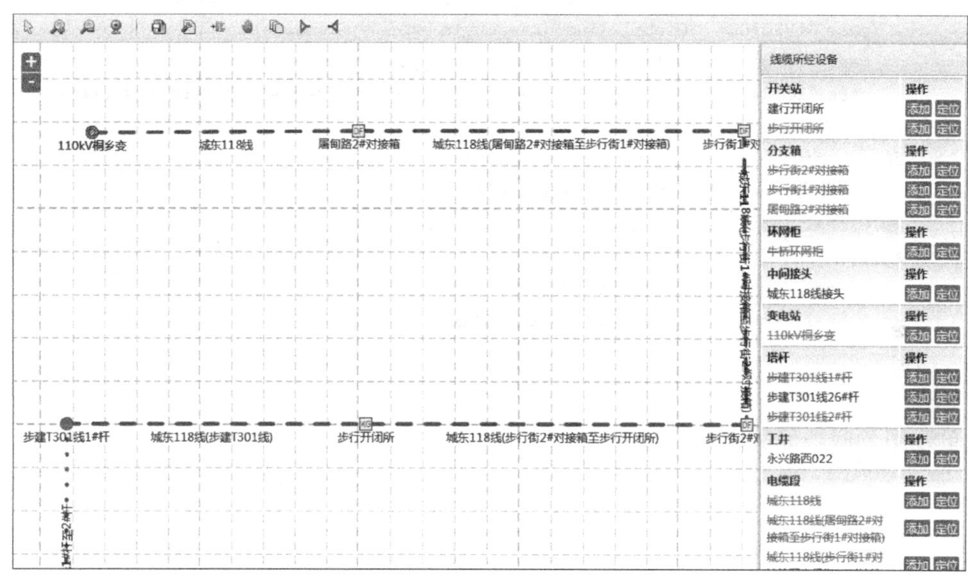

图 7.4-13 配电线路单线图

单线图管理包括单线图绘制功能、单线图存储功能。

1) 单线图绘制功能

从目录树上拖动设备到单线图，单击画线按钮，绘制单线图；还可删除某部分图形（甚至全部），并重新绘制单线图。

单线图绘制功能关键代码如下：

```
Global.line.meth od.init = function (initVar ){
    Global.constant.currentMap = 1;
    OpenLayers.ProxyHost = "cgi/proxy.cgi?url = ";
    var extent = new OpenLayers.Bounds( - 20, - 20,20,20);
    Global.line.draw.pointStyleMap = Global.style.lineDiagramStyle;
    Global.line.map = new OpenLayers.Map('map2');
    Global.line.map.div.oncontextmenu = function () { return false;};
    Global.line.meth od.drawUnit = function (name, type, sid){
    Global.line.unit.name = name;
    Global.line.unit.typeID = type;
    Global.line.unit.Static Id = sid;
    switch(type){
```

```
        case "1010201" : Global.line.draw.style type = Global.style.form[0];break;
        case "1010202" : Global.line.draw.style type = Global.style.form[1];break;
        case "1010203" : Global.line.draw.style type = Global.style.form[2];break;
        case "1010204" : Global.line.draw.style type = Global.style.form[3];break;
        case "1010205" : Global.line.draw.style type = Global.style.form[4];break;
        case "1010208" : Global.line.draw.style type = Global.style.form[7];break;
        case "1020101" : Global.line.draw.style type = Global.style.form[8];break;
        case "1020102" : Global.line.draw.style type = Global.style.form[9];break;
        case "1010402": Global.line.draw.style type = Global.style.form[11];break;
        case "1010403": Global.line.draw.style type = Global.style.form[12];break;
    }
    if(type == "1010402" || type == "1010403"){
        Global.line.meth od.controlRelease();
        Global.line.draw.lineControl.activate();
    }else{
        Global.line.meth od.controlRelease();
        Global.line.draw.pointControl.activate();
    }
}
```

单线图关联功能关键代码如下：

```
/*
    * 获取单线图侧栏数据
    */
    public JSONArray getSideBarJson(){
        JSONArray jsa = newJSONArray ();
        LongSId = Long.parseLong(fatherId);
        List<TreeCatalogRecord>aimswitch = treeDao.getTreeCatalog(SId, 10102020);
        for(inti = 0; i<aimswitch.size(); ++i){
            JSONObject jso = newJSONObject ();
            jso.accumulate("sid", aimswitch.get(i).getStatic Id());
            jso.accumulate("type", aimswitch.get(i).getTypeId());
            jso.accumulate("name", aimswitch.get(i).getName());
            jsa.add(jso);
        }
        List<TreeCatalogRecord>aimbranch = treeDao.getTreeCatalog(SId, 10102050);
        for(inti = 0; i<aimbranch.size(); ++i){
            JSONObject jso = newJSONObject ();
            jso.accumulate("sid", aimbranch.get(i).getStatic Id());
            jso.accumulate("type", aimbranch.get(i).getTypeId());
            jso.accumulate("name", aimbranch.get(i).getName());
            jsa.add(jso);
        }
        List<TreeCatalogRecord>aimhw = treeDao.getTreeCatalog(SId, 10102040);
        for(inti = 0; i<aimhw.size(); ++i){
            JSONObject jso = newJSONObject ();
```

```
            jso.accumulate("sid", aimhw.get(i).getStatic Id());
            jso.accumulate("type", aimhw.get(i).getTypeId());
            jso.accumulate("name", aimhw.get(i).getName());
            jsa.add(jso);
        }
        List<TreeCatalogRecord>aimtrans = treeDao.getTreeCatalog(SId, 10102030);
        for(inti = 0; i<aimtrans.size(); ++i){
            JSONObject jso = newJSONObject ();
            jso.accumulate("sid", aimtrans.get(i).getStatic Id());
            jso.accumulate("type", aimtrans.get(i).getTypeId());
            jso.accumulate("name", aimtrans.get(i).getName());
            jsa.add(jso);
        }
        return jsa;
    }
```

2）单线图存储功能

将上述过程中绘制的图形保存到数据库，并在单线图目录树中自动显示，用户选中该图后，可实现自动绘制。

3. 设备接线图

设备接线图功能的实现界面如图 7.4-14 所示，描绘了单电气设备内的配线方式。系统在导航树中的电气设备右键菜单提供了接线图的查询接口，接线图模块通过 OpenLayers 调用 GIS 服务在前台渲染出要查询设备的接线图，同时通过业务逻辑服务查询此设备的逻辑连接关系获取相应的设备信息。另外，接线图模块提供了接线图的编辑功能，电网管理人员可以对设备的单线图进行维护。

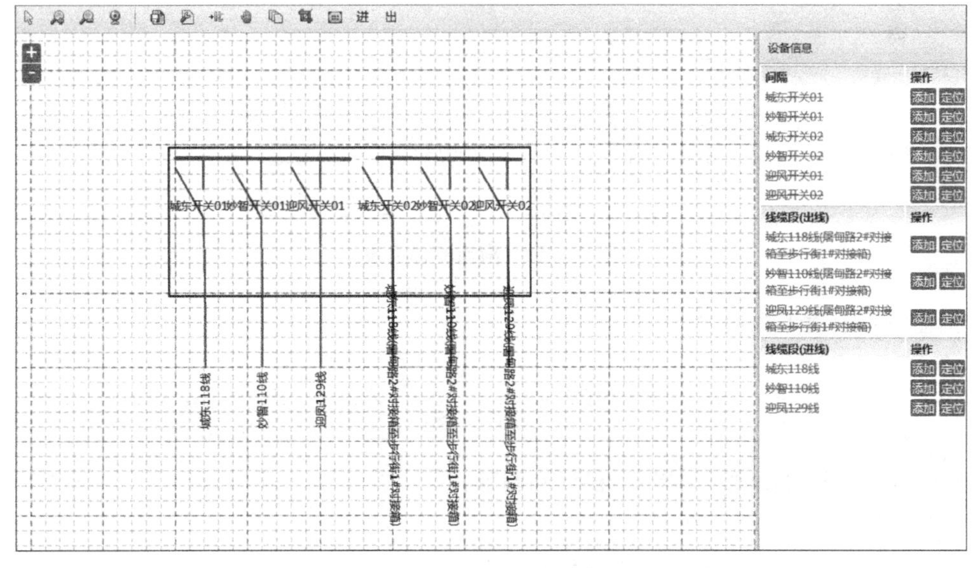

图 7.4-14　设备接线图

4. 工井立视图

工井立视图的功能实现如图 7.4-15 所示，它实现了电缆在地下电力管道中位置的可视化。立视图模块提供工井剖面图的查询与编辑功能，同时可以查看工井测绘俯视图。并且通过查看剖面图及剖面信息，电网施工人员可以查询电缆的埋深、在工井中的走向和在管沟段中的位置等关键信息，直观可视化的操作可以降低电力事故发生的概率。另外，管理人员可以通过剖面图编辑、电缆穿孔等操作维护工井立视图，确保立视图数据的准确性。

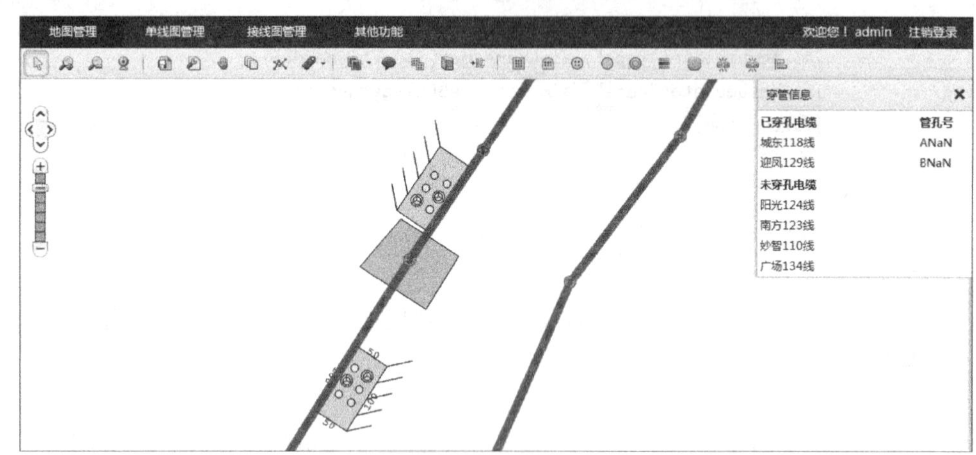

图 7.4-15　工井立视图

剖面管理模块用例图如图 7.4-16 所示。

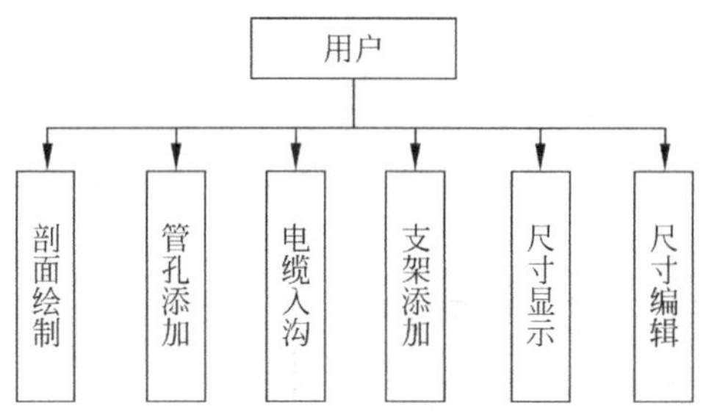

图 7.4-16　剖面管理模块

剖面管理模块工具栏如下：

(1) 管沟面符号添加：有矩形、拱形和圆形。

(2) 管沟面尺寸调整：在图上拉动。

(3) 管孔添加：圆形，有若干固定尺寸可选。

(4) 管孔设置：可以单个或多选管孔批量移动或改变直径等属性，直径在若干固定尺寸中选择。

(5) 管孔排列生成：输入管孔尺寸(选择)、行数、列数、横向间隔距离、纵向间隔距离，在图上单击，以单击处为左上角，生成规则管孔。

(6) 线路符号添加：线路符号中间显示电压等级，线路符号尺寸可以在若干固定尺寸中选择。

(7) 线路标注添加：单击剖面，再在图上单击，自动生成剖面的线路标注表格。

(8) 通信电缆符号添加。

(9) 支架添加。

(10) 管孔支架批量移动：点选或框线多重选择，点选多重复制加 CTRL 键。

(11) 管孔支架复制：管孔与支架。

(12) 剖面复制：在图中选择一个管沟剖面，作为复制源。

(13) 剖面粘贴：在图中某一位置单击，以该点为左上角将剖面复制源粘贴到该位置。

1) 剖面绘制

绘制某一具体工井剖面界面如图 7.4-17 所示，需要填入剖面编号、剖面长、剖面宽 3 个参数。

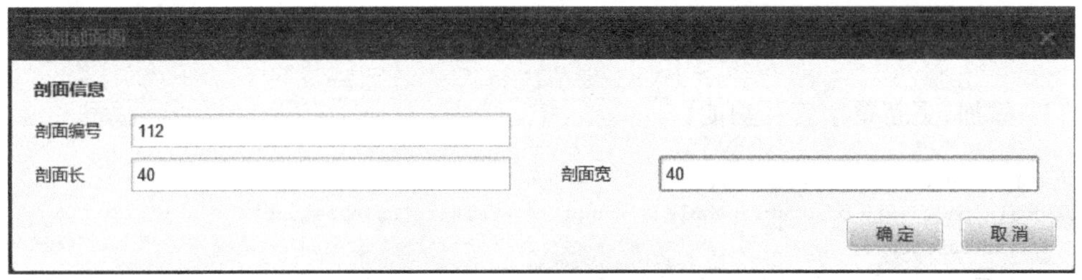

图 7.4-17　绘制工井剖面

绘制工井剖面的关键代码如下：

```
*添加剖面函数*/
Global.locus.meth od.addProfile = function (feature){if(feature.attributes['object_type']
    != '1020101'&&feature.attributes['object_type'] != '1020103'){
    Plugins.dialog.show({
        'title': '错误信息',
        'text': '请选择工井'
    },{
        'submit' : function (e){
            Plugins.dialog.remove();
        }
    });
    }else{
        if(!Global.locus.flag.addProfilePpSegment){
```

```
                Global.locus.profile.unit = feature.attributes['Static _id'];
            }
                Global.locus.flag.addProfilePpSegment = true;
                Global.locus.flag.addProfileWell = false;
        }
    }
```

2）管孔添加

管控添加界面如图 7.4-18 所示，需要输入行数、列数、起始横坐标、埋深、行间距、列间距、管孔直径、起始编号 8 个参数。

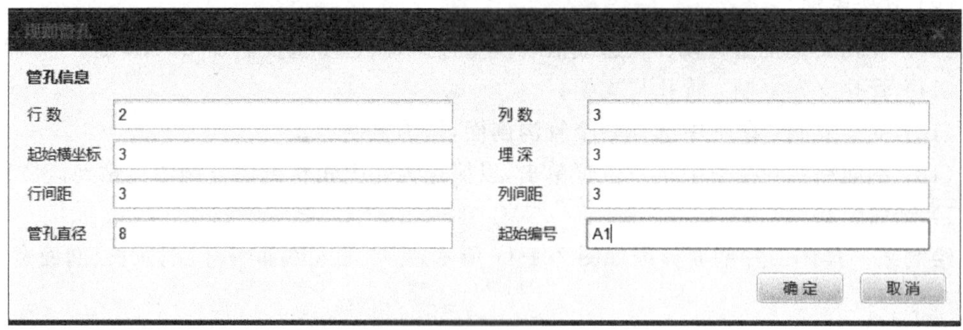

图 7.4-18　管控添加

（1）添加、更新单个管孔功能。

```
/*添加、更新单个管孔功能函数*/
Global.locus.meth od.drawPipeHole = function (feature,holeFeature){
    var Ppfeature;
    for(var i = 0;i < Global.locus.layers.buildingLayer.features.length ;i++){
        if(Global.locus.layers.buildingLayer.features[i].attributes['Static _id'] ==
            feature.attributes['pp_segment_id']){
            Ppfeature = Global.locus.layers.buildingLayer.features[i];
            break;
        }
    }
    if(Ppfeature){
        OpenLayers.Request.GET({
        url: "getPropertyJson.action?type = " + Ppfeature.attributes['object_type']
        + "&Static Id = " + Ppfeature.attributes['Static _id'],
        success: ppSegmentProperty_success,
        failure: (function (e){
            Plugins.dialog.show({
                'title': '错误信息',
                'text': e.responseText
            },{
            'submit' : function (e){
                Plugins.dialog.remove();
```

```
                }
            });
        }
            )
        });
    }else{
    Plugins.dialog.show({
        'title': '错误信息',
        'text': '请检查剖面所属管沟是否存在或者被隐藏!'
    },{
        'submit' : function (e){
            Plugins.dialog.remove();
        }
    });
}
```

(2) 添加规则管孔功能函数。

```
/* 添加规则管孔功能函数 */
Global.locus.meth od.drawRegularPipeHole = function (feature){
    var Ppfeature;
    for(var i = 0;i < Global.locus.layers.buildingLayer.features.length ;i++){
        if(Global.locus.layers.buildingLayer.features[i].attributes['Static _id'] ==
            feature.attributes['pp_segment_id']){
            Ppfeature = Global.locus.layers.buildingLayer.features[i];
            break;
        }
    }
    if(Ppfeature){
    OpenLayers.Request.GET({
    url: "getPropertyJson.action?type = " + Ppfeature.attributes['object_type']
        + "&Static Id = " + Ppfeature.attributes['Static _id'],
    success: ppSegmentProperty_success,
    failure: (function (e){
        Plugins.dialog.show({
            'title': '错误信息',
            'text': e.responseText
        },{
            'submit' : function (e){
                Plugins.dialog.remove();
            }
        });
        }
            )
         });
    }else{
    Plugins.dialog.show({
        'title': '错误信息',
        'text': '请检查剖面所属管沟是否存在或者被隐藏!'
    },{
```

```
            'submit' : function (e){
                Plugins.dialog.remove();
            }
        });
        }
```

(3) 添加支架。

添加支架功能界面如图 7.4-19 所示,需要填入建造单位、类型、材料、数量、间隔、规格等参数。

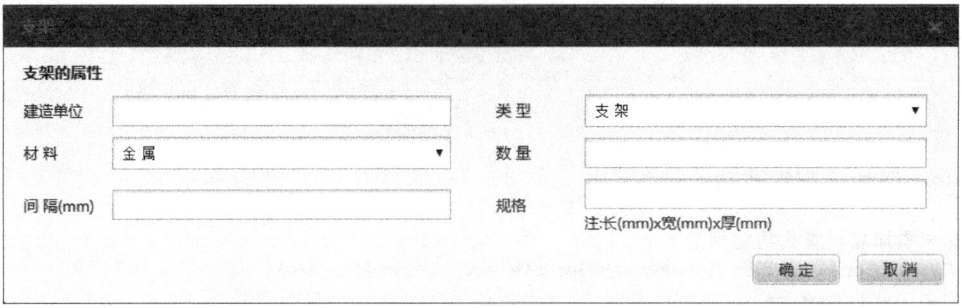

支架

支架的属性

建造单位		类 型	支 架 ▼
材 料	金 属 ▼	数 量	
间 隔(mm)		规格	注:长(mm)x宽(mm)x厚(mm)

确 定　取 消

图 7.4-19　添加支架

添加支架功能关键代码如下:

```
/ * 添加支架功能函数 * /
Global.locus.method.drawBrackets = function (feature){
    var Ppfeature;
    for(var i = 0;i < Global.locus.layers.buildingLayer.features.length ;i++){
        if(Global.locus.layers.buildingLayer.features[i].attributes['Static _id'] ==
            feature.attributes['pp_segment_id']){
            Ppfeature = Global.locus.layers.buildingLayer.features[i];
            break;
        }
    }
    if(Ppfeature){
    OpenLayers.Request.GET({
        url: "getPropertyJson.action?type = " + Ppfeature.attributes['object_type']
            + "&Static Id = " + Ppfeature.attributes['Static _id'],
        success: ppSegmentProperty_success,
        failure: (function (e){
        Plugins.dialog.show({
            'title': '错误信息',
            'text': e.responseText
        },{
            'submit' : function (e){
                Plugins.dialog.remove();
            }
        });
```

```
            }
                )
            });
        }else{
        Plugins.dialog.show({
            'title': '错误信息',
            'text': '请检查剖面所属管沟是否存在或者被隐藏!'
        },{
            'submit' : function (e){
                Plugins.dialog.remove();
            }
        });
    }
```

7.4.5　其他管理模块实现

系统的其他管理功能模块也是系统相关的辅助功能模块，主要包括用户管理功能和数据的批量导入两部分。

1. 用户管理

城市地下电力管线管理系统允许电网管理人员进入系统对城市电力管网进行管理。当用户输入正确的用户名和密码后便会进入系统主页面，加载系统的各个功能模块。系统提供了添加用户、查看用户、修改密码等常用的用户管理功能，并且只有管理员用户具有添加、删除普通用户的权限。

1) 注册页面

在安全注册与登录操作过程中严格验证表单内容，以提高网站的安全性，防止非法用户进入网站。本系统中注册页面为addUser.jsp，如图7.4-20所示。

图7.4-20　用户注册页面

实现注册表单页面的关键代码如下：

```
<s:include value="commonMenu.jsp"></s:include>
<div class="clear"></div>
<div class="system_box">
<s:form action="addUser" theme="simple" meth od="post" enctype="multipart/form-data">
    <table class="system-table ">
        <tr><th colspan="2">账户基本信息(必填)</th></tr>
        <tr>
            <td width ="80px">登录名 * </td>
            <td width ="340px">
            <s:textfield theme =" simple" name =" user. userName" cssClass =" stri290"
        reqiured="true" value=""/>
            </td>
        </tr>
        <tr>
            <td width ="80px">用户密码 * </td>
            <td width ="340px">
            <s:password theme =" simple" name =" user. userPassword " cssClass =" psdi290"
        value=""/>
            </td>
        </tr>
        <tr>
            <td width ="80px">用户组别 * </td>
            <td width ="340px">
                <selectclass="select1" name="user.userLevel">
            <option value ="0">超级管理员</option>
            <option value ="1">管理员</option>
            <option value ="2" selected>普通用户</option>
            </select></td>
        </tr>
        <tr><th colspan="2">用户个人信息(选填)</th></tr>
        <tr>
            <td width ="80px">真实姓名</td>
            <td width ="340px">
                <s: textfield theme =" simple" name =" user. userRealName" cssClass ="
            stri290" value=""/>
            </td>
        </tr>
        <tr>
            <td width ="80px">手机号</td>
            <td width ="340px">
                <s:textfield theme="simple" name="user. userMobile" cssClass="stri290"
            value=""/>
            </td>
        </tr>
        <tr>
```

```
            <td width = "80px">邮箱</td>
            <td width = "340px">
                <s:textfield theme = "simple" name = "user.userEmail" cssClass = "stri290"
            value = ""/>
            </td>
        </tr>
        <tr>
            <td width = "80px"></td>
            <td width = "340px">
                <input type = "submit" class = "system - button" value = "提交"/>
            </td>
        </tr>
    </table>
</s:form>
```

2）登录页面

城市地下电力管线管理系统允许电网管理人员进入系统对城市电力管网进行管理，图 7.4-21 为用户登录界面，也是系统的默认首页。

图 7.4-21　登录界面

登录系统需要验证用户输入的用户名和密码是否正确，用户名和密码正确则进入系统，用户名和密码不全正确则给予相应的提示，整个登录过程的验证流程如图 7.4-22 所示。

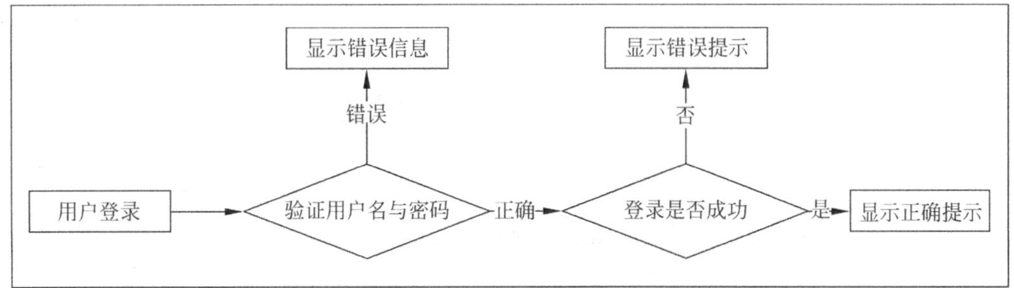

图 7.4-22　登录过程验证的流程

前台与后台的登录验证方法基本一致，只是前台登录保存的是登录的用户信息，后台登录保存的是登录系统的管理员基本信息。

前台与后台的登录页面代码方式相同，以前台登录页面为例，其关键代码如下：

```
<s:form action = "login" meth od = "post" enctype = "multipart/form - data">
    <inputname = "mode" type = "hidden" value = "check">
    <s:textfield label = "用户名" name = "name" cssClass = "str" />
    <s:password label = "密码" name = "password " />
    <s:submit value = "登录"/>
</s:form>
```

在登录验证的过程中通过页面中获取的用户名和密码作为查询条件在用户信息表中查找条件匹配的用户信息，如果往返的结果集不为空，说明验证通过；反之失败。前台登录验证方法关键代码如下：

```
public class loginAction extends ActionSupport {
    private String mode;
    private String name;
    private String password ;
    private loginService loginService;
    public String execute() throws Exception {
        if(mode.equals("login")){
            return mode;
        }
        //注销登录
        if(mode.equals("loginout")){
            Mapsession = ActionContext.getContext().getSession();
            session.remove("userInfo");
            return "loginout";
        }
        //登录检查
        if(mode.equals("check")){
            if(name.equals("")){
                addFieldError("name", "请填写用户名");
                return INPUT;
            }
            if(password .equals("")){
                addFieldError("password ", "请填写密码");
                return INPUT;
            }
            intflagLogin = -1;
            flagLogin = loginService.checkAccount(name, password );
            switch(flagLogin){
            case0:addFieldError("name", "用户名不存在");
            case -1:addFieldError("password ", "密码错误");
            }
            if(hasErrors()){
                return INPUT;
            } else {
                Mapsession = ActionContext.getContext().getSession();
                session.put("userInfo", loginService.getUserInfo());
                return SUCCESS;
            }
        }
        return SUCCESS;
    }
```

3）修改密码

修改用户密码的界面如图 7.4-23 所示。

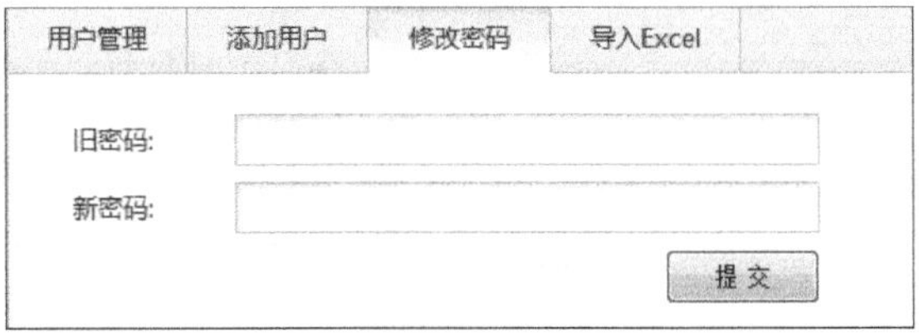

图 7.4-23 修改用户密码的界面

实现修改密码功能的关键代码如下：

```
<s:form action = "addUser" cssClass = "system - table " meth od = "post" enctype = "multipart/
    form - data">
    <table class = "system - table ">
        <tr><th colspan = "2">修改密码</th></tr>
        <input type = "hidden" name = "mode" class = "str" value = "editPsd"/>
        <tr>
            <td width  = "80px">旧密码</td>
            <td width  = "340px">
        <s:password name = "oldPsd" cssClass = "psdi290" reqiured = "true" value = ""/>
            </td>
        </tr>
        <tr>
            <td width  = "80px">新密码</td>
            <td width  = "340px">
        <s:password name = "newPsd" cssClass = "psdi290" reqiured = "true"value = ""/>
            </td>
        </tr>
        <tr>
            <td width  = "80px"></td>
            <td width  = "340px">
                <input type = "submit" class = "system - button" value = "提交"/>
            </td>
        </tr>
    </table>
</s:form>
```

2. 数据的批量导入

数据的批量导入功能以 Excel 文件形式批量导入电力管网的设备的属性信息，它有效地避免人工输入设备数据造成的可靠性和效率低下的问题。由于系统属性和空间数据库的一致性，批量导入模块在属性数据库导入时会增加对应的空间数据库记录。

数据的批量导入模块时序图如图 7.4-24 所示，通过业务逻辑服务的 uploadExcelAction 将前端文件上传到服务器端。importExcelService 使用 jxl 类库解析 Excel 文件中的记录，并将其通过 DAO 接口保存到属性和空间数据库中。

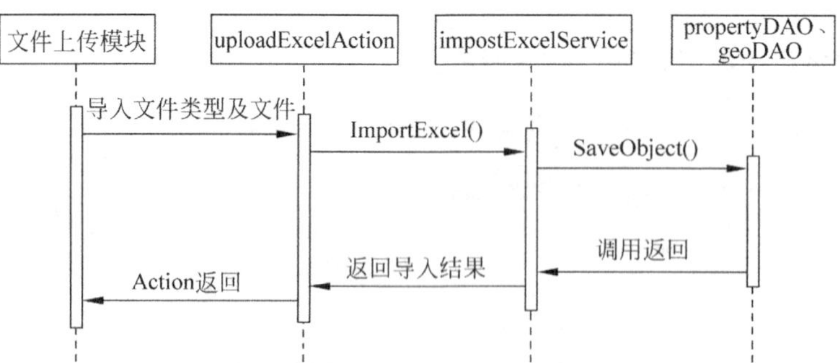

图 7.4-24　数据导入功能时序

导入 excel 文件功能的关键代码如下：

```
<s:include value = "commonMenu.jsp"></s:include>
<div class = "clear"></div>
<div class = "system_box">
    <s:form action = "uploadsExcel" cssClass = "system - table " meth od = "post" enctype = "
multipart/form - data">
        <tr>
        <s:filelabel = "导入文件" name = "upFile" cssClass = "i290"></s:file>
        <s:token />
        <tr>
        <td class = "td Label">文件类型</td>
        <td>
            <select name = "type" class = "i290select1">
                <option value = "survey">测绘层</option>
                <option value = "well">电缆井</option>
                <option value = "joint">电缆接头</option>
                <option value = "wire">电缆段</option>
                <option value = "remainder">电缆盘余</option>
                <option value = "ele">电气设备</option>
            </select>
        </td>
        </tr>
        <s:submitvalue = "上传导入" cssClass = "system - button"></s:submit>
    </s:form>
```

导入功能用到了一些实体类，下面是实现的关键代码：

```
/ *******************************
 * 导入 excel 数据服务
 * 1.导入
 ******************************* /
public class import ExcelService {
    //上传路径
    private String upPath ; // = ServletActionContext.getServletContext().getRealPath("/uploads");
    //模板 excel 路径
    private String tmpPath ; // = ServletActionContext.getServletContext().getRealPath("/WEB -
```

```
INF/classes/org/resource/excelXML");
    //目标文件
    private FileupFile;
    private SurveyDataImport import Dao;
    private ContainerDataImport import DaoEle;
    private WirecableImport import DaoWirecable;
    private InsertObjectByFileimport DaoObj;
    private intcountFinish;
    private intcountAll;
    private List<String>errInfo;
    public import ExcelService(){
    }
    public intimport Excel(String type){
        if(type.equals("survey")){
            return import Survey();
        } elseif(type.equals("well")){
            import Well();
            return 1;
        } elseif(type.equals("joint")){
            import Joint();
            return 1;
        } elseif(type.equals("wire")){
            import Wirecable();
            return 1;
        } elseif(type.equals("remainder")){
            import Remainder();
            return 1;
        } elseif(type.equals("ele")){
            import Ele();
            return 1;
        }
        return 1;
    }
    /*
     * 导入测绘层
     */
    public int import Survey(){
        try{
            intres = import Dao.surveyDataImport (upFile);
            if(res != -1){
                countFinish = import Dao.getCountFinish();
                countAll = import Dao.getCountAll();
                errInfo = import Dao.getErrInfo();
            }
            return res;
        }catch(Exceptione){
    return -1;
        }
    }
    /*
     * 导入电气设备
     */
```

```
public void import Ele(){
    try{
        import DaoEle.containerDataImport (upFile);
        countFinish = import DaoEle.getNumImport ed();
        countAll = import DaoEle.getNumSum();
        errInfo = import DaoEle.getErrInfo();
    }catch(Exceptione){
    }
}
/*
 * 导入电缆段
 */
public void import Wirecable(){
    try{
        import DaoWirecable.wirecableImport (upFile);
        countFinish = import DaoWirecable.getCountFinish();
        countAll = import DaoWirecable.getCountAll();
        errInfo = import DaoWirecable.getErrInfo();
    }catch(Exceptione){
//return -1;
    }
}
/*
 * 导入工井
 */
public void import Well(){
    try{
        import DaoObj. insertObjectByFile ( upFile, newFile ( ServletActionContext.
    getServletContext(). getRealPath ("") + "\\WEB - INF\\classes\\org\\resource\\
    excelXML\\PdEwPtWell.xml"));
        countFinish = import DaoObj.getCountFinish();
        countAll = import DaoObj.getCountAll();
        errInfo = import DaoObj.getErrInfo();
    }catch(Exceptione){
        e.printStackTrace();
    }
}
/*
 * 导入中间接头
 */
public void import Joint(){
    try{
        import DaoObj. insertObjectByFile ( upFile, newFile ( ServletActionContext.
    getServletContext(). getRealPath ("") + "\\WEB - INF\\classes\\org\\resource\\
    excelXML\\
            PdElCnIntermediateJoint.xml"));
        countFinish = import DaoObj.getCountFinish();
        countAll = import DaoObj.getCountAll();
        errInfo = import DaoObj.getErrInfo();
    }catch(Exceptione){
        e.printStackTrace();
    }
}
/*
```

```
     * 导入盘余
     */
    public void import Remainder(){
        try{
            import DaoObj. insertObjectByFile ( upFile,  newFile ( ServletActionContext.
        getServletContext(). getRealPath ("") + "\\WEB - INF\\classes\\org\\resource\\
        excelXML\\
            PdElCnCabledrumRemainder.xml"));
            countFinish = import DaoObj.getCountFinish();
            countAll = import DaoObj.getCountAll();
            errInfo= import DaoObj.getErrInfo();
        }catch(Exceptione){
            e.printStackTrace();
        }
    }
}
```

7.5 系统发布

7.5.1 创建工程

1. 建立名为 TONGXIANG 的 Web 工程

首先进入计算机并启动 Eclipse,然后按照下面的步骤创建一个 Web 工程。

(1) 在新增项目对话框中选择“Dynamic Web Project”,如图 7.5-1 所示。

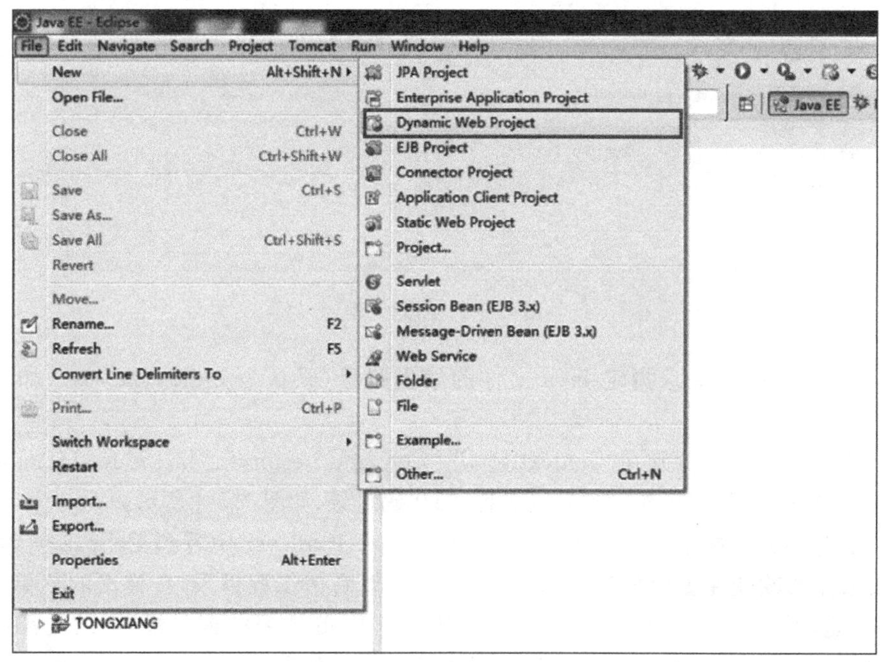

图 7.5-1　新增项目对话框

(2) 单击 Next 按钮，在“Projectname”中输入工程名“TONGXIANG”，设定“Dynamic Web Module Version”(不同的 Dynamic Web Module Version 对应生成的工程 web. xml 不一样；Web 组件版本不向下兼容；Tomcat6 一般对应于 2.4/2.5，Tomcat7 对应于 3.0)，如图 7.5-2 所示。

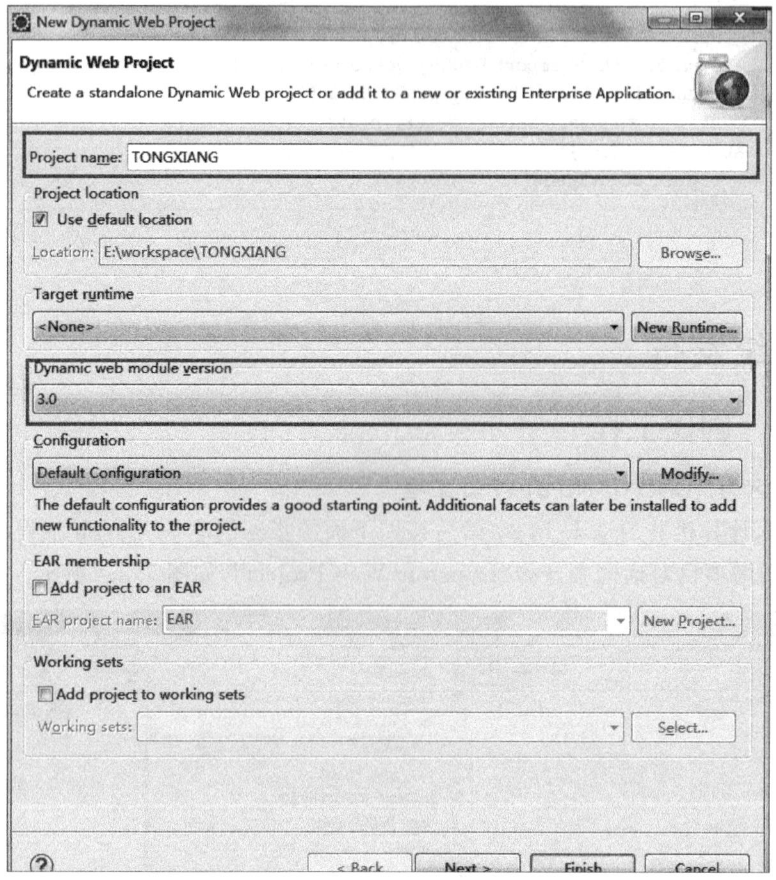

图 7.5-2　新建工程

(3) 单击 Next 按钮。指定 Java 文件的编译路径(默认为 build\classes)，如图 7.5-3 所示。

(4) 单击“Next”后，分别在“ContextRoot”、“Contentd irectory”、“JavaSourceDirectory”中设置 Web 服务的根路径、Web 资源的目录名称、源代码目录，如图 7.5-4 所示。

(5) 单击 Finish 按钮后完成工程创建，在 ProjectExplorer 中看到 Eclipse 创建出来的目录：如果需要改变在工程创建时的一些设置，可以右击工程目录，在弹出的菜单中，选择 Properties 选项，在弹出的设置对话框中，可以设置 Web 工程的根目录(也就是路径，一般设置成 WebContent)和 Dynamic Web Module Version 的设置，如图 7.5-5 所示。

(6) 新建项目的文件结构如图 7.5-6 所示，Web 项目就已经建好了。

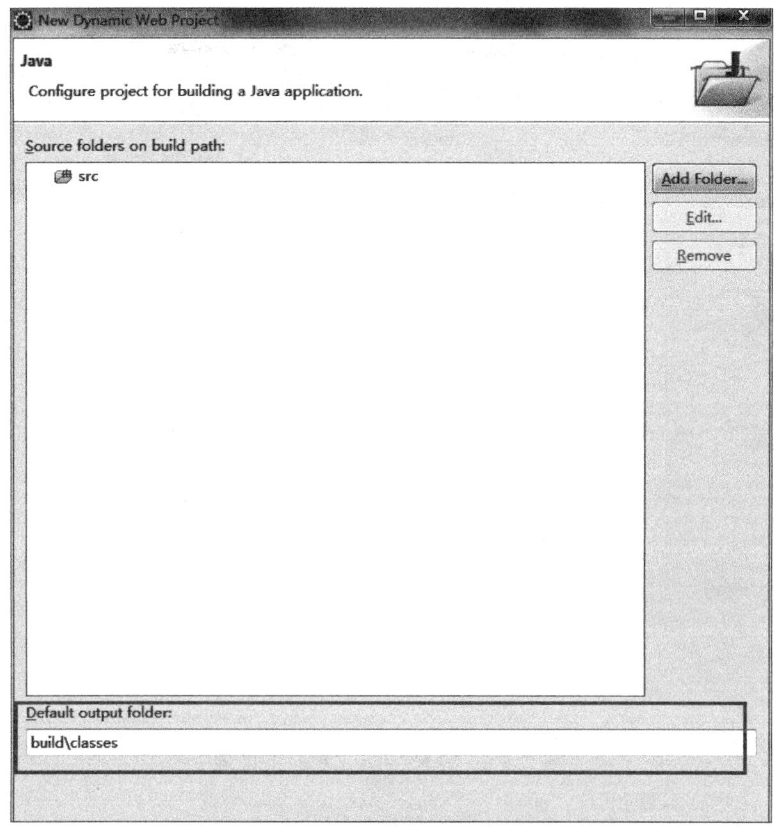

图 7.5-3　指定 Java 文件的编译路径

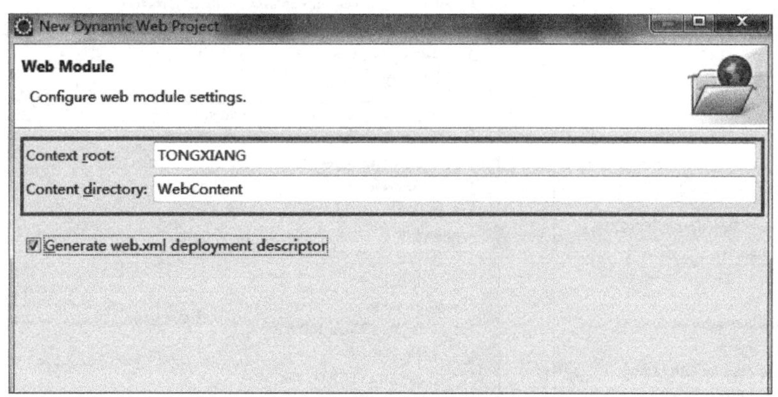

图 7.5-4　设置 Web 服务路径

2. 将现有文件导入建好的项目中

(1) 将现有的工程导入到 Eclipse 中，如图 7.5-7 所示。

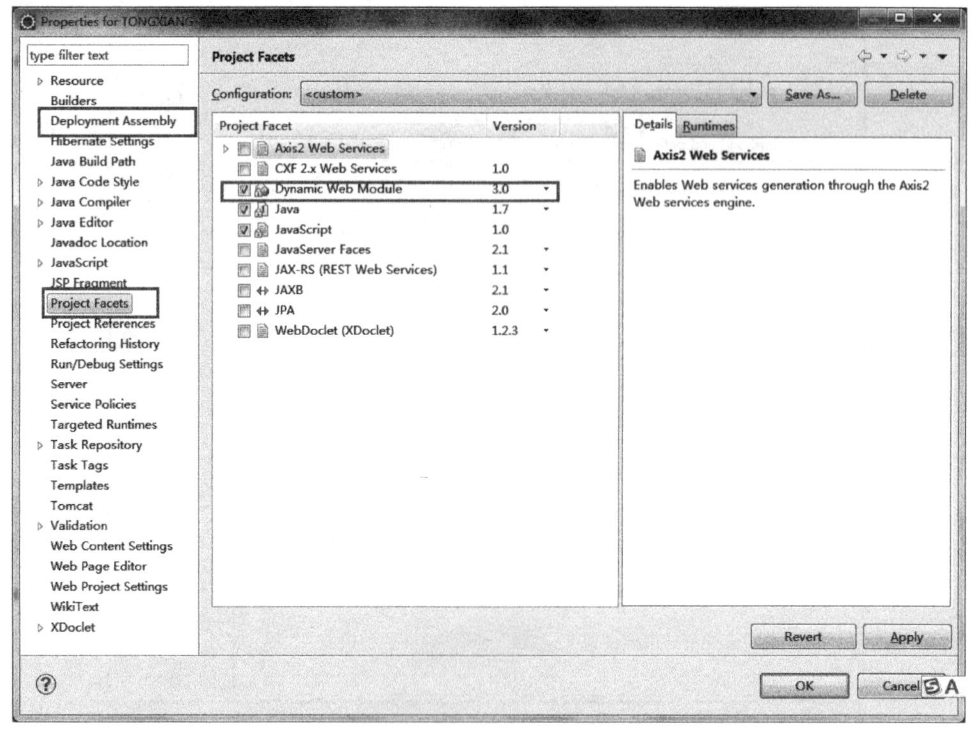

图 7.5-5 设置 Web 工程的根目录

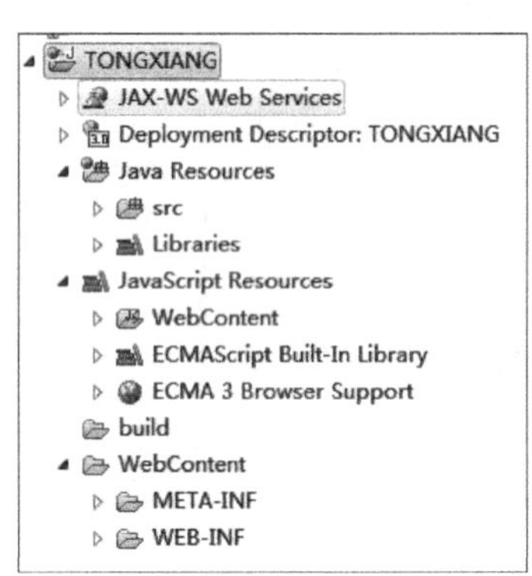

图 7.5-6 项目的目录

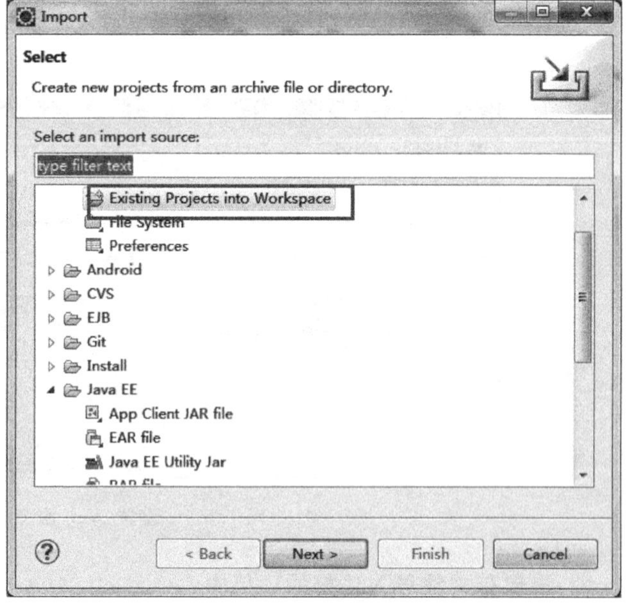

图 7.5-7 导入现有工程

(2) 选择现有的工程根目录。如图 7.5-8 所示。

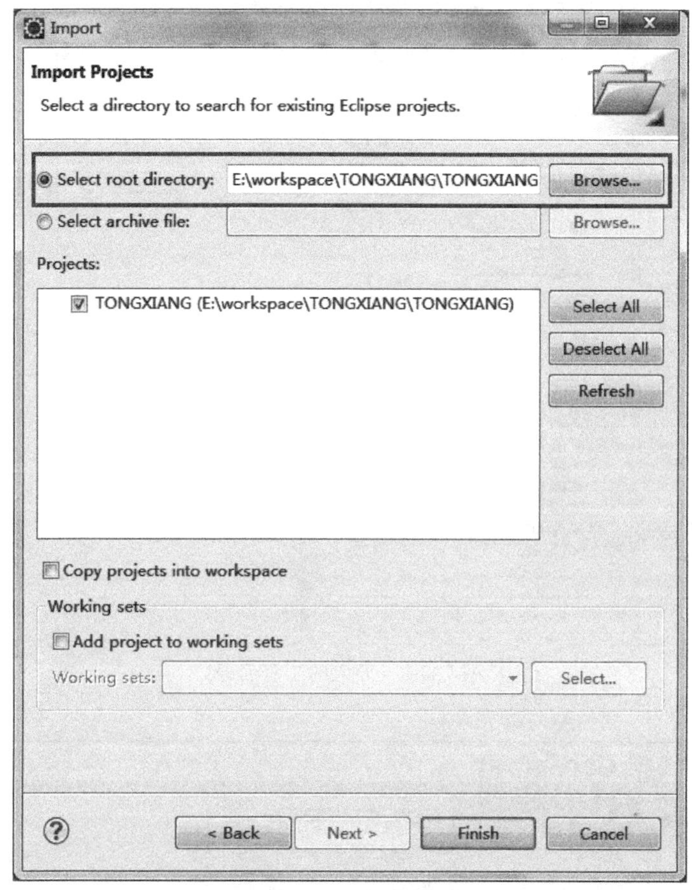

图 7.5-8　选择根目录

(3) 导入成功后的工程文件夹目录如图 7.5-9 所示。

3. GeoServer 服务器发布地图数据信息

GeoServer 发布数据库数据已经在前面详细介绍了，这里要做的是将已有工程的空间数据库文件发布到地图服务器上。

GeoServer 安装成功后，首先打开 GeoServer 服务器，单击"Start geoserver"启动服务器。在浏览器中输入 http://localhost:8081/geoserver/web/(安装 Geoserver 时为了不与 Tomcat 端口"8080"冲突，设置 geoserver 端口为"8081")。进入管理员界面，发布数据库地图数据的具体步骤如下。

(1) 打开 GeoServer 管理页面，以管理员身份登录，账户为 admin/geoserver。

(2) 新建一个 Workspace，命名为"OpenGIS"，URL 设置为"OpenGIS. edu. zjut"，如图 7.5-10 所示。

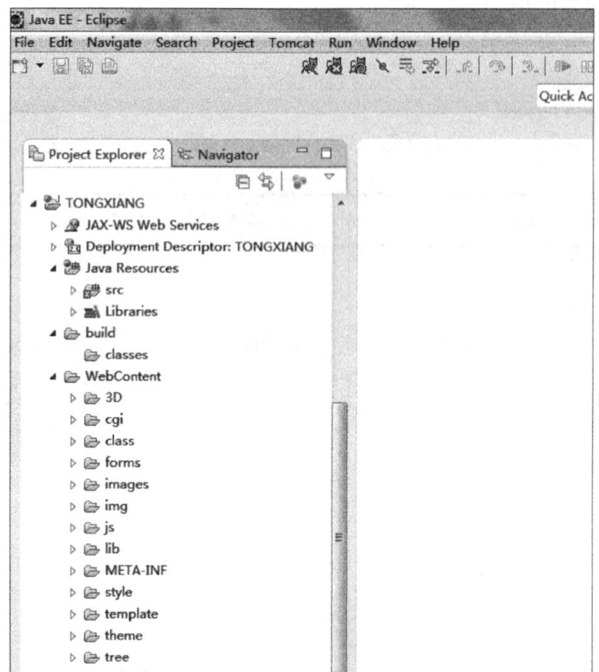

图 7.5-9 导入的工程目录

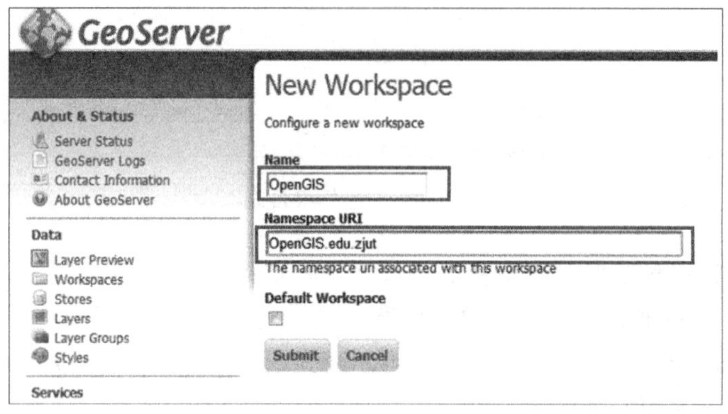

图 7.5-10 建立 Workspace

(3) 添加一个 Store，单击 Stores→Add new Store→PostGIS，如图 7.5-11 所示。

在 Vector Data Source 中选择 PostGIS，如图 7.5-12 所示。

选择 PostGIS，在新的页面中输入如下信息：

选择 Workspace：设置为新建的“OpenGIS”。

设置 DataSourceName：tx。

Description 设置为空。

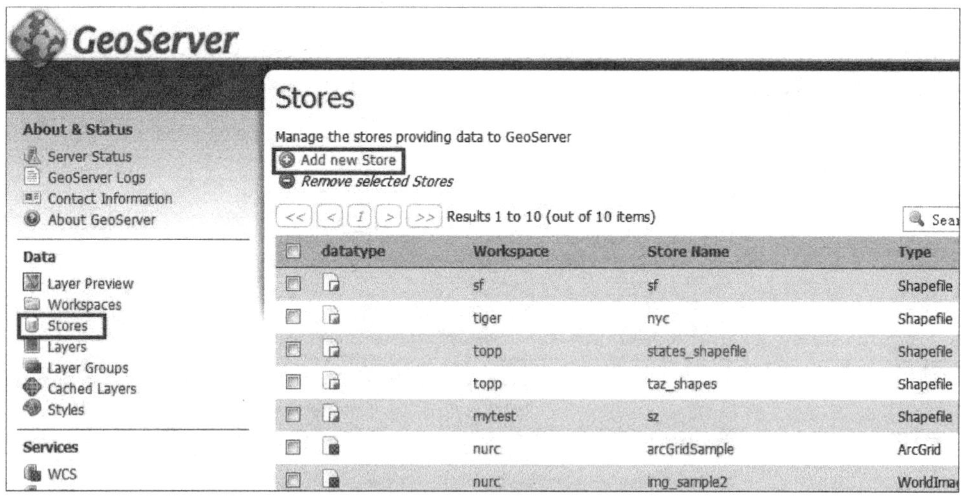

图 7.5-11　添加 Store

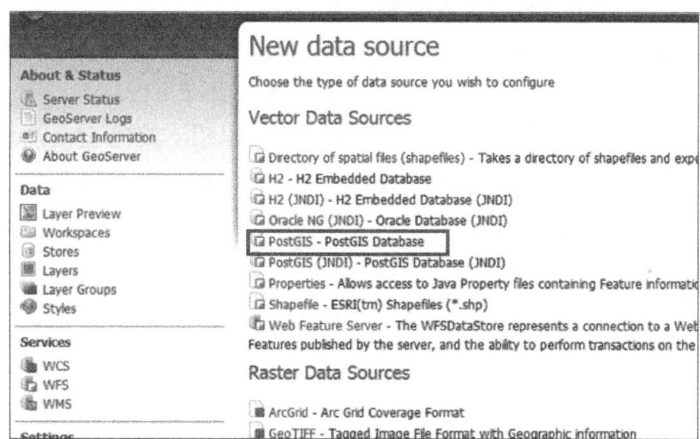

图 7.5-12　选择数据库 Postgis

host* 默认为“localhost”。

port* 默认为“5432”。

database 中输入“OpengisDataBase”。

schema 中输入“gdbo”。

user* 设置为“postgres”(数据库用户名)。

password 中输入“123456”(数据库密码)。

单击“Save”按钮保存。

(4) 图层发布。在上一步单击“Save”按钮后，会弹出发布界面，如图 7.5-13 所示。

发布数据库中字段数据：单击左侧栏“Data”标签下的“Layers”，单击“Add a new

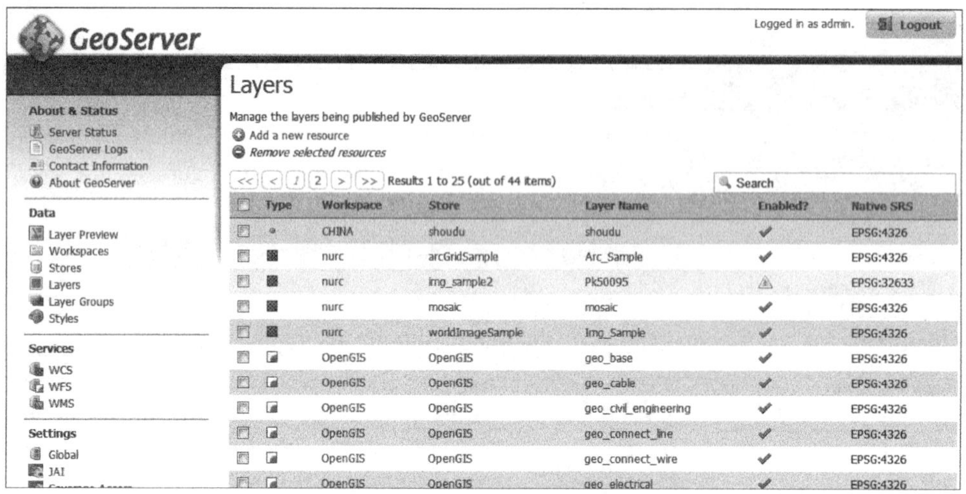

图 7.5-13　图层发布界面

resource”,依次发布空间数据库中各表的数据。

选择所要发布的数据,单击“Publish”按钮,弹出参数设置界面,该界面中主要设置WFS、WMS服务的一些相关参数,根据实际情况选择设置即可。

(5) 图层预览:数据发布后,单击左侧栏页面中“Data”下的“LayerPreview”按钮,找到刚发布的Layer,单击“OpenLayers”,查看刚发布的数据,如图7.5-14所示。

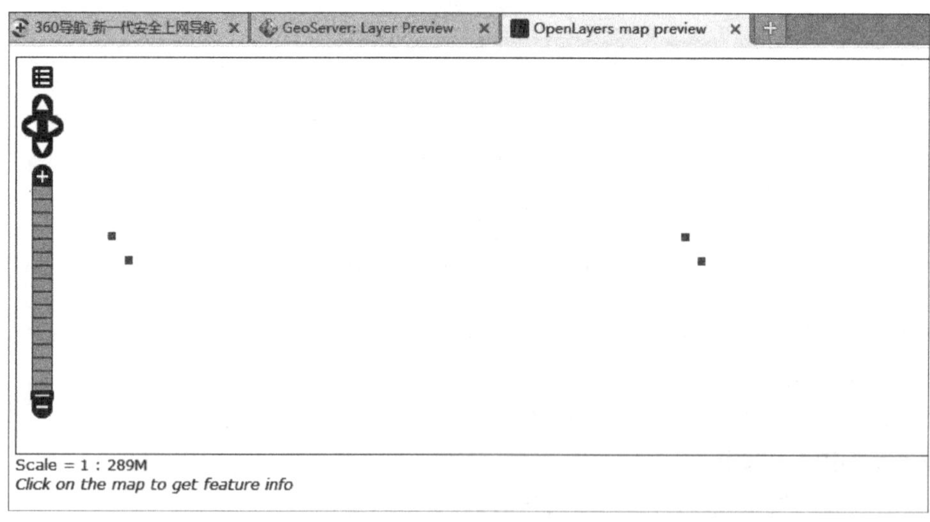

图 7.5-14　数据发布预览

7.5.2　运行工程

(1) 导入Web工程后,还需要创建一个Server,才能在Eclipse中运行、调试应用。单击“File→New→Other...”,在弹出的对话框中选择“Server”,如图 7.5-15 所示。

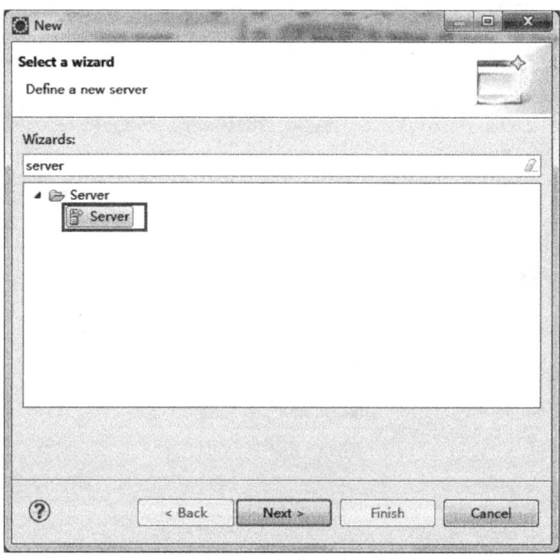

图 7.5-15　创建一个 Server

(2) 单击 Next 按钮后,在弹出的对话框中选择 Web 容器,这里选择 Tomcatv7.0 Server。

(3) 单击 Next 按钮,在弹出的对话框中选择 Tomcat 的安装目录、JRE 版本,如图 7.5-16 所示。

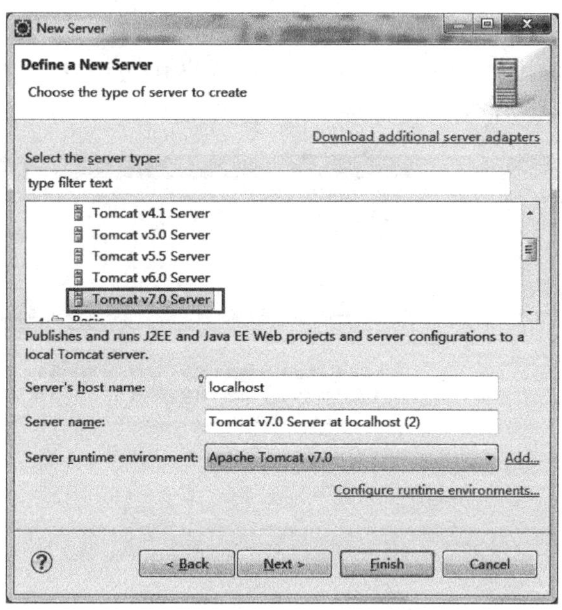

图 7.5-16　选择 Web 容器

(4) 单击 Next 按钮后，在“New Server”对话框中，左边的列表框列出了 Workspace 中的所有 Web 工程，右边的列表框表示在这个 Server 上部署的 Web 工程，这里将刚才的 dynweb 添加进来，如图 7.5-17 所示。

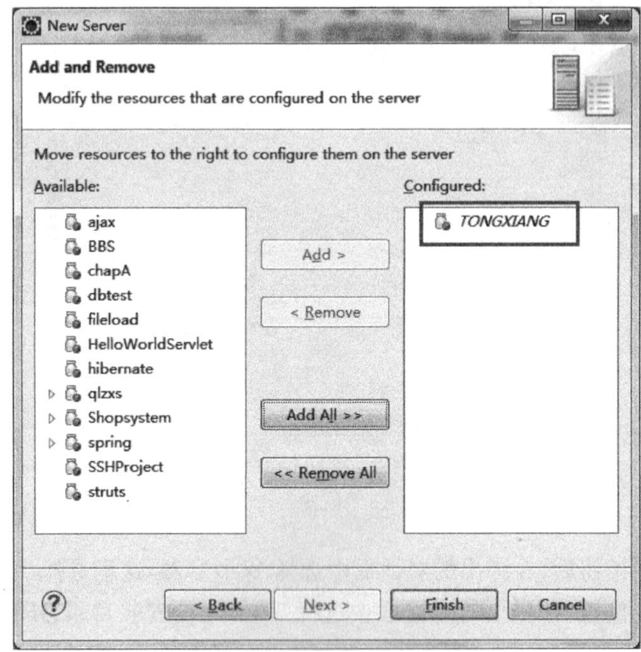

图 7.5-17　部署的 Web 工程

(5) 单击 Finish 按钮后，Server 就创建完了，可以在 Window→ShowView→Server 中查看 Server，如图 7.5-18 所示。

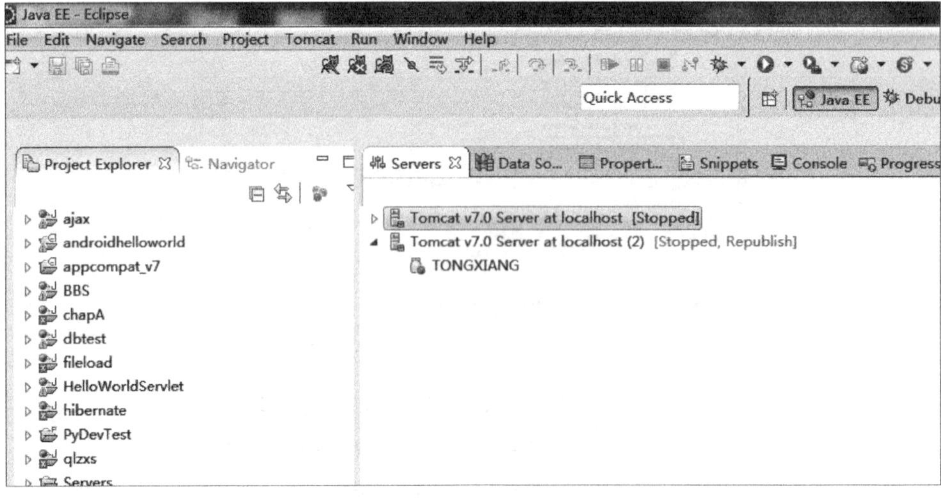

图 7.5-18　查看 Server

(6) 创建完 Server 后，可以单击 Servers 面板中的 Start the server、Start the server in debug mode 运行、调试应用如图 7.5-19 所示。

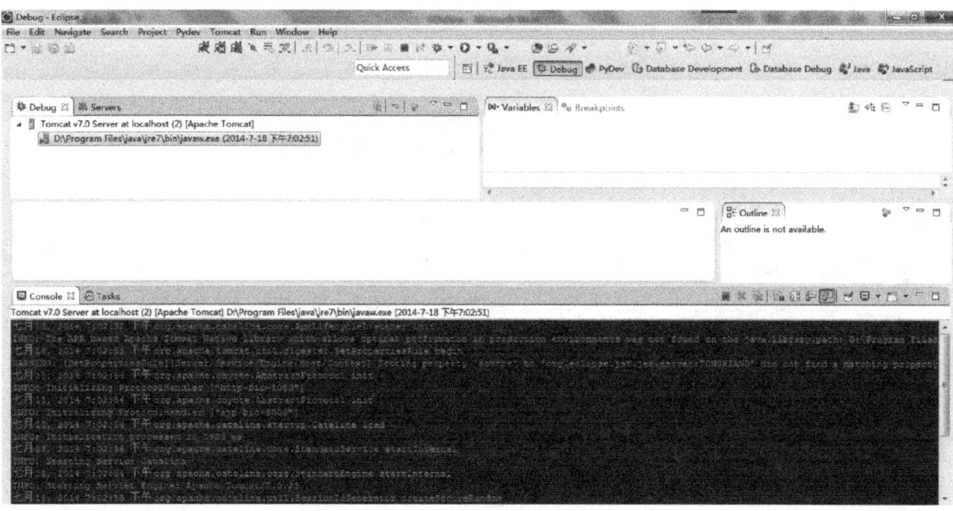

图 7.5-19　调试应用 Server

(7) 右击工程名，选择 Run As→Run On Server，如图 7.5-20 所示。

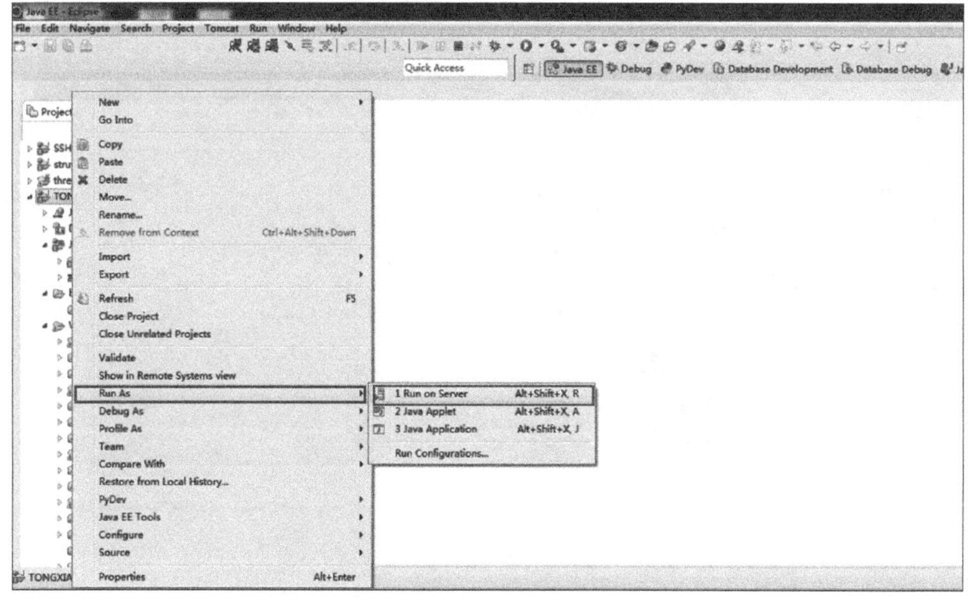

图 7.5-20　调试工程

(8) 运行工程，启动登录界面，输入用户名和密码，系统默认用户名和密码都为 admin，如图 7.5-21 所示。

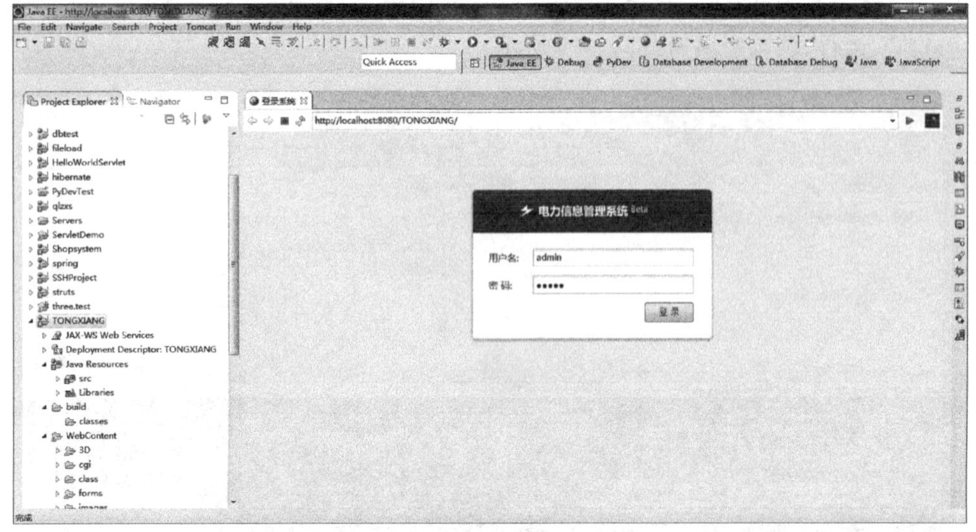

图 7.5-21 登录系统

(9) 登录系统后,运行效果如图 7.5-22 所示。

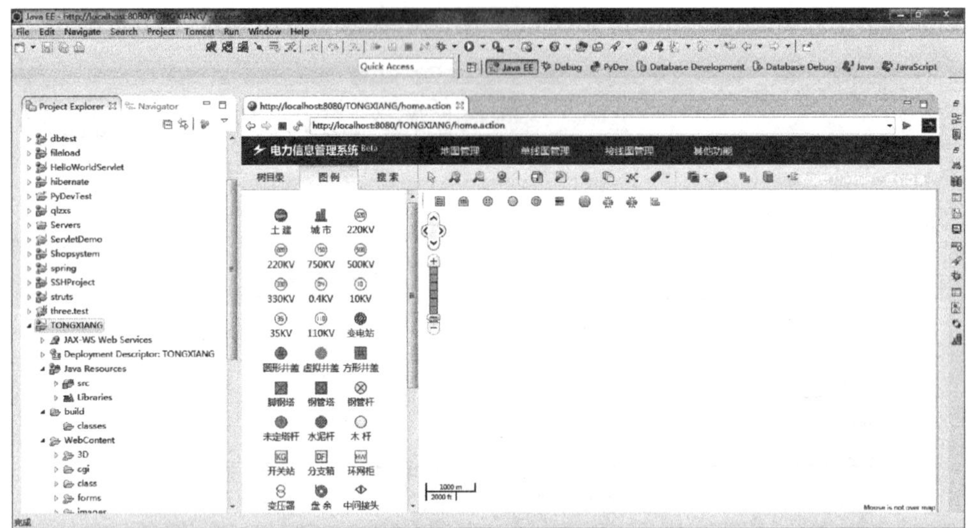

图 7.5-22 运行效果

第 8 章

交通 WebGIS 信息系统

8.1 交通 WebGIS 系统概述

8.1.1 开发背景

地理信息系统(GIS)广泛应用于国民经济的各个领域。特别是在交通管理领域,GIS 有着更加重要的地位。现代的城市道路是城市总体规划的主要组成部分,关系着整个城市的有机活动。对城市路网的管理,包括道路监测点的维修和设备更换,路况的拥塞度查询,路线的最短路径搜索,以及城市全貌的浏览和空间检索,都能在 GIS 里得到直观的体现。因此,开发和应用交通 WebGIS 信息系统,具有很高的实用价值和商业前景。

本章介绍基于 Web 平台的交通 WebGIS 信息系统的构建。手机客户端采用 ArcGIS 在线电子地图的 APP,前台地图显示编辑采用 ArcGIS 开发框架,系统整体框架采用 SSH (Struts2 + Spring2 + Hibernate3),地图前台框架采用 ArcGIS JavaScript Web,地图服务器为 ArcGIS Server10.2,Web 服务器为 Tomcat7.0,地图编辑和数据分析采用 ArcGIS Desktop10.2,数据库为 PostgreSQL + PostGIS。

8.1.2 需求分析

交通 WebGIS 信息系统是道路交通信息和城市空间信息的快速发布、查询检索以及相关统计分析的网络信息系统,主要用户是道路交通管理部门,将来还会开放部分功能给广大市民。因此系统界面必须简单友好,同时提供完善的功能。结合城市道路交通信息管理的实际需求,遵循科学性、实用性、可扩展性和开放性等原则开发,系统应实现以下功能:

(1) 地图管理功能。实现对地图图层的分层显示和管理、实现基本的放大、缩小、平移、漫游、地图查询、图层控制、鹰眼等操作;通过不同颜色实时显示道路交通流信息,从而分析目前的道路交通状况;地图上业务信息应该和地图位置保持同步。

(2) 手机端 APP 功能。地图浏览、地点搜索、路径查询、定位和导航等。因此从界面设计上,采用一个主界面和三个二级界面来实现这些基本地图功能。主界面展示基本地图,并且可以通过选项菜单切换不同类型的地图,三个二级界面分别实现地点搜索功能、路径查询功能以及导航功能。

(3) 区域交通状态服务水平的多粒度评价及展示。提供对经典区域划分的服务水平及指标展示和任意区域划分的服务水平及指标展示,即依据经典的城区划分或经典的交通区域划分显示各区域的服务水平,同时用户还可以根据自己的需求进行的任意区域划分,系统会自动计算该区域划分中各区域的各项指标参数和服务水平,并展示出来。

(4) 城区主要道路和区域交通的短时预测预报。提供 5 分钟、10 分钟、15 分钟后的道路及区域交通状态的展示以及统计分析以及与当前状态的对照功能。

(5) 路径规划。根据在地图上添加的任意停靠点显示一条最优路径,同时可以在这条路径上添加临时事件障碍点,重新生成并显示新的路径。

(6) 导航功能。根据输入的不同目的地(或输入的两个不同地点)在地图中显示一条最优路径,同时可以在列表框添加多个中间点,生成一条同时经过不同中间点的最优路径。

(7) 用户管理及权限控制。用户管理主要是用户信息添加、删除、修改等。用户权限控制主要是针对不同用户的请求作不同的权限设置,对于系统管理员级别的用户可以使用系统的配置以及编辑功能,对服务器的系统参数、数据进行更新和修改,而一般的用户可能只具备浏览、查询、统计制图等功能。

(8) 其他功能,如系统管理、公告管理、日志管理等。

除了上述主要功能以外,交通 WebGIS 信息系统还应该满足以下非功能性需求:

(1) 系统性能:保证系统数据来源可靠、实时,对信息查询的响应时间不应超过 5 秒。

(2) 系统开放性:系统要求能够与不同的地理信息系统,不同格式的地理信息数据相兼容;系统提供的功能应该能够支持不同语言的操作系统。

(3) 系统可移植性:整个系统应具有很高的可靠性、稳定性,满足连续稳定运行的要求。

(4) 数据管理性能:系统应满足数据保存至当前两年内的数据的容量管理需求;支持三年内的数据增长的管理需求。

(5) 数据采集频率:为保证区域交通信息系统能够对服务水平状态进行准确的监控,同时考虑到高峰时段的特殊情况,对于检测器数据采集频率应为每两分钟发送一次。

8.2 系统整体设计

系统的整体架构设计是项目开发的关键,整体设计的好坏将关系到系统开发过程是否顺利以及日后维护是否方便等。系统基于 Web 平台构建,手机客户端采用 ArcGIS 在线电子地图的 APP,前台地图显示编辑采用 ArcGIS 开发框架,系统整体框架采用 SSH(Struts2 + Spring2 + Hibernate3),地图前台框架采用 ArcGIS JavaScript Web,地图服务器为 ArcGIS Server10.2,Web 服务器为 Tomcat7.0,地图编辑和数据分析采用 ArcGIS Desktop10.2,数据库为 PostgreSQL + PostGIS。

首先是交通 WebGIS 信息系统逻辑分层设计,完全遵循 MVC 的模块化设计,逻辑分层如图 8.2-1 所示。

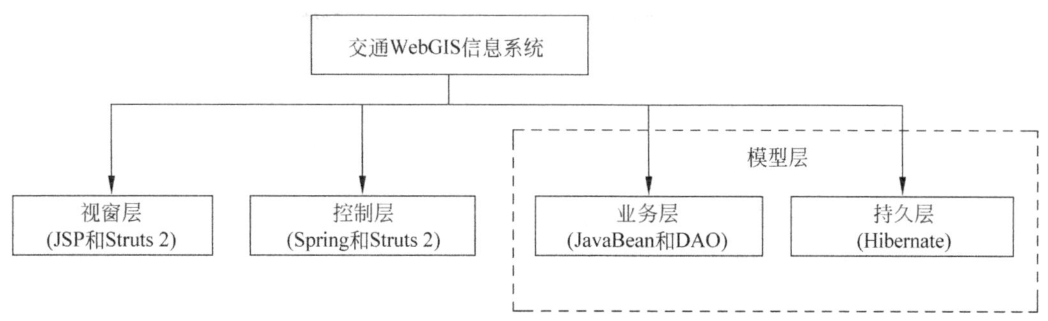

图 8.2-1 电力管线 GIS 管理系统逻辑分层示意图

其中,视图层也称为"表示层",是系统与用户交互的窗口。用户看到的所有页面都可以称为视窗层,该层通过 Struts2 和 JSP 实现。

控制层从视窗层接受用户请求,然后从模型层取出处理结果并返回给视窗层,其中并不涉及任何具体的业务逻辑处理。

模型层负责处理业务逻辑和数据库的底层操作,为了继续降低程序的耦合关系,在项目设计中将此层划分为业务层和持久层,前者负责业务逻辑的处理;后者负责数据库的底层操作,将持久化操作完全从业务分离出来,提高了程序的模块化设计。

逻辑分层之间的内部关系如图 8.2-2 所示。

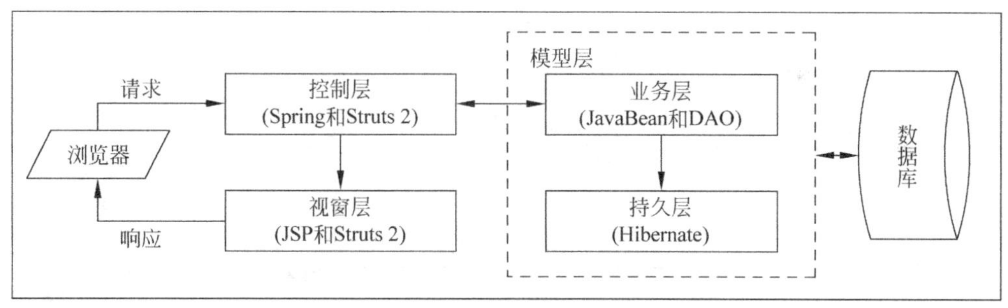

图 8.2-2 逻辑分层之间的内部关系

为了使项目容易管理和维护,在开发之前需要确定项目的系统文件夹结构,即系统文件夹结构设计。通常的做法是将项目中功能类似或者同一个模块的文件放在同一个包文件中,包以模块名命名;在应用中为了提高系统的安全性,避免用户通过输入地址访问 JSP 页面资源,在开发时将 JSP 页面放入 WEB-INF 文件夹中,这样用户就只能通过 Action 访问指定的 JSP 页面。以交通 WebGIS 信息系统 Java 类的文件夹结构和视图层 JSP 文件的文件夹结构为例,工程文件夹结构如图 8.2-3 所示。

为达到页面布局统一和整体风格一致的效果,需要对页面格式进行统一设计,以交通 WebGIS 信息系统的前台首页的布局为例,设计如图 8.2-4 所示。

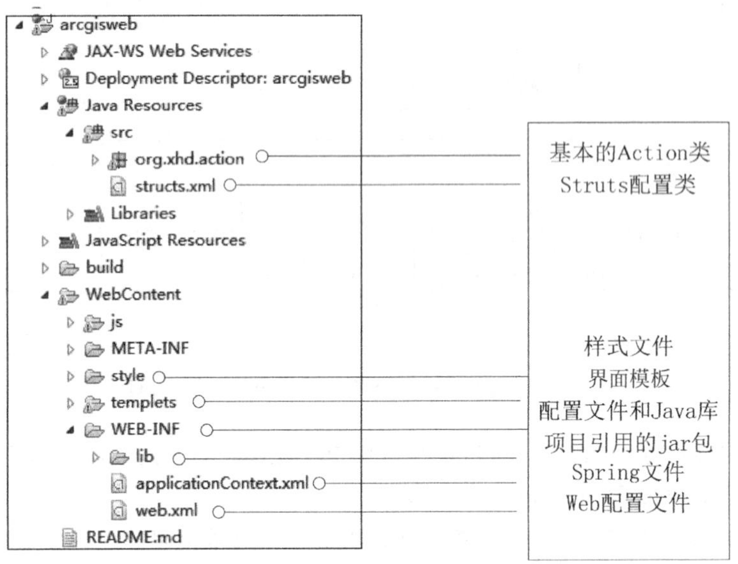

图 8.2-3　工程文件夹结构图

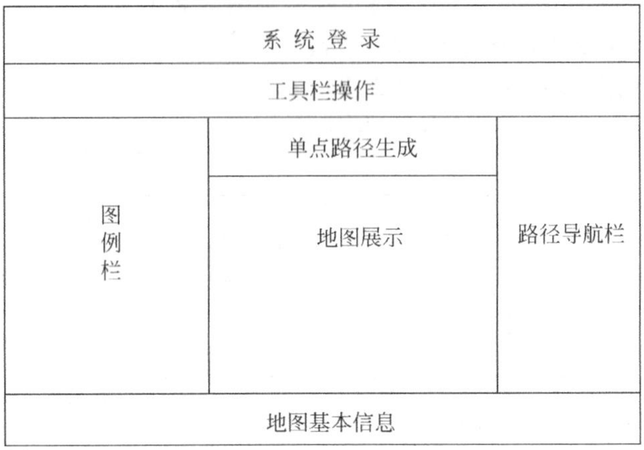

系 统 登 录

工具栏操作

图例栏

单点路径生成

地图展示

路径导航栏

地图基本信息

图 8.2-4　前台首页布局设计

WebGIS 的交通信息系统整体架构设计如图 8.2-5 所示。

系统功能模块划分如图 8.2-6 所示，整个系统划分为地图模块、经纬度模块、导航模块以及手机定位模块。各个模块的设计将在后面详细介绍。

8.2.1　主界面基本模块功能设计

主界面如图 8.2-7 所示，其基本功能如下：

(1) 图列栏：对照地图中显示的设备图标及属性表。

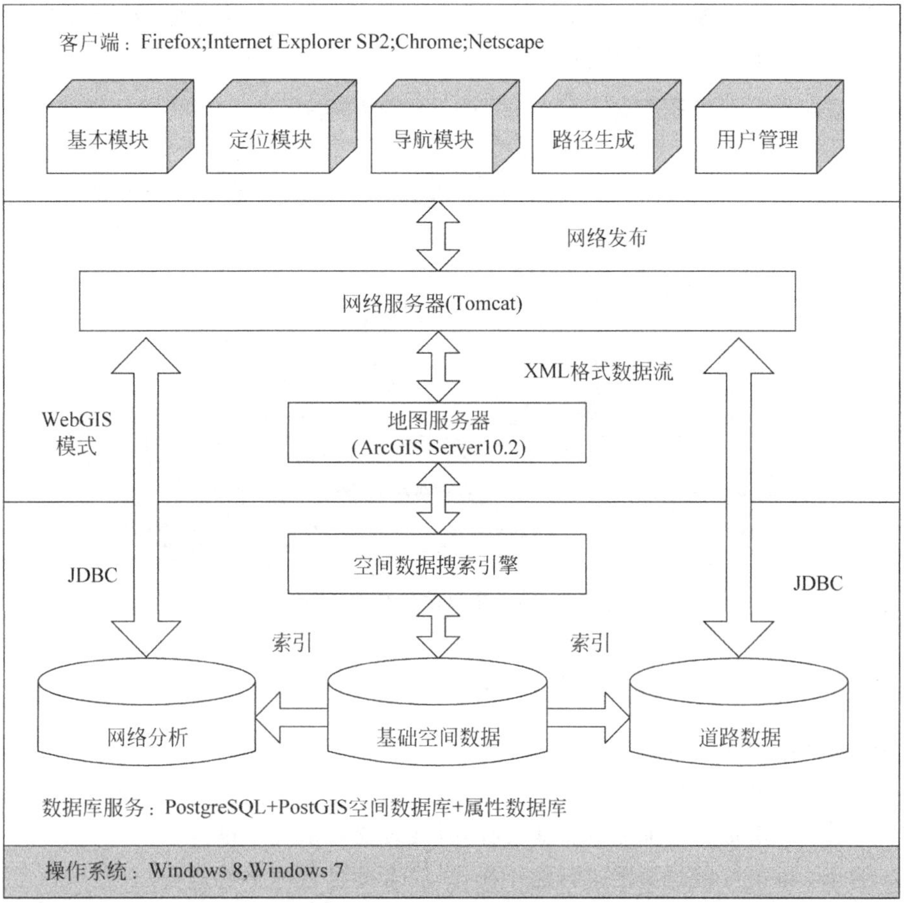

客户端：Firefox;Internet Explorer SP2;Chrome;Netscape
基本模块
定位模块
导航模块
路径生成
用户管理
网络发布
网络服务器(Tomcat)
XML格式数据流
WebGIS
模式
地图服务器
(ArcGIS Server10.2)
JDBC
空间数据搜索引擎
JDBC
索引
索引
网络分析
基础空间数据
道路数据
数据库服务：PostgreSQL+PostGIS空间数据库+属性数据库
操作系统：Windows 8,Windows 7

图 8.2-5 系统整体架构图

系统功能模块分类
地图基本模块
经纬度路径规划
导航模块
手机定位模块
浏览平移
新建内容
绘制道路
剪切道路
联合道路
用户权限管理
线路选择
停靠点添加清除
障碍点添加清除
路径产生清除
目的地添加
出行方式选择
具体线路显示
地图基本浏览
地点定位
路径查询导航

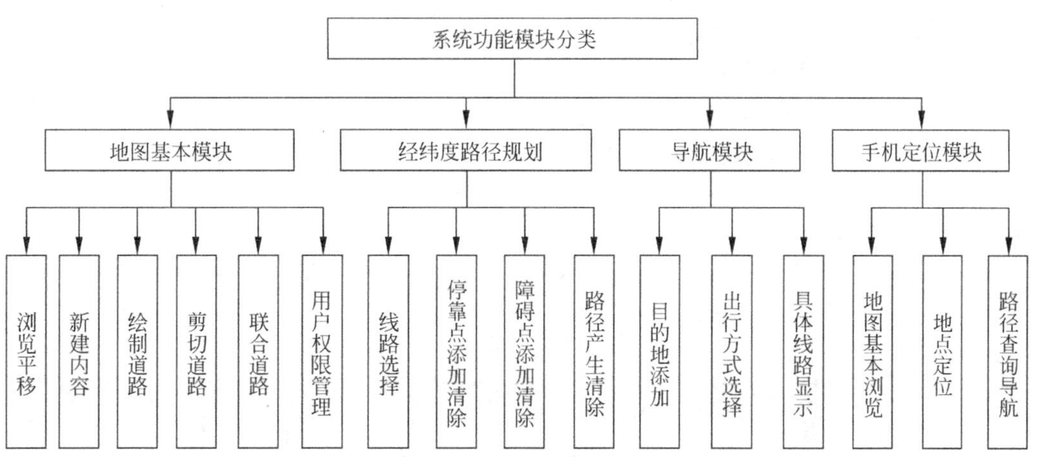

图 8.2-6 系统功能结构图

(2) 搜素栏：根据输入的地址，可实现名称的查找、地图的自动定位功能，也可根据输入的坐标实现地图的自动定位功能。

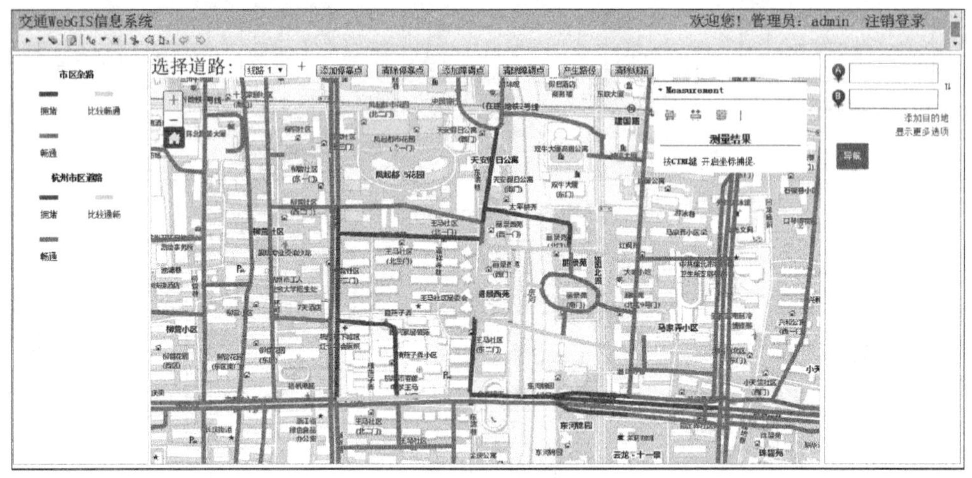

图 8.2-7 主界面基本功能图

8.2.2 地图基本管理模块功能设计

地图基本功能设计如图 8.2-8 所示，包括以下功能：

(1) 平移：单击按钮将鼠标置于平移状态，可用来清除当前图形操作工具的状态。

(2) 放大：单击按钮对地图进行放大操作(或者通过鼠标中键进行)。

(3) 缩小：单击按钮对地图进行缩小操作(或者通过鼠标中键进行)。

(4) 全图：单击按钮显示全图。

(5) 保存：单击按钮将发生改变的地图数据更新到数据库。

(6) 删除：单击按钮删除地图要素。

(7) 添加：添加绘制新的道路。

(8) 属性：单击查看道路段属性信息。

(9) 剪切：选择剪切道路。

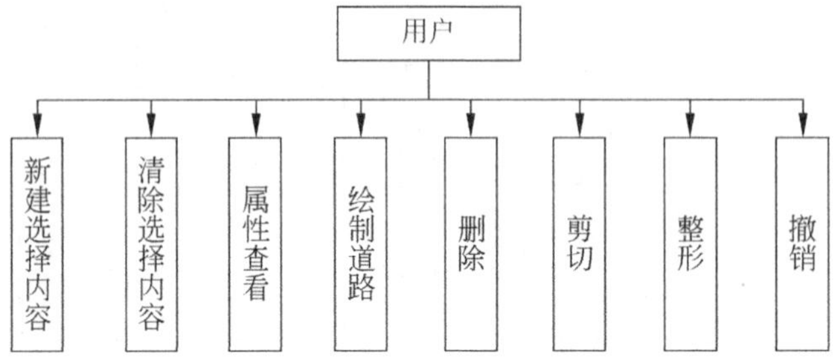

图 8.2-8 地图基本功能设计

(10) 联合：联合不同的道路。

(11) 撤销：撤销之前的操作。

(12) 恢复：恢复之前的操作。

8.2.3　手机定位模块功能设计

手机定位 APP 的功能设计如图 8.2-9 所示。手机定位模块需要实现地图浏览、地点搜索、路径查询、定位和导航等功能。因此手机定位模块设计了一个主界面和三个二级界面。主界面展示基本地图，并且可以通过选项菜单切换不同类型的地图，三个二级界面分别实现地点搜索功能、路径查询功能以及导航功能。主界面设计一个定位功能调用按钮和三个二级界面调用按钮，用于全屏展示电子地图，并且可以通过选项菜单来切换不同类型的地图；地点搜索界面设计一个文本输入框，用于接收用户输入的地址，地图为拓扑地图，用于展示搜索结果；路径导航查询界面展示基本的地图，对话框用于接受用户输入的起始地址，最终将返回的路径结果用列表抽屉展示出来；导航功能界面基于路径抽屉展示的结果，可分段展示不同的路径片段，同时可以开启语音提示功能。

8.2.4　经纬度路径生成功能设计

经纬度路径生成模块设计如图 8.2-10 所示。该模块用于在地图上单击添加多个不同地点的经纬度坐标，产生一系列相连的路径；在上述路径中添加障碍点，可以生成新的路径，其中障碍点可以表示现实当中道路损坏，发生交通事故等情况。从功能设计的角度来说，要设计实现以下功能：

(1) 添加停靠点；

(2) 添加障碍点；

(3) 清除停靠点；

(4) 清除障碍点；

(5) 产生路径。

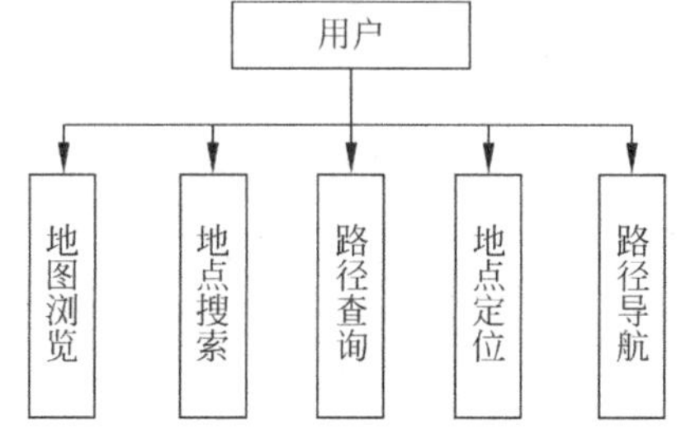

图 8.2-9　手机定位模块基本功能设计

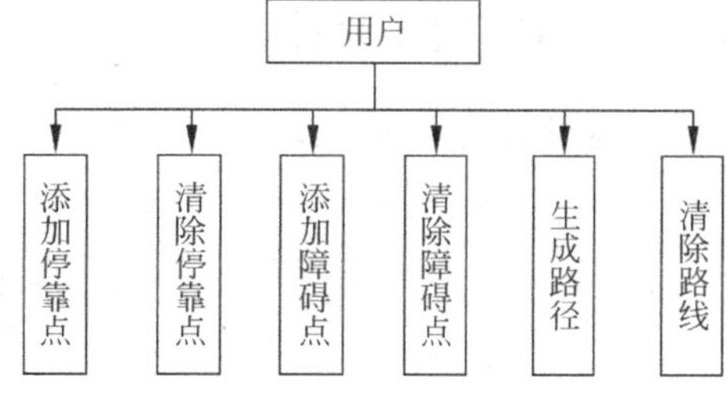

图 8.2-10　路径生成模块

8.2.5　导航模块功能设计

导航模块的设计如图 8.2-11 所示。导航框使用网络分析来计算不同地点之间的导航路径，通过 ArcGIS 发布网络分析服务至 ArcGIS Server，为用户提供实时导航功能，需要设计实现以下功能：

(1) 在输入框中添加目的地；

(2) 添加多个目的地；

(3) 选择不同方法驾驶汽车、卡车或者步行；

(4) 选择时间最快还是路径最短；

(5) 产生导航路径。

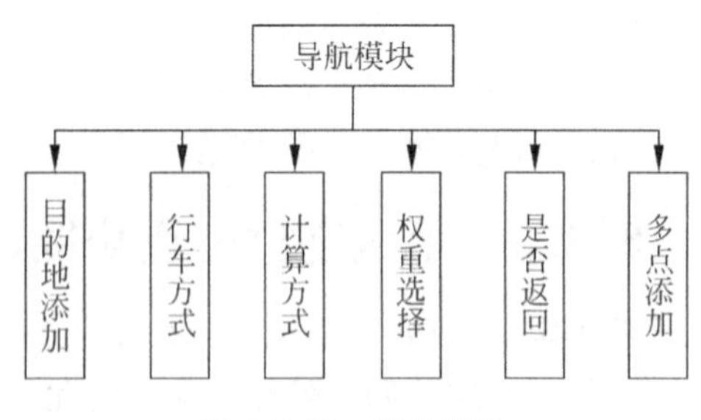

图 8.2-11　导航模块

8.2.6　用户管理模块功能设计

为方便不同用户对系统的使用需求，用户管理模块需要设计实现以下功能：

(1) 用户管理：超级管理员可随意添加、修改和删除各种权限用户，普通用户可修改密码与自身详细信息。

(2) 权限管理：依据菜单功能项、页面元素项动态灵活授权各类用户权限。

(3) 日志管理：监控记录程序运行的所有情况，包括执行、错误等信息。

常规的后台管理界面如图 8.2-12 所示。

用户管理　添加用户　修改密码　导入Excel

用户名	组别	真实姓名	手机
admin	超级管理员		
搜索	普通用户		
summer	普通用户		

图 8.2-12　系统后台用户管理界面图

8.3　数据库设计

基于 GIS 的交通信息系统采用 PostgreSQL 为属性数据库，PostGIS 为空间数据库，通过 Hibernate 实现系统的持久化操作。本节介绍交通 WebGIS 信息系统的核心实体类设计以及相应的设计 E-R 图和数据表设计。

8.3.1　E-R 图设计

下面介绍核心实体对象设计 E-R 图。

(1) user(用户信息表)的 E-R 图如图 8.3-1 所示。

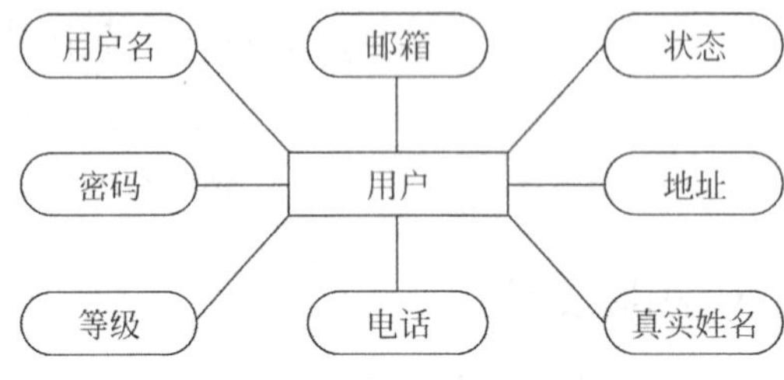

图 8.3-1　user 的 E-R 图

(2) 市区道路_polyline 的 E-R 图如图 8.3-2 所示。

(3) 市区杂路_polyline 的 E-R 图如图 8.3-3 所示。

名字
Object ID
市区道路
状态
Shape

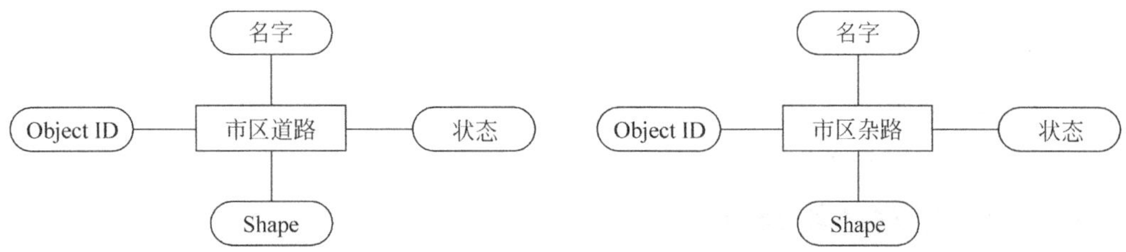

图 8.3-2　市区道路_polyline 的 E-R 图

名字
Object ID
市区杂路
状态
Shape

图 8.3-3　市区杂路_polyline 的 E-R 图

8.3.2　创建数据库及数据表

导入空间数据库文件，设备空间数据表如图 8.3-4 所示。

图 8.3-5 是用市区道路的数据来展示数据表的详细结构图，用于保存市区道路的相关信息。

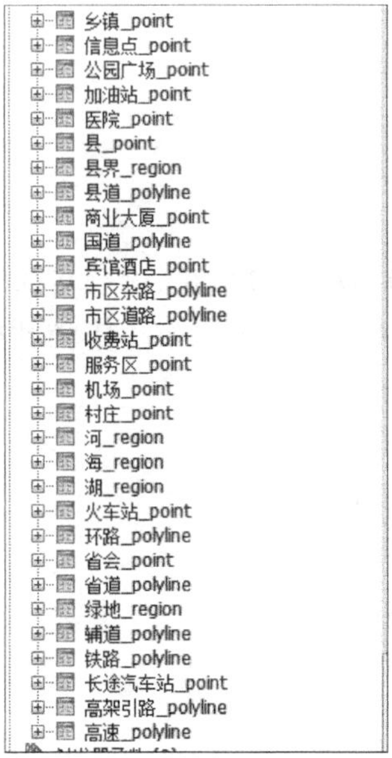

乡镇_point
信息点_point
公园广场_point
加油站_point
医院_point
县_point
县界_region
县道_polyline
商业大厦_point
国道_polyline
宾馆酒店_point
市区杂路_polyline
市区道路_polyline
收费站_point
服务区_point
机场_point
村庄_point
河_region
海_region
湖_region
火车站_point
环路_polyline
省会_point
省道_polyline
绿地_region
辅道_polyline
铁路_polyline
长途汽车站_point
高架引路_polyline
高速_polyline

图 8.3-4　设备空间数据表

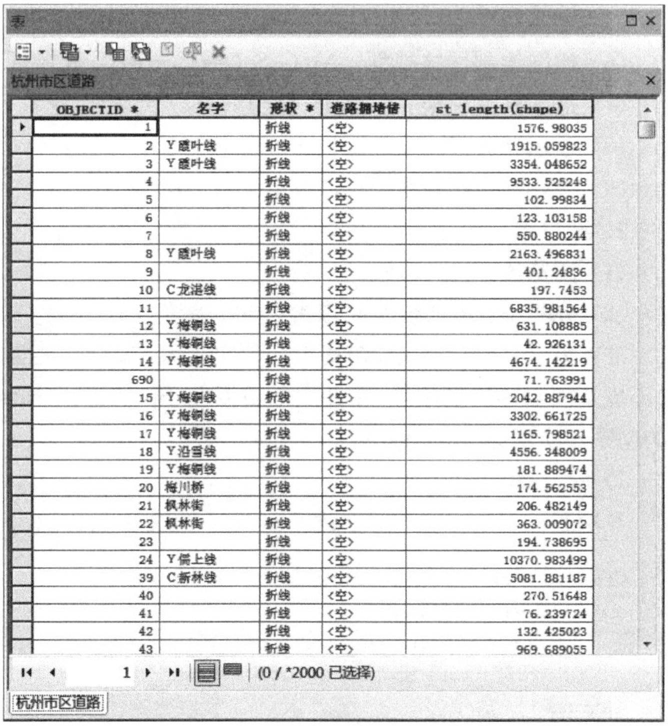

表

杭州市区道路

OBJECTID *	名字	形状 *	道路拥堵情	st_length(shape)
1		折线	<空>	1576.98035
2	Y腰叶线	折线	<空>	1915.059823
3	Y腰叶线	折线	<空>	3354.048652
4		折线	<空>	9533.525248
5		折线	<空>	102.99834
6		折线	<空>	123.103158
7		折线	<空>	550.880244
8	Y腰叶线	折线	<空>	2163.496831
9		折线	<空>	401.24836
10	C龙湛线	折线	<空>	197.7453
11		折线	<空>	6835.981564
12	Y梅铜线	折线	<空>	631.108885
13	Y梅铜线	折线	<空>	42.926131
14	Y梅铜线	折线	<空>	4674.142219
690		折线	<空>	71.763991
15	Y梅铜线	折线	<空>	2042.887944
16	Y梅铜线	折线	<空>	3302.661725
17	Y梅铜线	折线	<空>	1165.798521
18	Y沿雪线	折线	<空>	4556.348009
19	Y梅铜线	折线	<空>	181.889474
20	梅川桥	折线	<空>	174.562553
21	枫林街	折线	<空>	206.482149
22	枫林街	折线	<空>	363.009072
23		折线	<空>	194.738695
24	Y偏上线	折线	<空>	10370.983499
39	C新林线	折线	<空>	5081.881187
40		折线	<空>	270.51648
41		折线	<空>	76.239724
42		折线	<空>	132.425023
43		折线	<空>	969.689055

1 (0 / *2000 已选择)

杭州市区道路

图 8.3-5　市区道路数据

8.4 系统实现

前面介绍了交通 WebGIS 信息系统的基本概念、需求分析以及系统设计，在掌握了系统设计的相关知识后，就可以动手进行系统的实现了。下面介绍如何使用 GIS 的相关技术来实现交通 WebGIS 信息系统。

8.4.1 开发环境及环境配置

首先来了解一下开发 WebGIS 系统所需要的开发环境。交通 WebGIS 信息系统所需要的开发环境如下：

1. 服务器端

(1) 操作系统：Windows 操作系统。

(2) Web 服务器：Tomcat6.0 或者更高版本。

(3) Java 开发包：JDK1.5 以上。

(4) 数据库：PostgreSQL(PostGIS)。

(5) 地图服务器：ArcGIS Server10.2 或者更高版本。

(6) 地图绘制网络规划：ArcGIS Desktop10.2 或者更高版本。

(7) 地图开发框架：ArcGIS for JavaScript API 或者更高版本。

(8) 显示器分辨率：最低位 800 像素×600 像素。

(9) 手机端操作系统：Android。

2. 客户端

(1) 浏览器：Chrome。

(2) 分辨率：最低位 800 像素×600 像素。

准备好开发所需环境，在真正开始实现系统之前，还需要做一些配置工作，例如搭建项目环境及项目集成框架等，在此之前需要将 Spring2、Struts2、Hibernate 及系统应用的其他 jar 包导入项目的 lib 文件下。

1) 配置 Struts2

在项目的 ClassPath 下创建 Struts.xml 文件，其配置代码如下：

```
<?xml version = "1.0" encoding = "UTF - 8" ?>
<! DOCTYPE struts PUBLIC
    " - //Apache Software Foundation//DTD Struts Configuration 2.3//EN"
    "http://struts.apache.org/dtd s/struts - 2.3.dtd ">
< struts >
    < constant name = "struts.enable.DynamicMeth odInvocation" value = "false" />
    < constant name = "struts.devMode" value = "true" />
    < package name = "default" namespace = "/" extends  = "struts - default">
        < action name = "test" class = "action.test">
            < result name = "success">/templets/index.jsp </result >
```

```
        </action>
    </package>
</struts>
```

2）配置 Hibernate

在 Hibernate 的配置文件中配置数据库的连接信息、数据库方言及打印 SQL 语句等属性。由于 ArcGIS Desktop 的 Catalog 能够自动导入数据文件并连接相应的数据库，可以自动在数据中生成一些表和字段，所以这里可以省略 Hibernate 的部署，交给 ArcGIS 来完成这一任务。

3）配置 Spring

利用 Spring 加载 Hibernate 的配置文件及 Session 管理类，在配置 Spring 时只需要配置 Spring 的核心配置文件 applicationContex.xml，其代码如下：

```
<?xml version="1.0" encoding="UTF-8"?>
<beans xmlns="http://www.springframework.org/schema/beans"
        xmlns:xsi="http://www.w3.org/2001/XMLSchema-instance"
        xmlns:aop="http://www.springframework.org/schema/aop"
        xmlns:tx="http://www.springframework.org/schema/tx"
        xsi:schemaLocation="
            http://www.springframework.org/schema/beans
http://www.springframework.org/schema/beans/spring-beans-2.5.xsd
            http://www.springframework.org/schema/aop
http://www.springframework.org/schema/aop/spring-aop-2.5.xsd
            http://www.springframework.org/schema/tx
http://www.springframework.org/schema/tx/spring-tx-2.5.xsd">
        <bean name="test" class="org.xhd.action.test">
        </bean>
</beans>
```

4）配置 Web.xml

Web.xml 的配置文件是项目的基本配置文件，通过该文件设置实例化 Spring 容器、过滤器、Struts2 以及默认执行的操作，其关键代码如下：

```
<?xml version="1.0" encoding="UTF-8"?>
<web-app id="WebApp_9" version="2.4" xmlns="http://java.sun.com/xml/ns/j2ee" xmlns:xsi
="http://www.w3.org/2001/XMLSchema-instance" xsi:schemaLocation="http://java.sun.com/
xml/ns/j2ee http://java.sun.com/xml/ns/j2ee/web-app_2_4.xsd">
<display-name>Struts Blank</display-name>
<filter>
    <filter-name>struts2</filter-name>
    <filter-class>
        org.apache.struts2.dispatcher.ng.filter.StrutsPrepareAndExecuteFilter
    </filter-class>
</filter>
<filter-mapping>
```

```
    <filter-name>struts2</filter-name>
    <url-pattern>/*</url-pattern>
</filter-mapping>
    <!-- spring监听 -->
<context-param>
    <param-name>contextConfigLocation</param-name>
    <param-value>/WEB-INF/applicationContext.xml</param-value>
</context-param>
<listener>
    <listener-class>
        org.springframework.web.context.ContextLoaderListener
    </listener-class>
</listener>
</web-app>
```

8.4.2 主界面基本模块

(1) 平移：单击按钮将鼠标置于平移状态，可用来清除当前图形操作工具的状态。

(2) 放大：单击按钮对地图进行放大操作(或者通过鼠标中键进行)。

(3) 缩小：单击按钮对地图进行缩小操作(或者通过鼠标中键进行)。

(4) 全图：单击按钮显示全图。

(5) 保存：单击按钮将发生改变的地图数据更新到数据库。

(6) 删除：单击按钮删除地图要素。

(7) 添加：添加绘制新的道路。

(8) 属性：单击查看道路段属性信息。

(9) 剪切：选择剪切道路。

(10) 联合：联合不同的道路。

(11) 撤销：撤销之前的操作。

(12) 恢复：恢复之前的操作。

导入 ArcGIS 相关库文件以及功能的关键实现代码如下：

```
require([
  "esri/urlUtils",
  "esri/map",
  "esri/tasks/GeometryService",
  "esri/toolbars/edit",
  "esri/layers/ArcGISTiledMapServiceLayer",
  "esri/layers/FeatureLayer",
  "esri/graphic",
  "esri/tasks/RouteTask",
  "esri/tasks/RouteParameters",
  "esri/tasks/FeatureSet",
```

```
    "dojo/on",
    "dijit/registry",
    "esri/geometry/Extent",
    "esri/layers/ArcGISDynamicMapServiceLayer",
    "esri/symbols/PictureMarkerSymbol",
    "dojo/_base/array",
    "dojo/dom",
    "esri/Color",
    "esri/symbols/SimpleMarkerSymbol",
    "esri/symbols/SimpleLineSymbol",
    "esri/dijit/editing/Editor",
    "esri/dijit/HomeButton",
    "esri/dijit/Measurement",
    "esri/dijit/Directions",
    "esri/dijit/editing/TemplatePicker",
    "esri/config",
    "dojo/i18n!esri/nls/jsapi",
    "dojo/_base/array", "dojo/parser", "dojo/keys",
    "dijit/layout/BorderContainer", "dijit/layout/ContentPane",
    "dijit/TitlePane",
    "dijit/form/CheckBox",
    "dijit/form/HorizontalSlider",
    "dijit/form/HorizontalRuleLabels",
    "dojo/domReady!"
], function (
            urlUtils,
            Map, GeometryService, Edit,
             ArcGISTiledMapServiceLayer, FeatureLayer,
            Graphic,RouteTask, RouteParameters,FeatureSet,on,
registry,Extent,ArcGISDynamicMapServiceLayer,
            PictureMarkerSymbol,array,dom,
            Color, SimpleMarkerSymbol, SimpleLineSymbol,
            Editor, HomeButton,Measurement,Directions,TemplatePicker,
             esriConfig, jsapiBundle,
             arrayUtils, parser, keys
) {
             parser.parse();
             //代理设置

            //use a proxy to access the routing service,which requires credits
            /*urlUtils.addProxyRule({
                   urlPrefix : "route.arcgis.com",
          proxyUrl : "/sproxy/"
  });
```

8.4.3 地图基本管理模块

基本 GIS 图形操作功能包括多图层显示、放大、缩小、全图显示、鹰眼导航和图层控制功能，图形操作的用例图(工具栏)如图 8.4-1 所示。

1. 初始化

地图初始化关键代码如下：

图 8.4-1 图形操作用例图

```
map = new Map("map", {
      center: [120.179787 , 30.263478],
      zoom: 16,
      slider: "small",
      logo: false,
      navigationMode: 'classic',Extent
        ({xmin: - 20098296,ymin: - 2804413,xmax:5920428,ymax:15813776,
            spatialReference:{wkid:54032}})
    }
);
var basemap = new esri.layers.ArcGISTiledMapServiceLayer
    ("http://cache1.arcgisonline.cn/ArcGIS/rest/services/
        ChinaOnlineCommunity/MapServer");
map.addLayer(basemap);
map.on("layers - add - result", initEditor);
```

2. 地图浏览

地图浏览包括地图放大、缩小、图层控制、鹰眼导航、全图显示、经纬度显示，关键代码如下：

```
//地图初始化
function initEditor(evt) {
map.disableDouble ClickZoom();
//模版选择器
var templateLayers = arrayUtils.map(evt.layers, function (result){
    return result.layer;
});
var templatePicker = new TemplatePicker({
    featureLayers: templateLayers,
    grouping: true,
    rows: "auto",
    columns: 2
}, "templateDiv");
templatePicker.startup();
var layers = arrayUtils.map(evt.layers, function (result) {
    return { featureLayer: result.layer };
});
var settings = {
    map: map,
    templatePicker: templatePicker,
    layerInfos: layers,
    toolbarVisible: true,
```

```
        enableUndoRedo: true,
        createOptions: {
          polylineDrawTools:[ Editor.CREATE_TOOL_FREEHAND_POLYLINE ],
          polygonDrawTools: [
                Editor.CREATE_TOOL_FREEHAND_POLYGON,
                Editor.CREATE_TOOL_CIRCLE,
                Editor.CREATE_TOOL_TRIANGLE,
                Editor.CREATE_TOOL_RECTANGLE
            ]
        },
        toolbarOptions: {
            cutVisible: true,
            mergeVisible: true,
            reshapeVisible: true
        },
        layerInfo: {
           showGlobalID: true,
           showObjectID: true,
        }
  };
  var params = {settings: settings};
  var myEditor = new Editor(params,'editorDiv');
  //define snapping options
  var symbol = new SimpleMarkerSymbol(
        SimpleMarkerSymbol.STYLE_CROSS, 15,
        new SimpleLineSymbol(
            SimpleLineSymbol.STYLE_SOLID,
            new Color([255, 0, 0, 0.5]), 5
        ),
        null
  );
  map.enableSnapping({
        snapPointSymbol: symbol,
        tolerance: 20,
        snapKey: keys.ALT
  });
myEditor.startup();
```

3. 地图属性

属性查看功能用于查看具体的道路属性信息，道路属性窗口界面如图 8.4-2 所示。

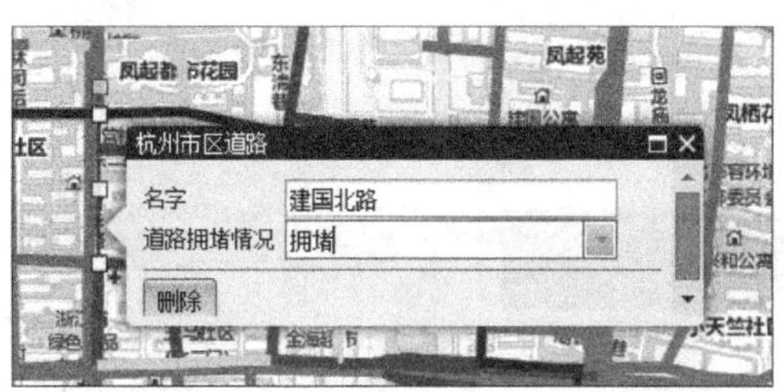

图 8.4-2　查看道路属性

8.4.4 手机定位模块

手机定位 APP 的用例图如图 8.6-3 所示，主要功能包括地图浏览、地点搜索、路径查询、手机定位、路径导航。

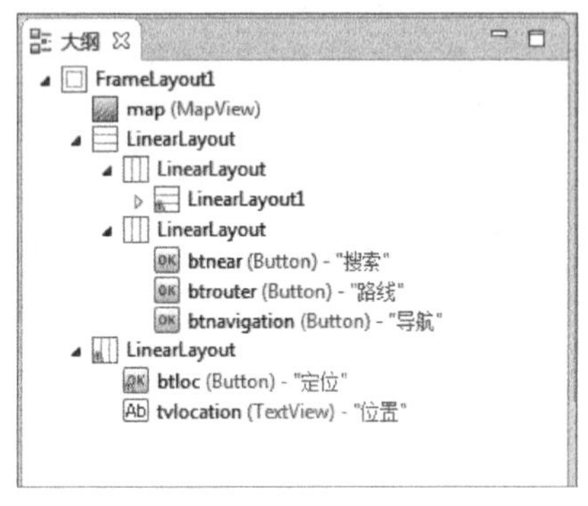

图 8.4-3 主界面大纲视图

打开工程文件，依次展开文件夹目录 res/layout，在 layout 文件夹上右击，新建一个 xml 文件，命名为 main.xml。界面的大纲视图如图 8.4-3 所示。

通过图形布局视图可以看到界面的效果如图 8.4-4 所示，左上角设置了一个定位按钮，旁边设置了一个标签控件用于显示位置的经纬度信息，界面底部是导航条，由 3 个按钮控件组成，导航条上方是地图的放大和缩小按钮，布局中的空白区域用于加载电子地图 MapView 控件。

用同样的方式来设计其他二级界面，如图 8.4-5、图 8.4-6 及图 8.4-7 所示。空白区域为地图加载区。需要注意的是，起始点输入框在运行的时候会以 Dialog 对话框的形式加载而不是以 Activity 的形式加载。

图 8.4-4 主界面效果图

图 8.4-5 地址搜索界面图

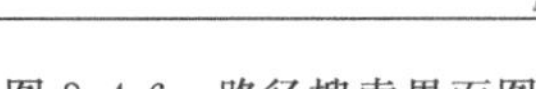

图 8.4-6　路径搜索界面图

图 8.4-7　起始点对话框

在 src 文件夹下的包 com. esri. arcgis. android. samples. helloworld 中新建一个 Java 源文件，命名为 MainActivity. java，作为程序的主界面，需要实现如下功能：地图加载，实现定位，通过菜单切换不同类型的地图，通过按钮控件启动二级界面等。该类的设计类图如图 8.4-8 所示。

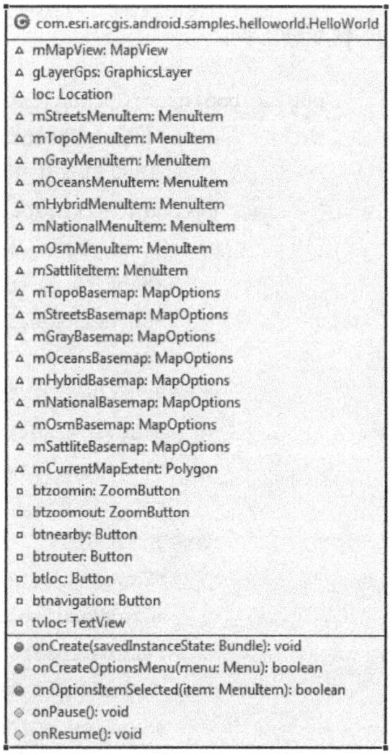

com.esri.arcgis.android.samples.helloworld.HelloWorld
- mMapView: MapView
- gLayerGps: GraphicsLayer
- loc: Location
- mStreetsMenuItem: MenuItem
- mTopoMenuItem: MenuItem
- mGrayMenuItem: MenuItem
- mOceansMenuItem: MenuItem
- mHybridMenuItem: MenuItem
- mNationalMenuItem: MenuItem
- mOsmMenuItem: MenuItem
- mSattliteItem: MenuItem
- mTopoBasemap: MapOptions
- mStreetsBasemap: MapOptions
- mGrayBasemap: MapOptions
- mOceansBasemap: MapOptions
- mHybridBasemap: MapOptions
- mNationalBasemap: MapOptions
- mOsmBasemap: MapOptions
- mSattliteBasemap: MapOptions
- mCurrentMapExtent: Polygon
- btzoomin: ZoomButton
- btzoomout: ZoomButton
- btnearby: Button
- btrouter: Button
- btloc: Button
- btnavigation: Button
- tvloc: TextView
- onCreate(savedInstanceState: Bundle): void
- onCreateOptionsMenu(menu: Menu): boolean
- onOptionsItemSelected(item: MenuItem): boolean
- onPause(): void
- onResume(): void

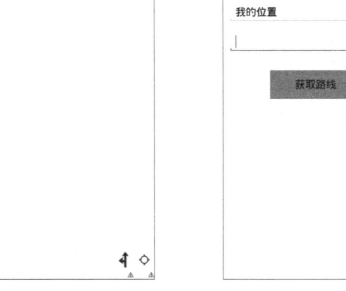

图 8.4-8　主界面类图设计图

要实现选项菜单切换不同类型的地图，需要在类的属性中声明地图切换选项，代码如下：

```
//菜单的地图切换选项
    MenuItemmStreetsMenuItem = null;
    MenuItemmTopoMenuItem = null;
    MenuItemmGrayMenuItem = null;
    MenuItemmOceansMenuItem = null;
    MenuItemmHybridMenuItem = null;
    MenuItemmNationalMenuItem = null;
    MenuItemmOsmMenuItem = null;
    MenuItemmSattliteItem = null;
    // 为每种地图选项创建地图类型
    finalMapOptionsmTopoBasemap = newMapOptions(MapType.
        TOPO);
    finalMapOptionsmStreetsBasemap = newMapOptions(MapType.
        STREETS);
```

```
    finalMapOptionsmGrayBasemap = newMapOptions(MapType.GRAY);
    finalMapOptionsmOceansBasemap = newMapOptions(MapType.OCEANS);
    finalMapOptionsmHybridBasemap = newMapOptions(MapType.HYBRID);
    finalMapOptionsmNationalBasemap = newMapOptions(
            MapType.NATIONAL_GEOGRAPHIC);
    finalMapOptionsmOsmBasemap = newMapOptions(MapType.OSM);
    finalMapOptionsmSattliteBasemap = newMapOptions(MapType.SATELLITE);
```

实现创建选项菜单的方法 onCreateOptionsMenu，代码如下：

```
public booleanonCreateOptionsMenu(Menumenu) {
        getMenuInflater().inflate(R.menu.basemap_menu,menu);
        mStreetsMenuItem = menu.getItem(0);
        mTopoMenuItem = menu.getItem(1);
        mGrayMenuItem = menu.getItem(2);
        mOceansMenuItem = menu.getItem(3);
        mHybridMenuItem = menu.getItem(4);
        mNationalMenuItem = menu.getItem(5);
        mOsmMenuItem = menu.getItem(6);
        mSattliteItem = menu.getItem(7);
        mTopoMenuItem.setChecked(true);
        return true;
    }
```

为选项菜单的菜单项添加点击事件，这样可以实现用菜单来切换地图类型的功能。具体代码如下：

```
public booleanonOptionsItemSelected(MenuItemitem) {
        mCurrentMapExtent = mMapView.getExtent();
        // 处理菜单选中的事件
        switch (item.getItemId()) {
        case R.id.World_Street_Map:
            mMapView.setMapOptions(mStreetsBasemap);
            mStreetsMenuItem.setChecked(true);
            return true;
        case R.id.World_Topo:
            mMapView.setMapOptions(mTopoBasemap);
            mTopoMenuItem.setChecked(true);
            return true;
        case R.id.Gray:
            mMapView.setMapOptions(mGrayBasemap);
            mGrayMenuItem.setChecked(true);
            return true;
        case R.id.Ocean_Basemap:
            mMapView.setMapOptions(mOceansBasemap);
            mOceansMenuItem.setChecked(true);
            return true;
```

```
        case R.id.Hybrid:
            mMapView.setMapOptions(mHybridBasemap);
            mHybridMenuItem.setChecked(true);
            return true;
        case R.id.Osm:
            mMapView.setMapOptions(mOsmBasemap);
            mOsmMenuItem.setChecked(true);
            return true;
        case R.id.National:
            mMapView.setMapOptions(mNationalBasemap);
            mNationalMenuItem.setChecked(true);
            return true;
        case R.id.Satellite:
            mMapView.setMapOptions(mSattliteBasemap);
            mSattliteItem.setChecked(true);
            return true;
        default:
            return super.onOptionsItemSelected(item);
        }
    }
```

要实现手机定位功能，需要在清单文件 AndroidManifest.xml 中添加相应用户使用权限。

```
<uses-permissionandroid:name="android.permission.INTERNET" />
<uses-permissionandroid:name="android.permission.WRITE_EXTERNAL_STORAGE"/>
<uses-permissionandroid:name="android.permission.ACCESS_FINE_LOCATION" />
```

在该类文件中添加如下代码，实现加载底图图层和定位图层，通过实例化 LocationDisplayManager 这个类来调用该类的 GPS 定位功能。

```
MapViewmMapView;
    GraphicsLayergLayerGps;
    Locationloc;
public void onCreate(BundlesavedInstanceState) {
        super.onCreate(savedInstanceState);
        setContentView(R.layout.main);
        mMapView = (MapView) findViewById(R.id.map);
        gLayerGps = newGraphicsLayer();
        mMapView.addLayer(gLayerGps);
        finalLocationDisplayManagerlocdisplayMag;
        locdisplayMag = mMapView.getLocationDisplayManager();
        locdisplayMag.setLocationListener(newLocationListener() {
            @Override
            public void onStatusChanged(String provider, intstatus,
                    Bundleextras) {
            }
```

```
            @Override
            public void onProviderEnabled(String provider) {
                Toast.makeText(getApplicationContext(), "GPS 已启用.",
                        Toast.LENGTH_SHORT).show();
            }
            @Override
            public void onProviderDisabled(String provider) {
                Toast.makeText(getApplicationContext(), "GPS 未启用,请开启.",
                        Toast.LENGTH_SHORT).show();
            }
            @Override
            public void onLocationChanged(Locationl) {
                if (l != null) {
                    PointptLatLon = newPoint(l.getLongitude(), l
                            .getLatitude());
                    SpatialReferencesr4326 = SpatialReference.create(4326);
                    PointptMap = (Point) GeometryEngine.project(ptLatLon,
                            sr4326, mMapView.getSpatialReference());
                    mMapView.centerAt(ptMap, true);
                    tvloc.setText("Lon:" + l.getLongitude() + ",Lat"
                            + l.getLatitude());
                }
            }
        });
        // 启动定位服务
        locdisplayMag.start();
```

实现了定位功能之后,还需要进一步完善这个类文件,由于是程序的主类,因此我们需要添加调用其他二级界面的入口和功能,主界面布局文件 main.xml 中已经添加了 3 个调用按钮,因此在 MainActivity.java 文件中,需要通过控件 id 找到按钮,然后绑定相应的事件。需要注意的是,Activity 之间的调用使用的是 Intent 这样一个消息传递类,具体代码如下:

```
    private Buttonbtnearby = null;
        private Buttonbtrouter = null;
        private Buttonbtnavigation = null;
        btnearby = (Button) findViewById(R.id.btnear);
        btrouter = (Button) findViewById(R.id.btrouter);
        btnavigation = (Button) findViewById(R.id.btnavigation);
            // 为搜索按钮设置按钮监听器
            btnearby.setOnClickListener(newOnClickListener() {
                @Override
                public void onClick(Viewv) {
                    Intentintent = newIntent();
                    intent.setClassName(getApplicationContext(),
        "com.esri.arcgis.android.samples.helloworld.PlaceSearchActivity");
```

```
                startActivity(intent);
            }
        });
        // 为路径按钮设置按钮监听器
        btrouter.setOnClickListener(newOnClickListener() {
            @Override
            public void onClick(Viewv) {
                Intentintent = newIntent();
                intent.setClassName(getApplicationContext(),
    "com.esri.arcgis.android.samples.routing.RoutingActivity");
                startActivity(intent);
            }
        });
        // 为导航按钮设置监听事件
        btnavigation.setOnClickListener(newOnClickListener() {
            @Override
            public void onClick(Viewv) {
                Intentintent = newIntent();
                intent.setClassName(getApplicationContext(),
    "com.esri.arcgis.android.samples.routing.RoutingActivity");
                startActivity(intent);
            }
        });
```

在这个包下再新建一个 java 类文件，命名为 PlaceSearch.java，用于实现位置搜索的相关功能。地址搜索 PlaceSearch 类的设计如图 8.4-9 所示。

PlaceSearch.java 这个类首先要完成的功能就是加载基本的地图，然后获取输入框中用户输入的地址，实现上述功能的具体代码如下：

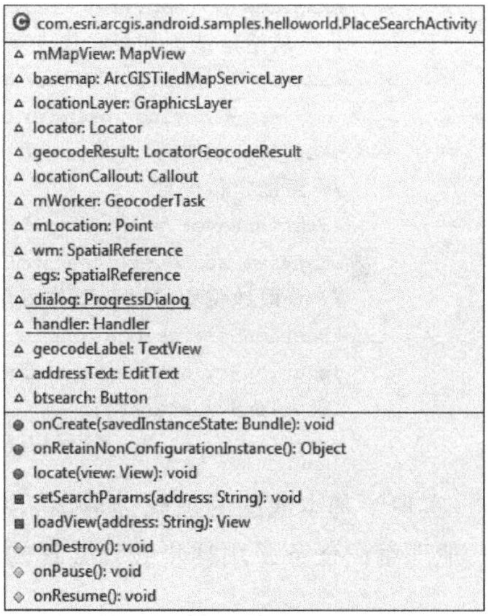

```
// 创建 ArcGIS 对象
    MapViewmMapView;
    ArcGISTiledMapServiceLayerbasemap;
    GraphicsLayerlocationLayer;
    Locatorlocator;
    LocatorGeocodeResultgeocodeResult;
    CalloutlocationCallout;
    GeocoderTaskmWorker;
    PointmLocation = null;
    // 用于映射点的空间索引
    finalSpatialReferencewm = SpatialReference.create(102100);
    finalSpatialReferenceegs = SpatialReference.create(4326);
    // 创建 UI 组件
    Static ProgressDialogdialog;
    Static Handlerhandler;
```

com.esri.arcgis.android.samples.helloworld.PlaceSearchActivity
mMapView: MapView
basemap: ArcGISTiledMapServiceLayer
locationLayer: GraphicsLayer
locator: Locator
geocodeResult: LocatorGeocodeResult
locationCallout: Callout
mWorker: GeocoderTask
mLocation: Point
wm: SpatialReference
egs: SpatialReference
dialog: ProgressDialog
handler: Handler
geocodeLabel: TextView
addressText: EditText
btsearch: Button
onCreate(savedInstanceState: Bundle): void
onRetainNonConfigurationInstance(): Object
locate(view: View): void
setSearchParams(address: String): void
loadView(address: String): View
onDestroy(): void
onPause(): void
onResume(): void

图 8.4-9　PlaceSearch 类的设计图

```
        // 为 EditText 设定标签
        TextViewgeocodeLabel;
        // 输入地址的 EditText 控件
        EditTextaddressText;
        Buttonbtsearch = null;
    public void onCreate(BundlesavedInstanceState) {
            super.onCreate(savedInstanceState);
            setContentView(R.layout.placesearch);
            mWorker = (GeocoderTask) getLastNonConfigurationInstance();
            if (mWorker != null) {
                mWorker.mActivity = newWeakReference<PlaceSearchActivity>(this);
            }
            // 创建 handler 来更新 UI
            handler = newHandler();
            // 绑定视图中的 TextView 控件并设置初始显示的内容
            geocodeLabel = (TextView) findViewById(R.id.geocodeLabel);
            geocodeLabel.setText(getString (R.String .geocode_label));
            // 绑定视图中的 EditText 控件以及 Button 控件
            addressText = (EditText) findViewById(R.id.etsearch);
            btsearch = (Button) findViewById(R.id.btsearch);
            // 检索 map 控件并从 XML 布局文件设置初始显示范围
            mMapView = (MapView) findViewById(R.id.map);
            /* 从给定地址加载在线专题图层 */
            basemap = newArcGISTiledMapServiceLayer(this.getResources().getString (
                    R.String .basemap_url));
            mMapView.addLayer(basemap);
            // 添加定位图层
            locationLayer = newGraphicsLayer();
            mMapView.addLayer(locationLayer);
            // 获取地位服务并读取位置信息
            LocationServicelocationSrv = mMapView.getLocationService();
            locationSrv.setLocationListener(newMyLocationListener());
            locationSrv.start();
            mMapView.enableWrapAround(true);
```

实现了基本地图的加载之后，将用户输入的地址编码为经纬度信息，然后显示在地图上，地理编码任务采用异步线程处理的方式，具体代码如下：

```
    private classGeocoderTask extends AsyncTask<LocatorFindParameters, Void ,
                                                        List<LocatorGeocodeResult>> {

            WeakReference<PlaceSearchActivity> mActivity;
            GeocoderTask(PlaceSearchActivityactivity) {
                mActivity = newWeakReference<PlaceSearchActivity>(activity);
            }
            // 地理编码后的结果作为一个参数传递给地图控件
            protectedvoid onPostExecute(List<LocatorGeocodeResult> result) {
```

```
    if (result == null || result.size() == 0) {
        // 如果没有搜索到结果则更新 UI,用 toast 显示未找到
        Toasttoast = Toast.makeText(PlaceSearchActivity.this, "未找到",
                    Toast.LENGTH _LONG);
        toast.show();
    } else {
        // 更新全局搜索结果
        geocodeResult = result.get(0);
        // 搜索时显示进度弹窗
        dialog = ProgressDialog.show(mMapView.getContext(),
            "Geocoder","搜索中......");
        // 从地理编码结果中返回几何对象
        GeometryresultLocGeom = geocodeResult.getLocation();
        // 创建一个点符号来显示找到的位置
        SimpleMarkerSymbolresultSymbol = newSimpleMarkerSymbol(
            Color.BLUE, 20, SimpleMarkerSymbol.STYLE.CIRCLE);
        // 创建图像要素来标示找到的结果
        GraphicresultLocation = newGraphic(resultLocGeom,
            resultSymbol);
        // 将创建的符号添加到图层上显示
        locationLayer.addGraphic(resultLocation);
        // 创建文字信息来显示返回的信息
        TextSymbolresultAddress = newTextSymbol(12,
                geocodeResult.getAddress(), Color.BLACK);
        resultAddress.setOffsetX(10);
        resultAddress.setOffsetY(50);
        // 创建一个弹窗来显示位置信息
        GraphicresultText = newGraphic(resultLocGeom,resultAddress);
        locationLayer.addGraphic(resultText);
        // 地图自动缩放到当前搜索到的位置
        mMapView.zoomToResolution(geocodeResult.getLocation(), 2);
        // 创建一个线程来将消息添加到消息队列
        handler.post(newMyRunnable());
    }
}
// 调用后台线程来呈现地理编码任务
@Override
protectedList<LocatorGeocodeResult> doInBackground(
        LocatorFindParameters... params) {
    // 创建并初始化一个 list 对象来存放返回的结果
    List<LocatorGeocodeResult> results = null;
    // 设置地理编码服务
    locator = Locator.createOnlineLocator(getResources().getString (
            R.String .geocode_url));
    try {
        // 将地址传递给搜索方法
        results = locator.find(params[0]);
```

```
            } catch (Exceptione) {
                e.printStackTrace();
            }
            // 返回搜索到的结果
            return results;
        }
    }
```

由于实现路径导航功能稍微有些复杂，因此为了让项目的层次更分明，我们重新生成一个包，命名为 com. esri. arcgis. android. samples. routing，在这个包下面需要编写一个路径界面实现类 RoutingActivity. java、一个用于展示搜索路径结果的抽屉 RoutingListFragment. java、一个用于接收用户输入起始地址的对话框 RoutingDialogFragment. java，以及一个为搜索出的路径片段适配的适配器 MyAdapter. java。

在 com. esri. arcgis. android. samples. routing 下新建一个 java 类文件，命名为 RoutingListFragment，继承 Fragment 超类并实现 ListView 中的 OnItemClickListener 接口和 TextToSpeech 中的 OnInitListener 接口，实现 ListView. OnItemClickListener 接口是为了重写该接口中的方法，通过实例化 onDrawerListSelectedListener 监听器来处理路径片段中的点击事件。TextToSpeech. OnInitListener 顾名思义就是文字转语音的监听器，通过该接口可以实现语音提醒的相关功能。

首先在 RoutingListFragment 中声明该类的若干属性，以及一个用于检测语音是否开启的标志变量。源代码如下：

```
public Static ListViewmDrawerList;
    onDrawerListSelectedListenermCallback;
    private TextToSpeechtts;
    private booleanisSoundOn = true;
```

重写 onAttach 方法和 onCreate 方法，具体代码如下：

```
@Override
    public void onCreate(BundlesavedInstanceState) {
        super.onCreate(savedInstanceState);
    }
    @Override
    public void onAttach(Activityactivity) {

        super.onAttach(activity);
        try {
            mCallback = (onDrawerListSelectedListener) activity;
        } catch (ClassCastExceptione) {
            th rownewClassCastException(activity.toString ()
             + " mustimplementonDrawerListSelectedListener");
        }
        seth asOptionsMenu(true);
    }
```

此外,还要重写 onActivityCreated 方法,具体代码如下:

```
@Override
    public void onActivityCreated(BundlesavedInstanceState) {
        super.onActivityCreated(savedInstanceState);
        tts = newTextToSpeech(getActivity(), this);
        MyAdapteradapter = newMyAdapter(getActivity(),
                RoutingActivity.curDirections);
        mDrawerList = (ListView) getActivity().findViewById(R.id.right_drawer);
        mDrawerList.setAdapter(adapter);
        mDrawerList.setOnItemClickListener(this);
        Switchsound_toggle = (Switch) getActivity().findViewById(R.id.switch1);
        sound_toggle.setOnCheckedChangeListener(newOnCheckedChangeListener() {
            @Override
            public void onCheckedChanged(CompoundButtonbuttonView,
                booleanisChecked) {
                    isSoundOn = isChecked;
            }
        });
    }
```

接下来要做的就是实现选项菜单的创建、选项菜单中选项是否被选中以及选中之后要做的处理。重写方法 onCreateOptionsMenu 通过传入菜单和菜单填充器来生成菜单,具体代码如下:

```
@Override
    public void onCreateOptionsMenu(Menumenu, MenuInflaterinflater) {
        inflater.inflate(R.menu.action_layout, menu);
    }
```

然后是选项选中事件的监听,通过重写 onOptionsItemSelected 方法,实现对自定义菜单中选项是否选中事件的判断,返回一个布尔类型的值。

```
@Override
    public booleanonOptionsItemSelected(MenuItemitem) {
        switch (item.getItemId()) {
        caseR.id.direction:
            if (RoutingActivity.mDrawerLayout.isDrawerOpen(Gravity.END)) {
                RoutingActivity.mDrawerLayout.closeDrawers();
            } else {
                RoutingActivity.mDrawerLayout.openDrawer(Gravity.END);
            }
            return true;
        default:
            return super.onOptionsItemSelected(item);
        }
    }
```

当上述过程全部完成之后，接下来要做的就是实现菜单中的某个选项被选中之后需要调用的方法。通过重写 onItemClick 方法来实现自定义的功能，在该工程中，我们需要实现的就是当抽屉中的某一项被选中之后，隐藏抽屉并跳转到之前生成的路径对应的路径片段，同时，通过检测语音提醒开关的状态来触发语音提醒事件。具体代码如下：

```
@Override
    public void onItemClick(AdapterView<?> parent, Viewview, intposition,
            longid) {
        TextViewsegment = (TextView) view.findViewById(R.id.segment);
        RoutingActivity.mDrawerLayout.closeDrawers();
        if (isSoundOn)
            speakOut(segment.getText().toString ());
        mCallback.onSegmentSelected(segment.getText().toString ());
    }
```

在 com.esri.arcgis.android.samples.routing 下新建一个 java 类文件，命名为 RoutingDialogFragment，继承 DialogFragment 超类并实现 OnFocusChangeListener 接口和 OnClickListener 接口。OnFocusChangeListener 接口用于当视图的焦点状态改变时回调的一个接口。该对话框用于接收用户输入的起始地址。

声明 UI 控件和绑定视图中的对应的控件，具体代码如下：

```
EditTextet_source;
    EditTextet_destination;
    Locatorlocator;
    Static ProgressDialogdialog;
    Static Handlerhandler;
    ButtonbGetRoute;
```

重写 onAttack 方法，用于绑定 fragment 到调用的 Activity，具体代码如下：

```
@Override
    public void onAttach(Activityactivity) {
        super.onAttach(activity);
        try {
            mCallback = (onGetRoute) activity;
        } catch (ClassCastExceptione) {
            th rownewClassCastException(activity.toString ()
             + " mustimplementonDrawerListSelectedListener");
        }
    }
```

从布局文件加载对话框视图，通过重写 onCreatView 方法来实现对话框的调用、显示以及事件的处理，具体代码如下：

```
@Override
    public ViewonCreateView(LayoutInflaterinflater, ViewGroupcontainer,
```

```
    BundlesavedInstanceState) {
Viewview = inflater.inflate(R.layout.dialog_layout, container);
// 加载 XML 布局视图
et_source = (EditText) view.findViewById(R.id.et_source);
et_destination = (EditText) view.findViewById(R.id.et_destination);
img_sCancel = (ImageView) view.findViewById(R.id.iv_cancelSource);
img_dCancel = (ImageView) view.findViewById(R.id.iv_cancelDestination);
img_swap = (ImageView) view.findViewById(R.id.iv_interchange);
img_myLocaion = (ImageView) view.findViewById(R.id.iv_myDialogLocation);
bGetRoute = (Button) view.findViewById(R.id.bGetRoute);
// 为 EditText 控件添加自定义监听器
et_source.addTextChangedListener(newMyTextWatcher(et_source));
et_destination
    .addTextChangedListener(newMyTextWatcher(et_destination));
// 为 EditText 控件添加焦点事件监听器
et_source.setOnFocusChangeListener(this);
et_destination.setOnFocusChangeListener(this);
// 为图标和对话添加点击事件监听器
img_dCancel.setOnClickListener(this);
img_sCancel.setOnClickListener(this);
img_swap.setOnClickListener(this);
img_myLocaion.setOnClickListener(this);
// 为按钮添加点击事件监听器
bGetRoute.setOnClickListener(newOnClickListener() {
    @Override
    public void onClick(Viewv) {
        source = et_source.getText().toString ();
        destination = et_destination.getText().toString ();
        // 如果 EditText 中的任何一个为空则用 toast 显示提示信息
        if (source.equals("") || destination.equals("")) {
            Toast.makeText(getActivity(), "Placecannotbeempty",
                    Toast.LENGTH _LONG).show();
            return ;
        }
        // 检查 EditText 中是否含有 "MyLocation"
        if (source.equals("MyLocation"))
            src_isMyLocation = true;
        if (destination.equals("MyLocation"))
            dest_isMyLocation = true;
        // 如果起始地址不同则开始地理编码
        if (!source.equals(destination)) {
            geocode(source, destination);
        } else {
            Toast.makeText(getActivity(),
            "SourceandDestinationshouldbedifferent",
                Toast.LENGTH _LONG).show();
        }
```

```
            }
        });
        // 移除对话框上的 title
        getd ialog().getWindow().requestFeature(Window.FEATURE_NO_TITLE);
        return view;
    }
```

当对话框把用户输入的地址传入之后，需要一个地理编码类来实现将地址转换为经纬度的值，然后再发送请求到服务器，服务器查询出路线后返回给客户端，考虑到地理编码任务和路径查询会占用较多的时间，因此为了不阻塞 UI 线程的更新，最好的办法是将地理编码和路径查询任务放到后台处理，通过继承 AsyncTask 类定义一个内部类 Geocoder 来封装上述的方法和属性，具体实现代码如下：

```
private classGeocoder extends AsyncTask<Void , Void , Void> {
        // 定位找到起始地址
        LocatorFindParameterslfp_start, lfp_dest;
        // 构造函数
        public Geocoder(LocatorFindParametersfindParams_start,
                LocatorFindParametersfindParams_dest) {
            lfp_start = findParams_start;
            lfp_dest = findParams_dest;
        }
        @Override
        protectedvoid onPreExecute() {
            super.onPreExecute();
            // 显示进度对话框
            dialog = ProgressDialog.show(getActivity(), "获取路线", "正在编码地址 ...");
        }
        @Override
        protectedVoid doInBackground(Void ... params) {
            // 设置地理编码服务
            locator = Locator.createOnlineLocator(getResources().getString (
                    R.String .geocode_url));
            try {
                // 通过地址找到方法返回点代表的地址
                if (!src_isMyLocation)
                    result_origin = locator.find(lfp_start);
                if (!dest_isMyLocation)
                    result_destination = locator.find(lfp_dest);
            } catch (Exceptione) {
                e.printStackTrace();
            }
            return null;
        }
        // 地理编码任务的结果作为一个参数传递给地图
        @Override
```

```
        protectedvoid onPostExecute(Void result) {
            super.onPostExecute(result);
            handler.post(newMyRunnable());
            Pointp1 = null;
            Pointp2 = null;
            // 将当前位置输出到空间索引
            PointcurrLocation = (Point) GeometryEngine.project(
                    RoutingActivity.mLocation, egs, wm);
            // 将 Mylocation 的值赋给当前位置
            if (src_isMyLocation)
                p1 = currLocation;
            elseif (result_origin.size()> 0)
                p1 = result_origin.get(0).getLocation();
            if (dest_isMyLocation)
                p2 = currLocation;
            elseif (result_destination.size()> 0)
                p2 = result_destination.get(0).getLocation();
            if (p1 == null) {
                Toast.makeText(getActivity(), "地址无效", Toast.LENGTH _LONG).show();
            } elseif (p2 == null) {
                Toast.makeText(getActivity(), "地址无效", Toast.LENGTH _LONG).show();
            } else
                mCallback.onDialogRouteClicked(p1, p2);
        }
    }
```

地理编码方法需要传入两个参数——起点和终点，具体实现代码如下：

```
private void geocode(String address1, String address2) {
        try {
            // 从传入的地址创建定位参数
            LocatorFindParametersfindParams_source = newLocatorFindParameters(address1);
            // 设置搜索国家为美国
            findParams_source.setSourceCountry("USA");
            // 设定搜索结果的数目为 2 条
            findParams_source.setMaxLocations(2);
            // 设置地址空间索引来匹配地图
            findParams_source.setOutSR
                (RoutingActivity.map.getSpatialReference());
            // 执行异步任务地理编码地址
            LocatorFindParametersfindParams_dest = newLocatorFindParameters(address2);
            findParams_dest.setSourceCountry("USA");
            findParams_dest.setMaxLocations(2);
            findParams_dest.setOutSR
                (RoutingActivity.map.getSpatialReference());
            Geocodergcoder = newGeocoder(findParams_source, findParams_dest);
            gcoder.execute();
```

```
        } catch (Exceptione) {
            e.printStackTrace();
        }
    }
```

接下来为 EditText 控件设置监听器，主要实现监听内容是否为空，并且当起点 EditText 和目的地 EditText 都不为空时，将 cross 图标设置为可用，cross 图标用于将起始地文本框中的内容交换，具体代码如下：

```
private classMyTextWatcherimplementsTextWatcher {
        private Viewview;
        private MyTextWatcher(Viewview) {
            this.view = view;
        }
        public void beforeTextChanged
            (CharSequencecharSequence, inti, inti1,inti2) {}
        public void onTextChanged(CharSequencecharSequence, inti, inti1,inti2) {}
        public void afterTextChanged(Editable editable ) {
            // 当 EditText 控件内容不为空时，显示 cross 图标
            String text = editable .toString ();
            switch (view.getId()) {
            case R.id.et_source:
                if (text.length ()> 0)
                    img_sCancel.setVisibility(View.VISIBLE);
                else
                    img_sCancel.setVisibility(View.INVISIBLE);
                break;
            case R.id.et_destination:
                if (text.length ()> 0)
                    img_dCancel.setVisibility(View.VISIBLE);
                else
                    img_dCancel.setVisibility(View.INVISIBLE);
                break;
            }
        }
    }
```

在 com.esri.arcgis.android.samples.routing 下新建一个 java 类并命名为 RoutingListFragment，继承 ListView.OnItemClickListener 接口和 TextToSpeech.OnInitListener 接口。重写 onAttach 方法，具体代码如下：

```
@Override
    public void onAttach(Activityactivity) {
        super.onAttach(activity);
        try {
            mCallback = (onDrawerListSelectedListener) activity;
        } catch (ClassCastExceptione) {
```

```
            th rownewClassCastException(activity. toString ()
                    + " mustimplementonDrawerListSelectedListener");
        }
        seth asOptionsMenu(true);
    }
```

重写 onActivityCreated 方法，具体代码如下：

```
@Override
    public void onActivityCreated(BundlesavedInstanceState) {
        super. onActivityCreated(savedInstanceState);
        tts = newTextToSpeech(getActivity(), this);
        MyAdapteradapter = newMyAdapter(getActivity(),
            RoutingActivity. curDirections);
        mDrawerList = (ListView) getActivity(). findViewById(R. id. right_drawer);
        mDrawerList. setAdapter(adapter);
        mDrawerList. setOnItemClickListener(this);
        Switchsound_toggle = (Switch) getActivity(). findViewById(R. id. switch1);
        sound_toggle. setOnCheckedChangeListener(newOnCheckedChangeListener() {
            @Override
            public void onCheckedChanged(CompoundButtonbuttonView,
                booleanisChecked) {
                    isSoundOn = isChecked;
            }
        });
    }
```

创建选项菜单和菜单中选项的点击事件监听，具体代码如下：

```
@Override
    public void onCreateOptionsMenu(Menumenu, MenuInflaterinflater) {
        inflater. inflate(R. menu. action_layout, menu);
    }
@Override
    public booleanonOptionsItemSelected(MenuItemitem) {
        switch (item. getItemId()) {
        caseR. id. direction:
            if (RoutingActivity. mDrawerLayout. isDrawerOpen(Gravity. END)) {
                RoutingActivity. mDrawerLayout. closeDrawers();
            } else {
                RoutingActivity. mDrawerLayout. openDrawer(Gravity. END);
            }
            return true;
        default:
            return super. onOptionsItemSelected(item);
        }
    }
@Override
```

```
public void onItemClick(AdapterView <?> parent, Viewview, intposition,
        longid) {
    TextViewsegment = (TextView) view.findViewById(R.id.segment);
    RoutingActivity.mDrawerLayout.closeDrawers();
    if (isSoundOn)
        speakOut(segment.getText().toString ());
    mCallback.onSegmentSelected(segment.getText().toString ());
}
```

至此，主要的功能代码实现已经完成，接下来需要做的就是运行和调试上述功能能否正常运行以及出错之后如何根据报错来调试。

8.4.5 经纬度路径生成模块

路径生成模块用例图(工具栏)如图 8.4-10 所示。

选择道路:	线路 1 ▼	+	添加停靠点	清除停靠点	添加障碍点	清除障碍点	产生路径	清除线路

图 8.4-10 路径生成模块用例图

(1) 线路添加选择：最多可选 3 条路线。

(2) 添加停靠点：双击地图添加停靠点。

(3) 清除停靠点：清除地图上添加的停靠点。

(4) 添加障碍点：双击地图添加障碍点。

(5) 清除障碍点：清除地图上添加的障碍点。

(6) 产生路径：单击在地图上产生两点之间的最优路径。

(7) 清除线路：清除地图上产生的路径。

1. 添加道路的要素图层

添加道路的要素图层代码如下：

```
var main_streets = new FeatureLayer("http://localhost:6080/arcgis/rest/services/
    hangzhou/%E4%BA%A4%E9%80%9A%E6%8B%A5%E5%A0%B5/FeatureServer/0",{
        mode: FeatureLayer.MODE_ONDEMAND,
        showLabels: true,
        opacity :1,
        outFields: ['*']
    });
var other_streets = new eatureLayer("http://localhost:6080/arcgis/rest/services/
    hangzhou/%E4%BA%A4%E9%80%9A%E6%8B%A5%E5%A0%B5/FeatureServer/1",{
        mode: FeatureLayer.MODE_ONDEMAND,
        showLabels: true,
        opacity :1,
        outFields: ['*']
    });
```

```
var streetmap = new ArcGISDynamicMapServiceLayer("http://localhost:6080/arcgis/
     rest/services/hangzhou/HZStreets/MapServer");
    map.addLayers([main_streets, other_streets]);
```

2. 添加停靠点

添加停靠点代码如下：

```
function addStops() {
  alert("1");
  removeEventh andlers();
  mapOnClick_addStops_connect = map.on("dbl - click", addStop);
}
function addStop(evt) {
  routeParams.stops.features.push(
    map.graphics.add(
      new esri.Graphic(
        evt.mapPoint,
        stopSymbol,
        { RouteName:dom.byId("routeName").value }
      )
    )
  );
}
```

3. 清除停靠点

清除停靠点代码如下：

```
//Clears all stops
  function clearStops() {
    removeEventh andlers();
    for (var i = routeParams.stops.features.length - 1; i >= 0; i-- ) {
      map.graphics.remove(routeParams.stops.features.splice(i, 1)[0]);
    }
  }
```

4. 添加障碍点

添加障碍点代码如下：

```
//Begins listening for dbl - click events to add barriers
    function addBarriers() {
      removeEventh andlers();
      mapOnClick_addBarriers_connect = on(map, "dbl - click", addBarrier);
    }
    //Adds a barrier
    function addBarrier(evt) {
      routeParams.barriers.features.push(
        map.graphics.add(
```

```
          new esri.Graphic(
            evt.mapPoint,
            barrierSymbol
          )
        )
      );
    }
```

5. 清除障碍点

清除障碍点代码如下：

```
//Clears all barriers
    function clearBarriers() {
      removeEventh andlers();
      for (var i = routeParams.barriers.features.length - 1; i>=0; i--) {
        map.graphics.remove(routeParams.barriers.features.splice(i, 1)[0]);
      }
    }
```

6. 最优路线网络分析调用

最优路线网络分析调用代码如下：

```
//两点之间最优路径选择
    routeTask = new RouteTask("http://localhost:6080/arcgis/rest/services/
      hangzhou/HZStreets/NAServer/Route");
    //setup the toute parameters
    routeParams = new RouteParameters();
    routeParams.stops = new FeatureSet();
    routeParams.barriers = new FeatureSet();
    routeParams.outSpatialReference = {
      "wkid" : 102100
    };
    routeTask.on("solve-complete", showRoute);
    routeTask.on("error", errorHandler);
    //define the symbology used to display the route
    stopSymbol = new SimpleMarkerSymbol().setStyle
      (SimpleMarkerSymbol.STYLE_CROSS).setSize(20);
    stopSymbol.outline.setWidth (5);
    barrierSymbol = new SimpleMarkerSymbol().setStyle
      (SimpleMarkerSymbol.STYLE_X).setSize(20);
    barrierSymbol.outline.setWidth (5).setColor(new Color([255,0,0]));
    routeSymbols = {
      "Route 1": new SimpleLineSymbol().setColor(new Color([0,0,0,1])).setWidth (5),
      "Route 2": new SimpleLineSymbol().setColor(new Color([0,0,0,1])).setWidth (5),
      "Route 3": new SimpleLineSymbol().setColor(new Color([255,0,255,1])).setWidth (5)
    };
    var Symbol = new PictureMarkerSymbol({
```

```
        "angle":0,
        "xoffset":0,
        "yoffset":10,
        "type":"esriPMS",
        "contentType":"image/png",
        "width ":30,
        "height":30
    });
```

7. 路线生成

路线生成代码如下：

```
//Solves the routes. Any errors will trigger the errorHandler function .
    function solveRoute() {
      removeEventh andlers();
      routeTask.solve(routeParams);
    }
    //Draws the resulting routes on the map
    function showRoute(evt) {
      clearRoutes();
      array.forEach(evt.result.routeResults, function (routeResult, i) {
        routes.push(
          map.graphics.add(
            routeResult.route.setSymbol(routeSymbols[routeResult.routeName])
          )
        );
  });
```

8. 清除路线

清除路线代码如下：

```
//Clears all routes
function clearRoutes() {
  for (var i = routes.length - 1; i>= 0; i-- ) {
    map.graphics.remove(routes.splice(i, 1)[0]);
  }
  routes = [];
}
```

8.4.6 导航模块

导航功能的工具栏界面如图 8.4-11 所示，输入起点和终点，单击导航按钮即可生成路径。

导航模块具体实现代码如下：

添加目的地
隐藏选项
返回起点
MI
KM
最快
最短
导航

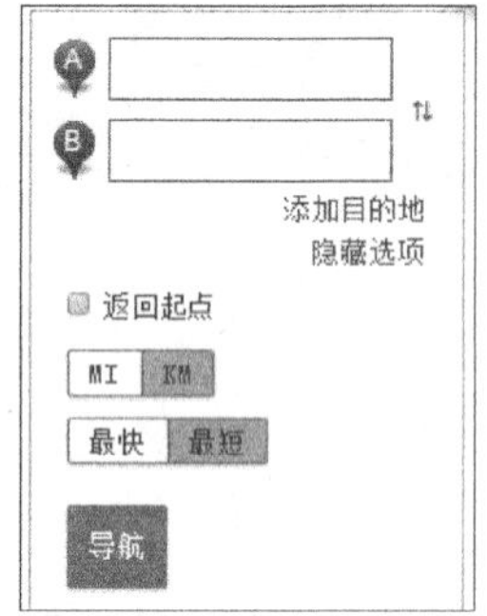

图 8.4-11　导航模块

```
/输入地名搜索路径
var directions = new Directions({
            map: map,
            routeTaskUrl: "http://localhost:6080/arcgis/rest/services/hangzhou/
                HZStreets/NAServer/Route",
            routeParams: {},
        },"directionDiv");
    directions.startup();
```

8.4.7　用户管理模块

1. 注册模块

在安全注册与登录操作过程中严格验证表单内容，以提高网站的安全性，防止非法用户进入网站。

本模块中注册页面为 addUser.jsp，如图 8.4-12 所示。

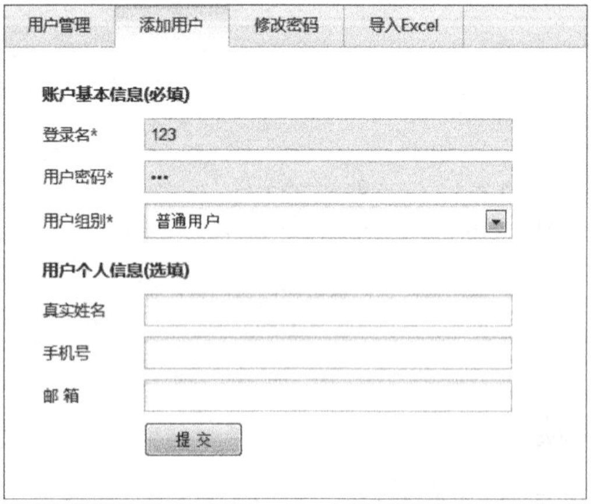

用户管理
添加用户
修改密码
导入Excel
账户基本信息(必填)
登录名*
123
用户密码*
用户组别*
普通用户
用户个人信息(选填)
真实姓名
手机号
邮 箱
提 交

图 8.4-12　用户注册页面

实现注册表单页面的关键代码如下：

```
<s:include value = "commonMenu.jsp"></s:include>
<div class = "clear"></div>
<div class = "system_box">
<s:form action = "addUser" theme = "simple" meth od = "post" enctype = "multipart/form-data">
    <table class = "system-table ">
        <tr><th colspan = "2">账户基本信息(必填)</th></tr>
        <tr>
            <td width  = "80px">登录名*</td>
            <td width  = "340px">
            <s:textfield theme = "simple" name = "user.userName" cssClass = "stri290"
                reqiured = "true" value = ""/>
            </td>
        </tr>
        <tr>
            <td width  = "80px">用户密码*</td>
            <td width  = "340px">
            <s:password theme = "simple" name = "user.userPassword "
                cssClass = "psdi290" value = ""/>
            </td>
        </tr>
        <tr>
            <td width  = "80px">用户组别*</td>
            <td width  = "340px">
            <selectclass = "select1" name = "user.userLevel">
            <option value  = "0">超级管理员</option>
            <option value  = "1">管理员</option>
            <option value  = "2" selected>普通用户</option>
            </select></td>
        </tr>
        <tr><th colspan = "2">用户个人信息(选填)</th></tr>
        <tr>
            <td width  = "80px">真实姓名</td>
            <td width  = "340px">
            <s:textfield theme = "simple" name = "user.userRealName"
                    cssClass = "stri290" value = ""/>
            </td>
        </tr>
        <tr>
            <td width  = "80px">手机号</td>
            <td width  = "340px">
            <s:textfield theme = "simple" name = "user.userMobile"
                    cssClass = "stri290" value = ""/>
            </td>
        </tr>
        <tr>
```

```
                <td width = "80px">邮箱</td>
                <td width = "340px">
                <s:textfield theme = "simple" name = "user.userEmail"
                    cssClass = "stri290" value = ""/>
                </td>
            </tr>
            <tr>
                <td width = "80px"></td>
                <td width = "340px">
                    <input type = "submit" class = "system - button" value = "提交"/>
                </td>
            </tr>
        </table>
</s:form>
```

2. 登录模块

登录模块流程如图 8.4-13 所示。

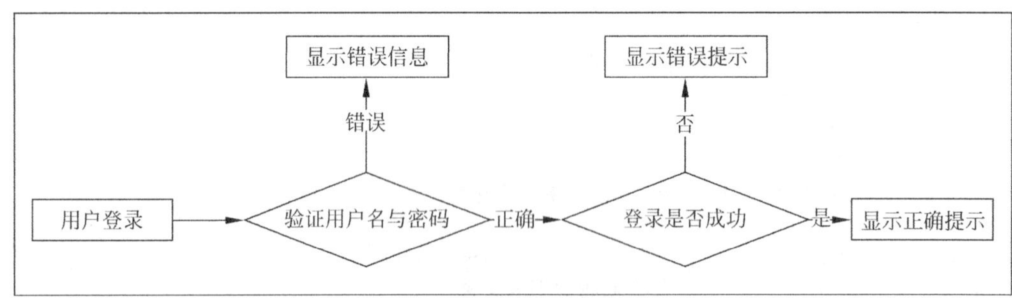

图 8.4-13　登录模块的流程

前台与后台的登录验证方法基本一致，只是前台登录保存的是登录的用户信息，后台登录保存的是登录系统的管理员基本信息，登录界面如图 8.4-14 所示。

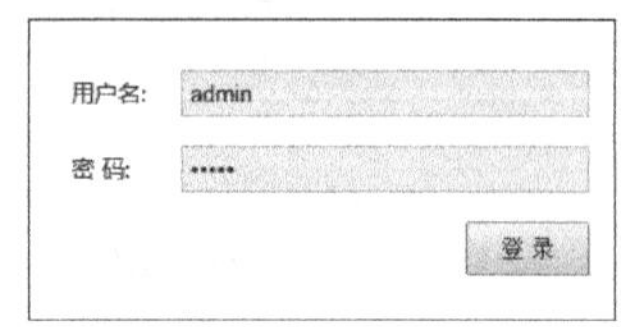

图 8.4-14　登录界面

前台与后台的登录页面代码方式相同，以前台登录页面为例，其关键代码如下：

```
<s:form action = "login" meth od = "post" enctype = "multipart/form - data">
    <input name = "mode" type = "hidden" value = "check">
    <s:textfield label = "用户名" name = "name" cssClass = "str" />
    <s:password label = "密码" name = "password " />
    <s:submit value = "登录"/>
</s:form>
```

在登录验证的过程中通过页面获取的用户名和密码作为查询条件，在用户信息表中查找条件匹配的用户信息，如果往返的结果集不为空，说明验证通过；反之说明验证失败。前台登录验证方法关键代码如下：

```
public class loginAction extends ActionSupport {
    private String mode;
    private String name;
    private String password ;
    private loginService loginService;
    public String execute() throwsException {
        if(mode.equals("login")){
            return mode;
        }
        //注销登录
        if(mode.equals("loginout")){
            Mapsession = ActionContext.getContext().getSession();
            session.remove("userInfo");
            return "loginout";
        }
        //登录检查
        if(mode.equals("check")){
            if(name.equals("")){
                addFieldError("name", "请填写用户名");
                return INPUT;
            }
            if(password .equals("")){
                addFieldError("password ", "请填写密码");
                return INPUT;
            }
            intflagLogin = -1;
            flagLogin = loginService.checkAccount(name, password );
            switch(flagLogin){
            case0:addFieldError("name", "用户名不存在");
            case -1:addFieldError("password ", "密码错误");
            }
            if(hasErrors()){
                return INPUT;
            } else {
                Mapsession = ActionContext.getContext().getSession();
                session.put("userInfo", loginService.getUserInfo());
                return SUCCESS;
            }
        }
        return SUCCESS;
    }
```

用户管理关键代码如下：

```
<s:include value="commonMenu.jsp"></s:include>
```

```
<div class="clear"></div>
<div class="system_box" style="padding-top:25px;">
    <table cellSpacing=0 cellPadding=0 class="users-table table "
         style="border:1px #cccsolid;border-left:0px">
        <tr>
            <th width ="100px">用户名</th>
            <th width ="100px">组别</th>
            <th width ="100px">真实姓名</th>
            <th width ="140px">手机</th>
            <th width ="140px">邮箱</th>
            <th width ="140px">添加时间</th>
            <th width ="140px">操作</th>
        </tr>
        <s:iterator value="users" var ="user">
        <tr id="<s:property value="%{autoId}"/>">
            <td><s:property value="%{userName}"/></td>
            <td>
            <s:if test="userLevel==0">超级管理员</s:if>
            <s:if test="userLevel==1">管理员</s:if>
            <s:if test="userLevel==2">普通用户</s:if>
            </td>
            <td><s:property value="%{userRealName}"/></td>
            <td><s:property value="%{userMobile}"/></td>
            <td><s:property value="%{userEmail}"/></td>
            <td><s:property value="%{userAddDate}"/></td>
            <td><span class="controledit">修改</span>
                <s:if test="userLevel!=0&& #session.userInfo.userLevel==0">|<span
        class="controldelete">删除</span>
                </s:if>
            </td>
        </tr>
        </s:iterator>
```

3. 修改密码

修改用户密码的界面如图 8.4-15 所示。

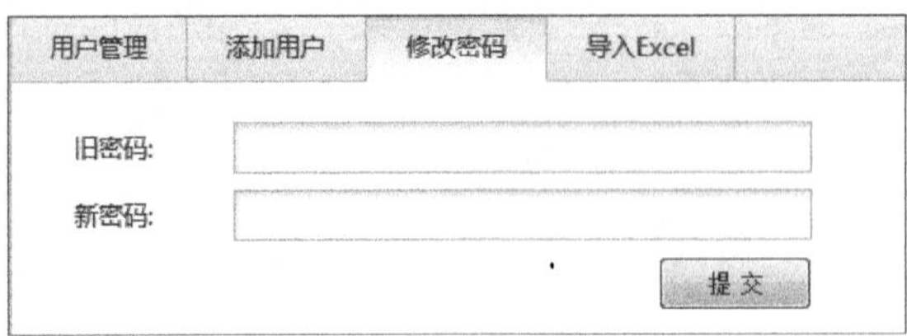

图 8.4-15　修改用户密码的界面

修改密码的关键代码如下：

```
<s:form action = "addUser" cssClass = "system - table " meth od = "post" enctype = "multipart/
form - data">
    <table class = "system - table ">
        <tr><th colspan = "2">修改密码</th></tr>
        <input type = "hidden" name = "mode" class = "str" value = "editPsd"/>
        <tr>
            <td width  = "80px">旧密码</td>
            <td width  = "340px">
            <s:password name = "oldPsd" cssClass = "psdi290" reqiured = "true" value = ""/>
            </td>
        </tr>
        <tr>
            <td width  = "80px">新密码</td>
            <td width  = "340px">
            <s:password name = "newPsd" cssClass = "psdi290" reqiured = "true" value = ""/>
            </td>
        </tr>
        <tr>
            <td width  = "80px"></td>
            <td width  = "340px">
                <input type = "submit" class = "system - button" value = "提交"/>
            </td>
        </tr>
    </table>
</s:form>
```

8.5　系统发布

前面细致地介绍了交通 WebGIS 信息系统的实现过程。为了加深理解，本节重新对交通 WebGIS 信息系统的构建过程进行梳理。

8.5.1　开发环境

在编写本系统时，采用的开发环境组件如下（读者可以参考搭建自己的环境）：

（1）Web 服务器：Tomcat7.0，下载地址为 http://tomcat.apache.org/download-70.cgi。

（2）地图服务器：ArcGIS Server 10.2。

（3）前台地图框架：ArcGIS JavaScript。

（4）地图编辑：ArcGIS Desktop 10.2。

(5) 手机端：Android。

(6) 数据库：PostgreSQL9.2 下载地址为 http://www.postgresql.org/download/；postgis-2.0.3.tar 下载地址为 http://postgis.net/source。

(7) 开发平台：EclipseSDK，下载地址为 http://www.eclipse.org/downloads/download.php?file=/technology/epp/downloads/release/kepler/R/eclipse-jee-kepler-R-win32.zip；tomcat 对 eclipse 的插件，下载地址为 http://www.eclipsetotale.com/tomcatPlugin.html。

8.5.2 创建工程

1. 建立名为 arcgisweb 的 Web 工程

(1) 启动 Eclipse，在新建项目对话框中选择 Dynamic Web Project，如图 8.5-1 所示。

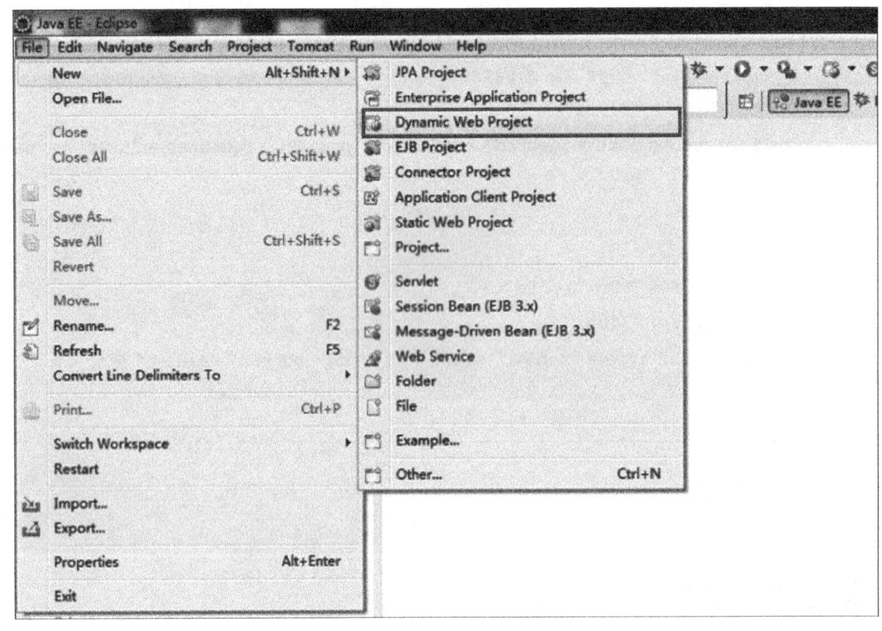

图 8.5-1 新增项目对话框

(2) 直接单击 Next 按钮，在 Projectname 中输入工程名 arcgisweb，设定 Dynamic web module version(不同的 Dynamic web module version 对应的工程 web.xml 不一样；Web 组件版本不兼容，tomcat6 一般对应 2.4 或 2.5，tomcat7 对应 3.0)，如图 8.5-2 所示。

(3) 单击 Next 按钮，指定 Java 文件的编译路径(一般设置为 build\classes)，如图 8.5-3 所示。

(4) 单击 Next 按钮，分别在 ContextRoot、Contentd irectory、JavaSourceDirectory 中设置 Web 服务的根路径、Web 资源的目录名称和源代码目录，如图 8.5-4 所示。

(5) 单击 Finish 按钮完成工程创建，在 Project Explorer 中看到 Eclipse 创建的目录：如果需要改变工程创建时的一些设置，可以右击工程目录，在弹出的菜单中，选择 properties

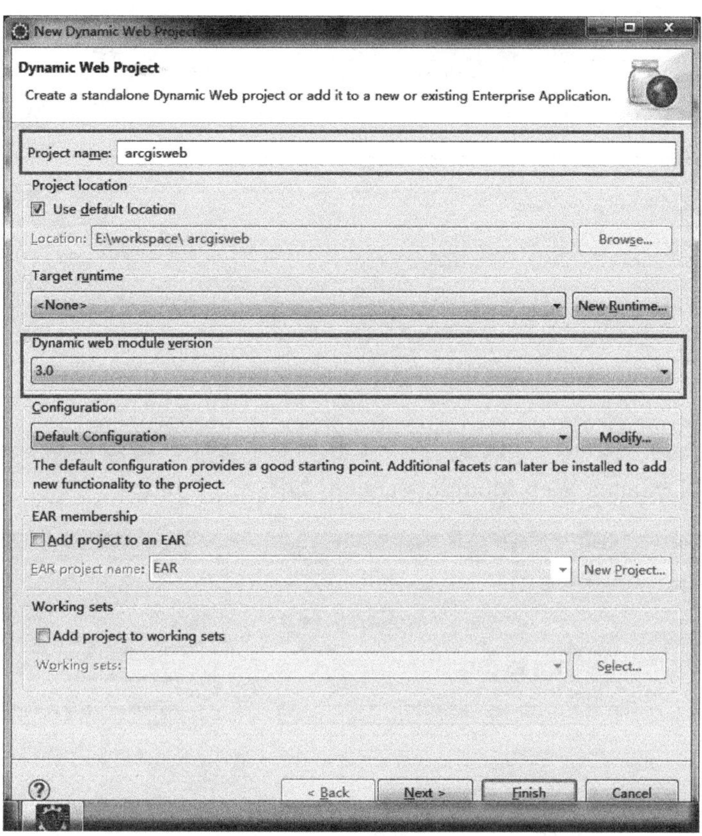

图 8.5-2　新建工程

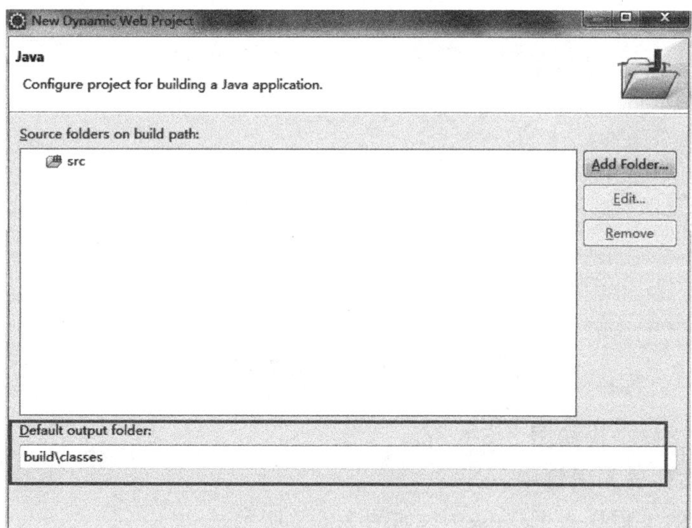

图 8.5-3　指定 Java 文件的编译路径

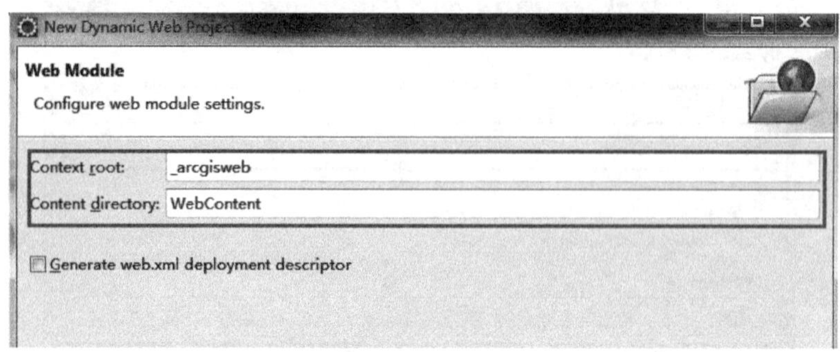

图 8.5-4　设置 Web 服务的根路径

选项，在弹出的设置对话框中，设置 Web 工程的根目录（也就是部属路径，一般设置为 WebContent）和 Dynamic Web Module Version，如图 8.5-5 所示。

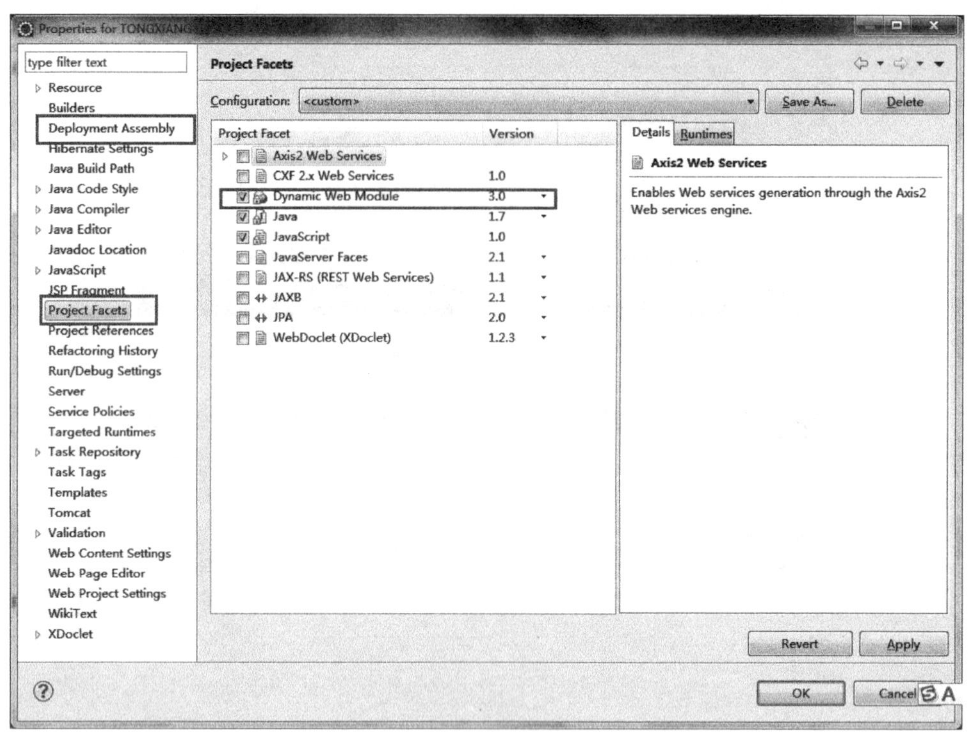

图 8.5-5　设置 Web 工程的根目录

(6) 项目的文件结构如图 8.5-6 所示。

2. 将现有文件导入项目中

(1) 将现有的工程导入 Eclipse 中，如图 8.5-7 所示。

(2) 选择现有的工程的根目录，如图 8.5-8 所示。

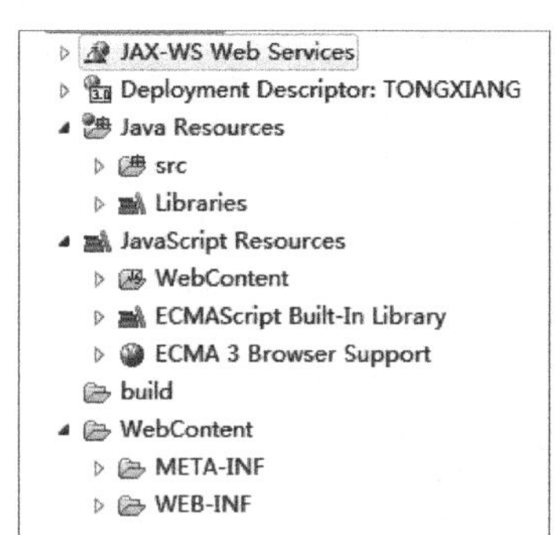

图 8.5-6 项目的目录

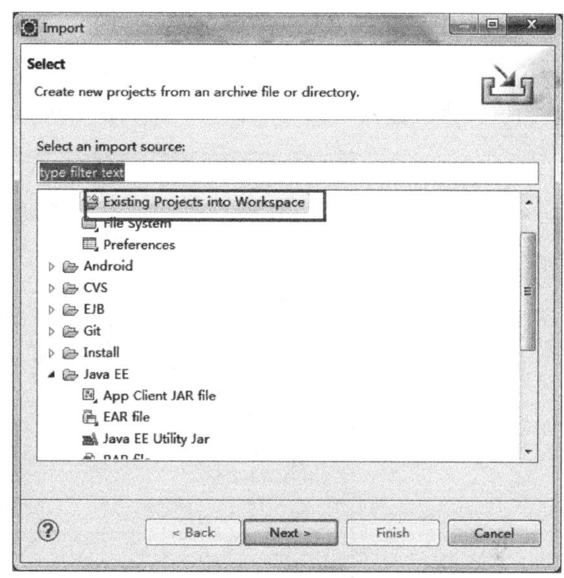

图 8.5-7 导入现有工程

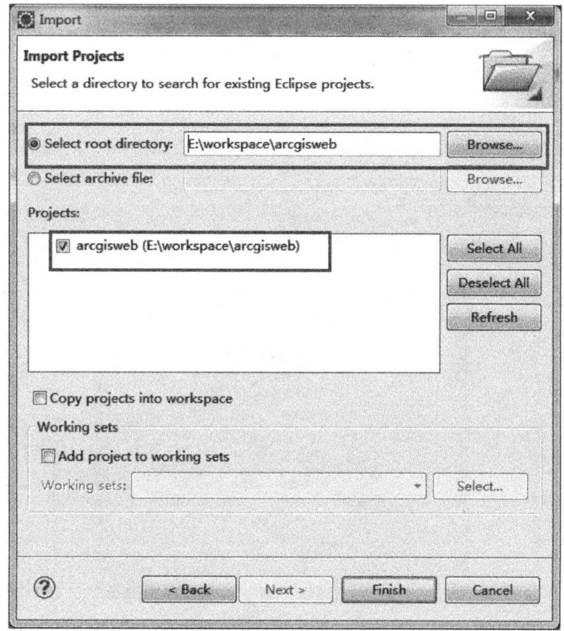

图 8.5-8 选择根目录

(3) 导入成功后的工程文件夹目录如图 8.5-9 所示。

3. 在 ArcGIS Desktop 添加 GIS 服务器

要通过 ArcGIS Desktop 发布服务至 ArcGIS Server 中,除了双方需要同时连接相同的数据库外,还需要在 Desktop 中添加 ArcGIS Server 服务器连接。在 ArcMap 右侧目录中单击 GIS 服务器前面的加号,在下拉栏中选择“添加 ArcGIS Server”,弹出“添加 ArcGIS Server”框,在执行操作中选择“发布 GIS 服务”,单击“下一步”按钮,如图 8.5-10 所示。

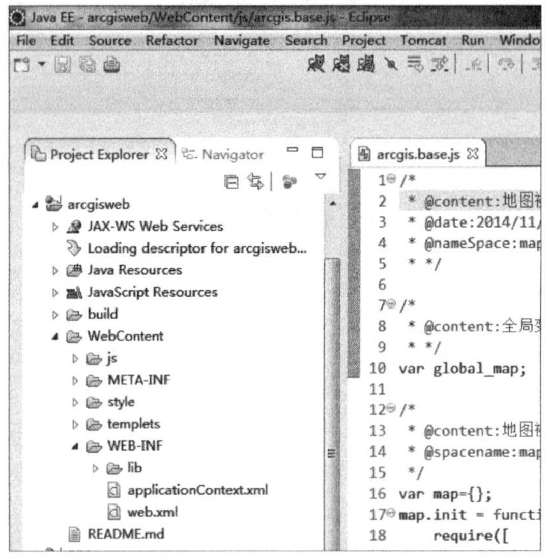

图 8.5-9 导入的工程目录

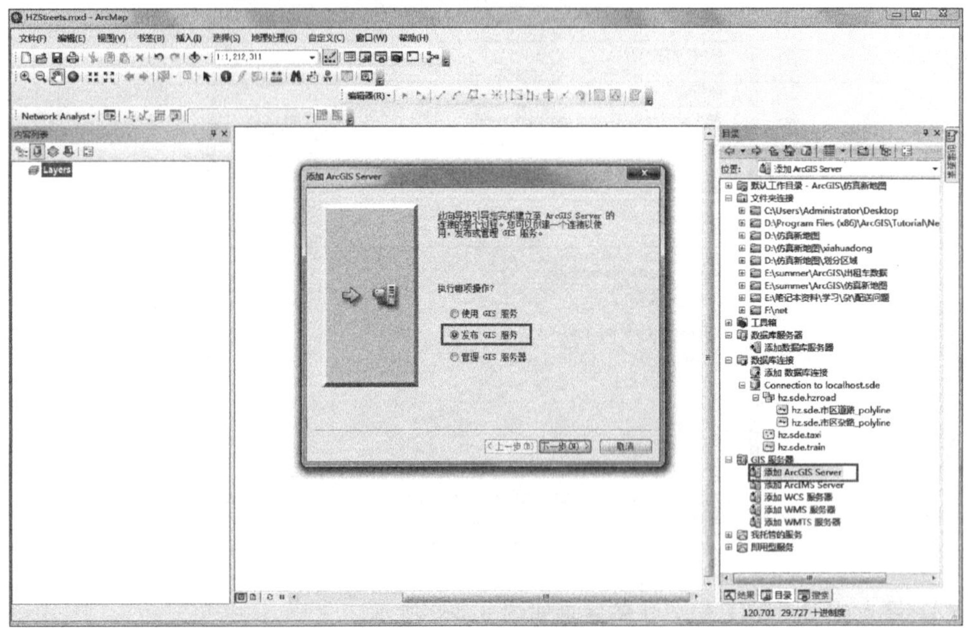

图 8.5-10 添加 ArcGIS Server

配置服务器的常规属性如图 8.5-11 所示。服务器的 URL(U)为 http://localhost:6080//arcgis,服务器类型为 ArcGIS Server。身份验证中的用户名和密码为创建 ArcGIS Server 站点时的用户名和密码,这里账户名为 arcgis,密码为 123456。

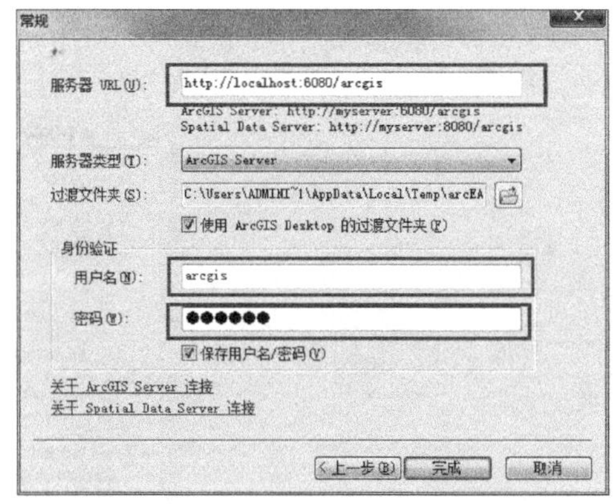

图 8.5-11　服务器常规属性设置

连接发布服务器成功后可以在 Desktop 右侧栏中看到新添加的 ArcGIS Server,如图 8.5-12 所示。

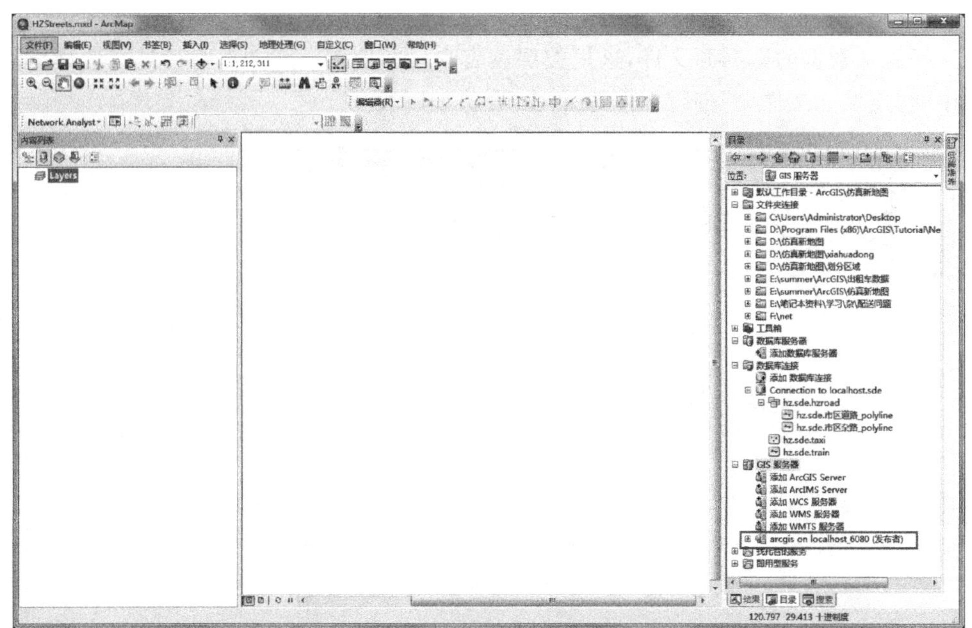

图 8.5-12　成功添加 ArcGIS Server

4. 发布道路最优路径网路分析服务

导入道路网络分析数据集数据,在开始菜单中打开 ArcMap 10.2,单击菜单栏中"添加数据"添加道路数据，如图 8.5-13 所示。

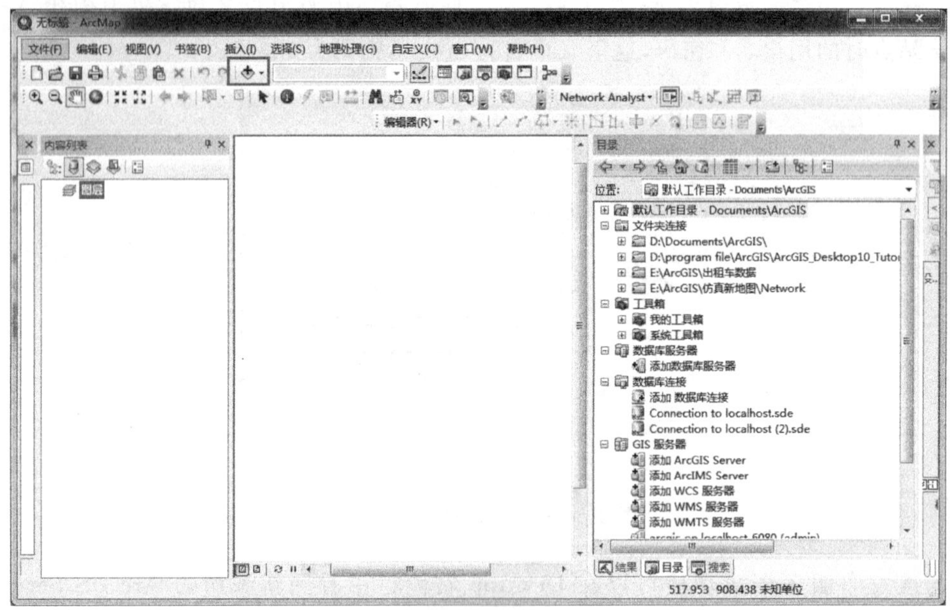

图 8.5-13　添加数据

选择添加数据的数据源文件，这里按照读者自己的地图道路文件路径进行选择，选择工具栏中的"连接到文件夹"进行文件选择，如图 8.5-14 所示。

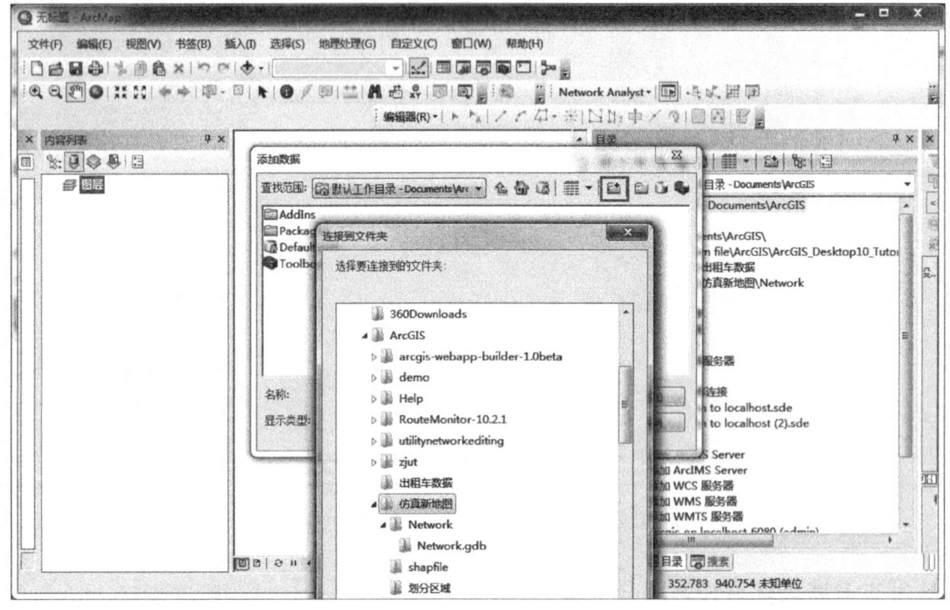

图 8.5-14　文件夹路径选择

这里已经建立了网络数据集，需直接添加导入即可，如图 8.5-15 所示。网络数据集添加成功后的效果如图 8.5-16 所示。

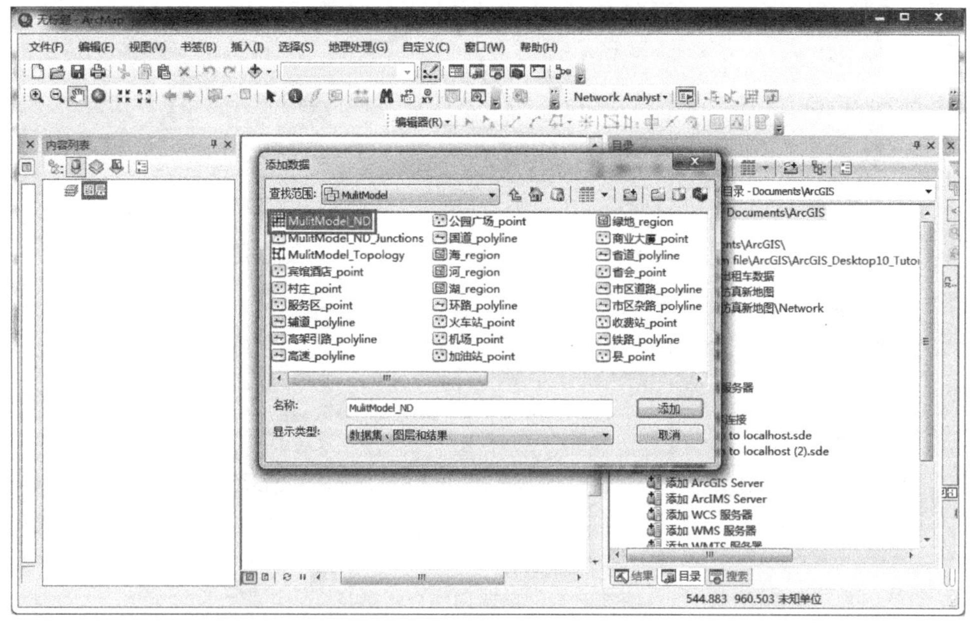

图 8.5-15　添加道路网络数据集

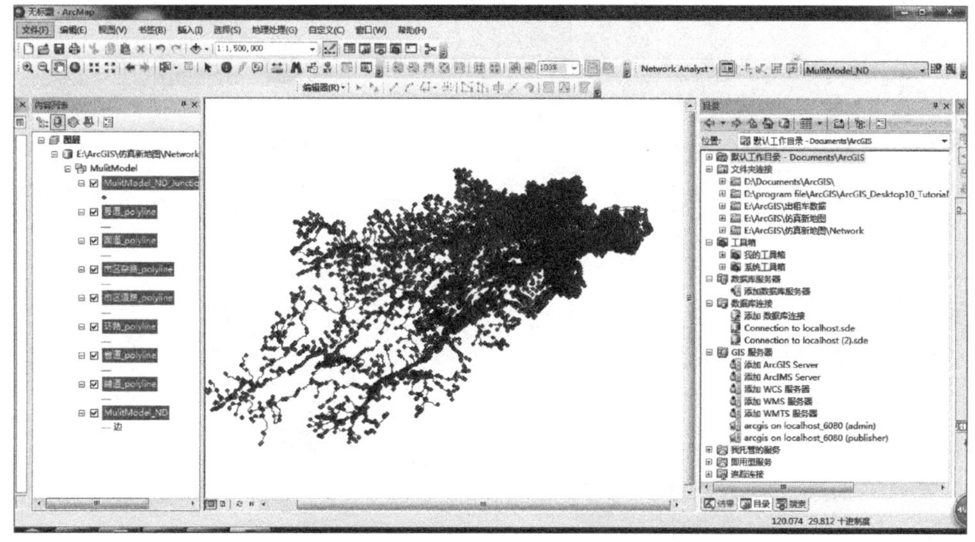

图 8.5-16　添加道路网络数据集显示

在发布网络分析前，首先必须在 ArcMap 中对道路网络数据进行路径分析，选择工具栏中“Network Analyst”→“新建路径”，在左侧目录中显示图层中新添加了“停靠点”“点障碍”

“路径”“线障碍”“面障碍”,如图 8.5-17 所示。

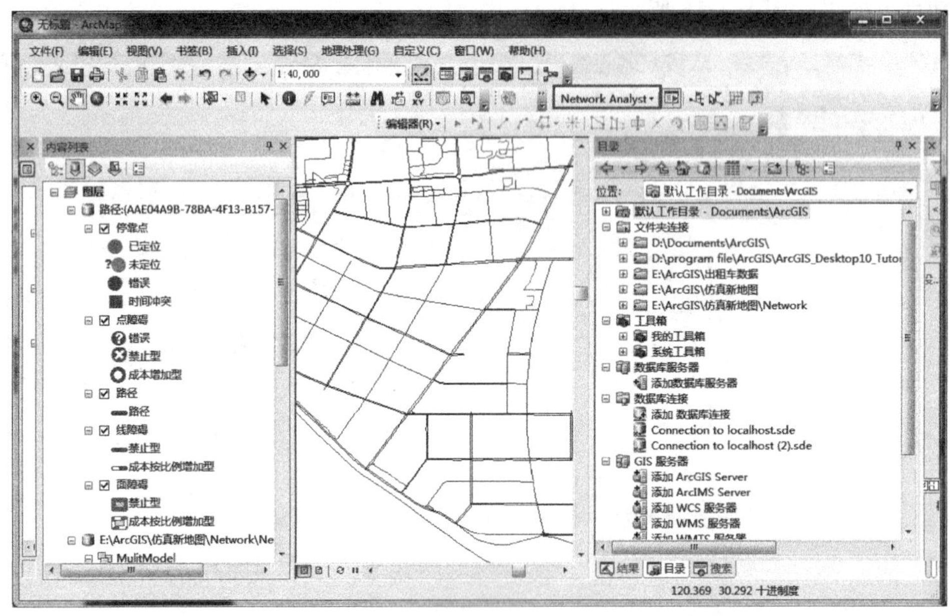

图 8.5-17 新建网络分析路径

在工具栏中单击“创建网络位置工具”,便可以在地图道路上放置多个停靠点,这里放置了 3 个停靠点,分别自动顺序编号为 1、2、3,如图 8.5-18 所示。

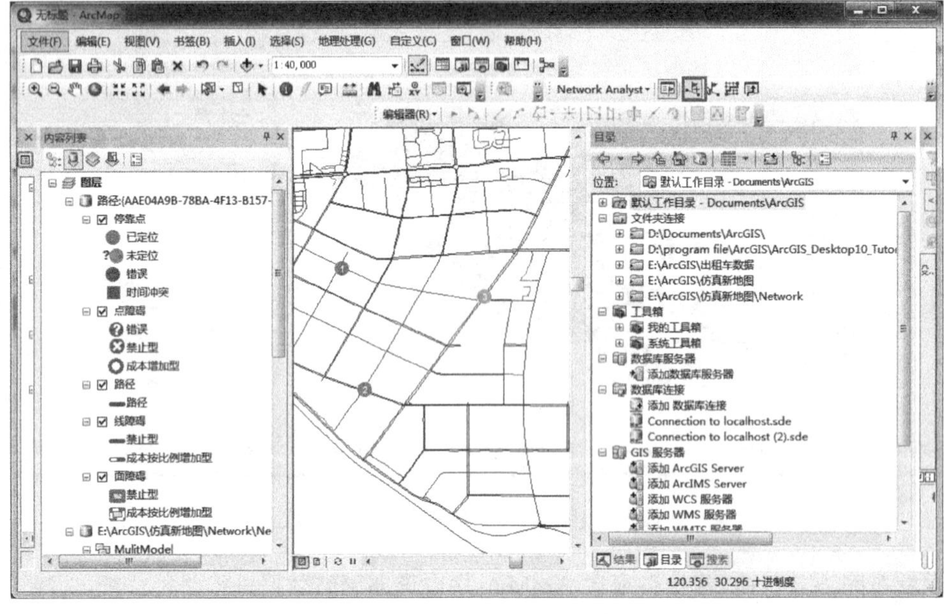

图 8.5-18 添加停靠点

单击工具栏中的"求解"按钮，便会在地图上产生一条由1、2、3三点连接的路径，同时还会弹出窗口显示具体的道路转弯走向，如图8.5-19所示。

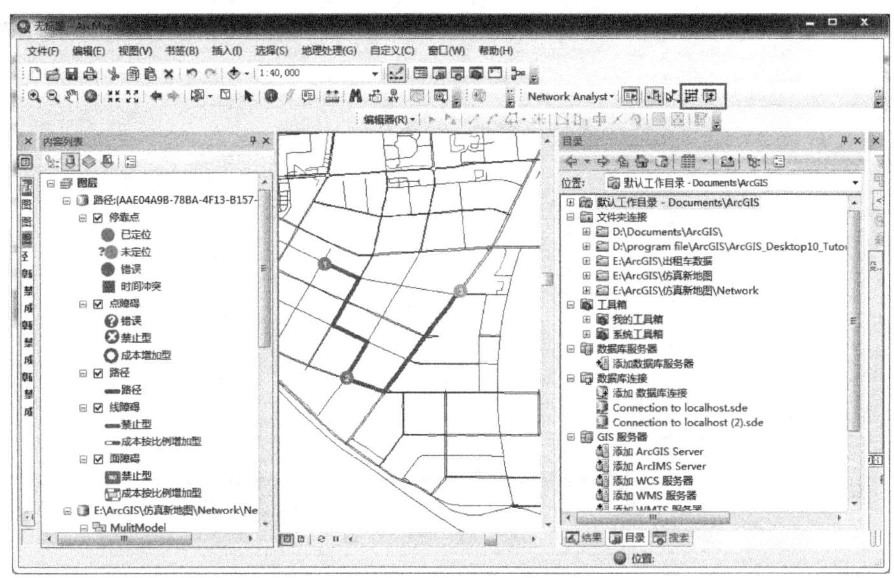

图 8.5-19　生成路径规划

在ArcMap中完成路径的最优规划之后，接下来便是发布这一网络服务，以便在网页中调用这一网络服务。发布服务，如图8.5-20所示。

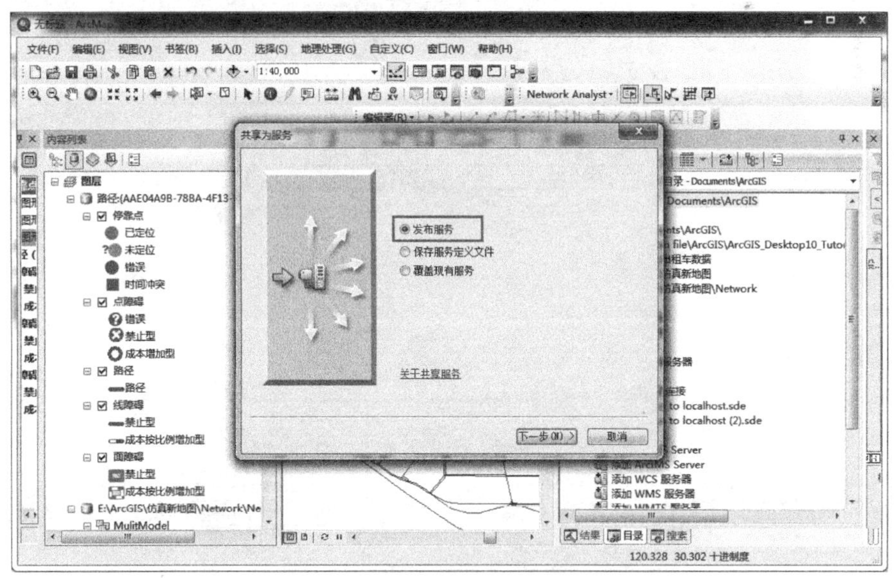

图 8.5-20　发布网络服务

发布网络服务时选择一个连接和服务名称，连接选择之前建立的 Server 发布服务，服务名称选择“HZStreets”，如图 8.5-21 所示。

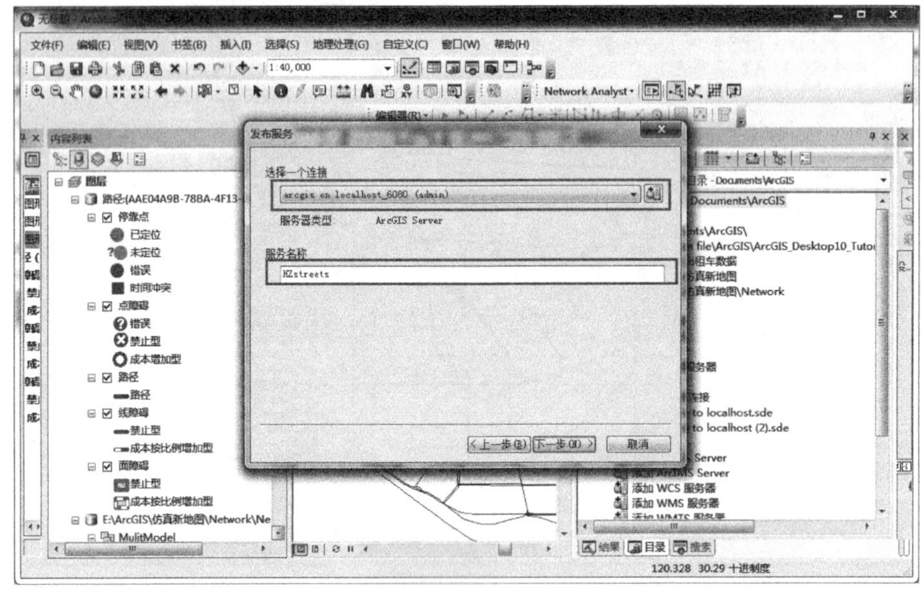

图 8.5-21　选择一个连接和服务名称

将服务发布至文件夹，这里选择已经创建了的文件夹“hangzhou”，如图 8.5-22 所示。

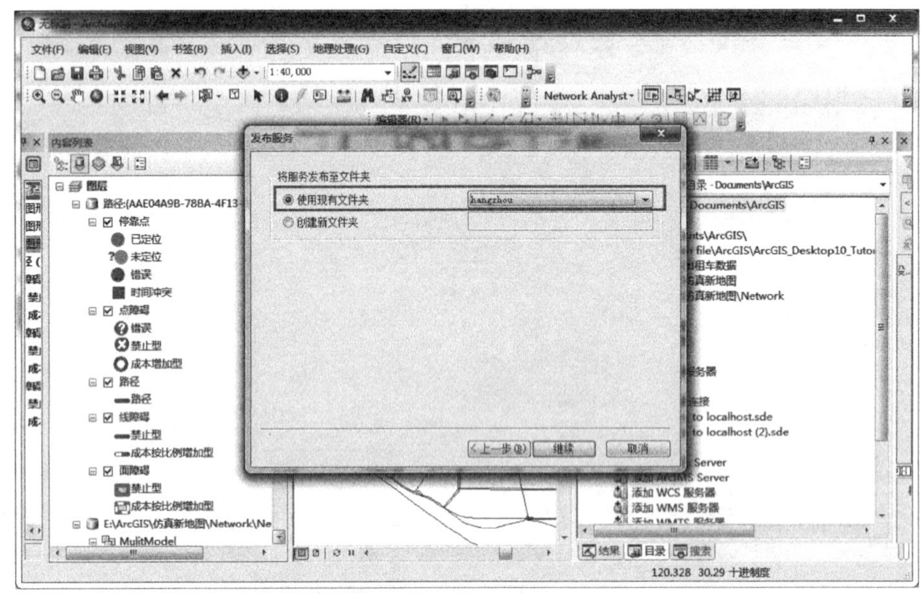

图 8.5-22　发布服务连接文件夹

在服务编辑器的目录中选择"功能"选项，选择要针对此服务启动的功能，这里选择了"地图(始终启用)""Network Analysis""KML"。注意，一定要勾选 Network Analysis 选项，才能将网络分析的功能发布出去，从而调用网络分析的相关服务，如图 8.5-23 所示。

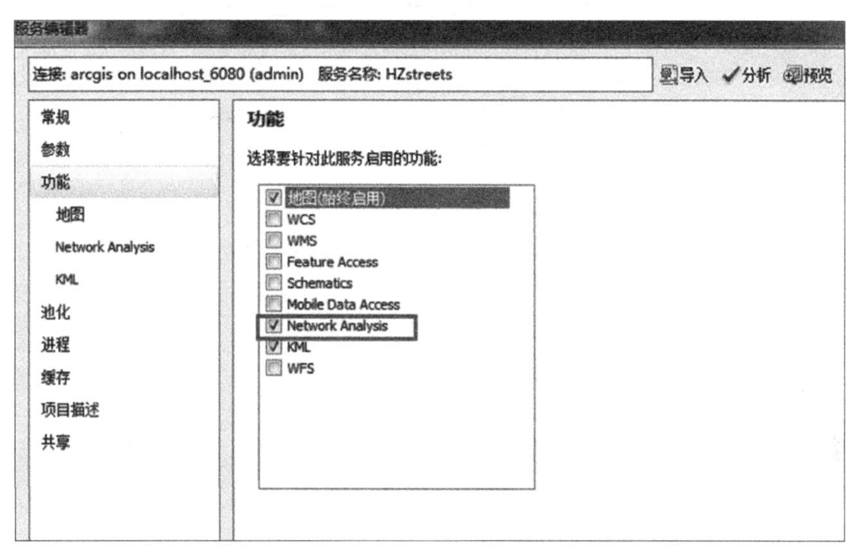

图 8.5-23　选择要发布的功能

5. 在 ArcGIS Desktop 中添加数据库连接

通过 ArcMap 目录中的数据库连接来连接具体的数据库。单击右侧目录中的"添加数据库连接"，数据库平台选择"PostgreSQL"，实例选择本地"localhost"。如果设置了服务器的名字，比如"myserver"，这里就填写"myserver"。身份验证类型中用户名和密码为数据库的用户名和密码。这里使用之前设定的用户名 sde，密码 123456，数据库选择 hz，如图 8.5-24 所示。

完成后，可以在右侧目录中看到新添加的数据库连接，如图 8.5-25 所示。

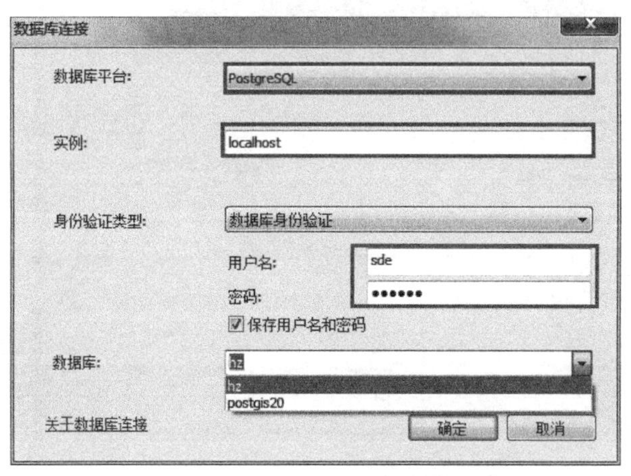

图 8.5-24　数据库连接

图 8.5-25　成功添加数据库连接

接下来就是发布地图道路的要素服务，发布的基本流程和发布网络服务基本一致，唯一的区别是在发布功能选择中勾选 Feature Access，如图 8.5-26 所示。

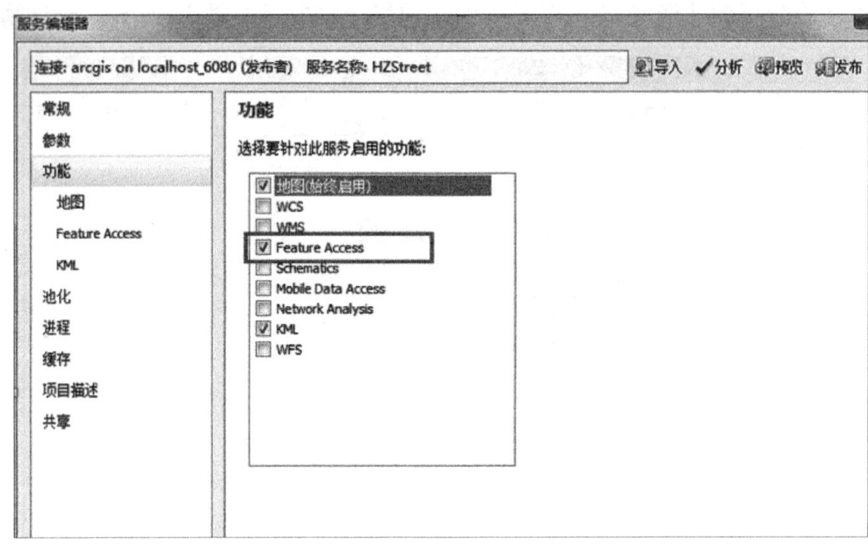

图 8.5-26　服务编辑

发布成功之后，可以打开浏览器，在地址栏中输入 localhost:6080/arcgis/manager。填写用户名和密码后便可以看到在 hangzhou 站点下新发布的地图，分别为网络服务和地图道路要素服务，如图 8.5-27 所示。

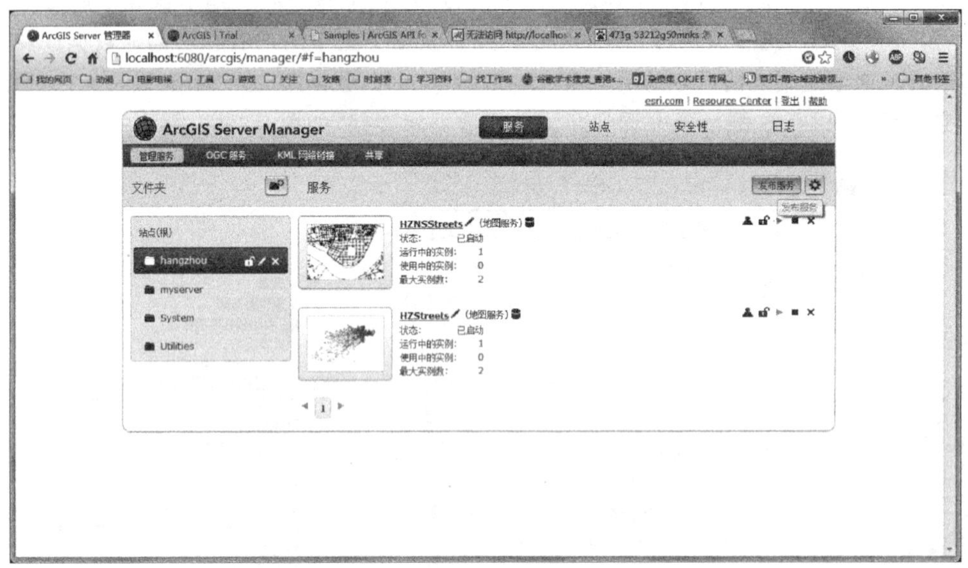

图 8.5-27　查看已发布的服务

8.5.3　运行工程

1. 桌面系统工程运行

(1) 导入 Web 工程后，还需要创建一个 Server，才能在 Eclipse 中运行与调试应用。单击 File→New→Other...，在弹出的对话框中选择 Server，如图 8.5-28 所示。

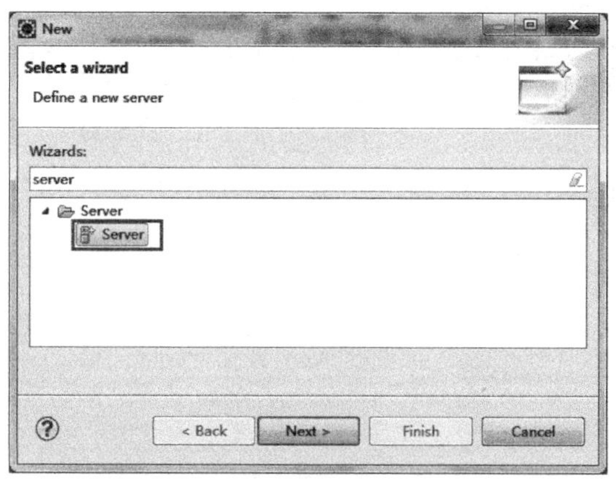

图 8.5-28　创建一个 Server

(2) 单击 Next 按钮后，在弹出的对话框中选择 Web 容器，这里选择 Tomcatv7.0Server。

(3) 然后继续单击 Next 按钮，在弹出的对话框中，选择 Tomcat 的安装目录与 JRE 版本，如图 8.5-29 所示。

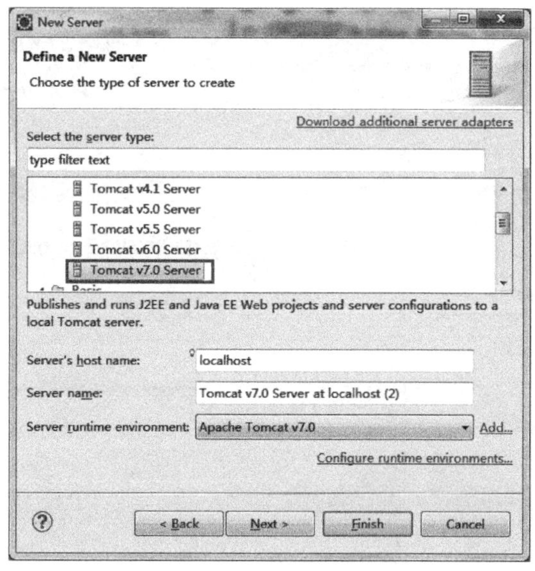

图 8.5-29　选择 Web 容器

(4) 单击 Next 按钮后，在 New Server 对话框中，左边的列表框列出了 Workspace 中的所有 Web 工程，右边的列表框表示在这个 Server 上部署的 Web 工程，这里将刚才的 dynweb 添加进来，如图 8.5-30 所示。

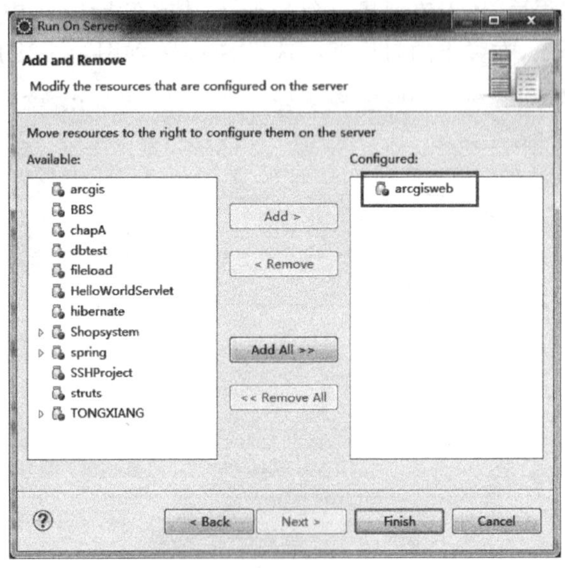

图 8.5-30 部署的 Web 工程

(5) 单击 Finish 按钮后，Server 就创建完了，可以在 window→ShowView→Server 中查看 Server，如图 8.5-31 所示。

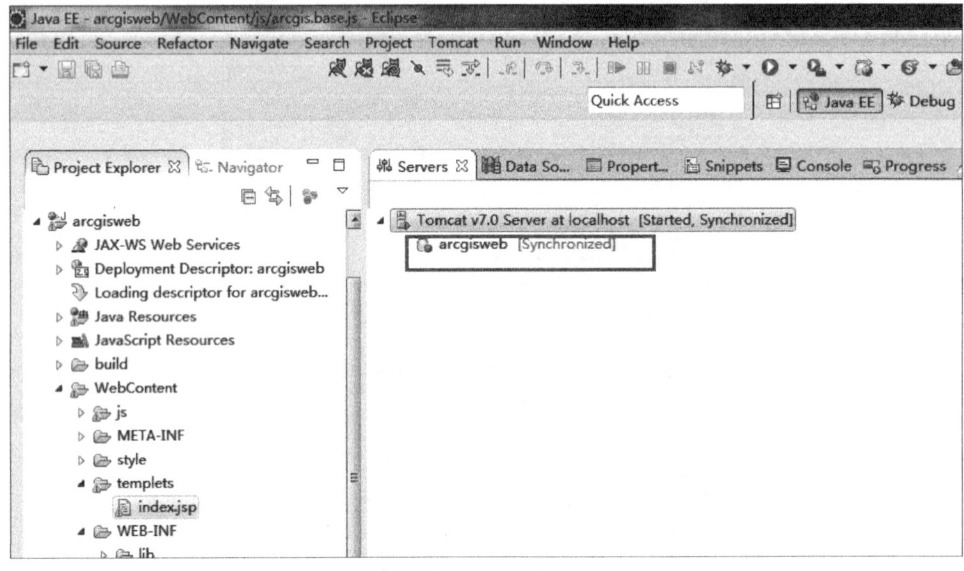

图 8.5-31 查看 Server

(6) 创建完 Server 后,可以单击 Server 面板中的 Start the server、Start the server in debug mode 运行与调试应用,如图 8.5-32 所示。

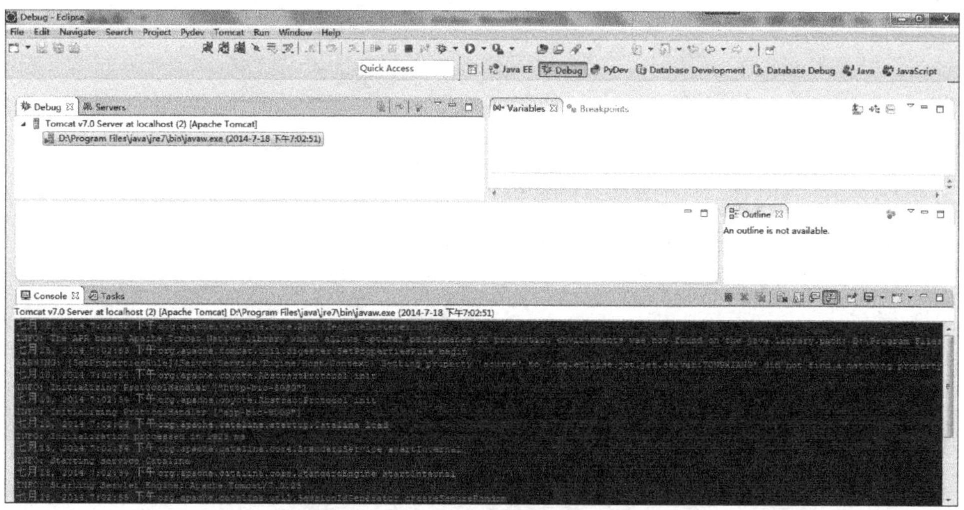

图 8.5-32 调试应用 Server

(7) 右击工程名,选择 RunAs→RunOnServer,如图 8.5-33 所示。

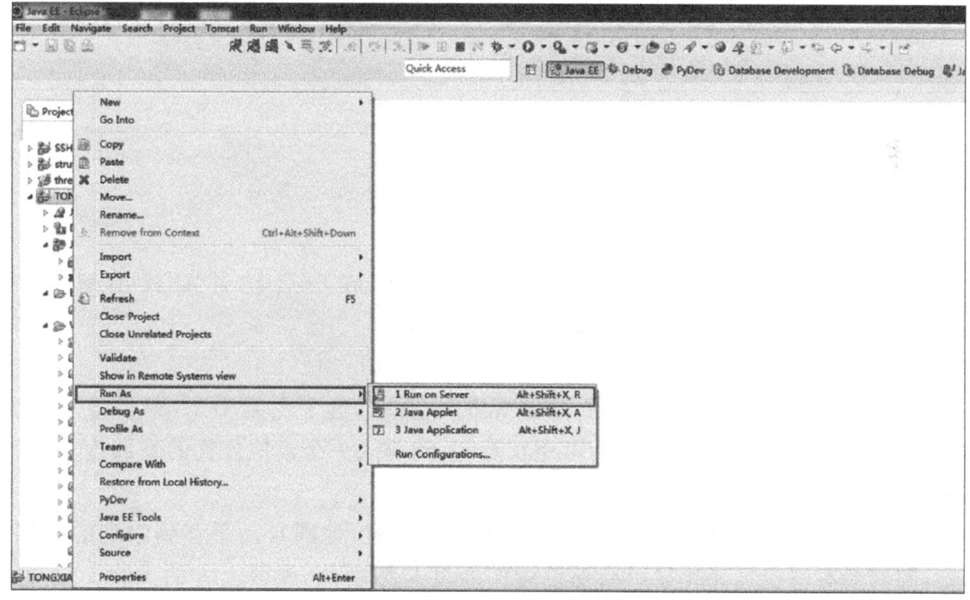

图 8.5-33 调试工程

(8) 运行工程,启动登录界面,输入用户名和密码(系统默认用户名和密码都为 admin),如图 8.5-34 所示。

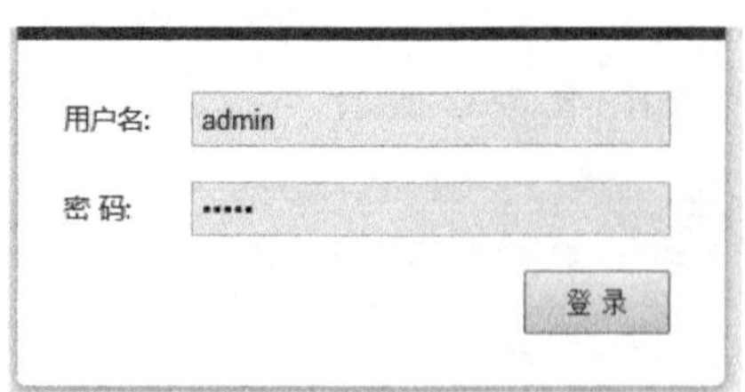

图 8.5-34　登录框

(9) 登录成功进入系统后,运行效果如图 8.5-35 所示。

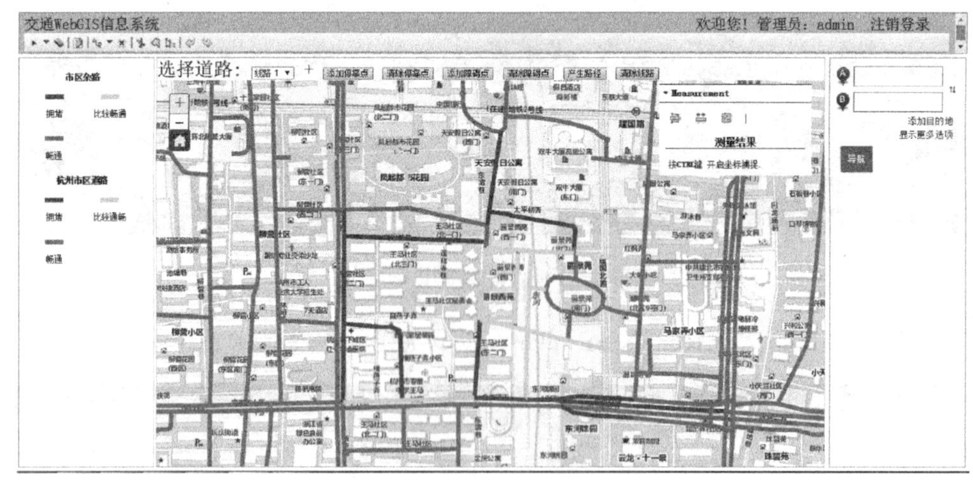

图 8.5-35　运行效果

2. 手机定位工程运行

1) 测试 APP 启动

单击虚拟机中的 Hello World 图标,若 APP 成功启动并加载出地图,表明 MainActivity 运行正常,运行效果图如图 8.5-36 所示。

2) 测试定位功能

在 Eclipse 中打开 DDMS 透视图,如图 8.5-37 所示,选中左侧 Devices 目录下的设备,这时右侧的 LocationControls 显示为可用状态,手动输入一个模拟位置的经纬度,然后单击 Send 按钮。

在虚拟机中,设备收到内容提供者 GPS 提供的位置,地图自动平移到收到的经纬度坐标点处,同时会有一个 Toast 显示当前位置的经度与纬度值,屏幕上方的 EditText 也将文本信息更新为当前位置的经纬度值,至此定位功能测试完毕,如图 8.5-38 所示。

3) 测试切换地图

右击虚拟机上的 MENU 按钮,弹出选项菜单,如图 8.5-39 所示,继续单击更多还会展开另外 3 种地图类型。

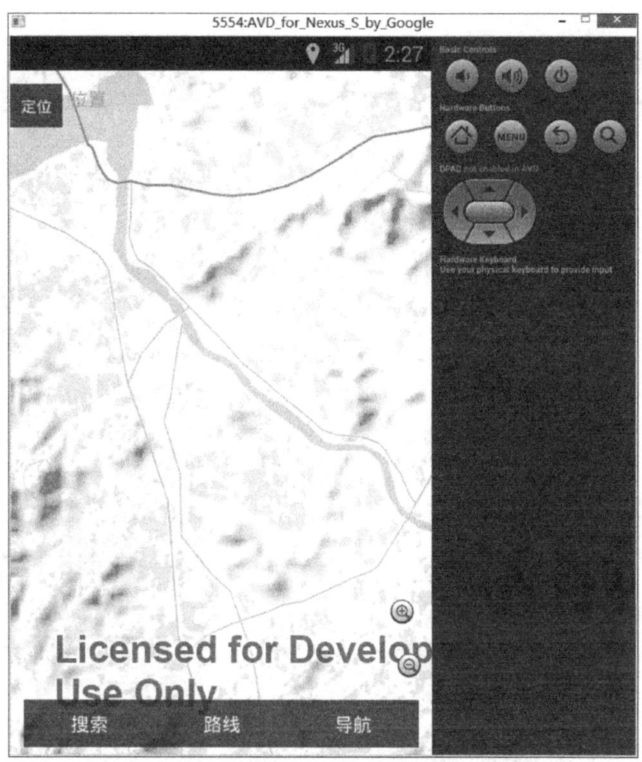

图 8.5-36 APP 主界面

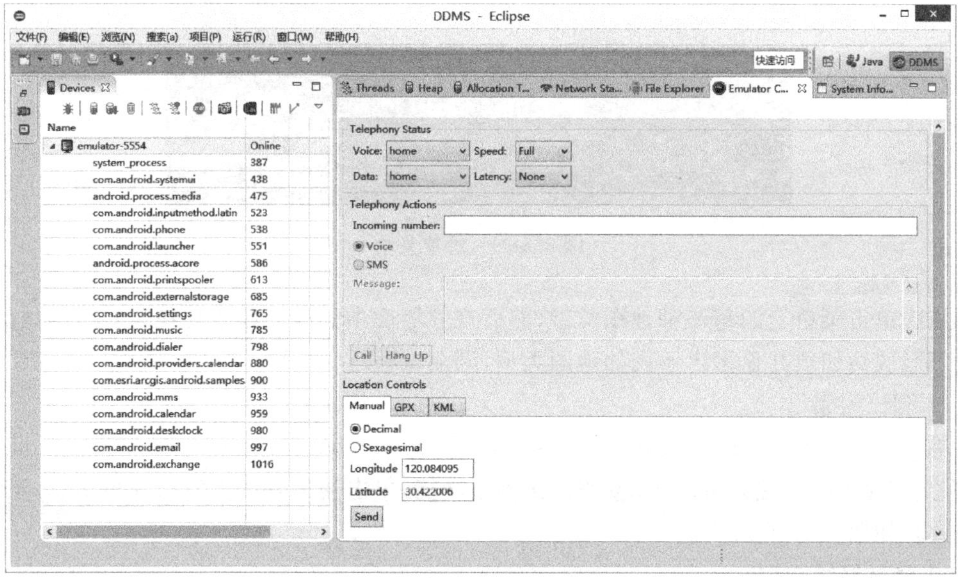

图 8.5-37 DDMS 透视图

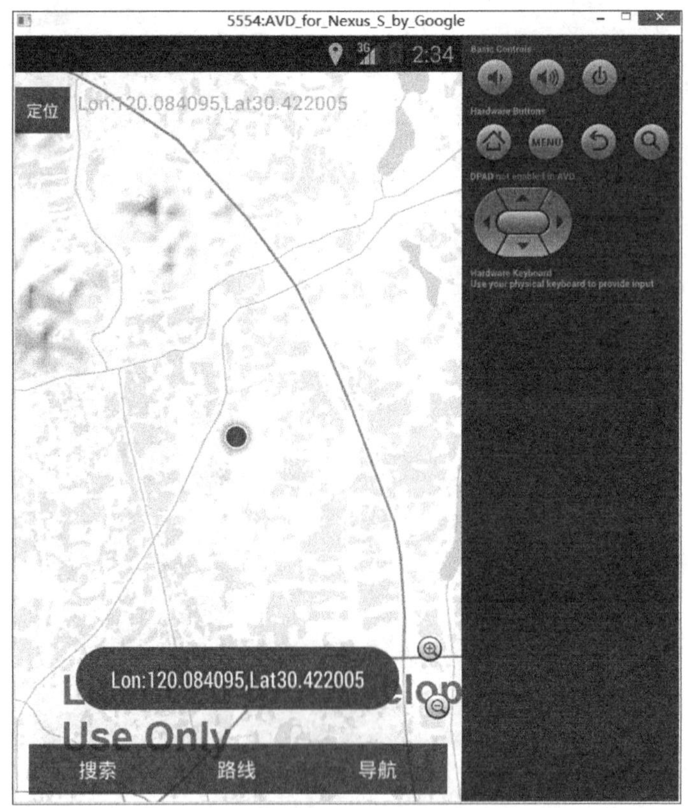

图 8.5-38　定位功能测试

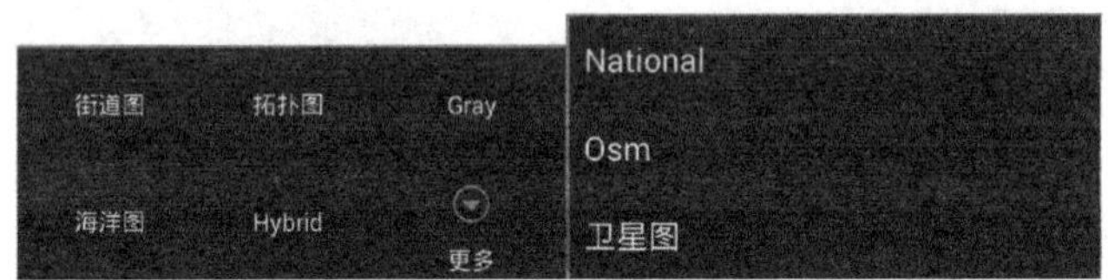

图 8.5-39　选项菜单

依次单击菜单上的每一种地图类型，然后观察界面中的底图是否切换为对应的地图，若每次都能成功加载并显示出不同的地图类型，则测试通过。

4）测试搜索

单击屏幕下方的"搜索"按钮，此时会调用 Placesearchactivity，初始界面为整个世界地图，在文本输入框中输入 hangzhou 来测试搜索功能，单击搜索到的点测试弹窗功能，正常运行的效果如图 8.5-40 所示。

5）测试路线查询

单击屏幕下方的"路线"按钮，这时会调用 Routeractivity，通过长按或者手动输入的方式来选择目的地，为了测试 RoutingDialogFragment 类能否正常工作，我们单击下方的路线查询按钮，弹出“路线”对话框，界面如图 8.5-41 所示。

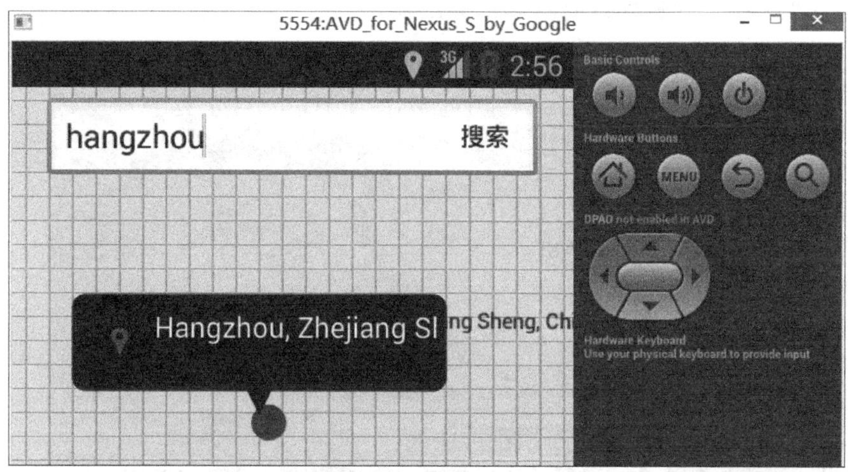

图 8.5-40 搜索界面

图 8.5-41 路线对话框

输入起始地址，笔者以美国的地址为例来测试路线查询功能，在文本框中输入起始地址“180 New York St Redlands CA 92373”和“380 New York St Redlands CA 92373”，然后单击“获取路线”按钮，地理编码过程如图 8.5-42 所示。

图 8.5-42　路线查询中

路线查询结果如图 8.5-43 所示。

6）测试导航功能

路线导航界面可以从主界面的“导航”按钮进入。导航功能基于路线查询功能，也就是说只有查询出了路线结果，才能进行导航。基于路线查询测试所得到的路线结果，单击屏幕下方的 listview 控件，会弹出路径片段的抽屉，界面如图 8.5-44 所示。单击其中的某一个路径片段，抽屉会自动隐藏，选中的路径片段会以红色显示在路径上。抽屉控件上方有语音提示开关，在实际运行过程中程序会根据用户的当前位置给出语音提示，如图 8.5-44 所示。

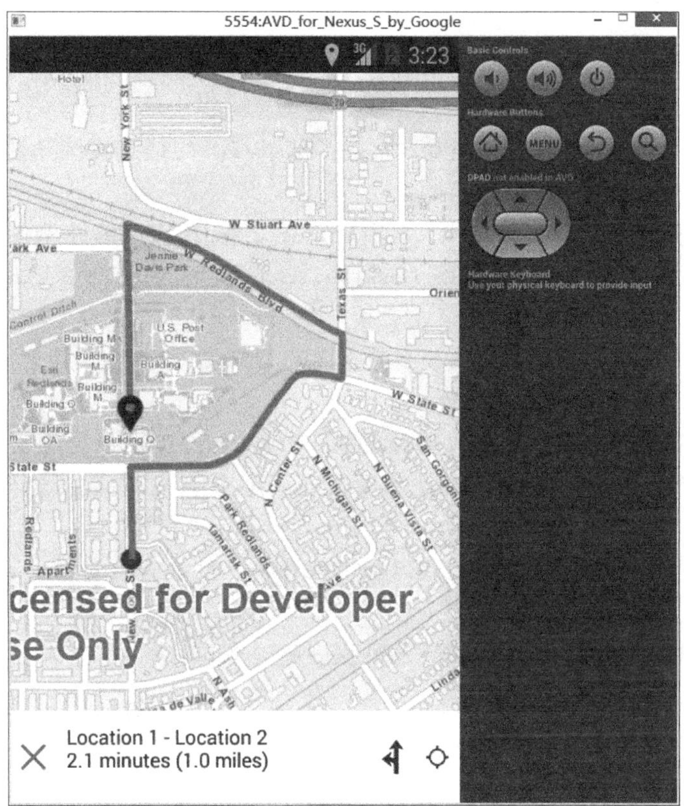

图 8.5-43　路线查询结果

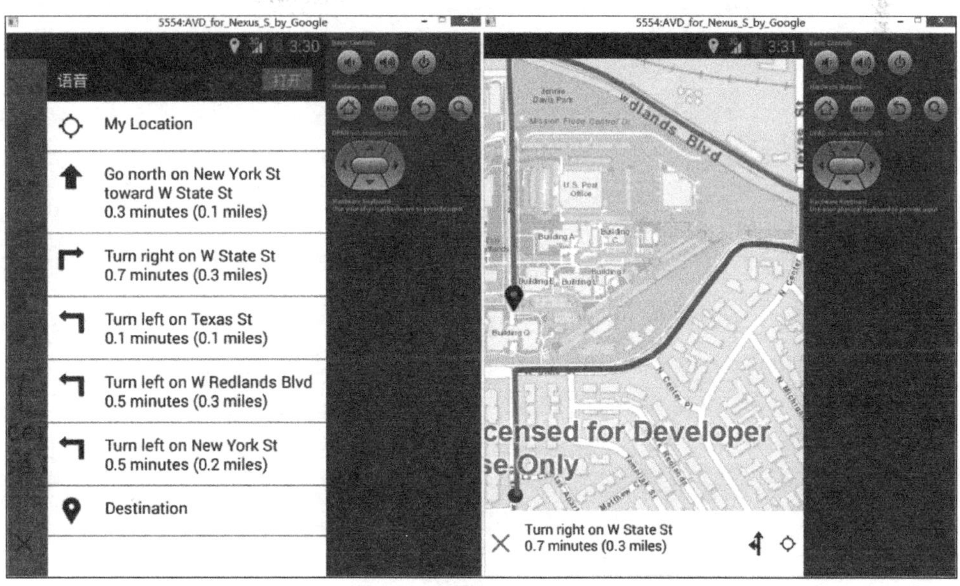

图 8.5-44　路径抽屉和路径片段展示

8.6 开发总结

通过本章的学习，相信读者已经基本掌握了基于GIS的信息系统开发。现在来对基于GIS的信息系统开发做个总结。

(1) 在项目开始前储备相关技术：在项目正式开发前，应了解并储备这个项目可能用到的技术，如本系统使用的ArcGIS Desktop、ArcGIS Server 10.2、ArcGIS JavaScript、Dojo、Struts2、Spring和Hibernate等。

(2) 分析项目的业务流程：分析项目数据库的E-R图，了解各个表之间的联系，分析清楚项目的业务流程才能做到心中有数。

(3) 合理安排解决方案：大多数项目均基于数据库开发，所以合理安排解决方案非常重要。一些SQL语句即可解决的问题不要放在程序中解决，如数据分析、排序及自动编号等。

(4) 一定要为代码加上注释：为代码加上注释是一件既方便自己又方便他人的事情，是团队成员之间最好的离线交流方式。

(5) 边写代码边测试：一定要在开发过程中随时测试代码，一旦发现错误及时定位错误的位置，以便及时改正。

参考文献

[1] 薛在军，马娟娟. ArcGIS 地理信息系统大全[M]. 北京：清华大学出版社，2013.

[2] 汤国安，杨昕. ArcGIS 地理信息系统空间分析实验教程[M]. 北京：科学出版社，2012.

[3] 吴信才. 搭建式 GIS 开发[M]. 北京：电子工业出版社，2013.

[4] Ranga R. Vatsavai，Thomas E. Burk，Steve Lime. Open-Source GIS[M]. Berlin Heidelberg：Springer，2013.

[5] 刘光，曾敬文，曾庆丰. WebGIS 从基础到开发实践：基于 ArcGIS API for JavaScript[M]. 北京：清华大学出版社，2015.

[6] 何正国，杜娟，毛海亚. 精通 ArcGIS Server 应用与开发[M]. 北京：人民邮电出版社，2014.